高等学校计算机课程规划教材

软件测试技术及用例设计实训

魏娜娣 李文斌 编著

清华大学出版社
北京

内容简介

本书分为4个部分，前3个部分为实验，第四部分为实训。实验是针对软件测试技术及测试用例设计的各类方法制定而成，总共30个实验，涵盖了各类常用的黑盒测试用例设计方法、白盒测试用例设计方法、常用测试技术应用等。各实验的开展均依据所需知识点进行讲解，并贯穿真实项目实例，使读者能够体会真实项目中各类方法的灵活应用，而并非纯粹介绍各方法的使用。实训部分提供了一套完整的真实项目测试设计案例，该案例涵盖了一般软件项目开展测试的全过程，对测试计划制定、测试用例设计、TestLink 测试用例管理与统计、缺陷提交与跟踪及测试总结与分析进行了详细的阐述。帮助读者能够结合真实项目体验完整的软件测试工作流程。

本教材内容全面、层次清晰、难易适中，所采用的技术和项目同企业实际情况紧密结合，并且本书讲练结合，使读者更好地理解和掌握相应知识，在实际工作中能够灵活有效地开展测试工作。

本教材可作为高等院校的计算机相关课程和软件工程专业的教材，也可作为各大软件培训机构的培训教程，同时也可供从事软件开发及测试工作的人员，以及对软件测试有兴趣的读者参考学习。

图书在版编目(CIP)数据

软件测试技术及用例设计实训/魏娜娣，李文斌编著．—北京：清华大学出版社，2014(2025.1重印)
高等学校计算机课程规划教材
ISBN 978-7-302-35089-7

Ⅰ．①软…　Ⅱ．①魏…　②李…　Ⅲ．①软件—测试—高等学校—教材　Ⅳ．①TP311.5

中国版本图书馆 CIP 数据核字(2014)第 009187 号

责任编辑：汪汉友
封面设计：傅瑞学
责任校对：白　蕾
责任印制：刘海龙

出版发行：清华大学出版社
网　　址：https://www.tup.com.cn，https://www.wqxuetang.com
地　　址：北京清华大学学研大厦A座　　**邮　　编**：100084
社 总 机：010-83470000　　**邮　　购**：010-62786544
投稿与读者服务：010-62776969，c-service@tup.tsinghua.edu.cn
质量反馈：010-62772015，zhiliang@tup.tsinghua.edu.cn
课件下载：https://www.tup.com.cn，010-62795954
印 装 者：三河市人民印务有限公司
经　　销：全国新华书店
开　　本：185mm×260mm　　**印　　张**：22.5　　**字　　数**：543千字
版　　次：2014年4月第1版　　**印　　次**：2025年1月第14次印刷
定　　价：64.50元

产品编号：053554-02

出版说明

信息时代早已显现其诱人魅力，当前几乎每个人随身都携有多个媒体、信息和通信设备，享受其带来的快乐和便宜。

我国高等教育早已进入大众化教育时代。而且计算机技术发展很快，知识更新速度也在快速增长，社会对计算机专业学生的专业能力要求也在不断翻新。这就使得我国目前的计算机教育面临严峻挑战。我们必须更新教育观念——弱化知识培养目的，强化对学生兴趣的培养，加强培养学生理论学习、快速学习的能力，强调培养学生的实践能力、动手能力、研究能力和创新能力。

教育观念的更新，必然伴随教材的更新。一流的计算机人才需要一流的名师指导，而一流的名师需要精品教材的辅助，而精品教材也将有助于催生更多一流名师。名师们在长期的一线教学改革实践中，总结出了一整套面向学生的独特的教法、经验、教学内容等。本套丛书的目的就是推广他们的经验，并促使广大教育工作者更新教育观念。

在教育部相关教学指导委员会专家的帮助和指导下，在各大学计算机院系领导的协助下，清华大学出版社规划并出版了本系列教材，以满足计算机课程群建设和课程教学的需要，并将各重点大学的优势专业学科的教育优势充分发挥出来。

本系列教材行文注重趣味性，立足课程改革和教材创新，广纳全国高校计算机优秀一线专业名师参与，从中精选出佳作予以出版。

本系列教材具有以下特点。

1. 有的放矢

针对计算机专业学生并站在计算机课程群建设、技术市场需求、创新人才培养的高度，规划相关课程群内各门课程的教学关系，以达到教学内容互相衔接、补充、相互贯穿和相互促进的目的。各门课程功能定位明确，并去掉课程中相互重复的部分，使学生既能够掌握这些课程的实质部分，又能节约一些课时，为开设社会需求的新技术课程准备条件。

2. 内容趣味性强

按照教学需求组织教学材料，注重教学内容的趣味性，在培养学习观念、学习兴趣的同时，注重创新教育，加强"创新思维"，"创新能力"的培养、训练；强调实践，案例选题注重实际和兴趣度，大部分课程各模块的内容分为基本、加深和拓宽内容 3 个层次。

3. 名师精品多

广罗名师参与，对于名师精品，予以重点扶持，教辅、教参、教案、PPT、实验大纲和实验指导等配套齐全，资源丰富。同一门课程，不同名师分出多个版本，方便选用。

4. 一线教师亲力

专家咨询指导，一线教师亲力；内容组织以教学需求为线索；注重理论知识学习，注重学习能力培养，强调案例分析，注重工程技术能力锻炼。

经济要发展，国力要增强，教育必须先行。教育要靠教师和教材，因此建立一支高水平的教材编写队伍是社会发展的关键，特希望有志于教材建设的教师能够加入到本团队。通过本系列教材的辐射，培养一批热心为读者奉献的编写教师团队。

清华大学出版社

前　　言

伴随着软件行业发展，测试在整个软件开发生命周期中占的比重越来越高。据智联招聘调查统计，2013 年 1 月份软件测试工程师的需求量仅北京及上海地区就超过 6000 人，足以看到软件测试在目前市场上的需求量很大；且单就我校（河北师范大学）软件学院测试方向学生而言，就业率可达 100%，经常出现多家知名企业争抢招聘学生的状况，企业的青睐与重视也足以证明软件测试人才的匮乏及我院培养方式的有效性及正确性。

目前市场上关于软件测试技术及测试用例设计方面的书籍很少，其中能够专业化、系统化，并且与实践相结合，深入浅出来剖析的书籍就更是凤毛麟角，大多书籍均为纯粹的理论知识讲解，并未体现实践能力的锻炼，这也是造成目前软件测试人才培养困难的一个原因。同时，目前面向高校发行的软件测试书籍不仅数量少，而且重理论轻实践，与市场结合不够紧密，这就在某种程度上加大了读者从业余水平步入专业化的难度。

"河北师范大学软件学院软件测试教研室"由工作在一线的具备多年测试及管理工作经验的专业测试工程师组成，基于市场的现状，着眼于高等院校的需求，经过长期软件测试项目实践及三年实际教学不断积累，多次讨论、精心设计、修改后，形成了一套成熟可行的软件测试课程体系，从中提取精华形成了软件测试系列培训教材。其目的在于：

（1）为顺应高等教育普及化迅速发展的趋势，配合高等院校的教学改革和教材建设，更好地协助河北师范大学向"应用型、就业型"院校发展。

（2）协助河北师范大学软件学院建设更加完善的 IT 人才培养机制，建立完整的软件测试课程体系及测试人才培训方案，进一步培育出符合当前测试企业需要的自动化测试人才。

（3）使学生更加高效、快捷、有针对性的学习自动化测试技术，并通过理论与实践的结合进一步锻炼学生的动手实践能力，为跨入自动化测试领域打下坚实基础。

（4）为企业测试人员提供自动化测试技术学习的有效途径，同样理论和实践的有效结合，能使各位测试人员更加真实、快捷地体验自动测试的开展。

本教材既有实验又有项目实训，实验是针对软件测试技术及测试用例设计的各类方法制定而成，总共 30 个，涵盖了各类常用的黑盒测试用例设计方法、白盒测试用例设计方法、常用测试技术应用等。各实验的开展均依据所需知识点进行讲解，并贯穿真实项目实例，使读者能够体会真实项目中各类方法的灵活应用，而并非纯粹介绍各方法的使用。项目实训篇提供了一套完整的真实项目测试设计案例，该案例涵盖了一般软件项目开展测试的全过程，对测试计划制定、测试用例设计、TestLink 测试用例管理与统计、缺陷提交与跟踪及测试总结与分析进行了详细的阐述。本教材可帮助读者结合真实项目体验完整的软件测试工作流程，其内容全面、层次清晰、难易适中，所采用的技术和项目同企业实际情况紧密结合，并且本书讲练结合，使读者更好地理解和掌握相应知识，在实际工作中能够灵活有效地开展测试工作。

本教材由魏娜娣、李文斌编写，且在教材的编写过程中得到了多方面的支持、关心与帮助，在此深表感谢。首先，要感谢河北师范大学校长蒋春澜教授，他在软件学院教学改革上的主张及所付出的心血使软件学院凝聚了一批来自于企业的优秀工程师及师大的优秀教师，使软件学院在教材建设、实习实训、学生就业等方面取得了一系列的成果。要感谢软件学院的测试方向的全体学生，他们试用了本系列教材，提出了不少宝贵建议。还要感谢软件学院的全体职工，没有他们的配合，此书是无法完成的。

本教材还提供了教学 PPT、教学实验手册、案例项目相关文档等，有需要的读者可通过软件测试教师群(105807679)或邮箱 wndjsj@126.com 进行联系。

本系列丛书可作为高等院校计算机相关课程和软件工程专业的教材，也可作为各大软件培训机构的培训教程，同时也可供从事软件开发及测试工作的人员，以及对软件测试有兴趣的读者参考学习。

本书在编写过程中部分内容参考了来源于网络的软件测试从业者的经验，在此，对这些人员和其他为本书提供评审和积极建议的人员以及其他所有关心本书并为本书的最终形成有贡献的人表示诚挚的感谢。

编　者

2014 年 2 月

学习资源

目　　录

第一部分　黑盒测试技术

第二部分　Web 测试技术

第三部分　白盒测试技术

第四部分　项 目 实 训

第一部分
黑盒测试技术

读者在接触软件测试这一行业之前，想必早已对“测试”这个词语不再陌生。在日常计算机的使用中，经常可以看到“某软件发布××测试版”，“某游戏封测/内测/公测”等一系列关于测试的消息。此类消息中提及的“测试”，实质都可以归类于软件测试中的一大分支——黑盒测试。

所谓黑盒测试，是指在设计和执行测试过程中，不考虑被测程序内部的结构，将被测程序视作不透明的黑盒子，只考虑输入内容和输出结果，从而发现软件的各类问题。

基于行业现状，有些读者往往认为黑盒测试比较简单，不需要太高深的技术。但是实际上，黑盒测试虽然可能相对于白盒测试、自动化测试、安全性测试等专业性要求较高的测试而言，对人员技术要求方面略低，却具有“易上手，难精通”的特性。黑盒测试是每个测试人员的必备基本技能之一。能否高效而准确地进行黑盒测试，也是衡量测试人员技术水平高低的重要指标之一。

基于黑盒测试技术的基础性和重要性，首先通过等价类划分法、边界值分析法、因果图法、决策表法、错误推测法、正交试验法、场景分析法、综合测试、控件测试、界面测试、易用性测试、安装测试、兼容性测试、文档测试这14个章节（实验），为读者揭示黑盒测试中涉及的重要知识及相应的测试用例设计方法，各章节均从理论及实践层面进行分别阐述，旨在让读者更易理解和掌握。

第一部分

经典测试技术

实验1　等价类划分法与旅馆系统用例设计

1. 实验目标

(1) 理解等价类划分法内涵。

(2) 能够使用等价类划分法进行用例设计。

(3) 能够在真实项目中灵活采用等价类划分法。

2. 背景知识

【例 1.1】 针对"计算两个 1～100 之间整数的和"问题,进行测试用例设计。

基于上述需求,某学生选取图 1.1 所示的测试数据(或称测试用例)。

1+1	1+2	1+3	1+4	1+5	…
2+1	2+2	2+3	2+4	2+5	…
3+1	3+2	3+3	3+4	3+5	…
4+1	4+2	4+3	4+4	4+5	…
5+1	5+2	5+3	5+4	5+5	…
…	…	…	…	…	

图 1.1　测试数据选取

上述测试数据(或称测试用例)选取方式可理解为"穷举法",即在一个可能存在可行状态的状态全集中,依次遍历所有元素并逐一判断是否为可行状态的一种方法。不难看出,此方法数据量甚大、重复性较强,且耗时费力,故不推荐。

注意:很多读者都认同穷举法是缺乏智慧的一种测试方法,自己一定不会效仿。但是在实际测试工作中,常常能看到穷举法的影子。例如:在登录页面中,针对用户名字段进行输入测试,某读者输入"张三",又输入"李四",还输入了"王五"……从某种角度讲,此处已显露了穷举法的思想。

在企业项目的测试用例设计中,摒弃穷举测试,而推荐采用"等价类划分法"。等价类划分法是将程序所有可能的输入进行合理分类,再从每一个分类中选取少数具有代表性的数据作为测试用例,从而开展测试,其中的"合理分类"即"划分等价类"。之所以分类"等价",是由于从划分好的分类中,任意选取一条数据都能代表其他的数据执行测试,它们之间选取是等价的。

等价类划分法是一种重要且常用的黑盒测试用例设计方法,广泛应用于各项测试中,优势显著。采用该方法既能大大减少测试工作量,又能提高测试的有效性。

等价类划分法中什么最为关键呢?"如何划分等价类"尤为关键。等价类可分为有效等价类和无效等价类两方面,简要阐述如下。

(1) 有效等价类:符合需求说明的,合理的输入数据的集合。

(2) 无效等价类:不符合需求说明的,无意义的输入数据的集合。

以"计算两个 1～100 之间整数的和"需求中的"1～100"为例,划分等价类如图 1.2 所示。

上述等价类划分法的定义强调了等价类的内涵。但是,仅依靠上述内容来认识等价类

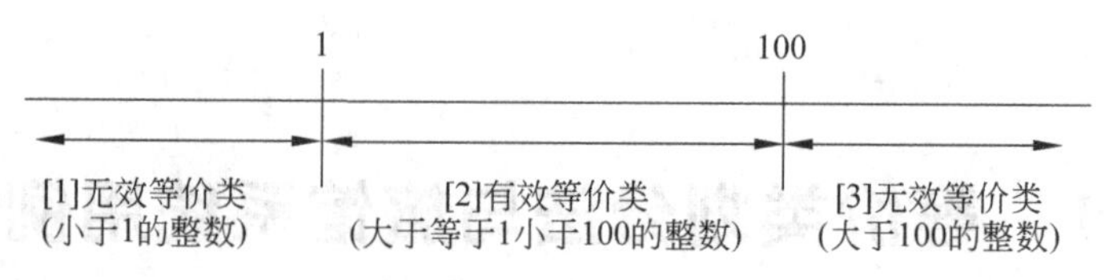

图 1.2　等价类划分

划分法还是远远不够的。下面，再给读者补充等价类划分法具体的应用步骤。可参照如下 4 步进行测试用例设计。

(1) 依据常用方法划分等价类。

(2) 为等价类表中的每一个等价类分别规定一个唯一的编号。

(3) 设计一个新用例，使它能够尽量多覆盖尚未覆盖的有效等价类。重复该步骤，直到所有有效等价类均被用例所覆盖。

(4) 设计一个新用例，使它仅覆盖一个尚未覆盖的无效等价类。重复该步骤，直到所有的无效等价类均被用例所覆盖。

至此，读者已从理论层面上认识了等价类划分法，以下实验，将从实践角度进一步揭示该方法的应用。以下主要从单一字段开始，进而单一页面，再扩展到实际业务中阐述等价类划分法的应用。

3. 实验任务

任务 1：旅馆住宿系统用户名字段测试用例设计。

(1) 需求：旅馆住宿系统的登录页面中，用户名限制为 6～10 位自然数[①]。

(2) 界面原型：如图 1.3 所示。

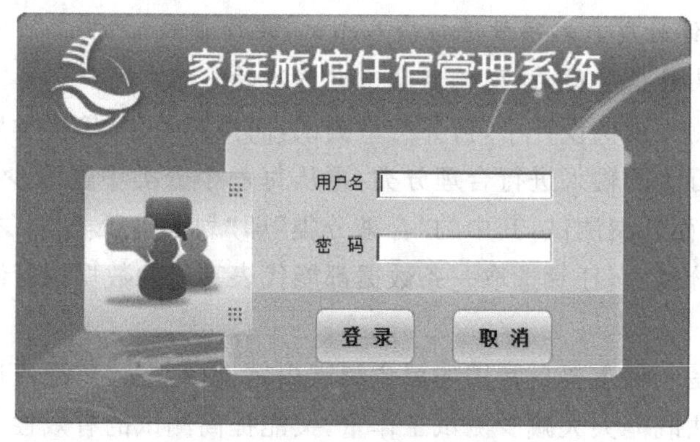

图 1.3　旅馆住宿系统登录页面

(3) 问题：采用等价类划分法进行测试用例设计。

第 1 步：依据常用方法划分等价类。

第 2 步：为等价类表中的每一个等价类分别规定一个唯一的编号，如表 1.1 所示。

① 按照《GB 3100～3102-1993 量和单位》11-2.9 第 311 页规定，自然数包括 0。

表 1.1　登录_等价类划分并编号

<table>
<tr><th>输　　入</th><th>有效等价类</th><th>无效等价类</th></tr>
<tr><td rowspan="10">用户名</td><td rowspan="2">长度在 6～10 位之间(1)</td><td>长度小于 6(3)</td></tr>
<tr><td>长度大于 10(4)</td></tr>
<tr><td rowspan="6">类型是 0～9 的自然数(2)</td><td>负数(5)</td></tr>
<tr><td>小数(6)</td></tr>
<tr><td>英文字母(7)</td></tr>
<tr><td>字符(8)</td></tr>
<tr><td>中文(9)</td></tr>
<tr><td>空 (10)</td></tr>
</table>

第 3 步：设计一个新用例，使它能够尽量多地覆盖尚未覆盖的有效等价类。重复该步骤，直到所有的有效等价类均被用例覆盖，如表 1.2 中的用例 1。

第 4 步：设计一个新用例，使它仅覆盖一个尚未覆盖的无效等价类。重复该步骤，直到所有的无效等价类均被用例所覆盖，如表 1.2 中的用例 2～用例 9。

表 1.2　登录_等价类划分法设计用例

用例编号	覆盖用例	输　入	预 期 结 果
1	1、2	1234567	系统提示输入正确
2	3	123	系统提示用户名应为 6～10 位自然数
3	4	12345678910	系统提示用户名应为 6～10 位自然数
4	5	－1234567	系统提示用户名应为 6～10 位自然数
5	6	1.1234567	系统提示用户名应为 6～10 位自然数
6	7	123456a	系统提示用户名应为 6～10 位自然数
7	8	123456％	系统提示用户名应为 6～10 位自然数
8	9	123456 好	系统提示用户名应为 6～10 位自然数
9	10	空	系统提示用户名应为 6～10 位自然数

注意：

① 以上为“页面中某一个字段”采用等价类划分法进行用例设计的步骤。

② 请回顾等价类划分法的步骤。

任务 2：旅馆住宿系统注册页面测试用例设计。

(1) 需求：旅馆住宿系统的注册页面需符合如下需求。

① 登录账号：长度为 3～19 位，且应以字母开头。

② 真实姓名：必填项。

③ 登录密码：必填项。

④ 确认密码：确认密码应和登录密码完全一致。

⑤ 出生日期：年份应为 4 位数字，月份应在 1～12 之间，日期应在 1～31 之间。

(2) 界面原型：如图 1.4 所示。

图 1.4　旅馆住宿系统注册页面

(3) 问题：采用等价类划分法进行测试用例设计。

第 1 步：依据常用方法划分等价类。

第 2 步：为等价类表中的每一个等价类分别规定一个唯一的编号，如表 1.3 所示。

表 1.3　注册_等价类划分并编号

输　入	有效等价类	无效等价类
登录账号	长度为 3～19 位(1)	长度小于 3(2)
		长度大于 19(3)
	以字母开头(4)	以非字母开头(5)
真实姓名	必须填写(6)	为空(7)
登录密码	必须填写(8)	为空(9)
确认密码	值和密码值相同(10)	值和密码值不同(11)
出生日期(年)	年(4 位)(12)	不是 4 位(13)
	年(数字)(14)	年份中有字母或其他非数字符号(15)
	年(合理范围)(16)	年份在不合理范围(17)
出生日期(月)	1～12(18)	月份小于 1(19)
		月份大于 12(20)
		月份中有字母或其他非数字符(21)
出生日期(日)	1～31(22)	日期小于 1(23)
		日期大于 31(24)
		日期中有字母或其他非数字符号(25)

注意：隐含需求，年份不仅为 4 位数字，还应为合理范围内的数字。

第 3 步：设计一个新用例，使它能够尽量多覆盖尚未覆盖的有效等价类。重复该步骤，直到所有有效等价类均被用例所覆盖，如表 1.4 中的用例 1。

第 4 步：设计一个新用例，使它仅覆盖一个尚未覆盖的无效等价类。重复该步骤，直到所有的无效等价类均被用例所覆盖，如表 1.4 中的用例 2～用例 16。

表 1.4　注册_等价类划分法设计用例

用例编号	覆盖用例	输入					预期结果
		登录账号	真实姓名	登录密码	确认密码	出生日期	
1	1、4、6、8、10、12、14、16、18、22、26	A123	weind	1	1	2011-5-6	系统提示注册成功
2	2	A1	weind	1	1	2011-5-6	系统提示“登录账号长度应为3～19 位，且应以字母开头”
3	3	A1234567890123456789	weind	1	1	2011-5-6	系统提示“登录账号长度应为3～19 位，且应以字母开头”
4	5	1123	weind	1	1	2011-5-6	系统提示“登录账号长度应为3～19 位，且应以字母开头”
5	7	A123		1	1	2011-5-6	系统提示“真实姓名必须填写”
6	9	A123	weind		1	2011-5-6	系统提示“登录密码必须填写”
7	11	A123	weind	1	2	2011-5-6	系统提示“确认密码输入与登录密码不一致”
8	13	A123	weind	1	1	20111-5-6	系统提示“出生日期输入有误”
9	15	A123	weind	1	1	201a-5-6	系统提示“出生日期输入有误”
10	17	A123	weind	1	1	9999-5-6	系统提示“出生日期输入有误”
11	19	A123	weind	1	1	2011-0-6	系统提示“出生日期输入有误”
12	20	A123	weind	1	1	2011-17-6	系统提示“出生日期输入有误”
13	21	A123	weind	1	1	2011-a1-6	系统提示“出生日期输入有误”
14	23	A123	weind	1	1	2011-5-0	系统提示“出生日期输入有误”
15	24	A123	weind	1	2	2011-5-89	系统提示“出生日期输入有误”
16	25	A123	weind	1	1	2011-5-a1	系统提示“出生日期输入有误”

注意：

① 以上为“某一整体页面”（页面中包含多个字段）采用等价类划分进行用例设计的步骤。

② 请回顾等价类划分法的步骤。

③ 请对比任务 1 和任务 2 中的实例进行等价类划分法的应用。

任务 3：旅馆住宿系统结算功能测试用例设计。

任务 1 主要是针对“页面中某一个字段”进行的用例设计，而任务 2 主要是针对“某一整体页面”(页面中包含多个字段)进行的用例设计。但是,通常一些企业项目的《需求规格说明书》中,往往仅给出一段一段的文字需求,而并未给出界面原型进行参照。针对此类情况,显然给测试人员增加了测试用例设计的难度。以下,结合此类实例进行等价类划分法的应用讲解。

(1) 需求:旅馆住宿系统的房费结算有一定的规则限制,当游客入住旅馆后在进行住宿费用结算时可依据房间价格、入住天数、入住人是否有会员卡等情况的不同给予折扣结算。具体房费计算方式为:房费=房间单价×折扣率。

其中,折扣率根据住宿人住宿天数(最多 30 天)、会员卡种类(有卡、无卡)、入住次数(3 次及以下、3 次以上)和物品寄存个数的不同而有所不同,体现在不同的上述条件下对应的积分不同,10 分及 10 分以上折扣率为 7 折,10 分以下折扣率为 9 折,具体规则如表 1.5 所示。

表 1.5 旅馆住宿系统规则表

	入住天数(天)			会员卡		入住次数		物品寄存
分类	2～10	11～30	1	Y	N	3 次以下	3 次以上	1 件扣 1 分,最多扣 6 分,最多可寄存 9 件物品
积分(分)	4	6	2	4	1	1	3	

(2) 问题:采用等价类划分法进行测试用例设计。

第 1 步:分析需求说明,提取有用信息。

经分析可知,存在如下关系:条件→积分数→折扣率→房费;结合得出的关系,思考以下几个问题,旨在加深对需求的理解。

设计测试用例,首先要清楚何为输入、何为输出。

① 何为输入?

通过“房费=房间单价×折扣率”可知,输入为房间单价和折扣率。同时,折扣率受到入住天数、会员卡的有无、入住次数及物品寄存情况的影响。

所以,输入实质为房间单价、入住天数、会员卡的有无、入住次数及物品寄存。

② 何为输出?

经分析得知,折扣率应为一个中间输出结果,而最终输出应为房费。

③ 输入有哪些条件限制(含题目中给出的或隐含的需求)?

入住天数:取值的有效范围为 1～30(可再细分成 3 类)。

会员卡:“Y”代表有卡;“N”代表无卡。

入住次数:以 3 次为界,分为“3 次及以下”或“3 次以上”。

寄存物品个数:空白或字符“无”或“一位非零整数(1～9)”。

综上所述,为需求的详细分析过程。

第 2 步:结合第一步的分析,划分等价类。

第 3 步:为等价类表中的每一个等价类分别规定一个唯一的编号,如表 1.6 所示。

表 1.6　结算_等价类划分并编号

输　　入	有效等价类	无效等价类
入住天数	2～10 天(1)	
	11～30 天(2)	
	1 天(3)	小于 1(12)
		大于 30(13)
会员卡	Y(4)	除“Y”和“N”之外的其他字符(14)
	N(5)	
入住次数	3 次及以下(6)	除“3 次及以下”和“3 次以上”之外的其他字符(15)
	3 次以上(7)	
寄存物品个数	空白(8)	除空白和“无”之外的其他字符(16)
	无(9)	
	1～6 件(10)	小于 1(17)
	7～9 件(11)	大于 9(18)

第 4 步：设计一个新用例，使它能够尽量多覆盖尚未覆盖的有效等价类。重复该步骤，直到所有有效等价类均被用例所覆盖，如表 1.7 中的用例 1～用例 4 和表 1.8 中的用例 1～用例 4。

第 5 步：设计一个新用例，使它仅覆盖一个尚未覆盖的无效等价类。重复该步骤，直到所有的无效等价类均被用例所覆盖，如表 1.7 和表 1.8 中的用例 5～用例 11。

表 1.7　结算_等价类划分法用例设计(缺少预期结果)

用例编号	覆盖用例	输　　入			
		入住天数	会员卡	入住次数	寄存物品个数
1	1、4、6、8	3	Y	3	空白
2	2、5、7、9	12	N	5	无
3	3、4、6、10	1	Y	3	1
4	1、5、7、11	3	N	5	7
5	12	0	Y	3	空白
6	13	35	N	5	无
7	14	3	是	3	4
8	15	3	Y	三	7
9	16	3	N	3	没有
10	17	3	Y	5	0
11	18	3	N	3	10

表 1.8　结算_等价类划分法用例设计(带有预期结果)

用例编号	覆盖用例	输　　入					预期结果(积分值)	预期结果(房费)
		入住天数	会员卡	入住次数	寄存物品个数	房间单价		
1	1、4、6、8	3	Y	3	空白	500	4＋4＋1－0＞10 取 7 折	350
2	2、5、7、9	12	N	5	无	500	6＋1＋3－0＜＝10 取 9 折	450
3	3、4、6、10	1	Y	3	1	500	2＋4＋1－1＜＝10 取 9 折	450
4	1、5、7、11	3	N	5	7	500	4＋1＋3－6＜＝10 取 9 折	450
5	12	0	Y	3	空白	500		提示"入住天数应在 1～30 天之间,请重新输入"
6	13	35	N	5	无	500		提示"入住天数应在 1～30 天之间,请重新输入"
7	14	3	是	3	4	500		提示"会员卡请输入 Y(有卡)或 N(无卡),请重新输入"
8	15	3	Y	三	7	500		提示"入住次数请填写阿拉伯数字,请重新输入"
9	16	3	N	3	没有	500		提示"寄存物品请填写空或无或 1～9 之间整数,请重新输入"
10	17	3	Y	5	0	500		提示"寄存物品请填写空或无或 1～9 之间整数,请重新输入"
11	18	3	N	3	10	500		提示"寄存物品请填写空或无或 1～9 之间整数,请重新输入"

注意:

① 以上为"涉及实际业务的项目需求"采用等价类划分进行用例设计的步骤。

② 在涉及实际业务的用例设计时,应具备输入、输出分析的能力;且在设计用例中,万万不可丢失预期结果。例如,有的读者仅将表 1.7 作为最终测试用例是错误的。

③ 在涉及计算相关的用例设计时,往往需要花较多时间放在预期结果上。

④ 请回顾等价类划分法的步骤。

⑤ 请对比任务 1～任务 3 中的实例,进行等价类划分法的应用。

4. 拓展练习

(1) 请采用等价类划分法针对登录页面进行用例设计。登录页面需求如下:

① 用户名：系统中已存在的用户名，如 weind。

② 密码：同注册时密码值相同，如 123。

(2) 请采用等价类划分法针对“用户调查表”页面进行用例设计，需求如下文所示，界面原型如图 1.5 所示。

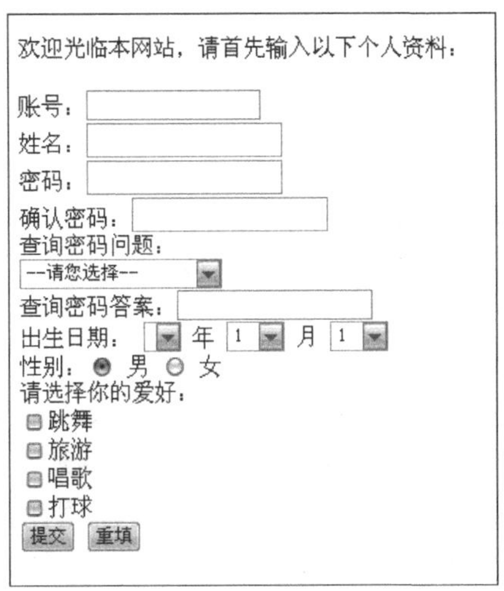

图 1.5　用户调查表界面原型

用户调查表主要是对用户的个人信息进行调查统计，需要用户首先填写个人资料。具体字段规则如下：账号为个人学号或工号，最长不超过 6 位，且每个用户账号唯一；姓名最长不超过 15 个字符，且必须填写；密码和确认密码长度为 6～20 字符，类型必须由英文、数字共同组成；查询密码答案最长不超过 30 字符；出生日期必须填写；性别为单选；爱好为非必填项。

实验2　边界值分析法与旅馆系统用例设计

1. 实验目标

(1) 理解边界值分析法内涵。

(2) 能够使用边界值分析法进行用例设计。

(3) 能够在真实项目中灵活采用边界值分析法。

2. 背景知识

等价类分析法既能帮助读者减少测试用例的数量，又能尽量充分地覆盖测试点。为何还需引入边界值分析法设计用例呢？通过以下实例进行阐述。

【例2.1】 如图2.1所示，采用等价类划分法进行用例设计后，针对边界(－100,100)进行用例填充并执行测试，系统提示“输入的参数值必须大于等于－100同时小于等于100”。不难理解，程序在该边界值处存在缺陷。

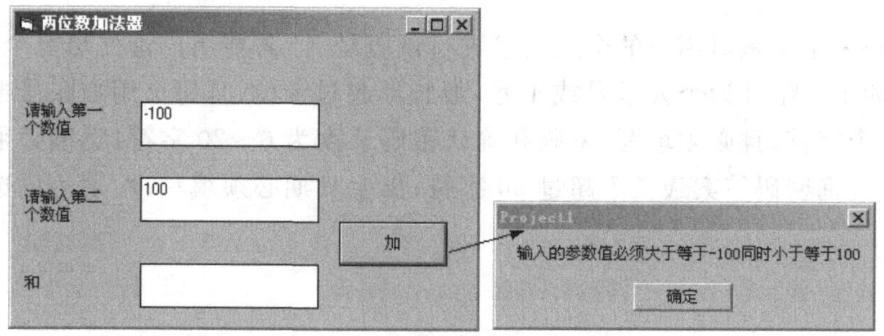

图2.1　两位数加法器实例

【例2.2】 如图2.2所示，采用等价类划分法进行用例设计后，针对工龄“1～49之间”的边界50进行用例填充并执行测试，系统本应提示“工龄输入请限制在1～49之间，请重新输入”，但系统却默认了该输入的正确性。显然，程序在该边界值处存在缺陷。

上述实例仅为众多实例中随意选出的两个代表而已，此现象易于解释。例如：

(1) 程序员使用比较操作符进行比较时，往往容易将“＜＝”操作符误写成“＜”操作符等。

(2) 程序员使用for循环、while循环等时，往往也会涉及比较运算符，再或者容易将＋＋i或i＋＋混淆。

(3) 对于需求理解有误，显然也会产生上述问题。

仅此足以说明，单单依靠等价类划分法设计测试用例并不能完全充分覆盖测试点，往往在边界区域更容易暴露程序的问题。

边界值分析法是对输入或输出的边界值进行测试的一种测试方法。它不是从一个等价类中任选一值作代表(等价类划分法是在等价类中任意选一个值当代表)，而是选一个或几

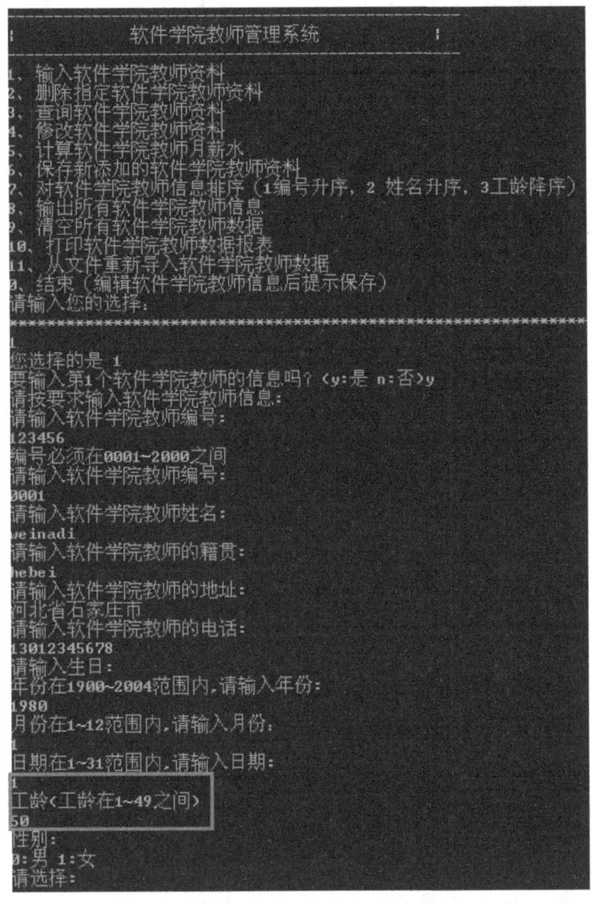

图 2.2　软件学院教师管理系统实例

个值，使得该等价类的边界值成为测试关注目标。通常，边界值分析法作为对等价类划分法的补充，则边界值分析法的测试用例往往来自于等价类的边界，针对边界的取值进行特别关注。

注意：边界值的分析不仅关注输入条件，它还根据输出的情况（即按输出等价类）设计测试用例。

基于此，在等价类的边界上以及两侧进行测试用例设计时，可参考如下思路进行。

首先，确定边界。通常，输入或输出等价类的边界即为边界值分析法着重测试的边界区域。其次，选取等于、刚刚大于或刚刚小于等价类边界的值作为边界值测试数据，而并非选取等价类中的典型值或任意值。例如：

（1）输入条件规定了值的范围，则应取刚达到这个范围的边界值以及刚刚超过这个范围边界的值作为测试边界值。

（2）输入条件规定了值的个数，则应取最大个数、最小个数及比最大个数多 1 个、比最小个数少 1 个的数作为测试边界值。

（3）输入域或输出域是有序集合（如有序表、顺序文件等），则应选取集合中的第一个和最后一个元素作为测试边界值。

(4) 分析需求规格说明书，找出其他可能的边界条件。面对不同类型的条件限制，往往测试边界值查找中存有一定规律，如表 2.1 所示。

表 2.1　边界值选取实例

类型	边界值	实　例
数字	最大/最小	某保险系统的投保页面中，仅可针对年龄在 5～50 岁的人群进行投保，现进行投保年龄测试
字符	首位/末位	针对 ASCII 中的字符“A”～“Z”范围进行测试，则其边界值对应的为“@、[、A、Z”
位置	上/下	某列表中最多显示 20 条记录，现进行删除操作测试
速度	最快/最慢	某登录页面的验证码功能，当该验证码停留 10s 未进行验证码输入时，验证码过期。现进行验证码过期时长测试
尺寸	最短/最长	某视频监控系统，可监控的视角范围为 1～20m 的区域，现进行该监控范围的测试
重量	最轻/最重	重量在 10.00～50.00kg 范围内的邮件，其邮费计算公式为……(本书略)，则其重量的边界值为 9.99、10.00、50.00、50.01
空间	空/满	某 U 盘容量为 1GB，现针对该 U 盘容量进行测试

小练习：

① 一个输入文件应包括 1～255 个记录。

答案：边界值可取 1、255、0、256 等。

② 某程序的规格说明要求计算出“每月保险金扣除额为 0～1165.25 元”。

答案：边界值可取 0.00、1165.25、−0.01、1165.26 等。

③ 情报检索系统，要求每次“最少显示 1 条、最多显示 4 条情报摘要”。

答案：边界值可取 1、4、0、5 等。

综上所述，读者已从理论层面上认识了边界值分析法，尽管对于该方法的应用可能还不尽理解，但有一点，读者是肯定理解了的，该方法的应用将进一步弥补等价类划分法的不足，通过对边界的重点分析，进一步提升软件的质量。以下实验，主要在实验 1 的基础上从实践角度，进一步采用边界值分析法进行用例补充。

3. 实验任务

任务 1：旅馆住宿系统用户名字段测试用例设计。

(1) 需求：旅馆住宿系统的登录页面中，用户名限制为 6～10 位自然数。

(2) 界面原型：如图 2.3 所示。

(3) 问题：采用边界值分析法进行测试用例设计。

前提条件：在实验 1 中的任务 1 中已完成了等价类划分法的测试用例设计，如表 2.2 所示为等价类划分表。

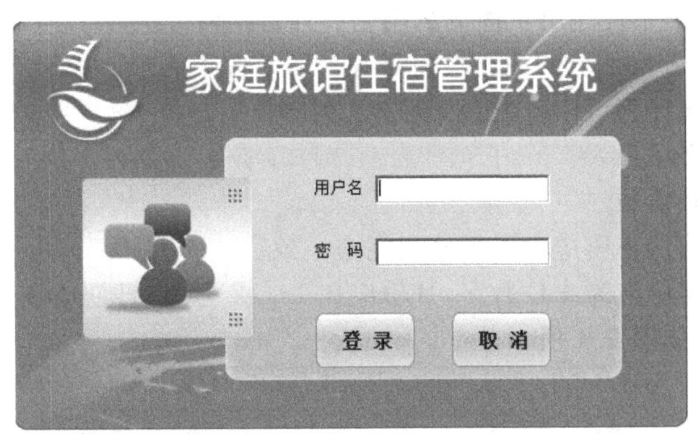

图 2.3 旅馆住宿系统登录页面

表 2.2 登录_等价类划分表

输 入	有效等价类	无效等价类
用户名	长度在 6～10 位之间(1)	长度小于 6(3)
		长度大于 10(4)
	类型是 0～9 的自然数(2)	负数(5)
		小数(6)
		英文字母(7)
		字符(8)
		中文(9)
		空 (10)

第 1 步：针对表 2.2 中的“长度在 6～10 位之间”有效等价类进行边界值选取。边界值为 5 位、6 位、10 位、11 位，故需针对上述边界值进行测试用例设计，以补充等价类划分法测试用例设计。

第 2 步：针对边界值进行测试用例设计，如表 2.3 所示。

表 2.3 登录_边界值测试用例

用例编号	覆盖边界值	输 入	预 期 结 果
1	5 位	12345	系统提示用户名应为 6～10 位自然数
2	6 位	123456	系统提示输入正确
3	10 位	1234567890	系统提示输入正确
4	11 位	12345678901	系统提示用户名应为 6～10 位自然数

注意：

① 边界值分析法往往是在等价类划分法基础上采用，进行等价类划分法测试用例的追加和扩充。基于经验得知，采用边界值分析法更易发现系统缺陷。

② 使用边界值分析法补充测试用例过程中，若追加的用例在等价类划分法中恰巧已经设计过，则该用例可省略不编写或不执行。

思考：上述题目的边界值确定中，是否有必要针对“0～9 的自然数”进行边界值的选取？

任务 2：旅馆住宿系统注册页面测试用例设计。

(1) 需求：旅馆住宿系统的注册页面需符合如下各条需求。

① 登录账号：长度为 3～19 之间，且应以字母开头。

② 真实姓名：必填项。

③ 登录密码：必填项。

④ 确认密码：确认密码应和登录密码完全一致。

⑤ 出生日期：年份应为 4 位数字，月份应在 1～12 之间，日期应在 1～31 之间。

(2) 界面原型：如图 2.4 所示。

图 2.4　旅馆住宿系统注册页面

(3) 问题：采用边界值分析法进行测试用例设计。

前提条件：在实验 1 的任务 2 中已完成了等价类划分法设计用例，如表 2.4 所示为等价类划分表。

表 2.4　注册_等价类划分表

输　　入	有效等价类	无效等价类
登录账号	长度为 3～19 位(1)	长度小于 3(2)
		长度大于 19(3)
	以字母开头(4)	以非字母开头(5)
真实姓名	必须填写(6)	为空(7)
登录密码	必须填写(8)	为空(9)
确认密码	值和密码值相同(10)	值和密码值不同(11)
出生日期(年)	年(4 位)(12)	不是 4 位(13)
	年(数字)(14)	年份中有字母或其他非数字符号(15)
	年(合理范围)(16)	年份在不合理范围(17)
出生日期(月)	1～12(18)	月份小于 1(19)
		月份大于 12(20)
		月份中有字母或其他非数字符(21)
出生日期(日)	1～31(22)	日期小于 1(23)
		日期大于 31(24)
		日期中有字母或其他非数字符号(25)

第 1 步：针对表 2.4 中的“登录账号长度”、“出生日期(年)”、“出生日期(月)”及“出生日期(日)”进行边界值选取，如表 2.5 所示。

表 2.5　注册_边界值选取

输　　入	等　价　类	边　界　值
登录账号	长度 3～19 位(1)	2 位、3 位、19 位、20 位
出生日期(年)	年(四位)(12)	3 位、5 位
出生日期(月)	1～12(18)	0、1、12、13
出生日期(日)	1～31(22)	0、1、31、32

第 2 步：针对边界值进行测试用例设计，如表 2.6 所示。

表 2.6　注册_边界值测试用例

用例编号	覆盖边界值	输　　入					预期结果
		登录账号	真实姓名	登录密码	确认密码	出生日期	
1	登录账号长度 2 位	A1	weind	1	1	2011-5-6	系统提示“登录账号长度应为 3～19 之间，且应以字母开头”
2	登录账号长度 3 位	A12	weind	1	1	2011-5-6	系统提示注册成功
3	登录账号长度 19 位	A123456789012345678	weind	1	1	2011-5-6	系统提示注册成功
4	登录账号长度 20 位	A1234567890123456789	weind	1	1	2011-5-6	系统提示“登录账号长度应为 3～19 之间，且应以字母开头”
5	出生日期(年)长度 3 位	A123	weind	1	1	201-5-6	系统提示“出生日期输入有误”
6	出生日期(年)长度 5 位	A123	weind	1	1	20111-5-6	系统提示“出生日期输入有误”
7	出生日期(月)边界	A123	weind	1	1	2011-0-6	系统提示“出生日期输入有误”
8	出生日期(月)边界	A123	weind	1	1	2011-1-6	系统提示注册成功
9	出生日期(月)边界	A123	weind	1	1	2011-12-6	系统提示注册成功
10	出生日期(月)边界	A123	weind	1	1	2011-13-6	系统提示“出生日期输入有误”
11	出生日期(日)边界	A123	weind	1	1	2011-5-0	系统提示“出生日期输入有误”
12	出生日期(日)边界	A123	weind	1	1	2011-5-1	系统提示注册成功
13	出生日期(日)边界	A123	weind	1	1	2011-5-31	系统提示注册成功
14	出生日期(日)边界	A123	weind	1	1	2011-5-32	系统提示“出生日期输入有误”

注意：

① 表 2.6 中的某些用例(如用例 2、8、12 等)依据等价类划分法中“设计一个新用例，使它能够尽量多覆盖尚未覆盖的有效等价类。重复该步骤，直到所有有效等价类均被用例所覆盖”的思想，实质可同等价类划分法得出的测试用例进行合并。在此于表 2.6 中再次列出，旨在让读者对边界值分析法有更清晰的理解。

② 针对“年月日”组合不合理的日期情况(如：2013 年 6 月 31 日)，本次用例设计未进行考虑，读者可针对该方面进行用例扩充。

任务 3：旅馆住宿系统结算功能测试用例设计。

(1) 需求：旅馆住宿系统的房费结算有一定的规则限制，当游客入住旅馆后在进行住宿费用结算时可依据房间价格、入住天数、入住人是否有会员卡等情况的不同给予折扣结算。具体房费计算方式为：房费＝房间单价×折扣率。

其中，折扣率根据住宿人住宿天数(最多 30 天)、会员卡种类(有卡、无卡)、入住次数(3 次及以下、3 次以上)和物品寄存个数的不同而有所不同，体现在不同的上述条件下对应的积分不同，10 分及 10 分以上折扣率为 7 折，10 分以下折扣率为 9 折，具体规则参见表 2.7。

表 2.7　旅馆住宿系统规则表

	入住天数(天)			会员卡		入住次数		物品寄存
分类	2～10	11～30	1	Y	N	3 次以下	3 次以上	1 件扣 1 分，最多扣 6 分，最多可寄存 9 件物品
积分(分)	4	6	2	4	1	1	3	

(2) 问题：采用边界值分析法进行测试用例设计。

前提条件：在实验 1 中的任务 3 中已完成了等价类划分法设计用例，如表 2.8 所示为等价类划分表。

表 2.8　结算_等价类划分表

输　　入	有效等价类	无效等价类
入住天数	2～10 天(1)	
	11～30 天(2)	
	1 天(3)	小于 1(12)
		大于 30(13)
会员卡	Y(4)	除“Y”和“N”之外的其他字符(14)
	N(5)	
入住次数	3 次及以下(6)	除“3 次及以下”和“3 次以上”之外的其他字符(15)
	3 次以上(7)	
寄存物品个数	空白(8)	除空白和“无”之外的其他字符(16)
	无(9)	
	1～6 件(10)	小于 1(17)
	7～9 件(11)	大于 9(18)

第 1 步：针对表 2.8 中的“入住天数”、“入住次数”及“物品寄存个数”进行边界值选取，如表 2.9 所示。

表 2.9　结算_边界值选取

输　　入	等　价　类	边　界　值
入住天数	2～10 天(1)	1、2、10、11
	11～30 天(2)	10、11、30、31
	1 天(3)	0、1、2
入住次数	3 次及以下(6)	0、3、4
	3 次以上(7)	3、4、无穷大
寄存物品个数	1～6 件(10)	0、1、6、7
	7～9 件(11)	6、7、9、10

注意：对于同一输入条件的两个相同边界值，设计测试用例时仅针对该边界值开展一次即可。例如，入住天数的“11”。

第 2 步：针对边界值进行测试用例设计，如表 2.10 所示。

表 2.10　结算_边界值测试用例

用例编号	覆盖边界值	输　　入					预期结果（积分值）	预期结果（房费）
		入住天数	会员卡	入住次数	寄存物品个数	房间单价		
1	入住 1 天	1	Y	3	空白	500	2+4+1−0<=10 取 9 折	450
2	入住 2 天	2	Y	3	空白	500	4+4+1−0>10 取 7 折	350
3	入住 10 天	10	Y	3	空白	500	4+4+1−0>10 取 7 折	350
4	入住 11 天	11	Y	3	空白	500	6+4+1−0>10 取 7 折	450
5	入住 30 天	30	Y	3	空白	500	6+4+1−0>10 取 7 折	450
6	入住 31 天	31	Y	3	空白	500		提示“入住天数应在 1～30 天之间，请重新输入”
7	入住 0 次	3	Y	0	空白	500	4+4+1−0>10 取 7 折	350
8	入住 3 次	3	Y	3	空白	500	4+4+1−0>10 取 7 折	350
9	入住 4 次	3	Y	4	空白	500	4+4+3−0>10 取 7 折	350

续表

用例编号	覆盖边界值	输入					预期结果（积分值）	预期结果（房费）
		入住天数	会员卡	入住次数	寄存物品个数	房间单价		
10	入住无穷次	3	Y	无穷，如500	空白	500	4+4+3−0>10取7折	350
11	寄存0物品	3	Y	4	0	500		提示"寄存物品请填写空或无或1～9之间整数，请重新输入"
12	寄存1物品	3	Y	4	1	500	4+4+3−1>10取7折	350
13	寄存6物品	3	Y	4	6	500	4+4+3−6<=10取9折	450
14	寄存7物品	3	Y	4	7	500	4+4+3−7<=10取9折	450
15	寄存9物品	3	Y	4	9	500	4+4+3−9<=10取9折	450
16	寄存10物品	3	Y	4	10	500		提示"寄存物品请填写空或无或1～9之间整数，请重新输入"

思考：任务3中边界值点是否已经考虑充分？

提示：对于"10分及10分以上折扣率为7折，10分以下折扣率为9折"中的"10分"同样需要进行边界值的分析和用例设计。请读者结合上述提醒继续完成后续用例填充！

4. 拓展练习

请读者采用边界值分析法针对实验1的拓展练习第(2)题的测试用例进行补充，针对边界情况进行分析。(需求及界面原型参见实验1)

实验3　因果图法与旅馆系统用例设计

1. 实验目标

(1) 能够依据需求分析原因和结果。

(2) 能够画出因果图,标注相应关系符号。

(3) 能够将因果图转化判定表。

(4) 能够使用因果图法进行用例设计。

2. 背景知识

(1) 需求：某旅馆住宿系统可为游客办理房间选定、房间支付及房间管理相关业务。其需求描述如下：当支付房间全款(即预期入住天数内所有房款)或支付房间房款不足(仅支付定金),选择“单人间”、“双人间”或“豪华间”,若该类型房间有空房,则相应类型的房间被开启;若该类型房间无空房,则“房间已满”提示灯亮。此时,支付房款不足的游客选择该类型的房间,则该类型房间不被开启且提示办理退款;若此期间,该房间类型有客人退房,则“房间已满”提示灯灭,该类型房间的某间房被开启的同时提醒游客房款不足。

(2) 界面原型：如图3.1所示。

图3.1　旅馆住宿系统业务办理页面

首先,基于上述需求,请思考采用等价类划分法如何进行用例设计。读者采用等价类划分法进行上述需求的用例设计时,不难发现,设计出的测试用例存在如下特点。其一,数量甚少。其二,仅着重考虑了各项输入条件,并未考虑到输入条件的各种组合情况。例如选择不同的房款支付方式及房间类型,在“房间已满”和“房间空余”不同前提下,产生的结果会有所差异,此情况便未于等价类划分法中涉及和考虑。其三,未考虑到各输入情况之间的相互制约关系。例如“支付房款”与“支付定金”不能同时成立,最多仅能成立一个;选择“单人间”、“双人间”和“豪华间”不能同时成立,最多仅能成立一个,等等,上述列举的两种情况亦未于等价类划分法中涉及和考虑。

再如某保险公司的预约投保系统，界面原型如图 3.2 所示。读者针对此界面原型采用等价类划分法进行用例设计时，同样会忽略多种关系的存在。如“称谓”字段中“先生”与“女士”不能同时成立，最多仅能成立二者之一；“所在地”字段中，当“某市”出现时，“该市所属省份”必须也同步出现，决不应前者（市）出现而后者（市所属省份）不出现的情况发生；“联系电话”字段中，“固定电话”、“小灵通”及“手机号”至少要有一个被填写即可等。

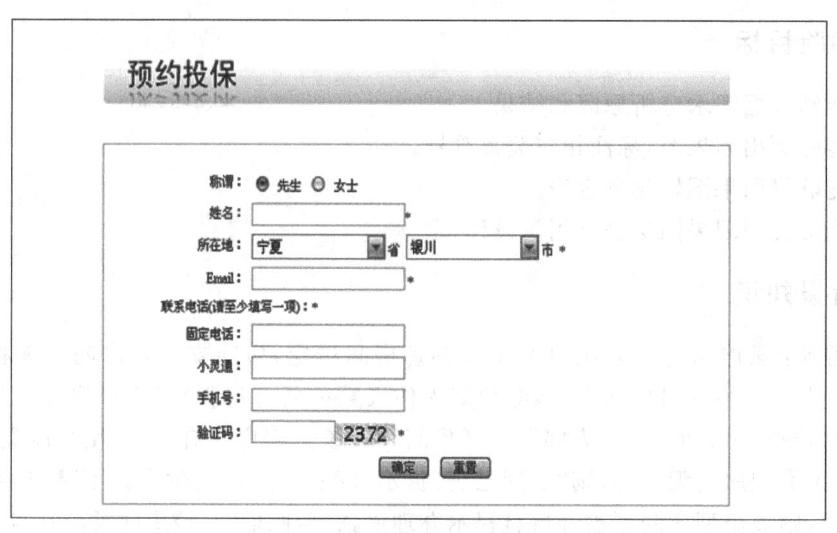

图 3.2　预约投保系统页面

读者充分理解了上述两实例后，则不难理解仅采用等价类法并不能很好地处理“当系统中输入项之间以及输入项与输出之间存在多种关系”时的测试用例设计问题，而恰恰这正是因果图法引入的主要原因。

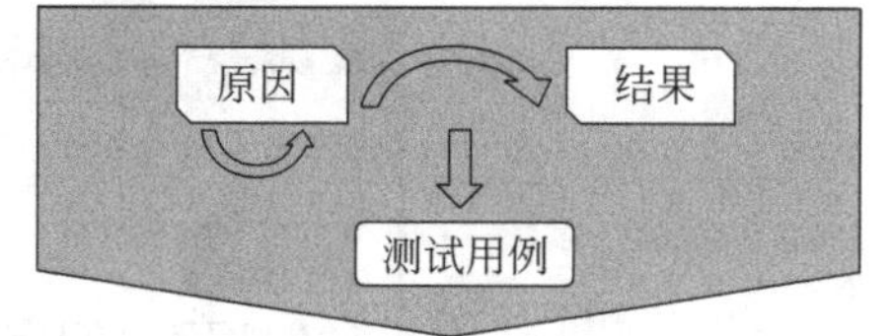

图 3.3　因果图法介绍

因果图法是从需求中找出因（输入条件）和果（输出或程序状态的改变），通过分析输入条件之间的关系（组合关系、约束关系等）及输入和输出之间的关系绘制出因果图，再转化成判定表，从而设计出测试用例的方法，如图 3.3 所示。不难理解，该方法主要适用于各种输入条件之间存在某种相互制约关系或输出结果依赖于各种输入条件的组合时的情况。

多次提及“因果图”，究竟“图”为何模样？如图 3.4 所示。

读者易于发现，图 3.4 中无法识别的符号甚多，例如 E、V 等。以下结合图 3.5 所示，就因果图中的常用符号含义进行作答。

因果图符号种类繁多，结合常用符号解释如下：

(1) CI：原因。

(2) EI：结果。

(3) 恒等：原因结果同时出现。

(4) 非～：原因出现，结果不出现；原因不出现，结果出现。

(5) 或∨：原因 1 个出现，结果就出现；原因都不出现，结果就不出现。

(6) 且∧：原因都出现，结果才出现。

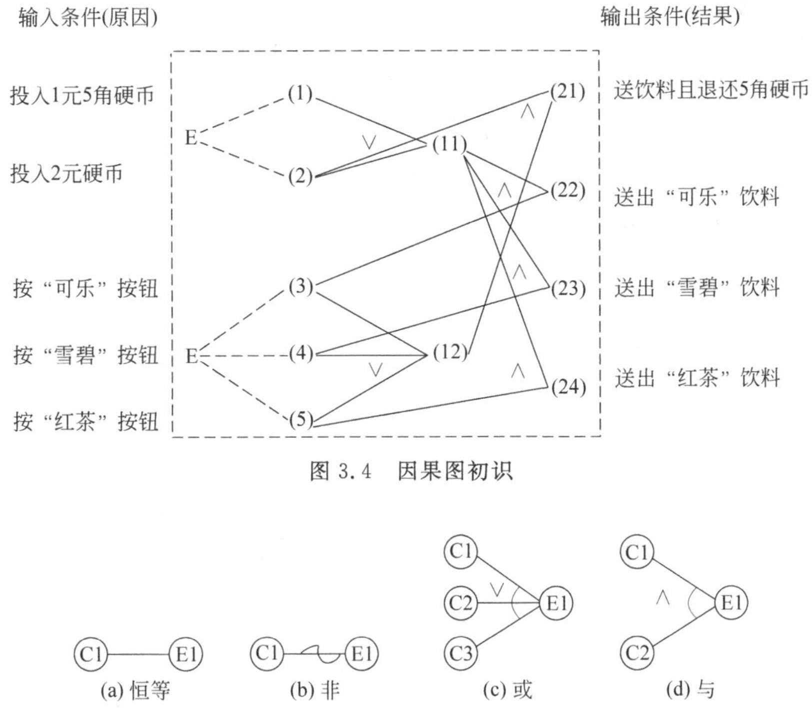

图 3.4　因果图初识

(a) 恒等　(b) 非　(c) 或　(d) 与

图 3.5　因果图符号

注意：

① 图 3.5 中所示的每个结点，表示状态。

② 图 3.5 中所示的 I 取“0”表示状态不出现，“1”表示状态出现，若有多状态，可取大于 1 的多个值表示。

为了表示原因与原因之间、结果与结果之间可能存在的约束条件，因果图中还附加一些表示约束条件的符号，以下结合图 3.6 所示，就因果图中的约束符号含义进行作答。

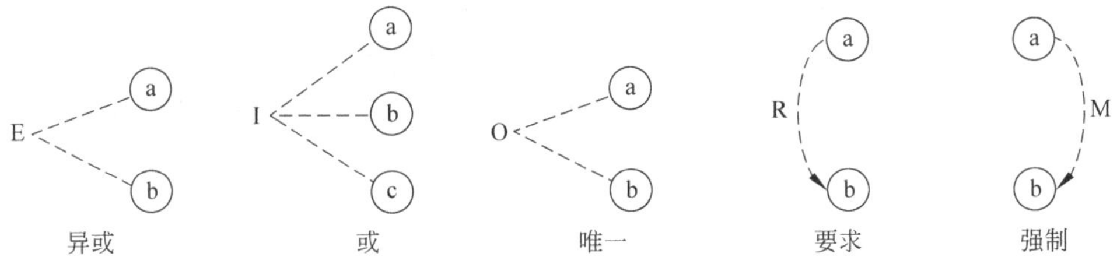

图 3.6　因果图符号_约束条件

约束符号亦包含多种类型，据“从输入考虑”和“从输出考虑”两方面进行归类如下。

(1) 从输入考虑。

① E(互斥/异或)：表示 ab 两原因不会同时成立，最多一个能成立。

② I(包含)：abc 三个原因中至少有一个必须成立。

③ O(唯一)：ab 当中必须有一个，且仅有一个成立。

④ R(要求)：当 a 出现时，b 必须也出现，不可能 a 出现 b 不出现。

(2) 从输出考虑。

M(强制或屏蔽)：a 是 1 时，b 必须是 0；a 是 0 时，b 的值不定。

基于上述因果图的常见重要符号的含义介绍，回过头来针对上文中的“某保险公司的预约投保系统”进行分析，结果如图 3.7 所示。

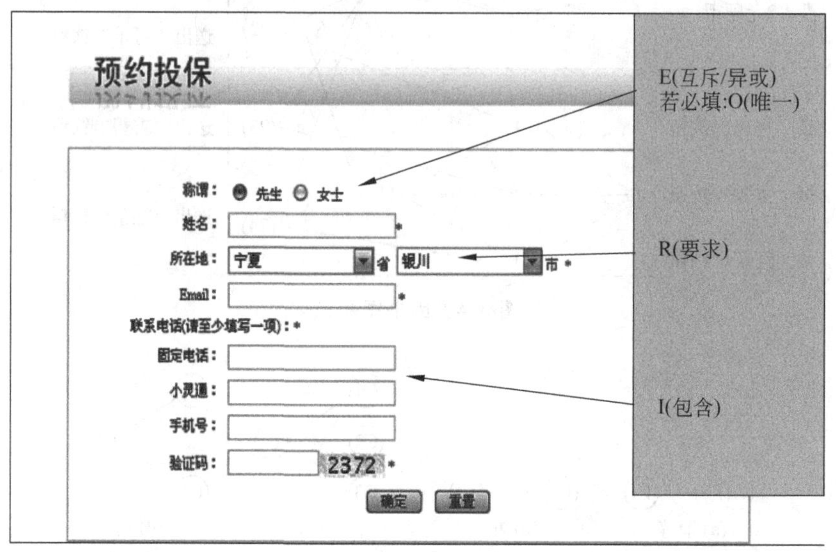

图 3.7　预约投保系统页面_关系分析

到目前为止，以上知识强调了因果图的重要符号的含义，读者或多或少对因果图的符号有了一定了解。究竟如何来使用因果图法呢？可参照如下步骤进行测试用例设计。

(1) 分析需求，提取原因和结果，并赋予标识符。

(2) 分析需求，提取因果关系，并表示成“因果图”。

(3) 标明因果图中约束条件。

(4) 因果图转换成判定表。

(5) 为判定表中每一列表示的情况设计测试用例。

注意：*原因常常是输入条件或输入条件的等价类；结果常常是输出条件。*

以下实验，以旅馆住宿系统为例，针对忽略房间状态和考虑房间状态两种不同的需求情况，结合上述因果图法的开展步骤进行具体方法应用的介绍。

3. 实验任务

任务 1：旅馆住宿系统测试用例设计(忽略房间状态)。

(1) 需求：某旅馆住宿系统可为游客办理房间选定、房间支付及房间管理相关业务，此系统默认房间资源始终保持充足的状态。其需求描述如下：当支付房间全款(即预期入住天数内所有房款)或支付房间房款不足(仅支付定金)，选择“单人间”、“双人间”或“豪华间”，则相应类型的房间被开启。若游客支付房款不足，则在开启房门的同时系统提示房款支付不足。

(2) 界面原型：如图 3.8 所示。

(3) 问题：采用因果图法进行测试用例设计。

图 3.8　旅馆住宿系统业务办理页面(忽略房间状态)

前提条件：经分析需求和界面原型,可发现该需求的输入项与输入项之间以及输入项与结果之间存在多种关系,处理此种情况采用因果图法更为合适。

第 1 步：分析需求说明,找出原因(即输入)和结果(即输出)。

原因：

1. 游客支付房间全款
2. 游客支付房款不足
3. 游客选择“单人间”
4. 游客选择“双人间”
5. 游客选择“豪华间”

结果：

21. 该类型房间被打开且提醒房款支付不足
22. 某“单人间”被打开
23. 某“双人间”被打开
24. 某“豪华间”被打开

第 2 步：画出因果图,并标注相应关系符号,如图 3.9 所示。在图 3.9 中所有原因结点显示于左侧,所有结果结点显示于右侧,并建立中间结点以表示处理的中间状态。

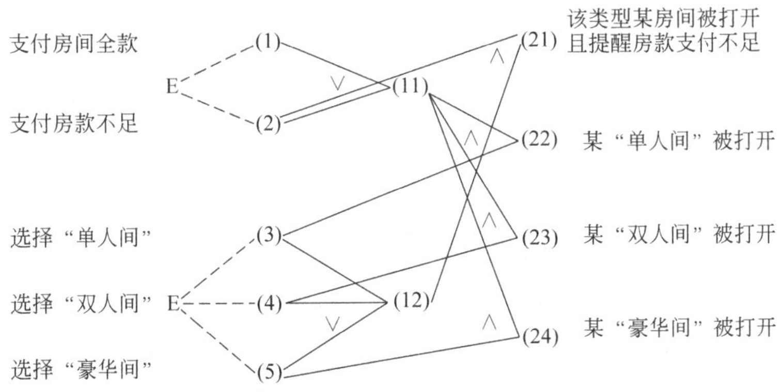

图 3.9　业务办理_因果图(忽略房间状态)

中间结点：

11. 已支付房款

12. 已选择房间类型

注意：中间结点的设立并非必须要完成的工作，但是它的设立可使绘制出的因果图显示起来更简单和美观，阅读起来也较为方便。

第 3 步：转换成判定表，如表 3.1 所示。

表 3.1　业务办理_判定表(忽略房间状态)

输入条件	游客支付房间全款	(1)	1	1	1	1	0	0	0	0	0	0	0
	游客支付房款不足	(2)	0	0	0	0	1	1	1	1	0	0	0
	游客选择"单人间"	(3)	1	0	0	0	1	0	0	0	1	0	0
	游客选择"双人间"	(4)	0	1	0	0	0	1	0	0	0	1	0
	游客选择"豪华间"	(5)	0	0	1	0	0	0	1	0	0	0	1
中间结果	已支付房款	(11)	1	1	1	1	1	1	1	1	0	0	0
	已选择房间类型	(12)	1	1	1	0	1	1	1	0	1	1	1
输出结果	该类型房间被打开且提醒房款支付不足	(21)	0	0	0	0	1	1	1	0	0	0	0
	某"单人间"被打开	(22)	1	0	0	0	1	0	0	0	0	0	0
	某"双人间"被打开	(23)	0	1	0	0	0	1	0	0	0	0	0
	某"豪华间"被打开	(24)	0	0	1	0	0	0	1	0	0	0	0
测试用例			Y	Y	Y	Y	Y	Y	Y	Y	Y	Y	Y

第 4 步：在判定表中，可根据显示的 11 列作为确定测试用例的依据。设计测试用例如表 3.2 所示。

表 3.2　业务办理_测试用例设计(忽略房间状态)

编号	输　　入	预期结果
1	游客支付房间全款，选择"单人间"	某"单人间"被打开
2	游客支付房间全款，选择"双人间"	某"双人间"被打开
3	游客支付房间全款，选择"豪华间"	某"豪华间"被打开
4	游客支付房间全款，未选择任何类型的房间	所有房间均不被打开
5	游客支付房款不足，选择"单人间"	某"单人间"被打开且系统提醒房款支付不足
6	游客支付房款不足，选择"双人间"	某"双人间"被打开且系统提醒房款支付不足
7	游客支付房款不足，选择"豪华间"	某"豪华间"被打开且系统提醒房款支付不足
8	游客支付房款不足，未选择任何类型的房间	所有房间均不被打开
9	游客不进行支付，选择"单人间"	所有房间均不被打开
10	游客不进行支付，选择"双人间"	所有房间均不被打开
11	游客不进行支付，选择"豪华间"	所有房间均不被打开

任务 2：旅馆住宿系统测试用例设计(考虑房间状态)。

(1) 需求：某旅馆住宿系统可为游客办理房间选定、房间支付及房间管理相关业务。其需求描述如下：当支付房间全款(即预期入住天数内所有房款)或支付房间房款不足(仅支付定金)，选择"单人间"、"双人间"或"豪华间"，若该类型房间有空房，则相应类型的房间被开启；若该类型房间无空房，则"房间已满"提示灯亮。此时，支付房款不足的游客选择该类型的房间，则该类型房间不被开启且提示办理退款；若此期间，该房间类型有客人退房，则"房间已满"提示灯灭，该类型房间的某间房被开启的同时提醒游客房款不足。

(2) 界面原型：如图 3.10 所示。

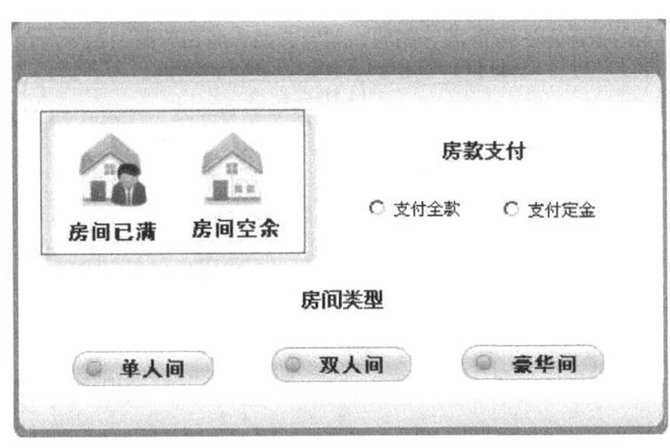

图 3.10　旅馆住宿系统业务办理页面(考虑房间状态)

(3) 问题：采用因果图法进行测试用例设计。

前提条件：经分析需求和界面原型，可发现该需求的输入项与输入项之间以及输入项与结果之间存在多种关系，处理此种情况采用因果图法更为合适。

第 1 步：分析需求说明，找出原因(即输入)和结果(即输出)。

原因：

1. 该类型房间有空房
2. 游客支付房款不足
3. 游客支付房间全款
4. 游客选择"单人间"
5. 游客选择"双人间"
6. 游客选择"豪华间"

结果：

21. 该类型房间"房间已满"灯亮
22. 提示办理退款
23. 提醒房款不足
24. 某"单人间"被打开
25. 某"双人间"被打开
26. 某"豪华间"被打开

第 2 步：画出因果图，并标注相应关系符号，如图 3.11 所示。在图 3.11 中所有原因结点显示于左侧，所有结果结点显示于右侧，并建立中间结点以表示处理的中间状态。

中间结点：

11. 支付房款不足且已选择房间类型

12. 已选择房间类型

13. 该类型房间有空房并且提醒房款支付不足

14. 钱已支付

注意：中间结点的设置并非必须要完成的工作，但是设立中间结点可使绘制出的因果图显示更简单和美观，阅读起来也较为方便。

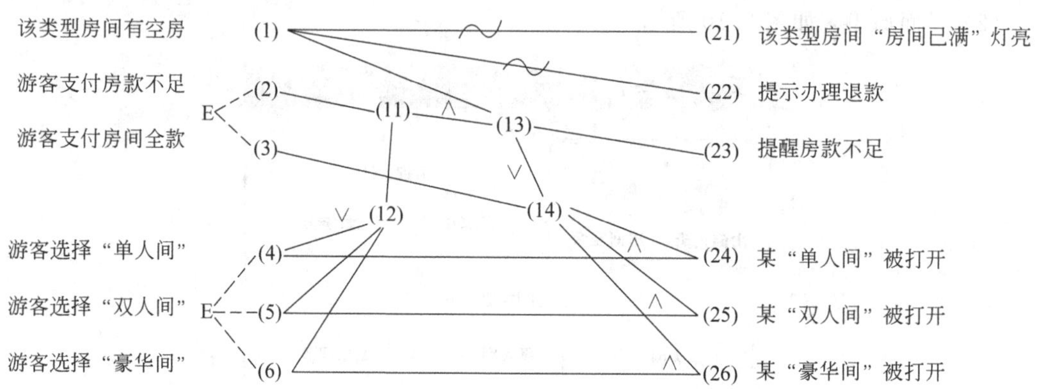

图 3.11　业务办理_因果图(考虑房间状态)

第 3 步：转换成判定表，如表 3.3 所示。

表 3.3　业务办理_判定表(考虑房间状态)

输入条件	(1)	1	1	1	1	1	1	1	1	1	1	1	1	1	1	1	1	1	1	1	1	1	1	1	1	1	1	1	1	1	1	1	1
	(2)	1	1	1	1	1	1	1	1	1	1	1	1	1	1	1	1	0	0	0	0	0	0	0	0	0	0	0	0	0	0	0	0
	(3)	1	1	1	1	1	1	1	1	0	0	0	0	0	0	0	0	1	1	1	1	1	1	1	1	0	0	0	0	0	0	0	0
	(4)	1	1	0	0	1	1	0	0	1	1	0	0	1	1	0	0	1	1	0	0	1	1	0	0	1	1	0	0	1	1	0	0
	(5)	1	0	1	0	1	0	1	0	1	0	1	0	1	0	1	0	1	0	1	0	1	0	1	0	1	0	1	0	1	0	1	0
	(6)	0	0	0	0	1	1	1	1	0	0	0	0	1	1	1	1	0	0	0	0	1	1	1	1	0	0	0	0	1	1	1	1
输出结果	(21)										0	0	0				0		0	0	0				0		0	0	0				0
	(22)										0	0	0				0		0	0	0				0		0	0	0				0
	(23)										1	1	0				1		0	0	0				0		0	0	0				0
	(24)										1	0	0				0		1	0	0				0		0	0	0				0
	(25)										0	1	0				0		0	1	0				0		0	0	0				0
	(26)										0	0	0				1		0	0	0				1		0	0	0				0
测试用例											Y	Y	Y				Y		Y	Y	Y				Y		Y	Y	Y				Y

续表

输入条件	(1)	0	0	0	0	0	0	0	0	0	0	0	0	0	0	0	0	0	0	0	0	0	0	0	0	0	0	0	0	0	0	0	0
	(2)	1	1	1	1	1	1	1	1	1	1	1	1	1	1	1	1	0	0	0	0	0	0	0	0	0	0	0	0	0	0	0	0
	(3)	1	1	1	1	1	1	1	1	0	0	0	0	0	0	0	0	1	1	1	1	1	1	1	1	0	0	0	0	0	0	0	0
	(4)	1	1	0	0	1	1	0	0	1	1	0	0	1	1	0	0	1	1	0	0	1	1	0	0	1	1	0	0	1	1	0	0
	(5)	1	0	1	0	1	0	1	0	1	0	1	0	1	0	1	0	1	0	1	0	1	0	1	0	1	0	1	0	1	0	1	0
	(6)	0	0	0	0	1	1	1	1	0	0	0	0	1	1	1	1	0	0	0	0	1	1	1	1	0	0	0	0	1	1	1	1
输出结果	(21)										1	1	1				1		1	1	1				1		1	1	1				1
	(22)										1	1	0				1		1	1	1				1		0	0	0				0
	(23)										0	0	0				0		0	0	0				0		0	0	0				0
	(24)										0	0	0				0		0	0	0				0		0	0	0				0
	(25)										0	0	0				0		0	0	0				0		0	0	0				0
	(26)										0	0	0				0		0	0	0				0		0	0	0				0
测试用例											Y	Y	Y				Y		Y	Y	Y				Y		Y	Y	Y				Y

注意：

① 读者于第 3 步转化判定表时，通过分析，可先将违反约束条件的组合省略，再列出上表，则可大大减轻工作量。此实例组合项较多，避免讲解不充分，特将所有组合进行全部列举。

② 表 3.3 和续表 3.3 中未列出“中间结点”的取值情况，读者可自行列举。

第 4 步：在判定表中，阴影部分表示因违反约束条件而不可能出现的情况，故不对此进行用例设计。最后，剩余的 24 列将作为确定测试用例的依据。设计测试用例如表 3.4 所示。

表 3.4　业务办理_测试用例设计(考虑房间状态)

编号	输　　入	预 期 结 果
1	游客支付房款不足，选择“单人间”且有空房	某“单人间”被打开且系统提醒房款不足
2	游客支付房款不足，选择“双人间”且有空房	某“双人间”被打开且系统提醒房款不足
3	游客支付房款不足，未选择任何类型的房间	所有房间均不被打开且“房间已满”灯为灭的状态
4	游客支付房款不足，选择“豪华间”且有空房	某“豪华间”被打开且系统提醒房款不足
5	游客支付全款，选择“单人间”且有空房	某“单人间”被打开
6	游客支付全款，选择“双人间”且有空房	某“双人间”被打开
7	游客支付全款，未选择任何类型的房间	所有房间均不被打开且“房间已满”灯为灭的状态
8	游客支付全款，选择“豪华间”且有空房	某“豪华间”被打开

续表

编号	输　入	预期结果
9	游客不进行支付，选择“单人间”且有空房	所有房间均不被打开且“房间已满”灯为灭的状态
10	游客不进行支付，选择“双人间”且有空房	所有房间均不被打开且“房间已满”灯为灭的状态
11	游客不进行支付，未选择任何类型的房间且有空房	所有房间均不被打开且“房间已满”灯为灭的状态
12	游客不进行支付，选择“豪华间”且有空房	所有房间均不被打开且“房间已满”灯为灭的状态
13	游客支付房款不足，选择“单人间”且没有空房	“房间已满”灯为亮的状态且系统提示办理退款
14	游客支付房款不足，选择“双人间”且没有空房	“房间已满”灯为亮的状态且系统提示办理退款
15	游客支付房款不足，未选择任何类型的房间	“房间已满”灯为亮的状态
16	游客支付房款不足，选择“豪华间”且没有空房	“房间已满”灯为亮的状态且系统提示办理退款
17	游客支付全款，选择“单人间”且没有空房	“房间已满”灯为亮的状态且系统提示办理退款
18	游客支付全款，选择“双人间”且没有空房	“房间已满”灯为亮的状态且系统提示办理退款
19	游客支付全款，未选择任何类型的房间	“房间已满”灯为亮的状态
20	游客支付全款，选择“豪华间”且没有空房	“房间已满”灯为亮的状态且系统提示办理退款
21	游客不进行支付，选择“单人间”且没有空房	所有房间均不被打开且“房间已满”灯为亮的状态
22	游客不进行支付，选择“双人间”且没有空房	所有房间均不被打开且“房间已满”灯为亮的状态
23	游客不进行支付，未选择任何类型的房间且没有空房	所有房间均不被打开且“房间已满”灯为亮的状态
24	游客不进行支付，选择“豪华间”且没有空房	所有房间均不被打开且“房间已满”灯为亮的状态

注意：需求中描述“当房间没有空余时，‘房间已满’灯亮”。但是，读者会发现界面原型中并未见“灯”的显示。在此，值得一提的是，真实项目中界面原型可能会采用多种其他方式来实现需求说明中的要求，所采取的表现方式或许更加易于理解和使用。但是，建议开发方人员在界面原型确定后，及时同客户进行沟通并确认，便于后续工作在此基础上顺利开展。

思考：若此处采用等价类划分法设计用例，又该如何考虑呢？

4. 拓展练习

(1) 请采用因果图法针对如下需求进行测试用例设计。

需求：输入的第一个字符必须是＃或＊，第二个字符必须是一个数字，此情况下进行文件的修改；若第一个字符不是＃或＊，则给出信息 N，若第二个字符不是数字，则给出信息 M。

(2) 请采用因果图法针对如下需求进行测试用例设计。

需求：有一个处理单价为 5 角钱的饮料的自动售货机软件测试用例的设计。其规格说明如下：若投入 5 角钱或 1 元钱的硬币，按下“橙汁”或“啤酒”按钮，则相应的饮料就送出来。若售货机没有零钱找，则一个显示“零钱找完”的红灯亮，这时在投入 1 元硬币并按下按钮后，饮料不送出来而且 1 元硬币也退出来；若有零钱找，则显示“零钱找完”的红灯灭，在送出饮料的同时退还 5 角硬币。

实验4　决策表法与旅馆系统用例设计

1. 实验目标

(1) 理解决策表法内涵。
(2) 能够使用决策表法进行用例设计。
(3) 能够在真实项目中灵活采用决策表法。

2. 背景知识

读者已知晓，因果图法设计测试用例的步骤如下：
(1) 分析需求，提取原因和结果，并赋予标识符；
(2) 分析需求，提取因果关系，并表示成“因果图”；
(3) 标明因果图中约束条件；
(4) 因果图转换成判定表；
(5) 为判定表中每一列表示的情况设计测试用例。

显然，第(4)步“因果图转换成判定表”中已使用了判定表。判定表又称作决策表，为决策表法的核心，是分析和表达多逻辑条件下执行不同操作情况的有效工具。因此，决策表法是一种能够将复杂逻辑关系和多条件组合情况表达得较为明确的方法，适用于程序中输入输出较多或输入与输出之间相互制约条件较多的情况。综合所有黑盒测试方法来讲，基于决策表法的测试是最严格，最具有逻辑性的。

决策表法如此重要，何为决策表则显得尤为关键？通过表4.1所示实例加以说明。

表4.1　决策表初识

		1	2	3	4	5	6	7	8
问题	是否劳累?	Y	Y	Y	Y	N	N	N	N
	是否喜欢?	Y	Y	N	N	Y	Y	N	N
	是否难理解?	Y	N	Y	N	Y	N	Y	N
建议	重听一遍					√			
	继续进行						√		
	进行下一题							√	√
	休息	√	√	√	√				

不难理解，决策表能够将看似复杂的问题依据各种可能的情况进行全部罗列，简明且无遗漏。同理可悟出，在软件测试中，利用决策表法也应能够设计出完整的测试用例集合。

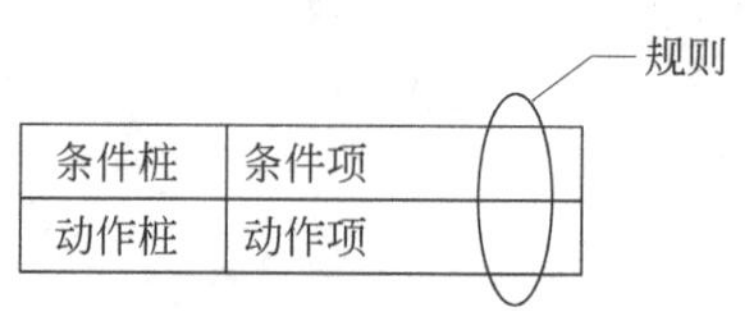

图4.1　决策表模型图

随后，将表4.1抽象为图4.1所示的决策表模型图。

可见,图 4.1 中包含了条件桩、动作桩、条件项和动作项 4 项元素,简要解释如下。

(1) 条件桩:为问题的所有条件的集合,包含了各种条件,其中各条件次序无严格限制。

(2) 条件项:为问题的所有条件的各种取值的集合,包含了左侧条件桩中各种条件的各种取值的组合,其中各条件次序无严格限制。

(3) 动作桩:为问题的所有可采取操作的集合,包含了各种可采取的操作,其中各操作次序无严格限制。

(4) 动作项:为针对条件项的各种组合的取值情况下,应该采取的对应操作。

值得提醒的是,图 4.1 中所示的任何一个条件组合的特定取值及其相应要执行的操作称为规则。

不难理解,决策表法实质为直接把测试输入中所有可能的情况进行组合,并汇总所对应的操作结果,这即为决策表法之优势所在。显然,利用决策表法能够设计出各种组合类型的完整测试用例集合。但不得不承认,决策表法并非十全十美,它不能表达重复执行的动作,如循环结构等。因此,读者应辩证地看待该方法。

至此,读者已对决策表法内涵有了相关见解,如何使用决策表法成为下一步要研究的重点。读者可参照如下步骤进行测试用例设计。

(1) 列出所有的条件桩和动作桩;

(2) 确定规则的个数;

(3) 填入条件项;

(4) 填入动作项;

(5) 简化决策表,合并类似规则或相同动作。

注意:

① 针对“确定规则个数”,值得提醒的是,若某决策表中有 n 个条件,且每个条件可取真、假两种值,则共有 2^n 条规则;若某决策表中有 n 个条件,且每个条件可取 1、2、3、…、m 种值,则共有 m^n 条规则。

② 针对决策表的简化过程,值得提醒以下两点:其一,若表中有两条或两条以上的规则具有相同的操作,且在条件项之间存在较为类似的关系,则可进行规则合并;其二,规则合并后得到的条件项用符号“-”表示,代表执行的动作与该条件的取值无关,即称为无关条件。

就目前而言,读者已从理论层面上认识了决策表法,以下实验,将以旅馆住宿系统及经典的 NextDate 函数为例,结合上述决策表法的开展步骤,从实践角度进一步揭示该方法的应用。

3. 实验任务

任务 1:旅馆住宿系统测试用例设计。

(1) 需求:为了进一步扩大业务和提升营业额,旅馆住宿系统支持房间提前预定支付及会员卡办理,且规定在旅游旺季客房紧张的情况下,“进行了房间预订且已支付定金”或“是本旅馆会员,即持有会员卡”的游客,应优先为其办理房间入住。

(2) 问题:采用决策表法进行测试用例设计。

前提条件：需求中输入与输出之间相互制约条件较多，故适合采用决策表法设计用例。

第 1 步：分析需求说明，列出所有的条件桩和动作桩。

① 条件桩：

- 是否进行房间预定。
- 是否已支付定金。
- 是否为旅馆会员。

② 动作桩：

- 优先办理房间入住。
- 作其他处理。

第 2 步：确定规则的个数。在此有 3 个条件，且每个条件有两种取值（是或否），故应有 $2^3=8$ 种规则。此步骤得出表 4.2 所示的决策表。

表 4.2　旅馆系统_决策表_确定规则个数

		1	2	3	4	5	6	7	8
条件	是否进行房间预定？								
	是否已支付定金？								
	是否为旅馆会员？								
动作	优先办理房间入住								
	作其他处理								

第 3 步：填入条件项。即左侧条件桩中各种条件的各种取值的组合，其中各条件次序无严格限制。此步骤得出表 4.3 所示的决策表。

表 4.3　旅馆系统_决策表_填入条件项

		1	2	3	4	5	6	7	8
条件	是否进行房间预定？	Y	Y	Y	Y	N	N	N	N
	是否已支付定金？	Y	Y	N	N	Y	Y	N	N
	是否为旅馆会员？	Y	N	Y	N	Y	N	Y	N
动作	优先办理房间入住								
	作其他处理								

第 4 步：填入动作项。此步骤得出表 4.4 所示的决策表。

表 4.4　旅馆系统_决策表_填入动作项

		1	2	3	4	5	6	7	8
条件	是否进行房间预定？	Y	Y	Y	Y	N	N	N	N
	是否已支付定金？	Y	Y	N	N	Y	Y	N	N
	是否为旅馆会员？	Y	N	Y	N	Y	N	Y	N
动作	优先办理房间入住	X	X	X		X		X	
	作其他处理				X		X		X

第 5 步：简化决策表，合并类似规则或相同动作。经分析可知，“1 与 2”、“5 与 7”、“6 与 8”规则可进行合并，此步骤得出表 4.5 所示的决策表。

表 4.5　旅馆系统_简化后决策表

		1	2	3	4	5	6	7	8
条件	是否进行房间预定？	Y	Y	Y	N	N			
	是否已支付定金？	Y	N	N	—	—			
	是否为旅馆会员？	—	Y	N	Y	N			
动作	优先办理房间入住	X	X		X				
	作其他处理			X		X			

至此，依据表 4.5 所示的所有规则可得出最终测试用例，如表 4.6 所示。

表 4.6　旅馆系统_测试用例设计

编号	输 入 条 件	输 入 数 据	预 期 结 果
1	已进行房间预定且已支付定金	房间编号、类型、定金金额	优先办理入住
2	已进行房间预定、未支付定金，是旅馆会员	房间编号、类型、会员卡号	优先办理入住
3	已进行房间预定、未支付定金，不是旅馆会员	房间编号、类型	作其他处理
4	未进行房间预定，是旅馆会员	会员卡号	优先办理入住
5	未进行房间预定，不是旅馆会员		作其他处理

注意：

① 实际使用决策表时，常常优先进行化简步骤。

② 请回顾决策表法的步骤。

③ 请体会因果图法和决策表法的不同。

任务 2：NextDate 函数测试用例设计。

(1) 需求：NextDate 函数中包含了 3 个输入变量，分别为 Month(月份)、Day(日期)和 Year(年)；函数输出为输入后一天的日期。如输入为 2010 年 10 月 10 日，则输出为 2010 年 10 月 11 日。其中，输入变量 Month、Day 和 Year 都为整数，且取值范围满足：$1 \leqslant Month \leqslant 12$；$1 \leqslant Day \leqslant 31$；$1980 \leqslant Year \leqslant 2020$。

(2) 问题：采用决策表法进行测试用例设计。

前提条件：需求中存在输入输出较多或输入与输出之间相互制约条件较多的情况，故适合采用决策表法设计用例。

第 1 步：分析需求说明，列出所有的条件桩和动作桩。

① 条件桩：

- Month；
- Day；
- Year。

② 动作桩：

- Day 变量值加 1；
- Day 变量值复位为 1；
- Month 变量值加 1；
- Month 变量值复位为 1；
- Year 变量值加 1。

注意：为获得输入后一天的日期，NextDate 函数需执行的操作仅上述 5 种类型。

第 2 步：确定规则的个数。依据“若某决策表中有 n 个条件，且每个条件可取真、假两种值，则共有 2^n 条规则；若某决策表中有 n 个条件，且每个条件可取 1、2、3…、m 种值，则共有 x^n 条规则。”可知，在此有 3 个条件，且每个条件并非仅有两种取值(是或否)，具体取值如下所示：

① Month 可有如下 4 种取值：

- M1={Month 有 30 天}；
- M2={Month 有 31 天，12 月除外}；
- M3={Month 为 12 月}；
- M4={Month 为 2 月}；

② Day 可有如下 5 种取值：

- D1={1≤Day≤27}；
- D2={Day=28}；
- D3={Day=29}；
- D4={Day=30}；
- D5={Day=31}；

③ Year 可有如下 2 种取值：

- Y1={Year 为是闰年}；
- Y2={Year 为非闰年}。

综上所述，应有 4×5×2=40 种规则。

第 3 步：填入条件项。即左侧条件桩中各种条件的各种取值的组合，其中各条件次序无严格限制。值得提醒的是，实际使用决策表时，常常优先进行化简步骤。在此，填入条件项的步骤即可结合实际情况进行适当化简。

填入条件项过程中，以 Day 为填写基准(即以条件中取值情况最多的为基准)，进行四组数据的填入(因为 Month 有 4 种取值)，而 Year 仅对“Month=M4，且 Day=D2 或 D3”时的情况有影响。故此步骤得出表 4.7 所示的决策表。

表 4.7　NextDate 函数_决策表_填入条件项

		1	2	3	4	5	6	7	8	9	10	11	12	13	14	15	16	17	18	19	20	21	22
条件	Month	M1	M1	M1	M1	M1	M2	M2	M2	M2	M2	M3	M3	M3	M3	M3	M4	M4	M4	M4	M4	M4	M4
	Day	D1	D2	D3	D4	D5	D1	D2	D3	D4	D5	D1	D2	D3	D4	D5	D1	D2	D2	D3	D3	D4	D5
	Year	—	—	—	—	—	—	—	—	—	—	—	—	—	—	—	—	Y1	Y2	Y1	Y2	—	—

续表

		1	2	3	4	5	6	7	8	9	10	11	12	13	14	15	16	17	18	19	20	21	22
动作	无效																						
	Day 加 1																						
	Day 复位																						
	Month 加 1																						
	Month 复位																						
	Year 加 1																						

第 4 步：填入动作项。此步骤得出表 4.8 所示的决策表。

表 4.8 NextDate 函数_决策表_填入动作项

		1	2	3	4	5	6	7	8	9	10	11	12	13	14	15	16	17	18	19	20	21	22
条件	Month	M1	M1	M1	M1	M1	M2	M2	M2	M2	M2	M3	M3	M3	M3	M3	M4	M4	M4	M4	M4	M4	M4
	Day	D1	D2	D3	D4	D5	D1	D2	D3	D4	D5	D1	D2	D3	D4	D5	D1	D2	D2	D3	D3	D4	D5
	Year	—	—	—	—	—	—	—	—	—	—	—	—	—	—	—	—	Y1	Y2	Y1	Y2	—	—
动作	无效					√															√	√	√
	Day 加 1	√	√	√			√	√	√	√		√	√	√	√		√	√					
	Day 复位				√						√					√			√	√			
	Month 加 1				√						√								√	√			
	Month 复位															√							
	Year 加 1															√							

第 5 步：简化决策表，合并类似规则或相同动作。经分析可知，“1、2 与 3”、“6、7、8 与 9”、“11、12、13 与 14”及“21 与 22”规则可进行合并，此步骤得出表 4.9 所示的决策表。

表 4.9 NextDate 函数_简化后决策表

		1～3	4	5	6～9	10	11～14	15	16	17	18	19	20	21～22
条件	Month	M1	M1	M1	M2	M2	M3	M3	M4	M4	M4	M4	M4	M4
	Day	D1～D3	D4	D5	D1～D4	D5	D1～D4	D5	D1	D2	D2	D3	D3	D4～D5
	Year	—	—	—	—	—	—	—	—	Y1	Y2	Y1	Y2	—
动作	无效			√									√	√
	Day 加 1	√			√		√		√	√				
	Day 复位		√			√		√			√	√		
	Month 加 1		√			√					√	√		
	Month 复位							√						
	Year 加 1							√						

至此,依据表 4.9 所示的所有规则可得出最终测试用例,如表 4.10 所示。

表 4.10　NextDate 函数_测试用例设计

编号	输入条件	输入数据	预期结果
1	输入 3 个变量值	Year=2010、Month=9、Day=10	2010-9-11
2	输入 3 个变量值	Year=2010、Month=9、Day=30	2010-10-1
3	输入 3 个变量值	Year=2010、Month=9、Day=31	无效
4	输入 3 个变量值	Year=2010、Month=10、Day=10	2010-10-11
5	输入 3 个变量值	Year=2010、Month=10、Day=31	2010-11-1
6	输入 3 个变量值	Year=2010、Month=12、Day=10	2010-12-11
7	输入 3 个变量值	Year=2010、Month=12、Day=31	2011-1-1
8	输入 3 个变量值	Year=2010、Month=2、Day=10	2010-2-11
9	输入 3 个变量值	Year=2012、Month=2、Day=28	2012-2-29
10	输入 3 个变量值	Year=2010、Month=2、Day=28	2010-3-1
11	输入 3 个变量值	Year=2012、Month=2、Day=29	2012-3-1
12	输入 3 个变量值	Year=2010、Month=2、Day=29	无效
13	输入 3 个变量值	Year=2010、Month=2、Day=30	无效

注意:

① 实际使用决策表时,常常优先进行化简步骤,请读者仔细体会该步骤。

② 请回顾决策表法的步骤。

③ 请读者尝试采用等价类划分法和边界值分析法进行用例设计,并体会与决策表法的不同。

4. 拓展练习

请采用决策表法针对如下需求进行测试用例设计。

需求:订购单的检查规则为:若金额超过 600 元,又未过期,则发出批准单和提货单;若金额超过 600 元,但过期了,则不发批准单;如果金额低于 600 元,则不论是否过期都发出批准单和提货单,在过期的情况下还需发出通知单。

实验 5　错误推测法与旅馆系统用例设计

1. 实验目标

(1) 理解错误推测法内涵。

(2) 能够依据错误推测法进行用例设计。

(3) 提醒读者不断积累知识和经验。

2. 背景知识

经验对于各行各业的工作者而言，都非常重要。对于测试工作而言，经验同样占据着举足轻重的地位。基于经验开展的测试可以更充分、更高效发现深层次缺陷，进一步提升软件的质量。

错误推测法即为借助测试经验开展测试的一种方法，它基于经验和直觉推测软件中容易产生缺陷的功能、模块，及各种业务场景等，并依据推测逐一进行列举，从而更有针对性地设计测试用例。例如，以往测试旅馆住宿系统时，办理房间入住及房间结算功能模块产生的缺陷数量最多，且缺陷严重程度也较高。故再次进行旅馆住宿系统其他版本测试时，着重测试了上述两模块，实践证明的确能够发现不少缺陷。

以"办理房间入住"功能为例进行错误推测法的阐述。需求简要概括为，旅馆住宿系统支持游客的房间网上预订、房间非网上预订(即旅馆业主为游客办理预订)、房间入住、房间续租、更换房间及房间结算等功能；且无论是已预订房间的还是未预订房间的游客，只要房间有空余，均可办理入住。

基于经验可知，办理房间入住功能中，往往易产生房间资源占用冲突的情况发生，如：

(1) 针对空闲的房间，其他游客办理入住时是否允许；

(2) 针对已被预订的某时段的房间，其他游客办理该时段入住时是否允许；

(3) 针对已被预订但又被退订某时段的房间，其他游客办理该时段入住时是否允许；

(4) 针对已被他人入住的某时段的房间，其他游客办理该时段入住时是否允许；

(5) 针对某游客入住到期但同时申请当前房间续租业务的房间，其他游客办理续租时段入住时是否允许；

(6) 针对某游客已入住但申请换房业务，且换房成功后空闲的房间，其他游客办理该时段入住时是否允许；

(7) 针对某游客已入住但申请换房业务，且换房成功后新占用的房间，其他游客办理该时段入住时是否允许；

(8) 针对刚刚办理了房间结算业务的房间，办理已结算时段入住时是否允许；

(9) 针对一间房的多个不同时间段被不同游客办理了预订、入住、续租、换房等业务的情况，其他游客办理入住时是否允许；

(10) 其他容易产生房间资源占用冲突的情况。

基于上述分析，进一步设计测试用例，如表 5.1 所示。

表 5.1　测试用例设计

<table>
<tr><td colspan="2">模块名称</td><td colspan="2">办理入住</td><td>优先级</td><td>高</td></tr>
<tr><td colspan="2">功能点</td><td colspan="4">旅馆业主给未预订房间的游客办理入住</td></tr>
<tr><td colspan="2">预置条件</td><td colspan="4">1. 以旅馆业主身份登录系统，如 lvguan/123456
2. 旅馆有单人间房间类型
3. 单人间类型下有 101 房间，且为空房
4. 单人间类型下有 102 房间，102 号房间 8 月 13 日到 8 月 15 日已入住并续租到 8 月 18 日，8 月 22 日到 8 月 25 日被另一游客网上预订，8 月 26 日到 8 月 28 日业主为第三名游客办理了预订
5. 单人间类型下有 103 房间等</td></tr>
<tr><td>序号</td><td>功　能　点</td><td>子预置条件</td><td colspan="2">用例描述(含输入数据)</td><td>预 期 结 果</td></tr>
<tr><td>1</td><td>办理入住</td><td>无</td><td colspan="2">1. 在办理入住页面中填写或选择如下字段信息
房间类型：单人间
房间号：101
入住人数：2
姓名：小魏
性别：女
身份证号：130103198112121111
联系方式：13012345678
入住日期：当天日期
离开日期：2011-8-20
押金金额：100 元
备注：需要有网络的房间
2. 单击“办理入住”按钮</td><td>1. 系统提示办理入住成功
2. 住宿管理模块下列表中增加一条入住记录
3. 结算管理模块下列表中增加一条入住记录
4. 该记录的各字段显示同办理入住时添加的信息</td></tr>
<tr><td>2</td><td>能否入住验证：入住房在入住期间不能再被办理入住(不含续租)</td><td>当前日期 8 月 13 日</td><td colspan="2">1. 单击系统主界面上的“办理入住”
2. 在办理入住页面中入住 8 月 13 日到 8 月 16 日的 102 房间(单人间)
3. 单击“办理入住”按钮</td><td>系统提示无法进行入住，该房间在该时间段被占用</td></tr>
<tr><td>3</td><td>能否入住验证：入住房在入住期间不能再被办理入住(含续租)</td><td>当前日期 8 月 17 日</td><td colspan="2">1. 单击系统主界面上的“办理入住”按钮
2. 在办理入住页面中入住 8 月 17 日到 8 月 19 日的 102 房间(单人间)
3. 单击“办理入住”按钮</td><td>系统提示无法进行入住，该房间在该时间段被占用</td></tr>
<tr><td>4</td><td>能否入住验证：入住房在入住期间的边界不能再被办理入住(含续租)</td><td>当前日期 8 月 18 日</td><td colspan="2">1. 单击系统主界面上的“办理入住”按钮
2. 在办理入住页面中入住 8 月 18 日到 8 月 20 日的 102 房间(单人间)
3. 单击“办理入住”按钮</td><td>系统提示无法进行入住，该房间在该时间段被占用</td></tr>
</table>

续表

序号	功 能 点	子预置条件	用例描述(含输入数据)	预 期 结 果
5	能否入住验证：某时间范围房间为空房可被办理入住(含续租)	当前日期 8 月 19 日	1. 单击系统主界面上的“办理入住”按钮 2. 在办理入住页面中入住 8 月 19 日到 8 月 21 日的 102 房间(单人间) 3. 单击“办理入住”按钮	可成功办理入住
6	能否入住验证：某时间范围房间已被游客网上预订则不可再被办理入住(含边界)	当前日期 8 月 19 日	1. 单击系统主界面上的“办理入住”按钮 2. 在办理入住页面中入住 8 月 19 日到 8 月 22 日的 102 房间(单人间) 3. 单击“办理入住”按钮	系统提示无法进行入住,该房间在该时间段被占用
7	能否入住验证：某时间范围房间已被游客网上预订或业主办理了预订则不可再被办理入住(含边界)	当前日期 8 月 25 日	1. 单击系统主界面上的“办理入住”按钮 2. 在办理入住页面中入住 8 月 25 日到 8 月 26 日的 102 房间(单人间) 3. 单击“办理入住”按钮	系统提示无法进行入住,该房间在该时间段被占用
8.	能否入住验证：某时间范围房间已被业主办理了预订则不可再被办理入住	当前日期 8 月 26 日	1. 单击系统主界面上的“办理入住”按钮 2. 在办理入住页面中入住 8 月 26 日到 8 月 28 日的 102 房间(单人间) 3. 单击“办理入住”按钮	系统提示无法进行入住,该房间在该时间段被占用
9	能否入住验证：某时间范围房间已被业主办理了预订则不可再被办理入住(含边界)	当前日期 8 月 28 日	1. 单击系统主界面上的“办理入住”按钮 2. 在办理入住页面中入住 8 月 28 日到 8 月 29 日的 102 房间(单人间) 3. 单击“办理入住”按钮	系统提示无法进行入住,该房间在该时间段被占用
10	能否入住验证：某时间范围房间为空房可办理入住(含边界)	当前日期 8 月 29 日	1. 单击系统主界面上的“办理入住”按钮 2. 在办理入住页面中入住 8 月 29 日到 8 月 30 日的 102 房间(单人间) 3. 单击“办理入住”按钮	可成功办理入住
11	能否入住验证：已入住房未到期办理结算后,剩余日期可办理入住	1. 8 月 16 日办理了 102(单人间)的结算 2. 当前日期 8 月 17 日	1. 单击系统主界面上的“办理入住”按钮 2. 在办理入住页面中入住 8 月 17 日到 8 月 18 日的 102 房间(单人间) 3. 单击“办理入住”按钮	可成功办理入住

续表

序号	功能点	子预置条件	用例描述(含输入数据)	预期结果
12	能否入住验证：已入住房换房后，当前房可办理入住	1. 8月16日办理了换房，游客从102(单人间)换至了103(单人间) 2. 当前日期8月17日	1. 单击系统主界面上的"办理入住"按钮 2. 在办理入住页面中入住8月17日到8月18日的102房间(单人间) 3. 单击"办理入住"按钮	可成功办理入住
13	能否入住验证：已入住房换房后，被换至的房间不可再为其他游客办理入住	1. 8月16日办理了换房，游客从102(单人间)换至了103(单人间) 2. 当前日期8月17日	1. 单击系统主界面上的"办理入住"按钮 2. 在办理入住页面中入住8月17日到8月18日的103房间(单人间) 3. 单击"办理入住"按钮	系统提示无法进行入住，该房间在该时间段被占用
14	能否入住验证：已预订房退订后，当前房可办理入住	1. 游客退订了8月22日到8月25日的102房间预订 2. 当前日期8月22日	1. 单击系统主界面上的"办理入住"按钮 2. 在办理入住页面中入住8月22日到8月25日的102房间(单人间) 3. 单击"办理入住"按钮	可成功办理入住

注意：

① 值得提醒读者的是，表5.1中所示用例并未覆盖所有测试点，仅为依据错误推测法(换言之，个人经验)推测出的易于出问题、需特别关注的地方。读者可结合个人经验进一步填充测试用例。

② 限于篇幅，表5.1所示的测试用例模板中省去了"测试输入数据"、"实际结果"等列。

不难理解，从某种角度讲，将错误推测法看成一种提高测试质量和效率的技能似乎更为适合。该方法的应用的好坏充分体现了测试者经验丰富的程度。因此，通过该方法的学习，希望读者重视起以往测试中遇到的缺陷，不断积累和总结经验，从而更充分、更高效发现深层次缺陷，进一步提升软件的质量。

显然，本讲与其说介绍一种方法，倒不如说是给读者分享一些经验，旨在让读者充分吸收了别人的经验后，借助其顺利开展相应测试。纵观众多的软件系统，尽管功能不同，业务各异，但归根结底都离不开最基本的"增删改查"功能。以下实验中，汇总常见的"新增、删除、修改及查询"功能的测试点，以供初学者拓展测试思路。

3. 实验任务

任务1：新增功能测试点汇总。

本任务要求针对常见的"新增功能"，汇总通用测试点或易产生缺陷的地方，以供初学者拓展"新增功能"测试思路，积累经验。具体汇总如表5.2所示。

表 5.2 新增功能测试点

测试类型	错误推测法	测试项	新增功能
用例编号	测试内容		期望结果
1	正确输入页面各字段信息，验证系统是否提示操作成功，且相关模块和数据库中是否添加了相应的记录		是
2	错误输入页面中某个或某些字段信息，验证系统是否提示操作失败及失败原因，且相关模块和数据库中是否未添加相应的记录		是
3	验证界面中各字段的名称及控件类型显示是否同需求规格说明书，避免出现丢失字段或有多余字段，及字段不正确的情况		是
4	验证各字段的字段规则控制是否合理，如"邮箱字段格式要求为×××@×××.×××类型，最长支持30个字符"，则当输入的内容不符合格式要求时，给出 请填写正确的邮箱格式 提示		是
5	验证必填栏字段是否有 * 等特殊提示标识		是
6	验证必填项字段是否控制正确，不填写时，给出必须填写提示信息		是
7	对于有唯一性限制的字段，验证唯一性控制是否准确，如使用已注册过的邮箱再次进行注册，给出邮箱已注册的提示		是
8	验证各按钮功能实现是否正确，如提交、重置、取消等		是
9	验证正确、错误等各类不同输入情况下，相应产生的提示信息描述清晰、准确		是
10	验证新增的操作权限是否控制正确，有权限人员可进行新增操作，反之则不能，如："需求中规定当已添加5份简历后，不再具备新增简历的权限"，则当简历已添加5份后，"新增"按钮置灰显示或不再显示"新增"按钮；再如：学生作业提交系统，当超过了作业提交截止时间后，则不再具备新增(或提交)作业的权限		是
11	当有自动产生的字段时，验证新产生的各项字段显示正确、功能正确，具体同以上各测试点；如有的注册页面中存在 显示高级用户设置选项 复选框，勾选后即可打开高级字段界面		是

任务2：删除功能测试点汇总。

本任务要求针对常见的"删除功能"，汇总通用测试点或易产生缺陷的地方，以供初学者拓展"删除功能"测试思路，积累经验。具体汇总如表5.3所示。

表 5.3 删除功能测试点

测试类型	错误推测法	测试项	删除功能
用例编号	测试内容		期望结果
1	选择一条记录进行删除，验证系统是否提示操作成功，且相关模块和数据库中是否删除了相应的记录		是
2	选择一条记录未进行删除，验证相关模块和数据库中是否删除了相应的记录		是
3	进行删除操作，验证是否弹出确认删除提示框，且支持确定(即删除)和取消(即不删除)操作		是
4	验证删除单条记录、多条记录及全部记录的功能是否正确		是

续表

测试类型	错误推测法	测试项	删除功能
用例编号	测试内容		期望结果
5	当删除操作为软删除(即未真正删除,仅为前台无法看见,但仍存放于后台或其他位置)时,验证软删除后是否可恢复被删除的记录		是
6	多记录分页显示情况下,验证删除功能是否正确,如当最后一页仅有一条记录时,删除此记录,是否会报错且是否会自动将页码定位于前一页		是
7	验证删除的操作权限是否控制正确,有权限人员可进行删除操作,反之则不能,如:普通用户A新增的帖子,往往只允许用户A及管理员有权限删除,而普通用户B不具有删除权限		是
8	验证是否支持批量删除功能		是

任务3:修改功能测试点汇总。

本任务要求针对常见的"修改功能",汇总通用测试点或易产生缺陷的地方,以供初学者拓展"修改功能"测试思路,积累经验。具体汇总如表5.4所示。

表5.4 修改功能测试点

测试类型	错误推测法	测试项	修改功能
用例编号	测试内容		期望结果
1	进入修改界面,验证界面显示出的内容是否同新增时填写的信息,且内容与字段准确对应		是
2	进入修改界面,验证界面中部分字段是否为只读方式显示,限制进行修改,如生成的工单流水号、Bug报告的创建时间等均为已生成的信息,不支持修改		是
3	在修改界面中,进行修改操作并成功保存后,验证系统是否提示操作成功,且相关模块和数据库中是否显示为修改后的记录		是
4	其他测试内容基本同新增功能类似,如必填项字段验证、字段规则验证、唯一性验证、修改权限验证等等,故不再赘述		是

任务4:查询功能测试点汇总。

本任务要求针对常见的"查询功能",汇总通用测试点或易产生缺陷的地方,以供初学者拓展"查询功能"测试思路,积累经验。具体汇总如表5.5所示。

表5.5 查询功能测试点

测试类型	错误推测法	测试项	查询功能
用例编号	测试内容		期望结果
1	查询时,输入的查询条件为数据库中存在的记录,验证是否能正确查出		是
2	查询时,输入的查询条件为数据库中不存在的记录,验证是否无法查出		是
3	验证界面中查询字段的设置是否同需求规格说明书,避免出现丢失字段或有多余字段及字段不正确的情况		是

续表

测试类型	错误推测法	测试项	查询功能
用例编号	测试内容		期望结果
4	查询不同类型的内容(数据库中存在相应数据),验证是否能正确查出,如C#、#include<stdio.h>、《软件性能测试——基于 LoadRunner 应用》等各类内容		是
5	查询条件有条数限制时,测试查询边界条数是否正确,如:一次查询可显示 5 条记录,则需对 4 条、5 条、6 条情况进行测试		是
6	验证单条件查询、多条件组合查询功能是否正常		是
7	验证无条件查询(即不输入条件)时,是否默认显示所有记录		是
8	验证是否支持模糊查询		是
9	查询条件中存在空格时,验证是否过滤空格		是
10	查询条件中输入特殊字符时,验证是否处理,如 &		是
11	验证查询结果分页显示是否正确,且各页查询结果是否均可正确查看		是
12	验证清空查询条件按钮功能是否实现,且功能正常		是

至此,简要汇总了常见的"新增、删除、修改及查询"功能的测试点,仅为抛砖引玉,读者可结合个人项目经验进一步完善上述测试点。

4. 拓展练习

(1) 请选取身边的任意网站的"注册功能"为测试对象,结合本实验任务 1 中汇总的"新增测试点"执行测试,可结合实际业务进行测试点拓展。提醒读者谨记,此过程中注意总结并积累个人经验(某种角度讲,注册即为新增了一个用户)。

(2) 请选取身边的任意邮箱网站的"删除邮件功能"为测试对象,结合本实验任务 2 中汇总的"删除"测试点进行测试,可结合实际业务进行测试点拓展。提醒读者谨记,此过程中注意总结并积累个人经验。

实验 6　正交试验法与旅馆系统用例设计

1. 实验目标

(1) 理解正交试验法内涵。

(2) 能够使用正交试验法进行用例设计。

(3) 能够在真实项目中灵活采用正交试验法。

2. 背景知识

【例 6.1】 某旅馆住宿系统的 Web 站点支持多种类型服务器和操作系统,同时可供多种具有不同插件的浏览器访问,具体支持的类型如下。

- Web 浏览器:Netscape 6.2、IE 6.0、Opera 4.0。
- 插件:无、RealPlayer、MediaPlayer。
- 应用服务器:IIS、Apche、Netscape Enterprise。
- 操作系统:Windows 2000、Windows NT、Linux。

基于上述需求,测试各种不同组合情况下网站的运行情况,请思考此过程属于何类型的测试?不难理解,可归结为兼容性测试。就此兼容性测试而言,如何来进行此测试用例的设计呢?简要剖析如下。

(1) 采用等价类划分法:相当于把 Web 浏览器、插件、应用服务器及操作系统作为有效等价类,依据等价类划分法步骤中的"设计一个新用例,使它能够尽量多覆盖尚未覆盖的有效等价类。重复该步骤,直到所有有效等价类均被用例所覆盖",则可设计 4 条测试用例,思考可知,等价类划分法设计出的用例组合相当不充分,故否定此法。(请读者回顾实验 1 中的内容)

注意:等价类划分法设计用例的步骤如下。

① 依据常用方法划分等价类。

② 为等价类表中的每一个等价类分别规定一个唯一的编号。

③ 设计一个新用例,使它能够尽量多覆盖尚未覆盖的有效等价类。重复该步骤,直到所有有效等价类均被用例所覆盖。

④ 设计一个新用例,使它仅覆盖一个尚未覆盖的无效等价类。重复该步骤,直到所有的无效等价类均被用例所覆盖。

(2) 采用因果图法和决策表法:依据方法中的主要思想,同类输入间不可同时发生,不同类型输入间必须同时存在其中之一,所以将需求中的各项输入分别组合一遍。若行之,测试的开展将极其充分,但不可避免地产生一个非常庞大的组合数字,不合实际情形,如 3×3×3×3=81 次,故否定此法。

(3) 是否可把需求中的各项输入随意进行组合呢?可想而知,随意组合的方式虽大大减少了测试用例的数量,但是组合存在随机性,无规律可循,所选用的用例代表性差,定会导致测试不充分，故否定此法。

综上所述，既希望测试充分(即测试用例代表性强)，又要求用例数量不可过大，究竟该如何设计测试用例则显得尤为关键。下面，介绍一种新的用例设计方法——正交试验法，它的引入很好地解决了上述问题。

正交试验法即使用事先已创建好的表格——正交表，来安排试验并进行数据分析的一种科学试验设计方法，该法简单易行，应用甚广。借助正交表可从大量的试验数据(测试用例)中筛选出适量的、有代表性的值，从而协助合理地安排试验(测试)，满足了"在简化用例的同时尽量充分开展测试"的需求。此外，正交表种类繁多。如 $L_9(3^4)$、$L_8(2^7)$、$L_{16}(4^5)$、$L_8(4\times2^4)$等均为常用类型。

上述正交试验法的介绍较抽象，读者可能仍不尽理解。换言之，正交试验法即提供一个或一系列表格，表格中已经设计好了用例编号和规则，仅参照表格内容直接套用即可。

基于上述介绍，有的读者可能会想"此法甚好"，仅套用表格即可完成用例设计，省事！值得特别提醒的是，此法有特定的适用场合，常用于平台参数配置或兼容性测试中。

读者已知晓，应用正交试验法的重点为正交表的套用，故首先来分析一下正交表，如表 6.1 所示。

表 6.1　$L_9(3^4)$正交试验表

行　号	列　号			
	A	B	C	D
	水　平			
1	1	1	1	1
2	1	2	2	2
3	1	3	3	3
4	2	1	2	3
5	2	2	3	1
6	2	3	1	2
7	3	1	3	2
8	3	2	1	3
9	3	3	2	1

表 6.1 所示为 $L_9(3^4)$ 正交试验表，正交表的典型代表之一。简要解释其各项内涵如下：

(1) 行号 1～9：代表测试用例的个数至多 9 个。

(2) 列号 ABCD：代表各分类，例如，需求中的"Web 浏览器"、"插件"、"应用服务器"及"操作系统"。

(3) 表中内容项：表 6.1 中灰色背景区域，代表各分类下的各个元素，例如，当第一列为"Web 浏览器"时，表 6.1 中灰色背景区域中可填写"A1＝Netscape6.2"、"A2＝IE 6.0"及"A3＝Opera 4.0"。

概括来讲，$L_9(3^4)$ 的含义为：L 表示正交表，“9”表示该正交表可构成的最大用例数，“4”表示最大分类数，“3”表示各分类下的最大元素数。

注意：

① $L_9(3^4)$正交表仅能处理分类数小于等于 4 个，且每个分类中最多包含 3 个元素的情况。

② 经观察发现，正交表中各组合情况均等。各列中的 1、2、3 都各自出现 3 次；任意两列，例如 3、4 列，所构成的有序数对从上向下共有 9 种，既没有重复也没有遗漏；其他任何两列所构成的有序数对，同样为这 9 种各出现一次。故正交表在简化用例的同时可均匀地实现用例设计。

上述知识强调了正交表及正交试验法的内涵，但是，仅依靠上述理论层面的讲解读者可能仍不尽理解该方法的具体应用，以下实验，将从实践角度进一步揭示该方法的应用，即如何通过套用正交表来实现测试用例的设计。

3. 实验任务

任务 1：旅馆住宿系统兼容性测试用例设计。

(1) 需求：某旅馆住宿系统 Web 站点，该站点有大量的服务器和操作系统，并且可供许多具有各种插件的浏览器浏览，具体支持情况如下：

① Web 浏览器：Netscape 6.2、IE 6.0、Opera 4.0。

② 插件：无、RealPlayer、MediaPlayer。

③ 应用服务器：IIS、Apche、Netscape Enterprise。

④ 操作系统：Windows 2000、Windows NT、Linux。

(2) 问题：采用正交试验法进行测试用例设计。

第 1 步：分析需求说明，提取各分类及各分类下的元素。

分类：

① Web 浏览器。

② 插件。

③ 应用服务器。

④ 操作系统。

各分类下的元素：

① Web 浏览器：1=Netscape 6.2、2=IE 6.0、3=Opera 4.0。

② 插件：1=None、2=RealPlayer、3=MediaPlayer。

③ 应用服务器：1=IIS、2=Apche、3=Netscape Enterprise。

④ 操作系统：1=Windows 2000、2=Windows NT、3=Linux。

第 2 步：选择 $L_9(3^4)$正交表进行套用，结果如表 6.2 所示。

经分析得知，本题目中分类数等于 4，各分类下的元素数等于 3。依据“$L_9(3^4)$正交表仅能处理分类数小于等于 4 个，且每个分类中最多 3 个元素的情况”的要求，显然可进行套用。

表 6.2 兼容性测试_$L_9(3^4)$正交试验表

用例	浏 览 器	插 件	服 务 器	操 作 系 统
1	Netscape 6.2	None	IIS	Windows 2000
2	Netscape 6.2	Real Player	Apche	Windows NT
3	Netscape 6.2	Media Player	Netscape Enterprise	Linux
4	IE 6.0	None	Apche	Linux
5	IE 6.0	Real Player	Netscape Enterprise	Windows 2000
6	IE 6.0	Media Player	IIS	Windows NT
7	Opera 4.0	None	Netscape Enterprise	Windows NT
8	Opera 4.0	Real Player	IIS	Linux
9	Opera 4.0	Media Player	Apche	Windows 2000

因此,得出 9 条测试用例以协助兼容性测试的开展,即每行可作为一条测试用例的数据组合。以上即为采用正交试验法针对旅馆住宿系统兼容性进行用例设计的过程。

任务 2:PowerPoint 软件打印功能测试用例设计。

(1) 需求:针对 PowerPoint 2003 软件的部分打印功能模块进行测试,该模块的功能点主要包括"打印范围"、"打印内容"、"打印颜色/灰度"及"打印效果"。各功能点具体支持如下选项:

① 打印范围:全部、当前幻灯片、给定范围。

② 打印内容:幻灯片、讲义、备注页、大纲视图。

③ 打印颜色/灰度:颜色、灰度、黑白。

④ 打印效果:幻灯片加框、幻灯片不加框。

(2) 问题:采用正交试验法进行测试用例设计。

第 1 步:分析需求说明,提取各分类及各分类下的元素。

分类:

① 打印范围。

② 打印内容。

③ 打印颜色/灰度。

④ 打印效果。

各分类下的元素:

① 打印范围:1=全部、2=当前幻灯片、3=给定范围。

② 打印内容:1=幻灯片、2=讲义、3=备注页、4=大纲视图。

③ 打印颜色/灰度:1=颜色、2=灰度、3=黑白。

④ 打印效果:1=幻灯片加框、2=幻灯片不加框。

第 2 步:选择 $L_9(3^4)$正交表进行套用。

经分析,读者会发现上述"各分类下的元素"个数分别为 3、4、3、2,与前文所述"$L_9(3^4)$正交表仅能处理分类数小于等于 4 个,且每个分类中最多 3 个元素的情况"相矛盾,即第二个分类多了一个元素且第 4 个分类少了一个元素。就此情况而言,读者可放弃选择 $L_9(3^4)$

正交表，而选择套用其他更复杂一些的正交表，但是值得提醒的是，更复杂的表格势必会降低测试的效率。故结合实际情况考虑，仍可选择 $L_9(3^4)$ 正交表进行用例设计，从某种程度上讲，设计出的用例也是相对较充分的。

下面，经过转化思想可做出如下调整，把第二个分类下的后两项先合并(第二个分类多了一个元素)，套用了正交表后再进行拆分；把第 4 个分类下的任意一个元素重复使用一次(第 4 个分类少了一个元素)。基于上述思想的转化，$L_9(3^4)$ 正交表套用结果如表 6.3 所示。

表 6.3 PowerPoint 测试_套用正交表

行 号	列 号			
	1	2	3	4
	水 平			
1	1	1	1	1
2	1	2	2	2
3	1	34	3	1/2
4	2	1	2	1/2
5	2	2	3	1
6	2	34	1	2
7	3	1	3	2
8	3	2	1	1/2
9	3	34	2	1

第 3 步：拆分正交表，即将合并的内容进行拆分，如表 6.4 所示。

表 6.4 PowerPoint 测试_拆分正交表

行 号	列 号			
	1	2	3	4
	水 平			
1	1	1	1	1
2	1	2	2	2
3	1	3	3	1/2
4	1	4	3	——
5	2	1	2	1/2
6	2	2	3	1
7	2	3	1	2
8	2	4	1	——
9	3	1	3	2
10	3	2	1	1/2
11	3	3	2	1
12	3	4	2	——

注意：读者会发现在正交表拆分时，第4、8、12行的第4列中并未照原样显示1/2，而显示为"——"。究竟为何呢？请读者打开PowerPoint 2003软件的打印功能页面，自然会发现，结合实际情况而言，在大纲视图下，无法选择打印效果(即该字段置灰显示)，故用"——"代替。

第4步：套用正交表，生成表6.5所示的测试用例。

表6.5 PowerPoint测试_测试用例设计

用例	打印范围	打印内容	打印颜色/灰度	打印效果
1	全部	幻灯片	颜色	幻灯片加框
2	全部	讲义	灰度	幻灯片不加框
3	全部	备注页	黑白	幻灯片加框
4	全部	大纲视图	黑白	——
5	当前幻灯片	幻灯片	灰度	幻灯片不加框
6	当前幻灯片	讲义	黑白	幻灯片加框
7	当前幻灯片	备注页	颜色	幻灯片不加框
8	当前幻灯片	大纲视图	颜色	——
9	给定范围	幻灯片	黑白	幻灯片不加框
10	给定范围	讲义	颜色	幻灯片加框
11	给定范围	备注页	灰度	幻灯片加框
12	给定范围	大纲视图	灰度	——

以上，为采用正交试验法针对PowerPoint 2003软件的打印功能进行用例设计的过程。

注意：

① 采用正交试验法进行测试用例设计时，不能一味套用正交表，需要结合实际业务情况来灵活设计测试用例。例如，结合实际情况而言，在大纲视图下，无法选择打印效果(即该字段置灰显示)，故相关用例中"打印效果"一列用"——"替代。

② 正交表种类繁多，在测试领域中，$L_9(3^4)$尤为常用。限于篇幅，在此仅以$L_9(3^4)$为例进行介绍，对此感兴趣的读者可自行学习其他正交表。

4. 拓展练习

请采用正交试验法针对如下需求进行测试用例设计。需求如下：

为提高某化工产品的转化率，选择3个有关因素进行试验，反应温度(A)、反应时间(B)、用碱量(C)，并确定了试验范围如下。

A：80℃～90℃

B：90～150min

C：5%～7%

试验目的是搞清楚因子A、B、C对转化率有什么影响，哪些是主要的，哪些是次要的，从而确定最适生产条件，即温度、时间及用碱量各为多少才能使转化率最高。

实验 7　场景法与旅馆系统用例设计

1. 实验目标

(1) 理解场景法内涵。

(2) 能够使用场景法进行用例设计。

(3) 能够在真实项目中灵活采用场景法。

2. 背景知识

【例 7.1】 某旅馆住宿系统支持房间网上预订业务。

需求：游客访问网站进行网上房间预订操作，选择合适的房间后，进行在线预订；此时，需使用个人账号登录系统；待登录成功后，进行订金支付（订金金额为 1 天的房款）；支付成功后，生成房间预订单，完成整个房间预订流程。

基于上述需求，如何进行测试呢？经分析房间预订的完整流程，不难理解，首先可提取出流程中所有单个功能点（或单个事件），如图 7.1 所示的各功能点：访问网站首页、浏览选择房间、使用个人账号登录网站、支付预订订金、生成预订订单等功能（或事件）。

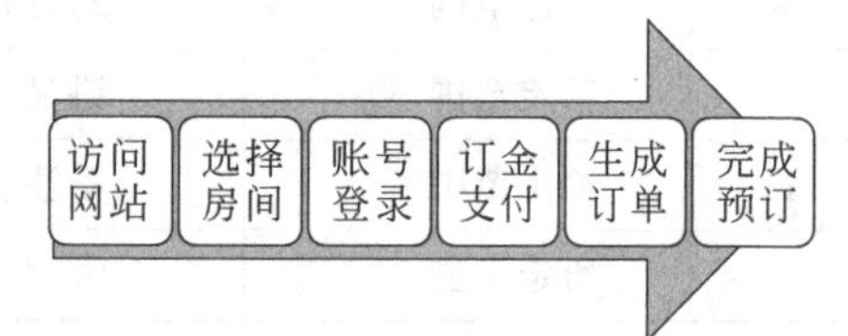

图 7.1　旅馆系统网上房间预订流程

读者已知晓，针对提取出的单个功能点（或事件）的测试，往往可采用等价类划分法或边界值分析法等针对相应系统界面设计测试，并充分思考可测试点进行测试执行。

值得提醒的是，除了单个功能点（或单个事件）需要充分测试外，由多个单个功能点（或单个事件）组合而构成的整体业务流程的测试同样不容忽视。就目前来讲，系统大多是由事件来触发控制流程的，每个事件触发时的情景便形成了场景，而同一事件不同的触发顺序和处理结果形成了不同的事件流。场景法作为黑盒测试用例设计的重要方法之一，可将上述一系列的过程清晰地进行描述。

注意：

① 往往初涉职场的初级测试人员，测试过程中更重视单个功能点（或单个事件）的细节测试，而容易忽视整体业务流程的检测。长此以往，易使测试工作与实际业务脱节，故再次强调细节与整体同等重要。

② 事件流即一个事件及其所引发的后续处理。

探讨何为场景法？首先要弄清楚“何为场景”？“场景”可理解为由“哪些人、什么时间、什么地点、做什么以及如何做”等要素组成的一系列相关活动，且场景中的活动还能由一系列场景组成。

在读者充分理解了“场景”后，则不难理解场景法是通过使用“场景”对软件系统的功能点或业务流程进行描述，即针对需求模拟出不同的场景进行所有功能点及业务流程的覆盖，从而提高测试效率并达到良好效果的一种方法。显然，场景法适用于解决业务流程清晰的系统或功能。

通常，场景法由基本流和备选流两部分构成。

(1) 基本流：如图 7.2 所示的中间的黑色直线。基本流是经过用例的最简单的路径，即无任何差错，程序从开始直接执行到结束的流程。通常，一个业务仅存在一个基本流；且基本流仅有一个起点和一个终点。

(2) 备选流：如图 7.2 所示的中间黑色直线两旁的多条彩色线条。备选流为除基本流之外的各支流，包含多种不同情况。例如，一个备选流可始于基本流，于某个特定条件下执行，然后重新加入基本流中(如备选流 1 和 3)；亦可始于另一备选流(如备选流 2)；亦可终止用例而不再加入到基本流中(如备选流 2 和 4)等。

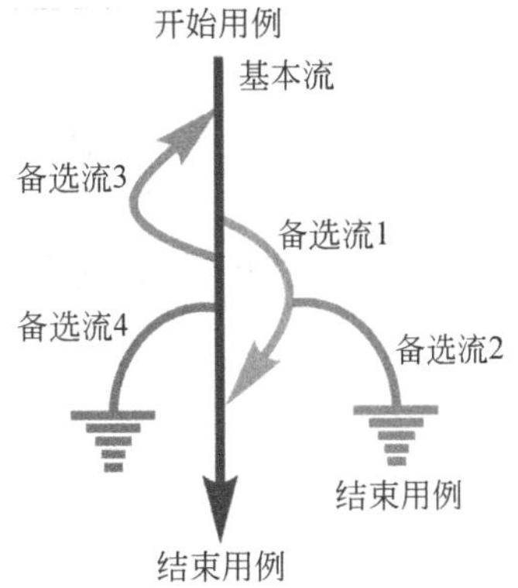

图 7.2　场景法构成

注意：维基百科中对用例的定义是："用例，或译使用案例、用况(Use Case)，是软件工程或系统工程中对系统如何反应外界请求的描述，是一种通过用户的使用场景来获取需求的技术。每个用例提供了一个或多个场景，该场景说明了系统是如何同最终用户或其他系统交互(interact)的，也就是谁可以用系统做什么，从而获得一个明确的业务目标。"

依据图 7.2 所示的基本流和备选流，可组合为多个不同的场景，举例如下。

场景 1：基本流。

场景 2：基本流　备选流 1。

场景 3：基本流　备选流 1　备选流 2。

场景 4：基本流　备选流 3。

场景 5：基本流　备选流 3　备选流 1。

场景 6：基本流　备选流 3　备选流 1　备选流 2。

场景 7：基本流　备选流 4。

场景 8：基本流　备选流 3　备选流 4。

至此，读者对场景及场景法应已有了部分认识。究竟如何使用场景法？可参照如下步骤进行测试用例设计。

(1) 分析需求，确定出软件的基本流及各项备选流。

(2) 依据基本流和各项备选流，生成不同的场景。

(3) 针对生成的各场景，设计相应的测试用例。

(4) 重新审核生成的测试用例，去掉多余部分；并针对最终确定出的测试用例，设计测试数据。

综上所述，为场景法理论层面上的相关介绍。以下实验，以旅馆住宿系统为例，结合上述场景法的开展步骤，将从实践角度进一步阐述场景法的应用。

3. 实验任务

任务 1：旅馆住宿系统房间预订测试用例设计。

(1) 需求：某旅馆住宿系统支持房间网上预订业务。游客访问网站进行网上房间预订操作，选择合适的房间后，进行在线预订；此时，需使用个人账号登录系统；待登录成功后，进行订金支付(订金金额为 1 天的房款)；支付成功后，生成房间预订单，完成整个房间预订流程。

(2) 问题：采用场景法进行测试用例设计。

前提条件：该系统需求中业务流程描述清晰，故适合采用场景法设计用例。

第 1 步：分析需求，确定出软件的基本流及各项备选流，如表 7.1 和表 7.2 所示。

表 7.1　房间预订_基本流

<table>
<tr><th>类　型</th><th>用 例 描 述</th></tr>
<tr><td rowspan="5">基本流</td><td>访问房间预订网站</td></tr>
<tr><td>选择房间</td></tr>
<tr><td>登录账号</td></tr>
<tr><td>订金支付</td></tr>
<tr><td>生成订单</td></tr>
</table>

表 7.2　房间预订_备选流

类　型	用 例 描 述
备选流 1	房间类型不存在
备选流 2	房间已住满
备选流 3	账号不存在
备选流 4	账号或密码错误
备选流 5	用户账号余额不足
备选流 6	用户账号没有钱
备选流 x	用户退出系统

注意：备选流 x(用户退出系统)含义为可于任何步骤中发生，故标识为未知数 x。

第 2 步：依据基本流和各项备选流，生成不同的场景，如表 7.3 所示。

表 7.3　房间预订_场景组合

<table>
<tr><th>场 景 名 称</th><th colspan="2">场 景 组 合</th></tr>
<tr><td>场景 1-成功预订房间</td><td>基本流</td><td></td></tr>
<tr><td>场景 2-房间类型不存在</td><td>基本流</td><td>备选流 2</td></tr>
<tr><td>场景 3-房间已住满</td><td>基本流</td><td>备选流 3</td></tr>
<tr><td>场景 4-账号不存在</td><td>基本流</td><td>备选流 4</td></tr>
<tr><td>场景 5-账号或密码错误</td><td>基本流</td><td>备选流 5</td></tr>
<tr><td>场景 6-用户账号余额不足</td><td>基本流</td><td>备选流 6</td></tr>
<tr><td>场景 7-用户账号没有钱</td><td>基本流</td><td>备选流 7</td></tr>
</table>

注意：

① 表 7.3 所示的场景 5 也可拆分为两个场景。

② 由于备选流 x(用户退出系统)可于任何步骤中发生，故未分别设计场景，读者在测试中考虑并执行测试即可。

第 3 步：针对生成的各场景，设计相应的测试用例，如表 7.4 所示。

表 7.4　房间预订_测试用例

用例	场景/条件	房间类型	账号	密码	账号余额	预期结果
1	场景 1-成功预订房间	有效	有效	有效	有效	系统提示“操作成功”，账户余额减少
2	场景 2-房间类型不存在	无效	不相干	不相干	不相干	系统提示“您查找的房间不存在”
3	场景 3-房间已住满	无效	不相干	不相干	不相干	系统提示“您查找的房间已住满”
4	场景 4-账号不存在	有效	无效	不相干	不相干	系统提示“账号不存在”
5	场景 5-账号或密码错误(账号正确，密码错误)	有效	有效	无效	不相干	系统提示“账号或密码错误”
6	场景 5-账号或密码错误(账号错误，密码正确)	有效	无效	有效	不相干	系统提示“账号或密码错误”
7	场景 6-用户账号余额不足	有效	有效	有效	无效	系统提示“账号余额不足，请充值”
8	场景 7-用户账号没有钱	有效	有效	有效	无效	系统提示“账号余额不足，请充值”

第 4 步：重新审核生成的测试用例，去掉多余部分；并针对最终确定出的测试用例，设计测试数据，如表 7.5 所示。

表 7.5　房间预订_最终用例(含测试数据)

用例	场景/条件	房间类型	账号	密码	账号余额	预期结果
1	场景 1-成功预订房间	双人间(300/天)	Hello	123456	800	系统提示“操作成功”，账户余额减少 300
2	场景 2-房间类型不存在	豪华间	不相干	不相干	不相干	系统提示“您查找的房间不存在”
3	场景 3-房间已住满	单人间	不相干	不相干	不相干	系统提示“您查找的房间已住满”
4	场景 4-账号不存在	双人间(300/天)	Nihao	不相干	不相干	系统提示“账号不存在”
5	场景 5-账号或密码错误(账号正确，密码错误)	双人间(300/天)	Hello	12345	不相干	系统提示“账号或密码错误”
6	场景 5-账号或密码错误(账号错误，密码正确)	双人间(300/天)	Helloo	123456	不相干	系统提示“账号或密码错误”

续表

用例	场景/条件	房间类型	账号	密码	账号余额	预期结果
7	场景 6-用户账号余额不足	双人间(300/天)	Hello	123456	200	系统提示“账号余额不足，请充值”
8	场景 7-用户账号没有钱	双人间(300/天)	Hello	123456	0	系统提示“账号余额不足，请充值”

值得提醒的是，表 7.5 中测试数据设置的前提条件如下：

(1) 旅馆住宿系统中仅支持房间类型为：标准间(100/天)、单人间(200/天)、双人间(300/天)；

(2) 单人间已住满，其他房间有空余；

(3) Hello 为系统的已注册用户，密码为 123456；

(4) Nihao 为未注册用户。

至此，表 7.5 中的测试用例即可协助开展测试。值得一提的是，读者可依据等价类划分法或其他方法进行测试用例的进一步补充，此处仅为采用场景法针对旅馆住宿系统房间预订流程进行用例设计的步骤，限于篇幅，不再赘述。

任务 2：旅馆住宿系统会员卡结算测试用例设计。

(1) 需求：旅馆住宿系统为推广业务，特采用会员卡制度。游客可申请会员卡，同时可向会员卡进行充值。在指定旅馆住宿消费时，只需向商家出示会员卡，通过在读卡器上刷卡识别出用户信息，验证该用户信息是否被列入黑名单，若非黑名单中的游客则输入正确密码后即可进行折扣消费。当办理房间结算时，需选择结算业务，针对界面提示打折后的住宿费用信息，输入已消费应支付的结算金额，成功办理结算并于会员卡中扣除结算金额，返回会员卡。

其中，会员卡可自行设置密码，每次消费前需输入密码方可进行继续操作。若 24 小时(一个自然日)内密码连续输错 3 次，卡即被锁定，需要联系客服进行解锁激活。

(2) 问题：采用场景法进行测试用例设计。

前提条件：该系统需求中业务流程描述清晰，故适合采用场景法设计用例。

第 1 步：分析需求，确定出软件的基本流及各项备选流，如表 7.6 和表 7.7 所示。

表 7.6　会员卡结算_基本流

序号	用例名称	用例描述
1	刷卡	读卡器处于准备就绪状态，游客出示会员卡进行刷卡操作
2	验证会员卡	读卡器从会员卡的磁条中读取用户信息，并检查它是否属于可以接收的会员卡
3	验证黑名单	检查用户信息是否存在于黑名单中
4	输入密码	游客输入密码，验证密码是否有效
5	选择业务	系统显示出当前游客可办理的优惠业务，在此选择结算业务
6	输入金额	针对界面提示打折后的住宿费用信息输入已消费应支付的结算金额
7	结算	成功办理结算并于会员卡中扣除结算金额
8	返回卡	返回会员卡，读卡器恢复就绪状态

表 7.7 会员卡结算_备选流

备选流序号	用 例 名 称	用 例 描 述
备选流 1	读卡器未连接	步骤 1 过程中，读卡器未连接，需待读卡器连接后重新刷卡
备选流 2	读卡器正忙	步骤 1 过程中，读卡器正忙，需待空闲后重新刷卡
备选流 3	会员卡无效	步骤 2 过程中，会员卡无法识别(其他类型卡、非当前旅馆会员卡)或已销户，系统提示“会员卡无效”
备选流 4	会员卡属于黑名单	步骤 3 过程中，存在于黑名单中，进行黑名单卡警报
备选流 5	输入密码错误	步骤 4 过程中，验证密码是否有效，游客有 3 次输入机会； 若密码输入有误，将显示适当的提示消息； 若还存在输入机会，则重新进行密码输入； 若最后一次尝试输入的密码仍然有误，则系统提示“密码错误，卡已锁”，且卡被锁定，需要联系客服进行解锁激活
备选流 6	会员卡中余额为 0	若会员卡中余额为 0，则结算按钮置灰显示，无法进行单击操作
备选流 7	输入的金额不正确	输入已消费应支付的结算金额不正确(小于应支付金额或大于应支付金额)，系统提示输入有误
备选流 8	会员卡中余额不足	若会员卡中余额小于应支付的结算金额，系统提示会员卡余额不足
备选流 x	退出结算	游客可随时决定终止结算业务，仍保持房间入住状态

注意：备选流 x(退出结算)含义为可于任何步骤中发生，故标识为未知数 x。

第 2 步：依据基本流和各项备选流，生成不同的场景，如表 7.8 所示。

表 7.8 会员卡结算_场景组合

场 景 名 称	场 景 组 合	
场景 1-成功办理结算	基本流	
场景 2-读卡器未连接	基本流	备选流 1
场景 3-读卡器正忙	基本流	备选流 2
场景 4-会员卡无效	基本流	备选流 3
场景 5-会员卡属于黑名单	基本流	备选流 4
场景 6-输入密码错误，还有机会输入	基本流	备选流 5
场景 7-输入密码错误，无机会再输入	基本流	备选流 5
场景 8-会员卡中余额为 0	基本流	备选流 6
场景 9-输入的金额不正确	基本流	备选流 7
场景 10-会员卡中余额不足	基本流	备选流 8

注意：由于备选流 x(退出结算)可于任何步骤中发生，故未分别设计场景，读者在测试中考虑并执行测试即可。

第 3 步：针对生成的各场景，设计相应的测试用例，如表 7.9 所示。

表 7.9 会员卡结算_测试用例

用例	场景/条件	读卡器状态	卡是否有效	非黑名单卡	密码	输入次数	卡余额	输入金额	预期结果
1	场景 1-成功办理结算	有效	有效卡	有效	有效	有效	有效	有效	系统提示"操作成功",账户余额减少
2	场景 2-读卡器未连接	无效	不相干	不相干	不相干	不相干	不相干	不相干	系统无任何提示和响应
3	场景 3-读卡器正忙	无效	不相干	不相干	不相干	不相干	不相干	不相干	系统提示"业务进行中,正忙"
4	场景 4-会员卡无效(其他旅馆会员卡)	有效	无效卡	不相干	不相干	不相干	不相干	不相干	系统提示"会员卡无效"
5	场景 4-会员卡无效(银行卡)	有效	无效卡	不相干	不相干	不相干	不相干	不相干	系统提示"会员卡无效"
6	场景 4-会员卡无效(已销户卡)	有效	无效卡	不相干	不相干	不相干	不相干	不相干	系统提示"会员卡无效"
7	场景 5-会员卡属于黑名单	有效	有效卡	无效	不相干	不相干	不相干	不相干	系统进行黑名单卡警报
8	场景 6-输入密码错误,还有机会输入	有效	有效卡	有效	无效	有效	不相干	不相干	系统提示"密码错误,请重新输入"
9	场景 7-输入密码错误,无机会再输入	有效	有效卡	有效	无效	有效	不相干	不相干	系统提示"密码错误,卡已锁"
10	场景 8-会员卡中余额为 0	有效	有效卡	有效	有效	有效	无效	不相干	结算按钮置灰显示,无法进行单击操作
11	场景 9-输入的金额不正确(小于应支付金额)	有效	有效卡	有效	有效	有效	有效	无效	系统提示"余额输入错误"
12	场景 9-输入的金额不正确(大于应支付金额)	有效	有效卡	有效	有效	有效	有效	无效	系统提示"余额输入错误"
13	场景 10-会员卡中余额不足	有效	有效卡	有效	有效	有效	无效	有效	系统提示"账号余额不足,请充值"

第 4 步:重新审核生成的测试用例,去掉多余部分;并针对最终确定出的测试用例,设计测试数据,如表 7.10 所示。

表 7.10 会员卡结算_最终用例(含测试数据)

用例	场景/条件	读卡器状态	卡是否有效	非黑名单卡	密码	输入次数	卡余额	输入金额	预期结果
1	场景 1-成功办理结算	就绪	本旅馆正常会员卡	非黑	123456	1	800	500	系统提示"操作成功",账户余额减少
2	场景 2-读卡器未连接	未连接	不相干	不相干	不相干	不相干	不相干	不相干	系统无任何提示和响应

续表

用例	场景/条件	读卡器状态	卡是否有效	非黑名单卡	密码	输入次数	卡余额	输入金额	预期结果
3	场景 3-读卡器正忙	正忙	不相干	不相干	不相干	不相干	不相干	不相干	系统提示“业务进行中，正忙”
4	场景 4-会员卡无效(其他旅馆会员卡)	就绪	其他旅馆会员卡	不相干	不相干	不相干	不相干	不相干	系统提示“会员卡无效”
5	场景 4-会员卡无效(银行卡)	就绪	银行卡	不相干	不相干	不相干	不相干	不相干	系统提示“会员卡无效”
6	场景 4-会员卡无效(已销户卡)	就绪	已销户卡	不相干	不相干	不相干	不相干	不相干	系统提示“会员卡无效”
7	场景 5-会员卡属于黑名单	就绪	本旅馆正常会员卡	黑名单	不相干	不相干	不相干	不相干	系统进行黑名单卡警报
8	场景 6-输入密码错误，还有机会输入	就绪	本旅馆正常会员卡	非黑	123	1	不相干	不相干	系统提示“密码错误，请重新输入”
9	场景 7-输入密码错误，无机会再输入	就绪	本旅馆正常会员卡	非黑	123	3	不相干	不相干	系统提示“密码错误，卡已锁”
10	场景 8-会员卡中余额为 0	就绪	本旅馆正常会员卡	非黑	123456	1	0	不相干	结算按钮置灰显示，无法进行单击操作
11	场景 9-输入的金额不正确(小于应支付金额)	就绪	本旅馆正常会员卡	非黑	123456	1	800	350	系统提示“余额输入错误”
12	场景 9-输入的金额不正确(大于应支付金额)	就绪	本旅馆正常会员卡	非黑	123456	1	800	600	系统提示“余额输入错误”
13	场景 10-会员卡中余额不足	就绪	本旅馆正常会员卡	非黑	123456	1	300	500	系统提示“账号余额不足，请充值”

值得提醒的是，表 7.10 中测试数据设置的前提条件如下：

(1) 已消费应支付的结算折扣金额假定为 500 元。

(2) 当前实例用户，密码为 123456。

至此，表 7.10 中的测试用例即可协助开展测试。与此同时，读者可依据等价类划分法或其他方法进行测试用例的补充，在此仅为采用场景法针对旅馆住宿系统房间预订流程进行用例设计的步骤，限于篇幅，不再赘述。

4. 拓展练习

请采用场景法针对 ATM 机的取款流程进行测试用例设计。

实验 8　旅馆系统用例设计综合测试

1. 实验目标

(1) 掌握各类黑盒测试用例设计方法的综合使用。

(2) 能够灵活选择适合的方法进行测试用例的设计。

2. 背景知识

黑盒测试用例设计方法应用甚广，种类繁多，如图 8.1 所示的等价类划分法、边界值分析法、因果图法、决策表法、错误推测法、正交试验法及场景法等均较为实用。

黑盒测试用例设计方法种类如此丰富，面对众多方法，如何在实际测试工作中进行选择则显得尤为重要。客观来讲，读者需结合不同项目及功能模块的特点灵活选择适合的用例设计方法，且更多情况下需综合使用各种方法以有效地提高测试效率和测试覆盖度。

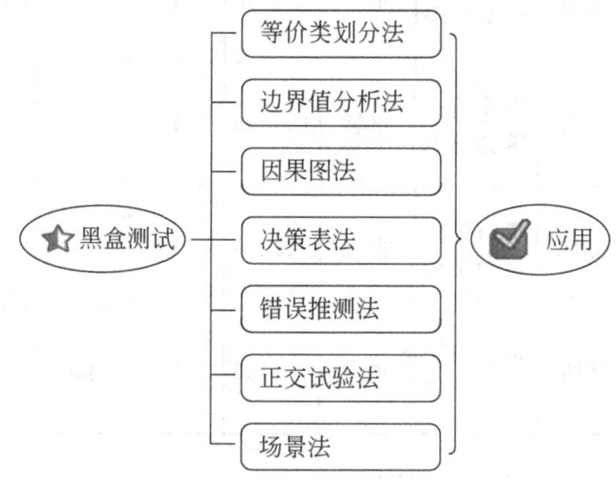

图 8.1　黑盒测试用例设计方法

以下，简要概括了综合使用各类黑盒测试用例设计方法的通用原则。

(1) 基于业务流清晰的系统，场景法可贯穿整个测试案例过程，并可在此基础上综合应用各种测试方法。

(2) 等价类划分法较其他方法往往优先选用，可高效筛选测试用例，将无限测试变成有限测试。

(3) 边界值分析法在任何情况下都应被考虑，它是挖掘缺陷的最有效手段之一。

(4) 各种测试中，均可借助错误推测法扩充测试用例，进一步将测试高手的智慧和经验转变为可视化成果。

(5) 因果图法和决策表法尤为相似，更适用于系统中的各输入条件及输出结果之间存在关系的情况。

(6) 正交试验法在参数配置类及兼容性的测试用例设计中，简单易行、优势显著。

(7) 上述所有测试进行中，依据需求及业务逻辑，检查已设计出测试用例的逻辑覆盖程度，若尚未达到覆盖标准，则需继续补充完善测试用例。

综上所述，列举了各测试用例设计方法的一般选用原则。值得提醒的是，其一，测试用例设计非常灵活，并非一成不变的套路，上述原则也仅供参考，读者需结合实际项目的不同情况灵活应用，以达到充分测试的目的；其二，一切测试用例的设计不可一味套用各方法，应重视系统业务，务必结合需求和业务开展实际项目测试；其三，提醒读者谨记"立足需求是基础，深入挖掘业务是关键，灵活应用方法是手段"，唯有正确理解了上述内容，才能设计出实用、覆盖全面，且能够高效验证系统功能、挖掘系统缺陷的测试用例。

在读者充分理解了上述理论知识的基础上，以下实验选择两类典型实例，从实践角度进一步讲解综合测试用例的设计。

3. 实验任务

任务 1：旅馆住宿系统添加房间测试用例设计。

(1) 需求：旅馆住宿系统中，旅馆业主可进行添加房间操作，具体"添加房间"业务描述如下：

① 旅馆业主登录旅馆住宿系统后，可以请求添加房间。

② 待进入"房间管理"对话框，单击"添加"按钮可进行添加房间操作。

③ 添加房间时，可以设定房间的房间编号、房间类型、房间描述信息。

④ 添加房间信息不能缺失，若某一项未填写，要给出提示信息。

⑤ 房间编号长度不超过 5 个字符。

⑥ 房间描述长度不超过 1000 个字符。

⑦ 房间信息不能重复，成功填写后，可进行保存或取消操作，之后返回"房间管理"对话框，结束添加房间流程。

(2) 问题：针对旅馆住宿系统的添加房间功能，进行测试用例综合设计。

在此，综合常用的测试用例设计方法，并结合实际业务设计测试用例。主要依据"整体分析生成简易用例→细节分析细化用例→填充数据完善用例"思路进行，具体步骤如下。

首先，进行整体分析，选用场景法进行用例设计，生成简易用例。

第 1 步：依据需求，描述出基本流及各项备选流。如表 8.1 所示。

表 8.1　添加房间_事件流分析

角　色	旅馆业主
用例说明	旅馆业主添加房间
前置条件	旅馆业主已经登录旅馆住宿系统
基本事件流	1. 旅馆业主请求添加房间； 2. 系统弹出房间管理对话框； 3. 旅馆业主单击"添加"按钮； 4. 系统弹出添加房间信息对话框； 5. 旅馆业主输入房间信息，包括房间编号、房间类型、房间描述信息，并单击"保存"按钮； 6. 系统保存添加的房间信息，并返回到房间管理对话框

续表

其他事件流	1. 第 5 步,旅馆业主单击“取消”按钮,系统返回到房间管理对话框。 2. 第 5 步,旅馆业主输入的房间信息不完整,例如,某一项没有输入,则系统提示房间信息不完整,请重新输入。 3. 第 5 步,旅馆业主输入的房间信息长度超过系统要求,例如,房间描述超过系统要求,则系统提示房间信息长度超过系统要求,请重新输入。 4. 第 6 步,系统保存添加房间信息时,发现系统中已经存在房间编号、房间类型、房间描述相同的房间信息,则提示用户此房间已经存在
异常事件流	第 6 步,系统保存添加房间时出现系统故障,例如网络故障,数据库服务器故障,系统弹出系统异常对话框,提示房间保存失败

注意:表 8.1 中引入了“基本事件流”、“其他事件流”和“异常事件流”的名称。不难理解,“基本事件流”即为“基本流”;“其他事件流”和“异常事件流”二者实质统称为“备选流”。上述名称的引入,旨在让读者认识到一切测试用例的设计不可一味套用各方法,可灵活进行方法应用。

第 2 步:依据基本流和各项备选流生成不同的场景。如表 8.2 所示。

表 8.2 添加房间_场景组合

场景名称	场景组合	
场景 1	基本流	
场景 2	基本流	其他事件流 1
场景 3	基本流	其他事件流 2
场景 4	基本流	其他事件流 3
场景 5	基本流	其他事件流 4
场景 6	基本流	异常事件流

第 3 步:针对每一个场景生成相应的测试用例。如表 8.3 所示。

表 8.3 添加房间_测试用例

用例	场景	场 景 描 述	预 期 结 果
1	场景 1	输入有效房间信息,并成功保存	房间信息被保存到数据库,并显示出新添加的房间
2	场景 2	输入房间信息后选择“取消”按钮	房间信息不被保存,返回到房间信息列表对话框
3	场景 3	输入房间信息不完整	房间信息不被保存,提示信息不完整
4	场景 4	输入房间信息超长	房间信息不被保存,提示信息超长
5	场景 5	输入房间已经存在	房间信息不被保存,提示房间已存在
6	场景 6	保存房间信息时出现系统异常	房间信息不被保存、提示系统异常

注意:依据场景法,第 4 步应为“审核已生成的测试用例,删除冗余并给其余测试用例确定测试输入数据”。在此,暂不进行此步骤操作。

其次，细节分析细化用例。依据生成的简易测试用例，选用等价类划分法和边界值分析法进行细节分析，进行测试用例细化。在此，针对表 8.3 中“场景 1”的“有效房间信息”进一步细化。

第 1 步：依据等价类划分法，划分有效等价类和无效等价类，如表 8.4 所示。

表 8.4　添加房间_细化用例_等价类划分

输　入	有效等价类	无效等价类
房间信息	房间编号、房间类型、房间描述是合法字符、而且长度不超过系统要求，必填	房间编号长度超过系统要求
		房间描述长度超过系统要求
		房间编号为空
		房间类型为空
		房间描述为空

第 2 步：依据边界值分析法，补充边界测试点，如表 8.5 所示。

表 8.5　添加房间_细化用例_边界值补充

输　入	有效等价类	无效等价类
房间信息	房间编号、房间类型、房间描述是合法字符、而且长度不超过系统要求，必填； 房间编号、房间类型、房间描述是合法字符、而且长度达到系统要求上限，必填	房间编号长度超过系统要求
		房间描述长度超过系统要求
		房间编号为空
		房间类型为空
		房间描述为空

第 3 步：依据表 8.5 中添加的测试点，进一步将表 8.3 中的测试用例细化，细化结果如表 8.6 所示。

表 8.6　添加房间_细化用例

用例	场景	场 景 描 述	预 期 结 果
1	场景 1	输入有效房间信息，并成功保存。 有效的房间信息分为两类： (1) 房间编号、房间描述是合法字符、而且长度不超过系统要求，必填； (2) 房间编号、房间描述是合法字符、而且长度达到系统要求上限，必填	房间信息被保存到数据库，并显示出新添加的房间
2	场景 2	输入房间信息后，选择“取消”	房间信息不被保存，返回到房间信息列表对话框
3	场景 3	输入房间信息不完整，不完整的房间信息分为 3 类： (1) 房间编号为空 (2) 房间类型为空 (3) 房间描述为空	房间信息不被保存，提示信息不完整

续表

用例	场景	场景描述	预期结果
4	场景 4	输入房间信息超长，超过系统要求的情况分为以下几类： (1) 房间编号长度超过限制 (2) 房间描述长度超过限制	房间信息不被保存，提示信息超长
5	场景 5	输入房间已经存在	房间信息不被保存，提示房间已存在
6	场景 6	保存房间信息时出现系统异常	房间信息不被保存、提示系统异常

最后，填充数据完善用例。依据细化后的测试用例，填充测试数据以进一步完善为最终可执行的测试用例。

在此，以表 8.6 中“场景 1”为例，进行测试数据填充，以生成为最终可执行的测试用例，如表 8.7 所示。

表 8.7　添加房间_测试用例(最终可执行)

编号	测试目的	输入步骤	输入数据	预期结果
1	验证输入正确房间信息可成功保存	1. 在房间管理对话框，单击“添加”按钮，在添加房间信息对话框输入房间信息； 2. 单击“保存”按钮，保存新添加的房间信息	房间编号：101 房间类型：单人间 房间描述信息：可上网、海景房	新添加的 101 房间被保存，并显示到房间管理对话框的列表中
2	验证房间添加成功(正确房间信息)	通过房间查询功能中的房间编号字段进行查询	房间编号：101	可以显示出房间编号为 101 的房间信息，且房间信息显示同添加的信息
3	验证输入正确房间的边界值信息可成功保存	1. 在房间管理对话框，单击“添加”按钮，在添加房间信息对话框输入房间信息； 2. 单击“保存”按钮，保存新添加的房间信息	房间编号：88888(即 5 个字符) 房间类型：豪华间房间 描述信息：输入 1000 个字符	新添加的 88888 房间被保存，并显示到房间管理对话框的列表中
4	验证房间添加成功(正确房间边界值信息)	通过房间查询功能中的房间编号字段进行查询	房间编号：88888	可以显示出房间编号为 88888 的房间信息，且房间信息显示同添加的信息

注意：其他场景的用例设计均参考上述思路开展，在此仅以场景 1 为例进行讲解，限于篇幅，不再赘述。

以上，为针对旅馆住宿系统添加房间功能的测试用例设计思路的讲解。总体参考了“由大到小”的思想，即先针对系统中的流程借助场景法进行用例设计，再针对单个步骤或字段进行用例细化和填充，乃至进一步完善为可执行的测试用例。读者可借鉴此思想应用于庞大系统的测试过程。

任务 2：旅馆住宿系统投诉流程测试用例设计。

(1) 需求：为了规范化旅馆行业，杜绝一切欺诈现象，进一步树立个性服务化旅游品牌，旅馆住宿系统提供了顾客投诉的快捷入口。在系统支持的顾客投诉流程中，实现了村级投诉岗→镇级管理岗→镇级处理岗三级投诉管理流程，以达到公正、公平、规范化管理的目的。"顾客投诉处理"业务流程如图 8.2 所示，具体描述如下。

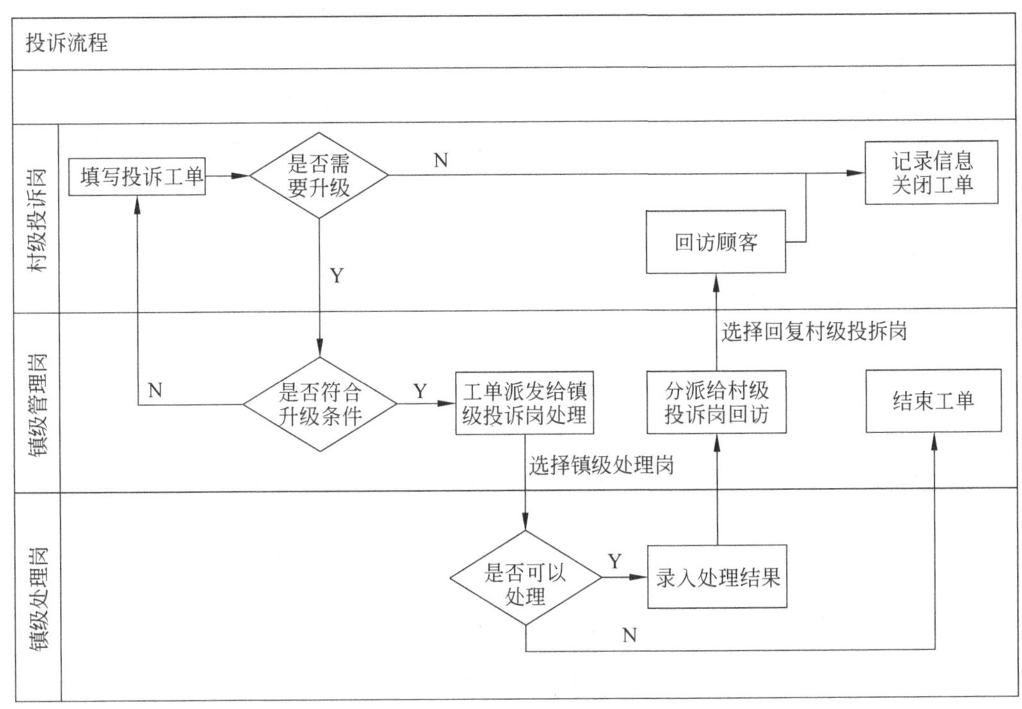

图 8.2　旅馆系统投诉业务流程

① 村级投诉岗根据顾客投诉内容记录投诉单，判断是否需要升级处理。

② 若不升级，投诉单处理完成，工单标记为"确认并关闭"，投诉单结束。

③ 若需要升级处理，工单提交至镇级管理岗，工单标记为"升级待处理"，镇级管理岗判断升级"有效/无效"。

- 当判断升级"无效"时，镇级管理岗将工单直接退回至发起村级投诉岗，工单标记为"升级退回"；村级投诉岗将状态修改为"确认并关闭"，投诉单结束。
- 当判断升级"有效"时，填写处理方式并选择某具体镇级处理岗，则工单流转至镇级处理岗，工单标记为"同意待处理"。

④ 镇级处理岗查看工单，并判断是否可进行投诉处理。

- 若不能处理，退回至镇级管理岗，工单标记为"处理岗退回"，镇级管理岗关闭工单。
- 若能处理，镇级处理岗则处理投诉后，在系统中记录处理结果，将工单反馈给镇级管理岗，工单标记为"完成待确认"。

⑤ 镇级管理岗分派给村级投诉岗回访顾客；将工单标记为"完成待确认"。

⑥ 被分配到此工单的村级投诉岗在回访顾客后，记录顾客对处理结果是否满意，将工

单状态修改为"确认并关闭"。

(2) 补充说明：

① 村级投诉岗、镇级管理岗及镇级处理岗中均可有多个投诉受理工作人员，且镇级处理岗可分为多个不同的处理岗位。

② 当村级投诉岗无权处理或不清楚如何处理当前投诉案件时，可进行升级，即提交给上一级进行处理。

(3) 问题：针对旅馆住宿系统的投诉流程，进行测试用例综合设计。

本实例中更多强调了业务流程上的用例设计，融入了更多实际业务的思想。在此，综合常用的测试用例设计方法，结合实际业务设计测试用例，主要结合"依据需求及业务分析提取角色主要流程结点→提取各流程结点的子功能→提取各子功能的测试点→针对各测试点对应的页面应用等价类划分法、边界值分析法等"思路进行，具体步骤如下。

第 1 步：分析需求和业务流程图，提取出主要流程结点如下。

① 村级投诉岗启动工单结点；

② 镇级管理岗处理结点；

③ 镇级处理岗处理结点；

④ 镇级处理岗处理后镇级管理岗再次处理结点；

⑤ 村级投诉岗再次处理结点。

第 2 步：结合需求及业务流程，提取出各流程结点的子功能，如表 8.8 所示。

表 8.8　投诉流程操作结点

结　　点	子 功 能 点
村级投诉岗启动工单结点	验证数据权限、创建投诉工单、结束投诉工单、提交投诉工单至镇级管理岗
镇级管理岗处理结点	验证数据权限、处理村级投诉岗提交的工单、退回工单至村级投诉岗、提交工单至镇级处理岗
镇级处理岗处理结点	验证数据权限、处理镇级管理岗提交的工单、退回工单至镇级管理岗、提交工单至镇级管理岗
镇级处理岗处理后镇级管理岗再次处理结点	验证数据权限、结束镇级处理岗退回的工单、分派镇级处理岗处理后的工单至村级投诉岗
村级投诉岗再次处理结点	验证数据权限、重新提交镇级管理岗退回的工单、结束镇级管理岗退回的工单、针对投诉已处理后的工单回访顾客

注意：

① 村级投诉岗再次处理结点归纳了两层处理，其一，包含了针对"村级投诉岗→镇级管理岗处理"流程之后的村级投诉岗处理，例如重新提交镇级管理岗的退回工单、关闭退回的工单；其二，也包含了"村级投诉岗→镇级管理岗处理→镇级处理岗处理→镇级管理岗处理"流程之后的村级投诉岗处理，例如回访顾客。

② 投诉工单结束结点归纳如下：村级投诉岗启动工单结点、村级投诉岗再次处理结点及镇级处理岗处理后镇级管理岗再次处理结点。

第 3 步：结合需求及业务流程，提取各子功能的测试点，并编写至表 8.9 所示的测试用例列表。

表 8.9　投诉流程操作结点

系统名称	旅馆住宿系统	系统版本号	V1.0
模块名称	投诉流程		
测试目的	验证投诉流程及流程结点功能正常		
功能点	(1) 村级投诉岗启动工单结点:验证数据权限、创建投诉工单、结束投诉工单、提交投诉工单至镇级管理岗 (2) 镇级管理岗处理结点:验证数据权限、处理村级投诉岗提交的工单、退回工单至村级投诉岗、提交工单至镇级处理岗 (3) 镇级处理岗处理结点:验证数据权限、处理镇级管理岗提交的工单、退回工单至镇级管理岗、提交工单至镇级管理岗 (4) 镇级处理岗处理后镇级管理岗再次处理结点:验证数据权限、结束镇级处理岗退回的工单、分派镇级处理岗处理后的工单至村级投诉岗 (5) 村级投诉岗再次处理结点:验证数据权限、处理工单、重新提交镇级管理岗退回的工单、结束镇级管理岗退回的工单、针对投诉已处理后的工单回访顾客			

序号	功能点/结点	子 功 能 点	用 例 描 述	预 期 结 果	实际结果
1	村级投诉岗启动投诉工单	验证数据权限	具有村级投诉岗权限的人员	有投诉工单创建按钮,可进行投诉工单创建操作	
2			不具有村级投诉岗权限的人员	不能进行投诉工单创建操作	
3		创建投诉工单	单击投诉工单创建按钮	进入创建投诉工单页面	
4			查看页面信息显示	1. 页面字段显示准确 2. 可进行结束或升级操作选择	
5			正确填写页面信息	验证信息显示正确性	
6			错误填写页面信息	系统给出错误提示	
7		结束投诉工单(不升级)	在投诉工单创建页面选择结束选项,单击"提交"按钮	投诉工单处理完成,投诉工单标记为"确认并关闭",投诉工单结束	
8			查找并查看该投诉工单	该投诉工单在已完成中可见	
9		提交投诉工单至镇级管理岗(升级投诉工单)	在投诉工单创建页面选择升级选项,单击"提交"按钮	投诉工单提交到镇级管理岗处,投诉工单标记为"升级待处理"	
10			查找并查看该投诉工单	有镇级管理岗权限的人在待处理中可见该投诉工单	
11	镇级管理岗处理投诉工单	验证数据权限	有镇级管理岗权限的人员查看待处理页面	在待处理中可见村级投诉岗提交的"升级待处理"的投诉工单	

续表

序号	功能点/结点	子 功 能 点	用 例 描 述	预 期 结 果	实际结果
12			不具有镇级管理岗权限的人员查看待处理页面	在待处理中不可见村级投诉岗提交的“升级待处理”的投诉工单	
13		处理村级投诉岗提交的投诉工单	镇级管理岗在待处理中选择“升级待处理”的投诉工单,单击处理按钮	进入升级投诉工单处理页面	
14			查看页面信息显示	1. 页面字段显示准确 2. 处理方式为必填项 3. 可进行退回操作选择	
15			正确填写页面信息	验证信息显示正确性	
16			错误填写页面信息	系统给出错误提示	
17			不填写处理结果	系统给出提示信息	
18		退回投诉工单至村级投诉岗(升级无效)	升级无效,在投诉工单处理页面选择退回选项,单击提交按钮	镇级管理岗将投诉工单直接返回至发起村级投诉岗,投诉工单标记为“升级退回”	
19			查找并查看该投诉工单	提交该投诉工单的村级投诉岗登录系统,在投诉工单待处理中可见	
20				村级投诉岗可进行重新提交或关闭投诉工单操作(参见下文)	
21		提交投诉工单至镇级处理岗(升级有效)	升级有效,在投诉工单处理页面单击选择某镇级处理岗	可正确显示选择的镇级处理岗	
22			单击提交按钮	投诉工单流转至所选择的处理岗,投诉工单标记为“同意待处理”	
23			查找并查看该投诉工单	有权限的处理岗登录系统,在投诉工单待处理中可见	
24	镇级处理岗处理投诉工单	验证数据权限	有权限的人员查看待处理页面	在待处理中可见镇级管理岗提交的“同意待处理”的投诉工单	
25			不具处理权限的人员查看待处理页面	在待处理中不可见镇级管理岗提交的“同意待处理”的投诉工单	
26		处理镇级管理岗提交的投诉工单	镇级处理岗在待处理中选择“同意待处理”的投诉工单,单击“处理”按钮	进入投诉工单处理页面	

续表

序号	功能点/结点	子功能点	用例描述	预期结果	实际结果
27			查看页面信息显示	1. 页面字段显示准确 2. 处理结果为必填项 3. 可进行退回操作选择	
28			正确填写页面信息	验证信息显示正确性	
29			错误填写页面信息	系统给出错误提示	
30			不填写处理结果	系统给出提示信息	
31		退回投诉工单至镇级管理岗	处理岗若不能处理，填写页面内容并选择退回选项，单击“提交”按钮	投诉工单退回给镇级管理岗，投诉工单标记为“处理岗退回”	
32			查找并查看该投诉工单	提交投诉工单的镇级管理岗登录系统，在投诉工单待处理中可见	
33		提交投诉工单至镇级管理岗	处理岗若能处理，填写处理结果，单击提交	将投诉工单反馈给镇级管理岗，投诉工单标记为“完成待确认”	
34			查找并查看该投诉工单	提交投诉工单的镇级管理岗登录系统，在投诉工单待处理中可见	
35	镇级管理岗处理投诉工单（镇级处理岗处理后）	验证数据权限	有镇级管理岗权限且之前提交此投诉工单至镇级管理岗的人员查看待处理页面	在待处理中可见镇级处理岗处理后的投诉工单	
36			不具有镇级管理岗权限的人员	在待处理中不可见镇级处理岗处理后的投诉工单	
37			有镇级管理岗权限但未提交此投诉工单至部门的人员查看待处理页面	在待处理中不可见镇级处理岗处理后的投诉工单	
38		结束镇级处理岗退回的投诉工单	镇级管理岗在待处理中选择“处理岗退回”的投诉工单，单击处理按钮	进入投诉工单处理页面	
39			查看页面信息显示	1. 页面字段显示准确 2. 处理结果为必填项 3. 可进行退回操作选择	
40			正确填写页面信息	验证信息显示正确性	
41			错误填写页面信息	系统给出错误提示	
42			不填写处理结果	系统给出提示信息	
43			填写页面信息并单击“关闭”按钮	镇级管理岗可关闭该投诉工单	

续表

序号	功能点/结点	子功能点	用例描述	预期结果	实际结果
44		分派镇级处理岗处理后的投诉工单至村级投诉岗	镇级管理岗在待处理中选择“完成待确认”的投诉工单,单击处理按钮	进入投诉工单处理页面	
45			填写页面信息,单击提交	镇级管理岗分派给村级投诉岗回访顾客;将投诉工单标记为“完成待确认”	
46	村级投诉岗再次处理投诉工单	验证数据权限	有村级投诉岗权限且之前提交此投诉工单的人员查看待处理页面	在待处理中可见处理后的投诉工单	
47			不具有村级投诉岗权限的人员	在待处理中不可见处理后的投诉工单	
48			有村级投诉岗权限但未提交此投诉工单的人员查看待处理页面	在待处理中可见处理后的投诉工单	
49		处理投诉单	村级投诉岗在待处理中选择“升级退回”的投诉工单,单击处理按钮	进入投诉工单处理页面	
50			查看页面信息显示	1. 页面字段显示准确 2. 验证处理页面信息正确 3. 可进行重新提交和关闭操作	
51		重新提交镇级管理岗退回的投诉工单	提交该投诉工单的村级投诉岗填写页面信息,单击“重新提交”按钮	该投诉工单可重新提交至镇级管理岗	
52			查找并查看该投诉工单	有权限的镇级管理岗在待处理中可见该投诉工单	
53		结束镇级管理岗退回的投诉工单	村级投诉岗单击“关闭”按钮	投诉工单标记为“确认并关闭”,投诉工单结束	
54			查找并查看该投诉工单	投诉工单在已完成中可见	
55		针对投诉已处理后的投诉工单回访顾客	村级投诉岗在待处理中选择“完成待确认”的投诉工单,单击“处理”按钮	进入投诉工单处理页面	
56			记录回访顾客内容,如记录顾客对处理结果是否满意,单击提交按钮	将投诉工单状态修改为“确认并关闭”,投诉工单结束	
57			查找并查看该投诉工单	投诉工单在已完成中可见	

第 4 步：结合实际需求和业务，针对各测试点对应的页面应用等价类划分法、边界值分析法、错误推测法等方法，进一步完善表 8.9 中的测试用例。以“村级投诉岗启动投诉工单”结点的用例 5 和用例 6 为例，读者可针对村级投诉岗创建投诉工单页面的各项字段，依据等价类划分法进行用例的细化，并可采用边界值分析法、错误推测法等进行测试用例的补充。

至此，上述实例更多地强调了各测试用例设计方法的综合应用思路的讲解，而“等价类划分法、边界值分析法、错误推测法等方法”的用例填充等内容简单易理解，况且此前多个实验中已经反复介绍，故限于篇幅，不再赘述。读者可结合此思路进行后续用例完善。

4. 拓展练习

请综合采用各类测试方法针对“旅馆业主维护旅馆基础信息”功能进行用例设计。具体需求如下。

(1) 干系人利益。

① 游客：可以看到最新的旅馆的信息，方便游客找到更准确的旅馆。

② 旅馆业主：将自己的旅馆信息实时发布到网上，以得到更多客源。

(2) 前置条件。

旅馆业主已具旅馆住宿系统登录账号和密码，并已成功登录。

(3) 基本路径。

① 旅馆业主请求旅馆信息维护。

② 系统列出此旅馆的所有信息。

③ 旅馆业主修改相应的旅馆信息。

④ 系统验证业主所修改的旅馆信息。

⑤ 系统提示旅馆信息修改成功。

(4) 扩展路径。

无。

(5) 业务规则。

① 旅馆业主的旅馆信息会实时同步到服务器端方便游客看到最新的旅馆信息。

② 旅馆信息页面可显示字段项：旅馆名称、旅馆编号、用户名、密码、地址、业主姓名、业主身份证号、业主银行账号。

③ 旅馆信息页面可维护字段项：营业时间、消费区间、房间总数、停车位、E-mail、公交线路、简介，旅馆图片(多张图片可以维护)。

实验9　控件测试与用例设计

1. 实验目标

(1) 了解常见控件类型。

(2) 理解控件测试点及测试方法。

(3) 能够在实际项目中灵活采用,辅助功能和业务测试的开展。

2. 背景知识

学习控件测试,首先要明确"何为控件"。维基百科中对控件的定义是:"在计算机编程当中,控件是一种图形用户界面元素,其显示的信息排列可由用户改变,例如视窗或文本框。控件定义的特点是为给定数据的直接操作提供单独的互动点。控件是一种基本的可视构件块,包含在应用程序中,控制着该程序处理的所有数据以及关于这些数据的交互操作。"

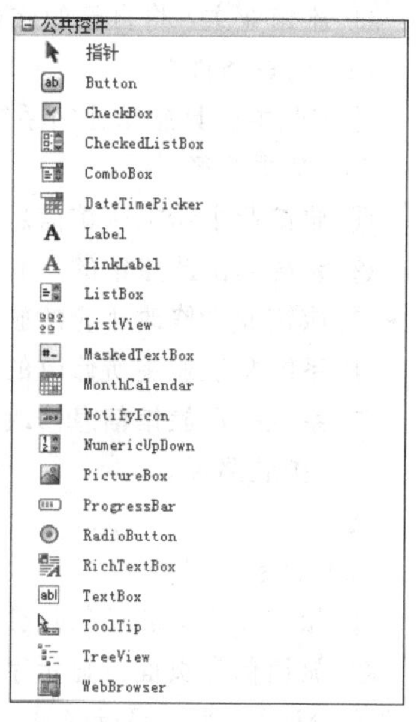

图 9.1　Visual Studio 2010 的常用控件

熟悉程序开发的读者应对控件并不陌生,在面向对象的编程开发中,控件可实现各种各样的功能。通过引入控件,使得一些原本要通过较复杂的编码实现的功能变得可轻松地直接调用,从而大大减少了重复工作量,为程序开发人员的日常工作提供了很大的帮助。

显然,控件的引入优势显著,应用甚广。究竟实际工作中有哪些控件呢? 图 9.1 所示为 Visual Studio 2010 中进行 Web 开发时常用的控件。从上到下各控件依次为指针、命令按钮、复选框、复选列表框、组合框(下拉列表框)、日期选择控件、标签、链接标签、列表框、查看列表、掩码文本框、月历、通知图标、数字 up-down 控件、图片控件、进度条、单选按钮、富文本框、文本框、工具提示、结构树、Web 浏览器。

可见,控件种类繁多。客观来讲,上述控件基本涵盖了日常测试工作中的常用控件类型。以下,选择测试工作中几类典型的常见控件,就其特征及测试方法逐一进行阐述。

1) 按钮测试

按钮控件,作为系统中最常用的控件之一,根据其风格特性可划分为多种类型。其中,最基本的类型是命令按钮。所谓命令按钮,如图 9.2 所示,是指可响应鼠标单击事件并作出反应,触发特定事件的可操作对象。

对于命令按钮的测试,主要考虑当按钮被单击后,是否触发对应操作;以及按钮的状态、显示文字/图片是否根据环境不同而进行变换。以图 9.2 所示的百度首页为例,简要列举用例如表 9.1 所示。

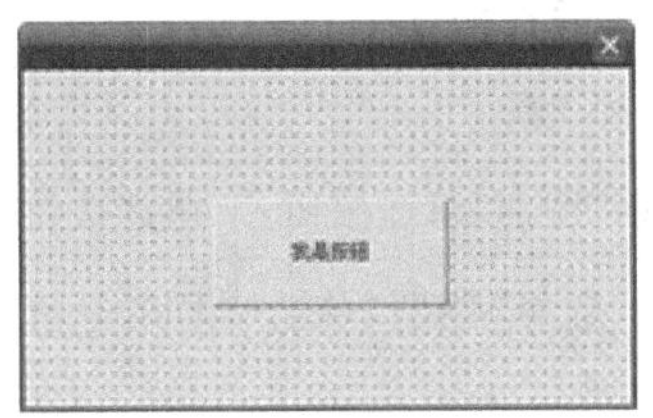

图 9.2 丰富的按钮控件

表 9.1 按钮控件测试

序号	目　　的	操 作 步 骤	期 望 结 果
1	验证百度搜索按钮功能	1. 打开浏览器,访问百度 2. 在"搜索"栏中输入任意内容 3. 单击"百度一下"按钮	显示对应搜索结果
2	验证 OA 系统登录,若不输入用户名/密码,"登录"按钮不启用	1. 访问 OA 系统登录界面,观察"登录"、"重置"按钮状态 2. 输入用户名/密码,观察"登录"、"重置"按钮状态	1. 两按钮置灰,不可用状态 2. 两按钮不置灰,可用状态

2) 单选按钮测试

单选按钮是按钮控件的变体之一,如图 9.3 所示,其具备以下特征:其一,由一个空心圆和其后的文本标签组合而成;其二,当某选项被选中时,圆环中将出现一个小实心圆点;其三,实际应用时,至少由两个或多个控件构成一组,同组选择结果必须唯一。

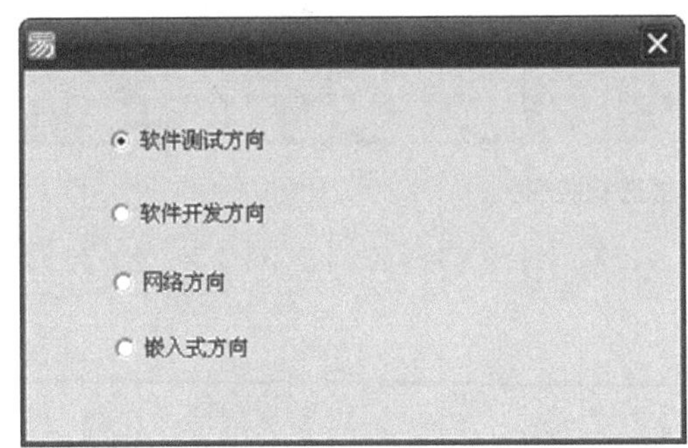

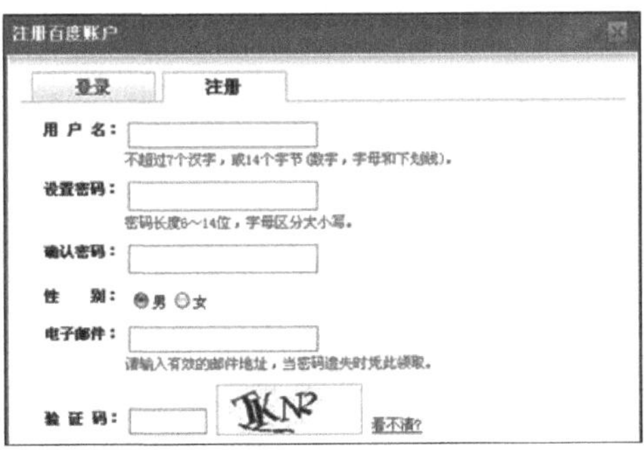

图 9.3 丰富的单选按钮控件

对单选按钮进行测试时,主要考虑以下内容:

(1) 是否有默认值;

(2) 可选值是否唯一;

(3) 各单选按钮功能是否正常。

在此,以图 9.3 所示的注册页面为例,简要列举用例如表 9.2 所示。

表 9.2　单选按钮控件测试

序号	目　　的	操 作 步 骤	期 望 结 果
1	验证是否有默认值	打开注册页面，观察"性别"单选按钮	单选按钮应有默认值
2	验证可选值是否唯一	打开注册页面，尝试选择"性别"单选按钮为男/女	同时只有一个单选按钮可被选择
3	验证各单选按钮是否正常	1. 打开注册页面，将"性别"单选按钮分别选为男/女，进行注册 2. 注册成功后，查看数据库，观察值是否正常	数据库值与所选单选按钮值一致

3）复选框测试

在实际应用中，很多时候希望用户从给定的条件中进行选择，如果预设条件集合中的各个条件之间是可以并存的，则可使用复选框控件。就表现形式而言，复选框与单选按钮基本类似，但复选框是以多个方框与其对应的文字标签进行组合表示，如图 9.4 所示，选中后会呈现打钩状，且一般不赋默认值。

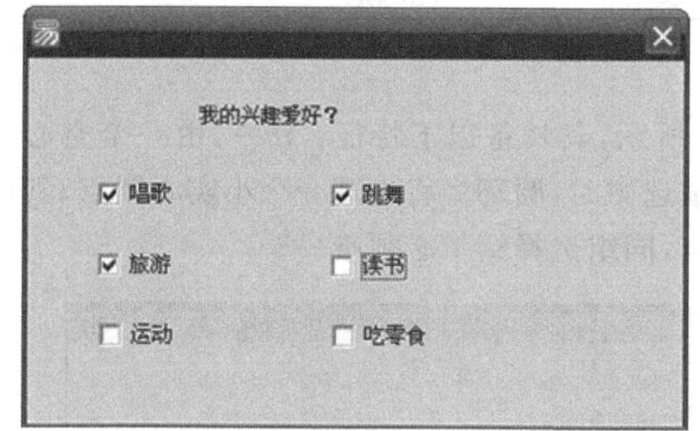

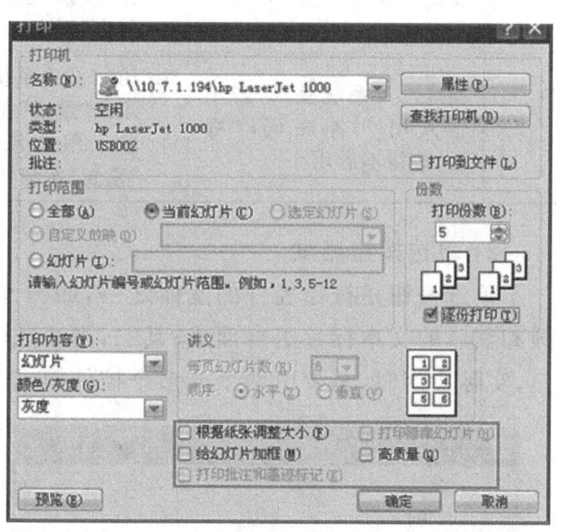

图 9.4　丰富的复选框控件

对复选框进行测试时，主要考虑以下内容：

(1) 多个复选框可否全选/全不选；

(2) 多个复选框可否部分选中；

(3) 逐一验证每个复选框的功能是否正常；

(4) 验证组合执行复选框的功能是否正常。

在此，以图 9.4 所示的打印设置对话框为例，简要列举用例如表 9.3 所示。

4）文本框测试

文本框(TextBox)，作为最常见的控件之一，为用户提供了文本输入的功能。图 9.5 所示均为文本框范畴。

表 9.3　复选框控件测试

序号	目　　的	操 作 步 骤	期 望 结 果
1	验证复选框可否全选	打开打印设置页面,将复选框内容全部选中	成功
2	验证复选框可否全不选	打开打印设置页面,将复选框内容全不选	成功
3	验证复选框可否部分选中	打开打印设置页面,复选框内容选中 1～2 个	成功
4	验证各复选框功能单独选中时功能是否正常	打开打印设置页面,分别选中每个复选框内容	每一功能均正常
5	验证各复选框功能组合选中时功能是否正常	打开打印设置页面,分别选中 1～2 个复选框内容	组合选择时所选功能均正常

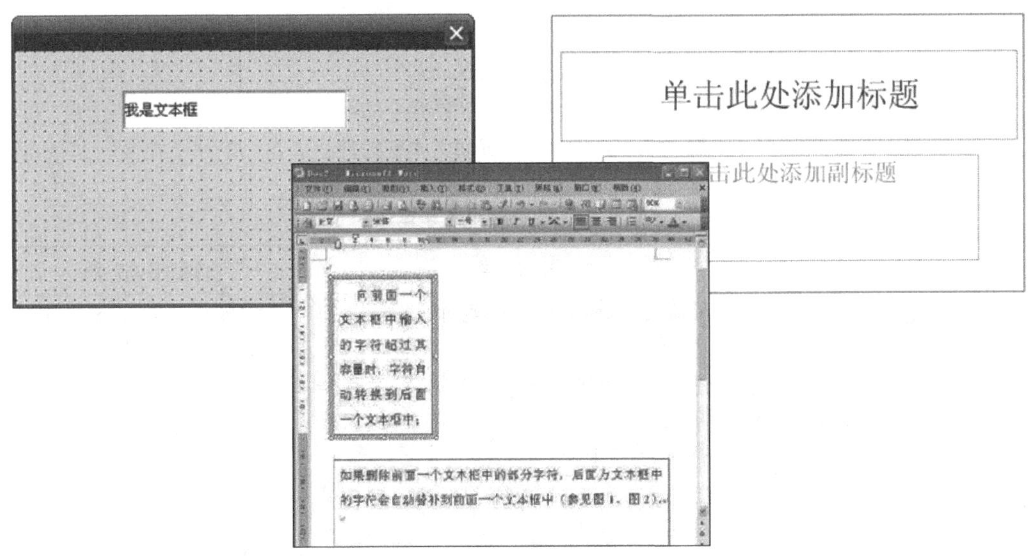

图 9.5　丰富的文本框控件

除了最基本的文本输入功能之外,文本框还衍生出很多功能各异的变体,如支持大量文本内容输入的文本域(TextArea);输入内容不可见的掩码文本框(MaskedTextBox);支持多种媒体元素的富文本框(RichTextBox)等。测试人员在对这些不同类型的文本框进行测试时,要根据实际情况设计测试用例。一般来讲,需考虑以下内容:数据的内容、长度、类型(注:大小写)、格式(行、日期)、唯一性、空、空格、复制/粘贴/手动、特殊字符、错误处理等。

以图 9.6 所示的某系统注册页面文本框控件为例,需求简要概括如下:

(1) 登录名称仅支持 20 个字符内的小写英文;

(2) 用户昵称最大范围支持 20 个字符;

(3) 联系电话支持 20 个字符内的数字及“-”符号;

(4) 密码最低保证 6 位,最长不超过 50 位;

(5) 密保问题及答案最长分别不超过 100 个字符。

依据上述需求,简要列举测试点如表 9.4 所示。

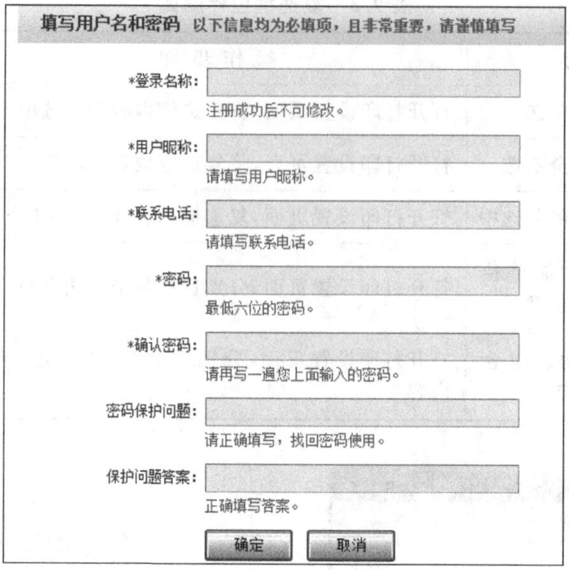

填写用户名和密码 以下信息均为必填项，且非常重要，请谨慎填写

*登录名称：

注册成功后不可修改。

*用户昵称：

请填写用户昵称。

*联系电话：

请填写联系电话。

*密码：

最低六位的密码。

*确认密码：

请再写一遍您上面输入的密码。

密码保护问题：

请正确填写，找回密码使用。

保护问题答案：

正确填写答案。

确定 取消

图 9.6 某系统注册页面文本框控件

表 9.4 文本框控件测试

序号	目 的	操 作 步 骤	期 望 结 果
1	正常数据验证	按提示输入正确的登录名、昵称、电话、密码及确认密码、密保问题及答案	各字段后均提示输入正确，且输入密码后显示为“*”
2	异常用户名验证	依次尝试输入以下内容的登录名称：包含特殊字符、空格(或空)、中文、英文大写、长度大于 20 的字符串等	“登录名称”字段后给出相应的错误提示
3	异常昵称验证	依次尝试输入以下内容的用户昵称：包含特殊字符、空格(或留空)、长度大于 20 的字符串、敏感词等	“用户昵称”字段后给出相应的错误提示
4	异常联系电话验证	依次尝试输入以下内容的联系电话：包含特殊字符、空格(或空)、中文、英文、长度大于 20 的字符串等	“联系电话”字段后给出相应的错误提示
5	联系电话所支持格式验证	依次尝试输入以下内容的联系电话：0311-12345678-1234、0311-12345678、12345678-1234、12345678、13012345678 等	“联系电话”字段后提示输入正确
6	密码输入框显示	输入 6 位以下的密码、大于 50 位的密码等	“密码”字段后给出相应的错误提示
7	密码与确认密码一致性验证	两次密码输入不一致	“确认密码”字段后给出相应的错误提示
8		验证密码是否支持复制、粘贴操作	密码应不可复制
9	密保问题及答案验证	输入大于 100 个字符的问题及答案	字段后给出相应的错误提示
10		输入不正确的答案	“保护问题答案”字段后给出相应的错误提示

5）列表框测试

列表框控件，如图 9.7 所示，为用户提供了一个选项集合列表，其列表项目内容是预先设定或从数据中读取的，用户可根据需要从其中选择，但无法直接输入数据。

常见的列表框控件除了图 9.7 所示的基本类型之外，还有复选列表框(CheckedListBox)，其特点是支持同时选择多个列表中的选项。

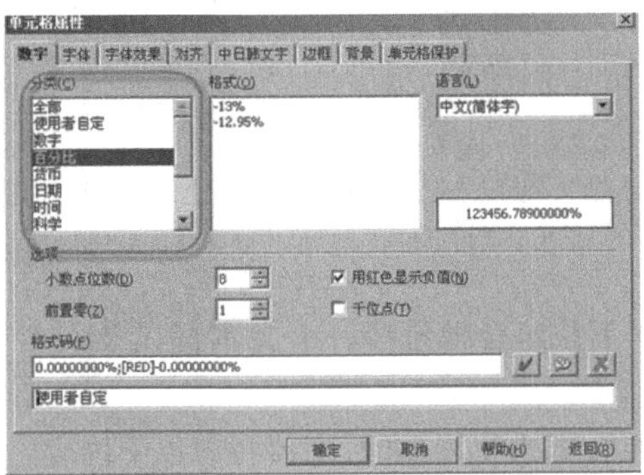

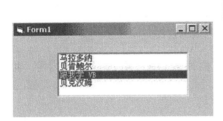

图 9.7　丰富的列表框控件

对列表框进行测试时，主要考虑以下内容：

(1) 条目内容是否正确；

(2) 逐一执行列表框中每个条目的功能是否正确；

(3) 列表框内容多时应使用滚动条；

(4) 是否支持多选的验证；

(5) 支持多选的列表框的组合功能是否正确。

在此，以图 9.7 所示的单元格属性对话框为例，简要列举用例如表 9.5 所示。

表 9.5　列表框控件测试

序号	目　　的	操 作 步 骤	期 望 结 果
1	列表内容验证	观察列表	列表内容条目及顺序应与期望一致，无错字别字
2	列表项验证	逐一选择列表中的每一项，观察右侧窗体中显示内容	列表项及其显示内容应一一对应
3	列表滚动条验证	拖曳列表滚动条	列表内容应同步滚动
4	复选验证	按住 Ctrl 或 Shift 键，尝试复选列表项	应拒绝复选

6）组合框测试

组合框控件，如图 9.8 所示，是一种将文本框和列表框的功能融合于一身的控件，在特征上同时具有文本框和列表框的特点。

常见的组合框控件有以下 3 种类型：简单组合框(Simple ComboBox)、下拉组合框(DropDown ComboBox)及下拉列表组合框(DropDownList ComboBox)。

(1) 简单组合框只包括一个文本框以及一个不含下拉功能的列表。

(2) 下拉列表组合框包括一个文本框以及一个下拉列表，用户只能选择列表中的选项。

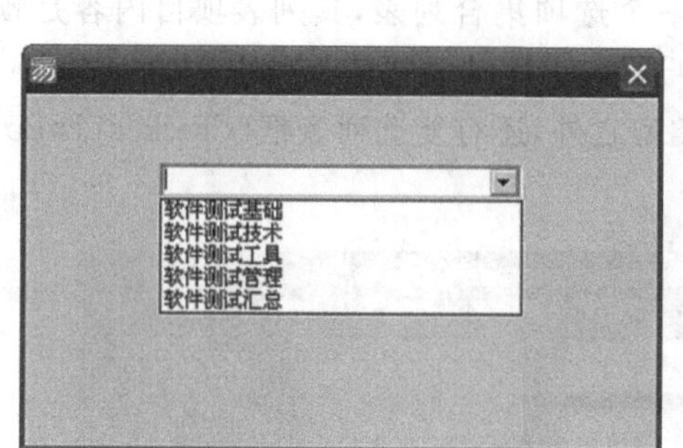

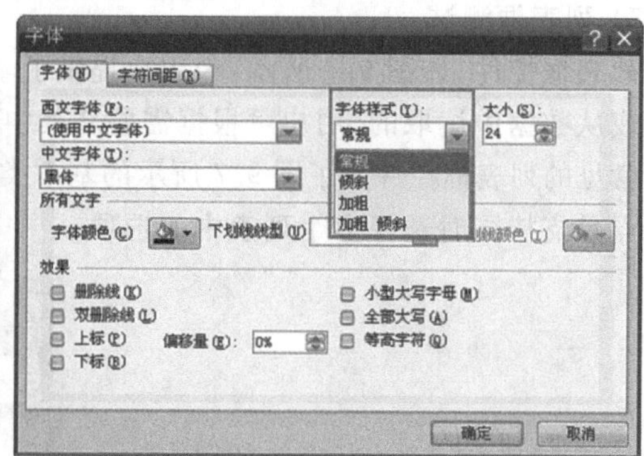

图 9.8　丰富的组合列表框控件

(3) 下拉组合框包括一个文本框以及一个下拉列表，用户可选择列表内容，也可手动输入。

对组合框进行测试时，主要考虑以下内容：

(1) 列表中的选项内容是否与预设一致。

(2) 列表各选项功能是否正常。

(3) 是否支持手动输入内容，若支持，则需要按照文本框的要求对其进行测试。

在此，以图 9.7 所示的字体对话框为例，简要列举用例如表 9.6 所示。

表 9.6　组合框控件测试

序号	目　的	操作步骤	期望结果
1	列表展开验证	单击右侧下拉箭头	列表展开正常
2	列表内容验证	观察列表内容条目及条目顺序	列表内容条目及顺序应与期望一致，无错别字
3	列表项功能验证	逐一选择列表中的每一项，验证其功能	列表中每一项功能均应正常
4	列表滚动条验证	拖曳列表滚动条	列表内容应同步滚动
5	复选验证	按住 Ctrl 或 Shift 键，尝试复选列表项	应拒绝复选
6	手动输入验证	尝试手工输入“字体样式”内容	应拒绝手工输入

7) 日期控件测试

日期控件，顾名思义是为用户提供日期选择功能的控件。日常工作中，所接触的日期控件种类繁多，但本质基本一致。通常由文本框和日历组合而成，当鼠标焦点移至文本框时，日历会自动弹出，以方便用户选择。图 9.9 所示为经典时间控件 My97。

图 9.9　日期控件

对日期控件进行测试时，主要考虑以下内容：

(1) 是否有默认值。

(2) 输入框是否可手工输入，若可手工输入，则输入日期格式是否进行校验。

(3) 日历上各功能按钮是否正常。

(4) 日期选择完毕后，输入框中日期显示是否正确。

在此，以图 9.9 所示的 My97 日期控件为例，简要列举用例如表 9.7 所示。

表 9.7　日期控件测试

序号	目　　的	操 作 步 骤	期 望 结 果
1	日期控件弹出验证	单击包含日期控件的文本框	应弹出日期窗体
2	日期默认值验证	查看弹出的日期窗体	默认日期应与计算机(服务器)当前日期一致
3	日期功能按钮验证	尝试通过日期窗体中各功能按钮进行日期选择	各功能按钮应均正常
4	日期选择验证	选择某一日期并确认	日期窗口应关闭 文本框中应显示选择的日期
5	手工输入验证	尝试在文本框中手工输入日期	应拒绝手工输入并给出相关提示

8) 结构树测试

结构树控件(TreeView)，如图 9.10 所示，通常用来显示包含分级结构视图的信息，如菜单结构、组织机构、磁盘目录等，各结点可自由展开或折叠。

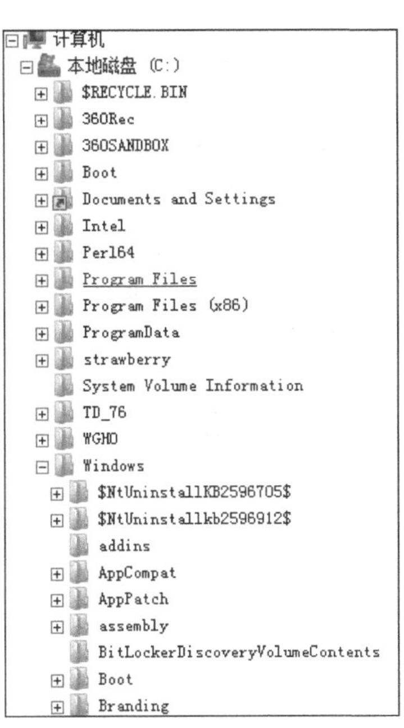

图 9.10　日期控件

对结构树控件进行测试时，主要考虑以下内容：

(1) 树状结构是否有默认状态(是否展开、展开层级，默认焦点)。

(2) 各结点的展开/折叠功能是否正常。

(3) 各结点数据是否正常。

(4) 各结点的功能链接是否正常。

在此，以图 9.10 所示的 windows 7 目录结构树控件为例，简要列举用例如表 9.8 所示。

表 9.8　结构树控件测试

序号	目　　的	操 作 步 骤	期 望 结 果
1	结构树显示验证	单击“我的电脑”，观察左侧结构树	结构树显示正常 目录结构关系正常
2	结点展开/折叠功能验证	尝试将各结点展开/折叠	展开功能正常 展开后子结点内容显示正常 折叠功能正常 折叠后子结点内容隐藏
3	结点功能验证	尝试单击各结点	应打开对应目录并在右侧窗口中显示

9）翻页控件测试

翻页控件，如图 9.11 所示，用于处理数据量较大，需要分页显示的情况。

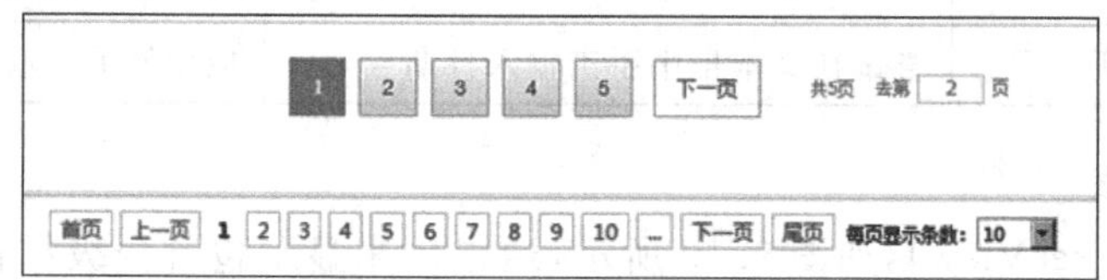

图 9.11　丰富的翻页控件

对翻页控件进行测试时，主要考虑以下内容：

(1) 当前页/总页数是否正确。

(2) 是否可手工输入页数，输入框是否进行错误验证，是否能正常跳转。

(3) 翻页控件各功能按钮是否正常。

(4) 是否支持设置页面显示数据数量，设置功能是否正常。

(5) 当由于列表数据增加/减少影响到页码数量时，控件数据是否同步刷新。

在此，以图 9.11 所示的第二个翻页控件为例，简要列举用例如表 9.9 所示。

表 9.9　翻页控件测试

序号	目　　的	操 作 步 骤	期 望 结 果
1	页数显示验证	观察翻页控件	1. 当前页显示正常 2. 总页数显示正常 3. 各页均显示对应的按钮 4. 超过 10 页的显示
2	翻页功能按钮验证	单击各功能按钮，尝试进行翻页操作	1. 对应操作功能正常 2. 翻页后数据同步刷新
3	当前页显示数量验证	单击下拉菜单，选择每页显示数据条数	1. 切换后，每页显示数据数量与设定一致 2. 切换后页面数据同步刷新
4	数据变更验证	在当前页面数据条数与设置的每页显示条数一致的情况下，添加一条数据，观察翻页控件	1. 页面数量加一 2. 增加对应功能按钮
5		在当前页面只有一条数据的情况下，删除一条数据，观察翻页控件	1. 页面数量减一 2. 隐藏对应功能按钮 3. 若总数据为零，提示暂无数据

10）滚动条测试

滚动条控件通过鼠标/键盘等操作方式，为用户提供多页数据、工作区域切换的功能，如图 9.12 所示。

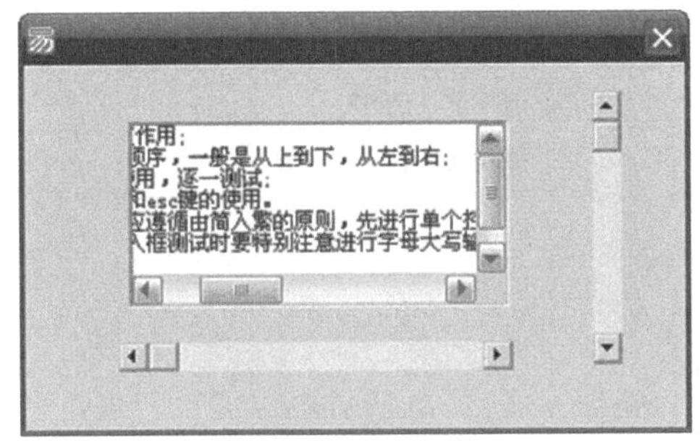

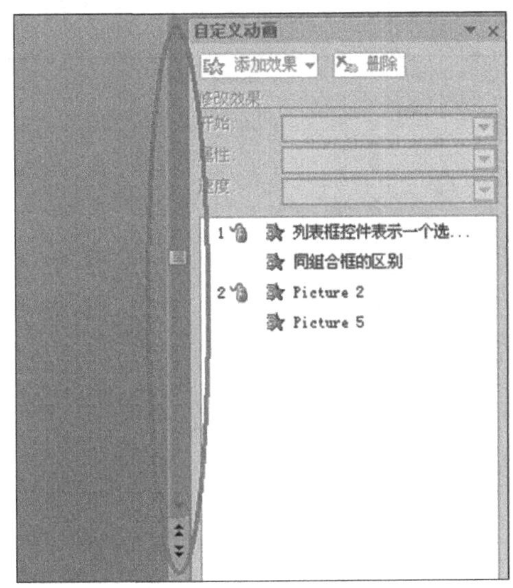

图 9.12　丰富的滚动条控件

在对滚动条控件进行测试时，主要关注以下内容：

(1) 滚动条是否能拖动、是否合理，对应的页面内容的显示是否正确。

(2) 滚动条拖动时屏幕内容是否刷新。

(3) 滚动条拖动时是否具有文字提示。

(4) 滚动块长度、位置是否与内容量对应。

(5) 当内容超过(不足)当前屏幕最大(最小)显示内容时，滚动条是否同步显示(隐藏)。

(6) 滚轮控制功能是否正常。

(7) 滚动条的上下按钮功能是否正常。

滚动条测试较为简单，在此不再引用实例赘述。

至此，结合常见的控件类型进行了相关测试点的介绍。值得提醒的是，实际测试工作中，控件测试并不是一项独立的测试技术，而应以功能测试及业务测试为主，结合控件测试点及测试方法以辅助测试顺利开展。因此，要求读者对控件测试点扎实掌握，灵活应用。

3. 实验任务

任务：快招网添加简历模块测试。

(1) 需求：快招网支持求职者添加并维护个人简历功能。添加简历功能即求职者使用个人账号成功登录快招网后，在“我的简历”模块下，通过单击“添加新简历”按钮进行个人简历的添加和维护操作。在添加简历过程中，求职者需要分模块完善个人简历，包括个人信息、求职意向、专业技能、工作经历、教育背景、项目经验、培训经历、语言能力及照片附件等信息模块，且在每一项内容中均含有若干具体信息。当填写完成一个步骤时，左侧相应模块的图标会由 变为 ，填写完成大部分或者全部简历信息后自动生成一份标准格式化简历，用户单击确定，自动保留并生成。

在此，针对图 9.13 所示的“个人信息”部分进行测试用例设计，在考虑实际业务测试的同时可灵活应用控件测试点以辅助测试的开展。

(2) 界面原型：“添加简历——个人信息”界面原型。

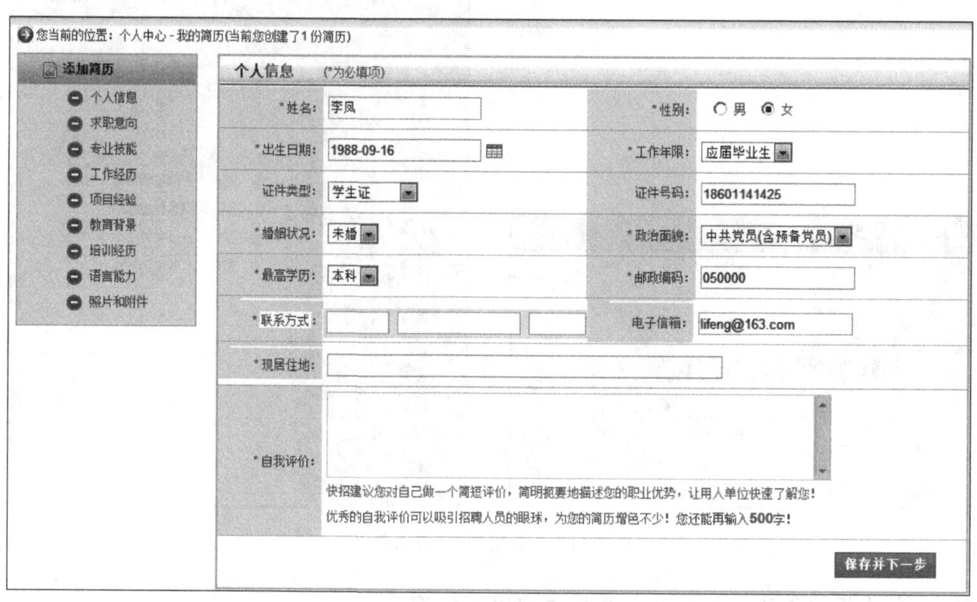

图 9.13　个人信息界面原型

(3) 依据上述需求及界面原型，设计简易测试用例如表 9.10 所示。

表 9.10　测试用例

系统名称	快招网		系统版本号	V1.0	
模块名称	我的简历—添加简历——个人信息				
测试目的	验证个人信息能否正确添加				
前置条件	求职者能够正确登录个人系统				
序号	功能点	子功能点	用例描述	预期结果	实际结果
1	添加简历操作	添加简历进入个人信息页面显示验证	在简历管理页面单击“添加新简历”按钮	1. 可链接到“添加简历”页面 2. 验证页面显示同界面原型 3. 默认显示个人信息页面	
2		正确添加个人信息验证	正确输入各项信息，单击“保存并下一步”按钮	1. 可进入求职意向页面 2. 左侧“个人信息”菜单栏前的图片由 变为	
3		添加个人信息后再次查看个人能力信息界面显示验证	单击左侧“添加简历”菜单栏中的“个人信息”链接	1. 可返回至个人信息页面 2. 页面信息同上一步骤中填写的所有内容	

续表

序号	功能点	子功能点	用例描述	预期结果	实际结果
4		填写中途不保存退出当前系统验证	再次进入该系统查看已填写的个人信息	已填写内容未进行保存	
5		左侧菜单项验证	进入该页面后,查看页面左侧的“添加简历步骤展示区”	1. 各步骤均显示 ⊖ 标记 2. 各步骤均有链接	
6	必填项验证	必填项说明验证	查看页面上方提示信息	有必填项提示“ * 为必填项”	
7		必填项标记验证	查看页面各字段的必填项标记	同界面原型	
8		必填项功能验证	必填项字段不填写,单击“保存并下一步”按钮	系统给出明显提示信息	
9	姓名字段	姓名字段是否支持中文类型验证	输入中文姓名,单击“保存并下一步”按钮	姓名显示正确	
10		姓名字段是否支持英文类型验证	输入英文姓名,单击“保存并下一步”按钮	姓名显示正确	
11		姓名字段是否支持特殊字符验证	输入特殊字符,单击“保存并下一步”按钮	支持输入特殊字符,但不能出现报错情况	
12		姓名字段长度验证(边界值)	输入 10 个字符,单击“保存并下一步”按钮	姓名显示正确	
13		姓名字段长度验证(超出边界值)	输入 11 个字符	限制输入,最多仅能输入 10 个字符	
14	性别字段	性别控件验证	查看性别字段	1. 单选框 2. 支持男、女两项	
15		性别内容显示验证(男)	性别选择男,单击“保存并下一步”按钮	性别显示为男	
16		性别内容显示验证(女)	性别选择女,单击“保存并下一步”按钮	性别显示为女	
17	出生日期字段	出生日期控件验证	查看出生日期字段并将鼠标放置于该控件上	会出现一个日期控件,可以选择出生日期	
18		出生日期是否支持手工输入验证	在文本框中直接手工输入日期,单击“保存并下一步”按钮	若支持手工输入方式,需注意日期格式是否正确	
19		出生日期内容验证	选择某合理日期,单击“保存并下一步”按钮	日期显示同选择的日期	

续表

序号	功能点	子功能点	用例描述	预期结果	实际结果
20		出生日期控件功能验证	日期控件按钮功能测试	功能正常	
21	工作年限字段	工作年限控件及内容项验证	查看工作年限字段	1. 采用下拉菜单选择的形式 2. 数据项为"1～3年"、"无工作年限",默认项为"1～3年"	
22		工作年限内容显示验证	选择某工作年限,单击"保存并下一步"按钮	1. 工作年限信息显示同添加的信息 2. 企业通过该字段进行查找时,可搜索到该人员的简历	
23	证件类型与证件号码字段	证件类型与证件号码控件及内容项验证	查看证件类型字段	1. 采用下拉菜单选择的形式 2. 数据项为"身份证"、"学生证"、"军官证",默认项为"身份证"	
24		证件类型与证件号码内容显示验证	选择某证件类型,单击"保存并下一步"按钮	证件类型信息显示同选择的类型	
25		身份证格式匹配验证	1. 选择某证件类型,如身份证 2. 输入前面选择的证件类型的证件的号码,验证后面的证件类型号码格式 3. 单击"保存并下一步"按钮	格式应符合该证件类型的要求	
26		身份证格式类型验证	输入长度超过18位的数字,单击"保存并下一步"按钮	提示字符超出范围限制	
27		身份证长度验证	输入数字和英文之外的内容,单击"保存并下一步"按钮	提示输入格式不正确	
28		学生证格式验证	1. 选择某证件类型,如学生证 2. 输入前面选择的证件类型的证件的号码,验证后面的证件类型号码格式 3. 单击"保存并下一步"按钮	格式无特别限制,灵活输入	

续表

序号	功能点	子功能点	用例描述	预期结果	实际结果
29		军官证格式验证	1. 选择某证件类型,如军官证 2. 输入前面选择的证件类型的证件的号码,验证后面的证件类型号码格式 3. 单击"保存并下一步"按钮	格式无特别限制,灵活输入	
30	婚姻状况字段	婚姻状况控件及内容项验证	查看婚姻状况字段	1. 采用下拉菜单选择的形式 2. 数据项为"未婚"、"已婚"、"离异"、"丧偶",默认项为"未婚"	
31		婚姻状况内容显示验证	选择类型,单击"保存并下一步"按钮	婚姻状况信息显示同选择的类型	
32	政治面貌字段	政治面貌控件及内容项验证	查看政治面貌字段	1. 采用下拉菜单选择的形式 2. 数据项为"群众"、"党员"、"团员",默认项为"群众"	
33		政治面貌内容显示验证	选择类型,单击"保存并下一步"按钮	政治面貌信息显示同选择的类型	
34	最高学历字段	最高学历控件及内容项验证	查看最高学历字段	1. 采用下拉菜单选择的形式 2. 数据项为"大专"、"本科"、"硕士"、"博士",默认项为"大专"	
35		最高学历内容显示验证	选择类型,单击"保存并下一步"按钮	最高学历信息显示同选择的类型	
36	邮政编码字段	邮政编码控件类型验证	查看邮政编码字段	采用录入框的形式	
37		邮政编码内容显示验证	输入正确6位邮政编码,单击"保存并下一步"按钮	邮政编码信息显示同添加的信息	
38		邮政编码字段长度验证	输入不是6位的字符,单击"保存并下一步"按钮	系统提示输入有误	
39		邮政编码字段类型验证	输入特殊字符,如# *等,单击"保存并下一步"按钮	系统提示输入有误	
40	现居住地字段	现居住地控件类型验证	查看现居住地字段	采用文本框的形式	
41		现居住地内容显示验证	输入正确现居住地,单击"保存并下一步"按钮	现居住地信息显示同添加的信息	

续表

序号	功能点	子功能点	用例描述	预期结果	实际结果
42		现居住地允许输入长字符串验证	输入超长字符,单击“保存并下一步”按钮	现居住地信息显示同添加的信息	
43		现居住地允许输入特殊字符验证	输入特殊字符,如:河北省石家庄市桥西区#23-6-201,单击“保存并下一步”按钮	现居住地信息显示同添加的信息	
44	联系方式(区号-电话-分机)字段	联系方式(区号)是否允许为空验证	“联系方式-区号”为空,其他项正确填写,单击“保存并下一步”按钮	1. 区号允许为空 2. 联系方式显示同添加的信息	
45		联系方式(电话)是否允许为空验证	“联系方式-电话”为空,其他项正确填写,单击“保存并下一步”按钮	提示“请填写联系方式”	
46		联系方式(分机)是否允许为空验证	“联系方式-分机”为空,其他项正确填写,单击“保存并下一步”按钮	1. 分机允许为空 2. 联系方式显示同添加的信息	
47		联系方式(区号)内容格式验证	“联系方式-区号”输入非数字字符,其他项正确填写,单击“保存并下一步”按钮	提示只可输入数字字符	
48		联系方式(电话)内容格式验证	“联系方式-电话”输入非数字字符,其他项正确填写,单击“保存并下一步”按钮	提示只可输入数字字符	
49		联系方式(分机)内容格式验证	“联系方式-分机”输入非数字字符,其他项正确填写,单击“保存并下一步”按钮	提示只可输入数字字符	
50		联系方式(区号)内容长度验证	“联系方式-区号”字符长度大于4,其他项正确填写,单击“保存并下一步”按钮	提示字符超出范围限制	
51		联系方式(电话)内容长度验证	“联系方式-电话”字符长度大于11,其他项正确填写,单击“保存并下一步”按钮	提示字符超出范围限制	
52		联系方式(分机)内容长度验证	“联系方式-分机”字符长度大于6,其他项正确填写,单击“保存并下一步”按钮	提示字符超出范围限制	

续表

序号	功能点	子功能点	用例描述	预期结果	实际结果
53	电子邮箱字段	电子邮箱正确格式验证	输入多种不同的符合电子邮箱格式(邮箱格式应为……@……. ……)的内容,单击"保存并下一步"按钮	电子邮箱显示同添加的信息	
54		电子邮箱错误格式验证	输入多种不同的不符合电子邮箱格式(邮箱格式应为……@……. ……)的内容,单击"保存并下一步"按钮	提示格式输入有误	
55		电子邮箱默认值验证	查看电子邮箱字段内容	1. 默认显示当前用户注册时的邮箱 2. 默认显示的邮箱允许修改	
56	自我评价字段	自我评价控件验证	查看自我评价字段	1. 采用多行文本输入域的形式 2. 字段前显示温馨提示	
57		自我评价控件验证(输入信息后)	输入多行信息后,查看滚动条显示	1. 滚动条显示正常 2. 滚动条功能正常	
58		自我评价字段提示信息验证	查看温馨提示内容显示	"快招建议您对自己做一个简短评价,简明扼要地描述您的职业优势,让用人单位快速了解您! 优秀的自我评价可以吸引招聘人员的眼球,为您的简历增色不少!"	
59				同时温馨提示中将采用友好提示的方式对字数的限制,如"您还能再输入 500 字!"	
60		自我评价字段提示信息验证(输入内容后)	输入一定数量的字符(如 200)并查看温馨提示	1. 自我评价信息显示同添加的信息 2. 温馨提示显示"您还能再输入 300 字!"字数提醒正确	
61		自我评价内容显示验证	输入自我评价 500 字,单击"保存并下一步"按钮	1. 自我评价信息显示同添加的信息 2. 温馨提示显示"您还能再输入 0 字!"	
62		自我评价字段长度验证	输入自我评价 501 字并保存成功后(最终简历提交后),单击"保存并下一步"按钮	限制输入	
63		自我评价字段类型验证	输入特殊字符,如 # *-,、等,单击"保存并下一步"按钮	自我评价信息显示同添加的信息	

至此,简要列举了“添加简历——个人信息”界面的测试用例,值得提醒的是,快招网面向广大用户推广使用,作为测试人员应从实际业务和客户群角度出发,并辅以控件测试相关测试点进行测试用例设计,旨在满足大多数用户实际使用的需要。

4. 拓展练习

图 9.14 所示为快招网的企业会员注册界面,请读者针对该界面进行测试用例设计,在考虑实际业务测试的同时可灵活应用控件测试点以辅助测试的开展。

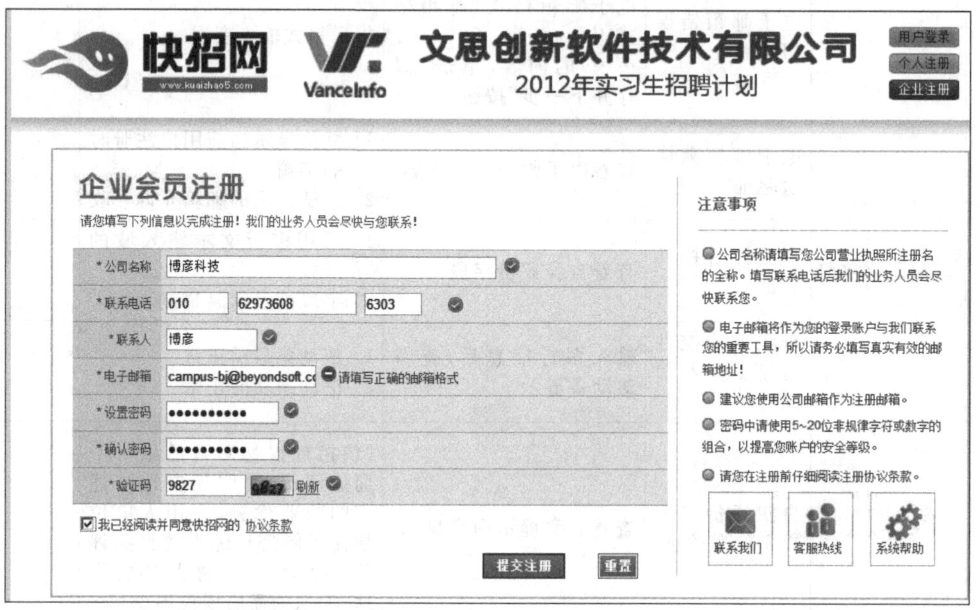

图 9.14　企业会员注册界面

实验10　界面测试与用例设计

1. 实验目标

(1) 理解界面测试内涵。

(2) 掌握界面测试关注点。

(3) 掌握界面测试方法。

(4) 能够针对系统灵活开展界面测试。

2. 背景知识

曾于企业项目的测试中，有过此样经历，基于待测系统界面色彩暗淡、低沉，难以引发用户兴趣，而遭到测试组成员一致反对，最终推翻原有整体设计，由界面设计师重新设计、配色形成了一套全新风格的系统。可见，用户、测试工程师、界面设计师乃至整个企业都非常重视系统的用户界面。

用户界面(User Interface，UI)，它是软件与用户交互的最直接的层，界面的好坏决定用户对软件的第一印象，优秀的界面可引导用户进一步访问深层次页面和操作其他功能，并带给用户轻松愉悦的感受和成功的感觉。

界面测试又称为UI测试，即针对用户界面的检测。看似不如逻辑功能测试重要，但面对众多的同类软件竞争市场的现状下，经历了严格界面测试的软件无疑增加了其更多的竞争力，可更顺利地脱颖而出。

基于上述介绍，尽管对于界面测试的开展可能读者还不尽理解，但是有一点，读者肯定是理解了的，即界面测试的重要性。那界面测试都关注哪些方面呢？通过以下角度简要介绍。

1) 整体界面的风格

图10.1所示为某政府网站，经观察可得知：

(1) 网站主体背景颜色为深红色；

(2) 多采用长方形等图形来进行区域的划分；

(3) 整体布局排列整齐。此网站的风格往往给人以规范、稳重及严谨的感受。

图10.2所示为某儿童娱乐网站，经观察可得知：

(1) 网站色彩丰富；

(2) 展现形式生动、活泼；

(3) 整体布局无特定规则。此网站的风格充满童趣，符合儿童的性格特点。

假想二者互换风格，换风格后的政府网则过于活泼，容易让人不放心；而儿童网又会沉闷、缺乏灵气。可见风格测试在界面测试中尤为重要。

图 10.1　政府网站

图 10.2　儿童娱乐网站

2）不同界面的风格

界面测试中，除了整体界面的风格需要关注，不同界面间也应保证风格统一。举例如下：

（1）反面实例：模块 A 和模块 B 中均有"添加"链接，则二者应统一名称为"添加"，而不能一者称作"添加"、另一者称作"新增"等其他名称；

（2）反面实例：模块 A 和模块 B 中均有删除图标链接，则二者应统一图标样式，而不能

一者图标为、另一者图标为,应采用统一的图标;

(3) 正面实例:BugFree 管理系统中,Bug 模块(如图 10.3 所示)、Test Case 模块(如图 10.4 所示)及 Test Result 模块(如图 10.5 所示)风格统一,唯有色彩上有所差异。此方式既保证了风格统一、协调美观,又易于用户快速区分不同的模块。

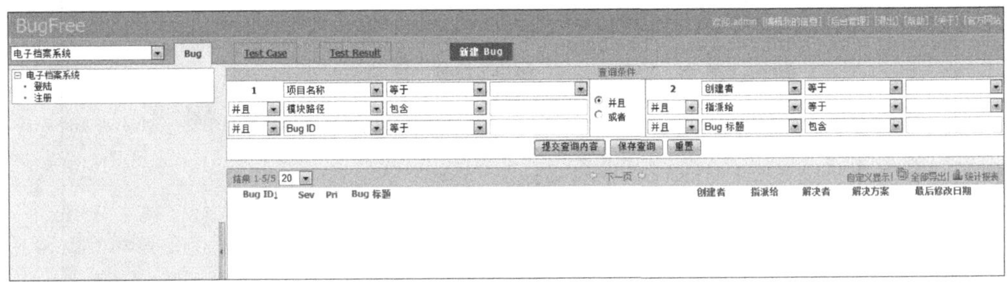

图 10.3 Bug 模块

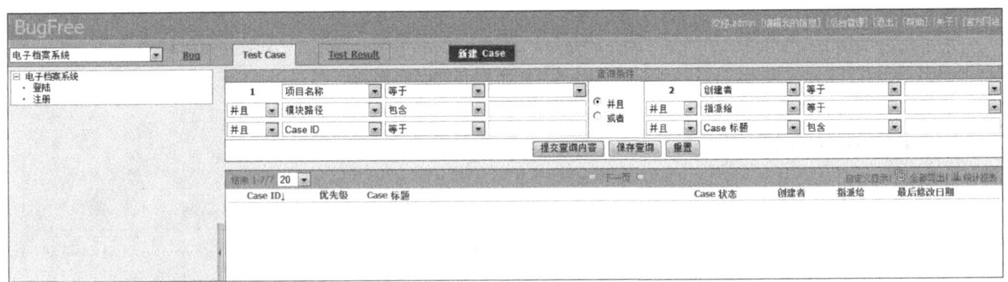

图 10.4 Test Case 模块

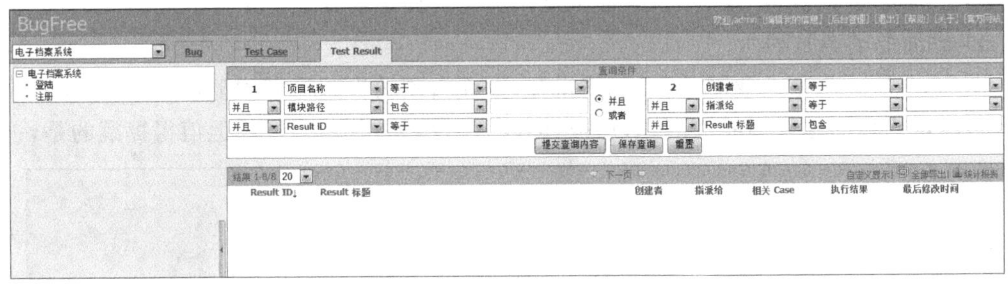

图 10.5 Test Result 模块

因此,界面测试中不同界面的风格也应引起读者重视,要保持一致性。

3) 界面的内容显示

图 10.6 所示为某学生编写的"百度"页面,请读者依据个人对"百度"官方网页的印象,针对当前页面进行界面测试。

经观察,可发现图 10.6 中存在众多界面问题。简要描述如下:

(1) 页面内容布局欠合理,上下均未留出空间,给人感觉憋闷;

(2) 标签页名称显示乱码,如;

(3) "Bai"为黑色,色彩暗淡,且同"百度"色彩不统一,如;

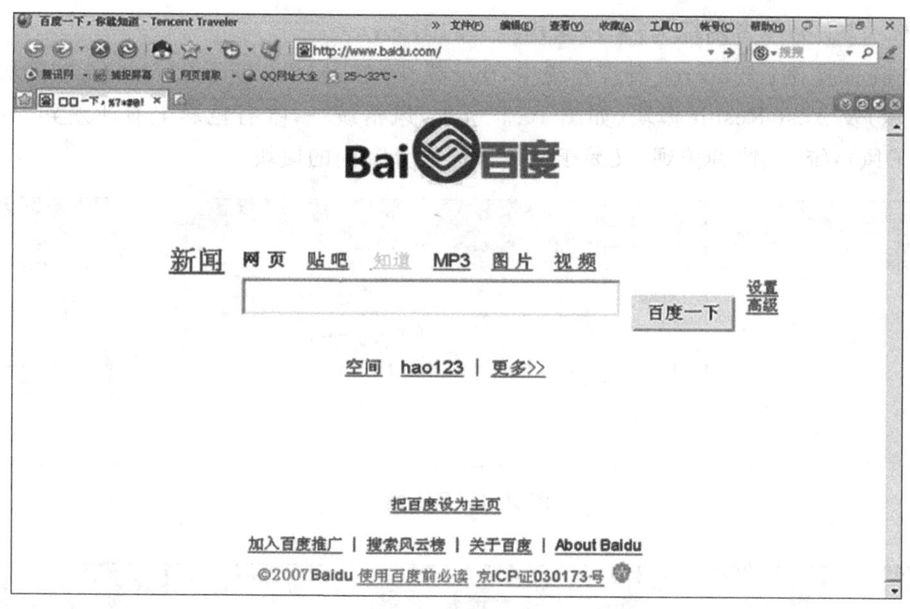

图 10.6　学生开发的百度页面

(4) 百度 Logo 有误，如；

(5) 字体大小不统一，如新闻　网页　贴吧；

(6) 字体色彩过于刺眼，不容易阅读，如知道；

(7) 控件位置摆放有误，如百度一下 设置 高级；

(8) 内容显示有误，如©2007Baidu。

以上，均为界面问题，换言之，界面测试中上述方面都需要读者关注。

4) 界面的动态过程

图 10.7 所示为某企业网站，经观察得知，页面右侧被框起区域中显示"部分界面重叠"，读者可能认为该问题确属界面问题，但极其容易发现，无须特别讲解；但值得提醒的是，该界

图 10.7　界面的动态过程

面问题并非显而易见的，需要通过拖动滚动条，上下移动至页面最底部，且多次进行该操作才会发生上述“部分界面重叠”问题。因此，提醒读者界面测试同样需要关注“进行某些操作后”或“进行某些操作过程中”界面的显示情况。

5）窗体界面

图 10.8 和图 10.9 所示分别为某窗体的原有界面和最大化后的界面，经观察可得知：较窗体原有界面而言，窗体最大化后窗体控件仍保持原状，导致整体界面布局不协调。因此，界面测试中，若窗体支持最小化和最大化功能，当进行窗体缩放时，窗体上的控件也应随着窗体变化而缩放。

图 10.8　窗体的原有界面

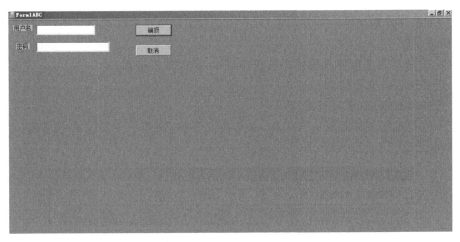

图 10.9　窗体的最大化后界面

由此可见，窗体测试也属于界面测试的一种。当然，窗体测试并非仅上述一种类型，还有多方面需进行测试，具体测试用例如表 10.1 所示。

表 10.1　窗体测试

测试类型	界面测试	测试项	窗体测试
用例编号	测 试 内 容		期望结果
1	观察窗体大小是否适中，控件布局是否合理、协调		是
2	观察窗体长宽比例，是否长度和宽度接近黄金比例		是
3	观察窗体标题，是否准确无误，无错别字		是

续表

测试类型	界面测试	测试项	窗体测试
用例编号	测 试 内 容		期望结果
4	进行窗体缩放，观察窗体中控件是否随之缩放		是
5	移动窗体，观察移动过程中窗体界面是否显示正确，刷新正常		是
6	观察窗体界面显示是否无错别字		是
7	观察弹出的提示信息、警告信息等，文字描述是否准确无误		是
8	观察父窗体或主窗体的中心位置，是否于屏幕对角线焦点附近摆放		是
9	观察子窗体位置，是否于父窗体的左上角或正中摆放		是
10	观察多个子窗体弹出时，是否依次向右下方偏移，以显示窗体出标题为宜		是
11	观察多个子窗体弹出时，活动窗体是否被反显加亮		是

以上，为窗体界面测试的部分用例，读者可结合实际项目情况灵活套用，开展测试。

6）控件界面

图 10.10 所示为某窗体及窗体中的控件显示，经观察可得知：

(1) 窗体中存在文字错误；

(2) 控件摆放错位，未对齐排列；

(3) 不同的按钮名称既有中文名称，又有英文名称，出现了中英文共存情况，不满足一致性要求等。

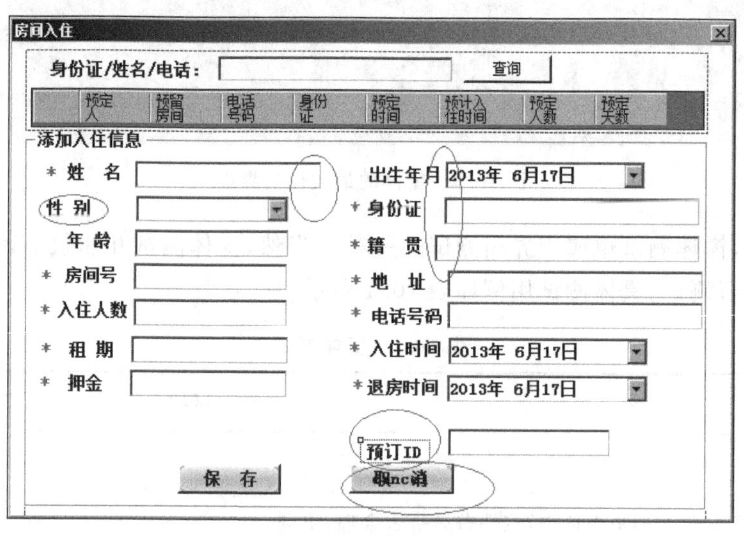

图 10.10 窗体及窗体控件

由此可见，窗体的控件中也存在很多界面测试的关注点。在此，汇总了控件测试用例如表 10.2 所示。

表 10.2　控件测试

测试类型	界面测试	测试项	控件测试
用例编号	测 试 内 容		期望结果
1	观察控件摆放是否整齐，且间隔保持一致		是
2	观察控件显示是否完整，且无重叠区域		是
3	观察控件显示是否无错别字		是
4	观察控件中文、英文显示是否统一，无中英文混合情况		是
5	观察控件文字全角、半角显示是否统一，无全半角混合情况		是
6	观察控件的字体类型是否保持一致		是
7	观察控件的字体大小是否保持一致		是

以上，为控件界面测试的部分用例，读者可结合实际项目情况灵活套用，开展测试。

7）菜单界面

图 10.11 所示为某菜单显示，经观察可得知：

(1) 菜单中存在文字错误；

(2) 菜单中快捷键显示的位置不统一，既有显示于菜单中文名称之前的，也有显示于之后的；

(3) 菜单的深度较深，建议控制于三层之内；

(4) 菜单中中文、英文显示不统一，出现中英文混合情况等；

(5) 菜单中快捷键设置的英文不符合日常习惯，通常复制快捷键为“C”，粘贴为“V”等。

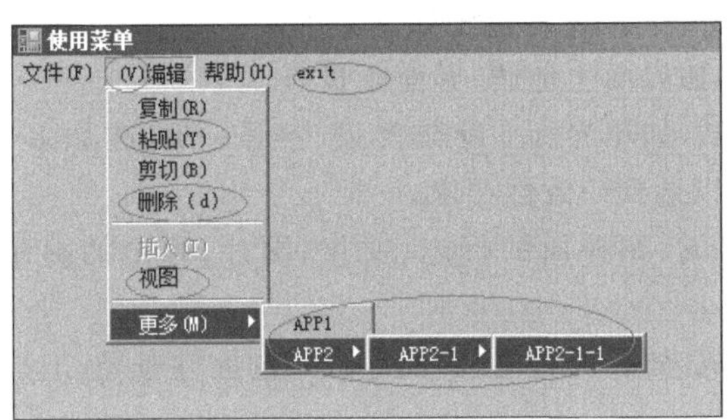

图 10.11　菜单界面

由此可见，界面测试中菜单项的检测也不容忽视。当然，菜单测试中测试点种类繁多，通过表 10.3 所示内容进行菜单测试用例的汇总。

表 10.3　菜单测试

测试类型	界面测试	测试项	菜单测试
用例编号	测 试 内 容		期望结果
1	选择菜单，观察菜单名称显示是否正确，与实际执行操作保持一致		是
2	执行快捷键，观察快捷键名称显示是否正确，与实际执行操作保持一致		是

续表

测试类型	界面测试	测试项	菜单测试
用例编号	测 试 内 容		期望结果
3	观察菜单显示是否无错别字		是
4	观察快捷键是否无重复情况		是
5	观察菜单的字体类型是否保持一致		是
6	观察菜单的字体字号是否保持一致		是
7	观察菜单中中文、英文显示是否统一，无中英文混合情况		是
8	观察菜单中全角、半角显示是否统一，无全半角混合情况		是
9	观察菜单的位置排序，是否依据流行的 Windows 风格，通常采用"常用－主要－次要－工具－帮助"顺序排列		是
10	观察下拉菜单的位置显示，是否依据菜单含义分组，并按照一定规则排列显示，且应以横线进行分隔		是
11	观察菜单的深度，是否控制于三层之内		是
12	观察主菜单的个数，是否为单排分布		是
13	观察与当前操作无关的菜单，是否以灰色显示		是

至此，上述各项均为界面测试的范畴，简要概括以供读者加深对界面测试的认识，以及在项目中灵活套用。值得提醒的是，上述测试用例仅为部分界面测试点的列举，旨在抛砖引玉，读者可自行总结更加翔实的界面测试通用用例。

综上所述，简要汇总界面测试的范围如下：

(1) 界面风格测试，如界面主色调、界面背景等。

(2) 界面一致性测试，如单界面中字体类型、字号一致，亦如多个不同界面中的相同按钮、链接等应统一名称，以达到一致性要求。

(3) 界面正确性测试，如界面的标志、文字、图片、弹出的提示信息等内容均应显示正确。

(4) 界面合理性测试，如界面布局、界面缩放中的控件布局、工具栏中的图标内涵等，均应合情合理地显示。

(5) 界面美观协调性测试，如界面色彩搭配等。

值得一提的是，界面测试中，尤其对于界面美观协调性等视觉效果的评估，往往主观性非常强，考虑用户的观点则显得至关重要。换言之，软件产品的研发应以用户的需求和喜好为基础，基于此产生的软件才是有价值的，否则将被推翻或束之高阁。因此，界面测试中用户的喜好尤为关键。既然提到"用户"则不得不来谈一谈"项目软件"和"产品软件"中用户及用户界面的区别。

项目软件，例如专门为河北师范大学软件学院教务部门研发的教务系统，它有明确且固定的客户群体。为了使项目软件的界面满足用户的要求，可设置用户体验过程或定期进行用户测试，从而避免最终研发出的软件界面受到用户的质疑。

产品软件，例如 QQ、博客等，它没有明确且固定的客户群体，将面向广大用户进行产品的推广与销售。为了使产品软件的界面满足不同用户的要求，可制作多种不同的界面风格供不同用户灵活选择(如图 10.12 所示)，也可以提供界面内容定制化显示功能(如图 10.13 所示)，便于广大用户结合个人的喜好进行灵活的选择与设置。

图 10.12　QQ 丰富的界面风格

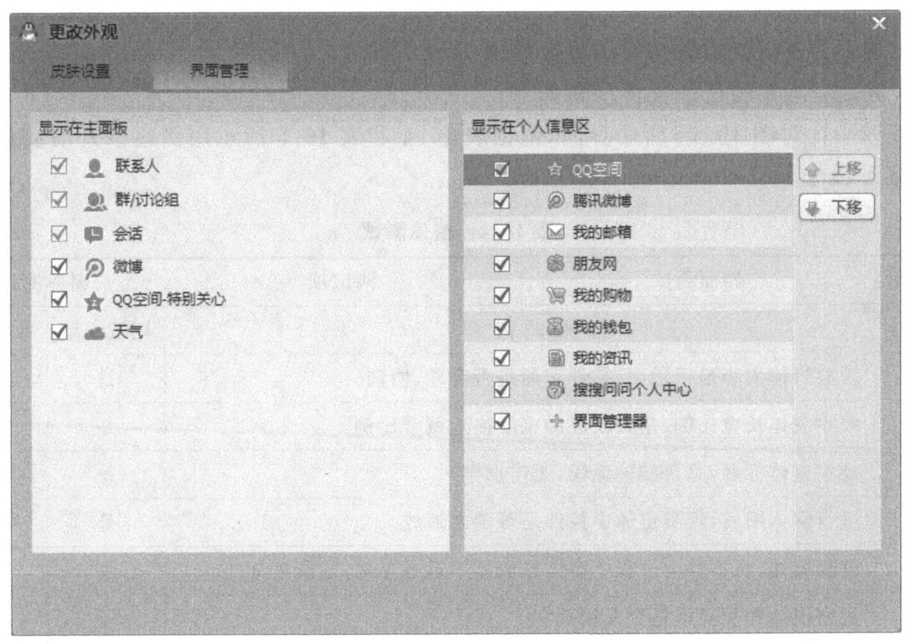

图 10.13　QQ 界面内容定制功能

以上，为项目软件与产品软件在软件界面及界面测试中的区别，读者可结合实际工作情况，灵活把握。

至此，从界面的不同角度阐述了界面测试的相关基础。以下实验，以旅馆住宿系统的预订管理界面的测试为例，从实践角度带领读者进一步体会界面测试的开展。

3. 实验任务

任务：旅馆住宿系统界面测试。

(1) 需求：图 10.14 所示为旅馆住宿系统预订管理界面，请依据窗体测试用例和控件测试用例针对其界面进行测试，并记录测试执行结果。

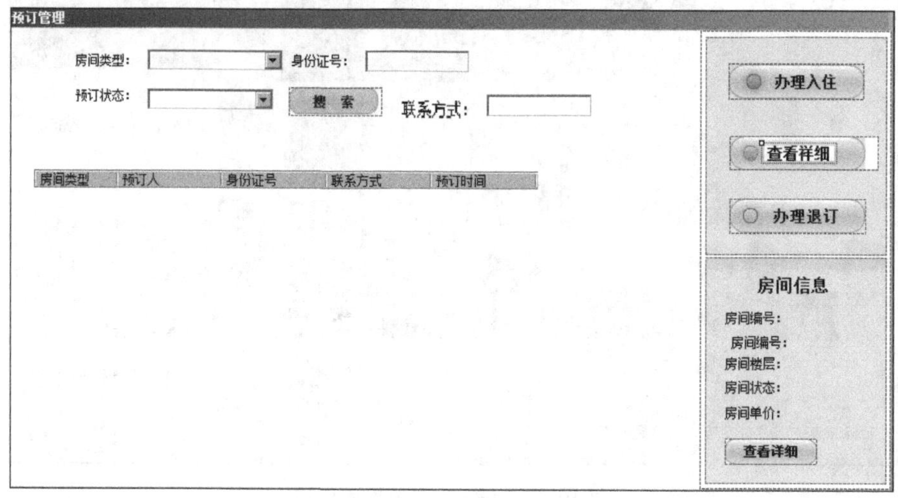

图 10.14　预订管理界面

(2) 界面原型：旅馆住宿系统界面如图 10.14 所示。

(3) 问题：本实验任务整体步骤如下：

第 1 步：针对图 10.14 所示界面，依据表 10.4 和表 10.5 所示用例逐条开展测试，逐一进行观察及操作。

表 10.4　窗体测试

测试类型	界面测试	测试项	窗体测试	
用例编号	测 试 内 容		期望结果	实际结果
1	观察窗体大小是否适中，控件布局是否合理、协调		是	否
2	观察窗体长宽比例，是否长度和宽度接近黄金比例		是	否
3	观察窗体标题，是否准确无误，无错别字		是	是
4	进行窗体缩放，观察窗体中控件是否随之缩放		是	不支持
5	移动窗体，观察移动过程中窗体界面显示是否正确，刷新正常		是	是
6	观察窗体界面显示是否无错别字		是	否
7	观察弹出的提示信息、警告信息等，文字描述是否准确无误		是	是
8	观察父窗体或主窗体的中心位置，是否于屏幕对角线焦点附近摆放		是	是

续表

测试类型	界面测试	测试项	窗体测试	
用例编号	测 试 内 容		期望结果	实际结果
9	观察子窗体位置，是否于父窗体的左上角或正中摆放		是	是
10	观察多个子窗体弹出时，是否依次向右下方偏移，显示窗体出标题为宜		是	是
11	观察多个子窗体弹出时，活动窗体是否被反显加亮		是	是
测试执行人员：测试员 A		测试时间：2013-06-06		

表 10.5 控件测试

测试类型	界面测试	测试项	控件测试	
用例编号	测 试 内 容		期望结果	实际结果
1	观察控件摆放是否整齐，且间隔保持一致		是	否
2	观察控件显示是否完整，且无重叠区域		是	否
3	观察控件显示是否无错别字		是	否
4	观察控件中文、英文显示是否统一，无中英文混合情况		是	是
5	观察控件文字全角、半角显示是否统一，无全半角混合情况		是	是
6	观察控件的字体类型是否保持一致		是	是
7	观察控件的字体大小是否保持一致		是	否
测试执行人员：测试员 A		测试时间：2013-06-06		

第 2 步：将操作及观察得出的实际结果填写到表 10.4 和表 10.5 的"实际结果"一栏。

第 3 步：针对实际结果为"否"的记录，表明测试失败，应提交缺陷报告，如表 10.6 所示；实际结果为"是"的记录，表明测试通过。

表 10.6 Bug 报告

缺陷报告		编号：001
软件名称：旅馆住宿系统	所属模块：预订管理	版本号：V1.0
提交日期：2013-06-06	修改日期：××-××-××	指定处理人：开发者 B
硬件平台：P4 处理器、2.4GHz、512MB	操作系统：Windows 7	测试人员：测试员 A
缺陷类型：界面问题	严重程度：不严重	优先级：中级
缺陷概述：预订管理界面中，"搜索"按钮位置摆放不合理		
详细描述： 1. 使用账号 admin，密码 123456 登录旅馆住宿系统； 2. 进入预订管理模块，观察预订管理界面控件摆放。 实际结果："搜索"按钮位置摆放不合理，放置在了各查询字段之间，如图 10.14 所示； 期望结果：将"搜索"按钮放置在各查询字段的右侧或居中显示于各查询字段的下方。 备注：依据窗体测试用例 1 得出		

注意：

① 测试过程中，产生的实际结果同测试内容描述的为“是”，即测试通过；反之则为“否”，即测试失败、产生了缺陷。

② “一份缺陷报告中仅记录一个缺陷”为缺陷报告编写原则之一，故表 10.6 所示的缺陷报告中仅记录了一个缺陷。

③ 基于“窗体测试用例 1”，预订管理界面还存在其他缺陷，例如界面左侧查询字段整体布局欠美观，查询结果列表表头摆放不居中等。请读者仔细查找其他问题。

综上所述，为针对图 10.14 所示界面进行窗体和控件测试的过程，并以执行“窗体测试用例 1”产生的缺陷为例，提交缺陷报告如表 10.6 所示。读者可结合实际项目情况，针对产生的所有缺陷提交缺陷报告，限于篇幅，不再赘述。

4. 拓展练习

图 10.15 所示为某系统的注册界面，请读者针对该界面开展全面的界面测试，并提交缺陷报告，缺陷报告模板如表 10.6 所示。

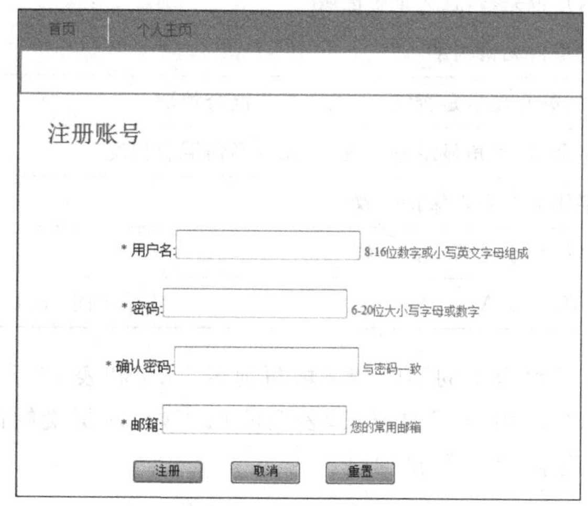

图 10.15　注册界面

实验 11 易用性测试与用例设计

1. 实验目标

(1) 理解易用性测试内涵。

(2) 掌握易用性测试关注点。

(3) 掌握常见易用性测试用例。

(4) 能够针对系统灵活开展易用性测试。

2. 背景知识

伴随经济和技术的飞速发展,同类软件产品数量骤增,用户在选择产品时已不单单局限于产品对于用户是否有用(即功能需求);在满足"产品有用"前提下,逐渐转向于关注"产品易用"(即易用性需求)。可见,用户的需求及对产品的质量要求都提升了更高的层次。

现如今,易用性在人们身边随处可见。如落地的巨大玻璃门,支持推拉双向开展的门比仅支持单向开展的门要更受欢迎,避免了用户不小心撞上去的危险;饮水机的冷热水控制开关,也分别标注了不同的色彩(蓝色代表冷水;红色代表热水),使用户可快速、准确的接打所需的水源;公交卡的产生,省去了乘客随身携带零钱的不便。总之,易用性早已融入我们的生活,衣食住行方方面面都因其而更加便利、快捷。

易用性是一门学问,在软件领域也越来越占据重要的地位。在 2003 年颁布的《GB/T 16260—2003 软件工程产品质量》(ISO 9126—2001)质量模型中,提出易用性包含易理解性、易学习性和易操作性。即易用性是指在指定条件下使用时,软件产品被理解、学习、使用和吸引用户的能力。最终用户能否体会出软件容易使用,直接决定了软件能否取得市场的成功,它已发展为软件能否被广泛推广和使用的决定性因素之一。

以下,通过不同角度来介绍软件中的易用性,带领读者从中慢慢体会软件易用性的多方位体现。

1) BugFree 登录页面

图 11.1 所示界面的易用性体现于以下 3 个方面,其一,访问 BugFree 登录页面,光标自动定位于"用户名"文本输入框,减少了一次鼠标的移动和单击操作;其二,"记住密码"字段的设置,为频繁访问该软件的用户提供了免输入密码的便利;其三,"登录"按钮中配有快捷键支持,在某种程度上节省了操作时间。

图 11.1 BugFree 登录界面

2) IE 中的百度网站

图 11.2 所示界面的易用性体现于以下 3 个方面,其一,IE 新版本浏览器支持多个选项卡并存,为用户浏览多个网页提供了快捷途径;其二,百度网站按类型相似度对内容进行模块划分,便于用户快速查

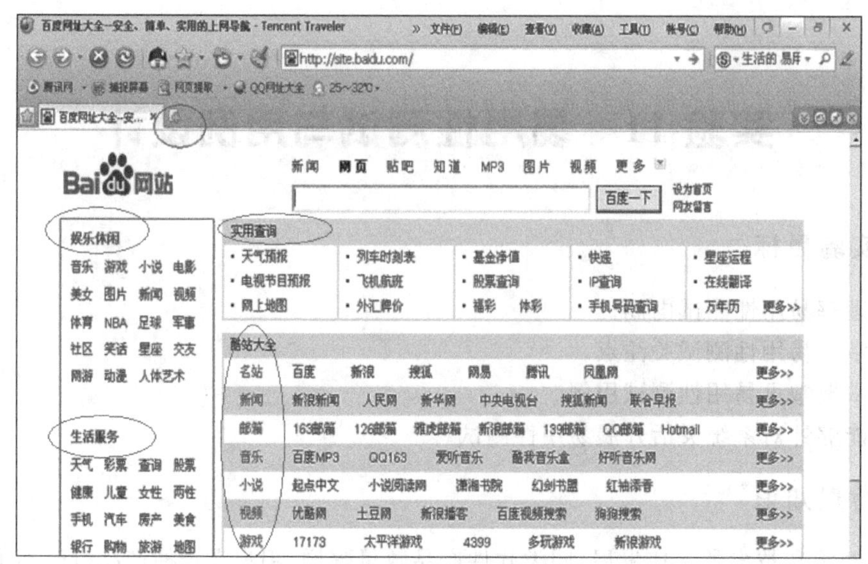

图 11.2　百度网站

找所需资源；其三，百度网站汇总了同类型的各大知名网站，进一步为用户查找资源提供便利。

3) QQ 软件主窗体

图 11.3 所示界面的易用性体现于两方面，一方面，QQ 搜索条的设置，为快速定位好友提供有效途径；另一方面，QQ 分组的设置将诸多好友归类显示，进一步便于用户对好友的管理及定位。

4) QQ 软件界面管理

图 11.4 所示界面的易用性体现于用户界面的灵活定制性，旨在适应不同用户的各种需

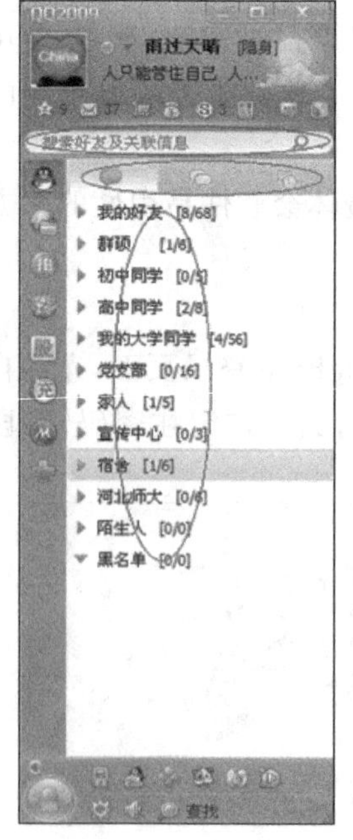

图 11.3　QQ 软件主窗体

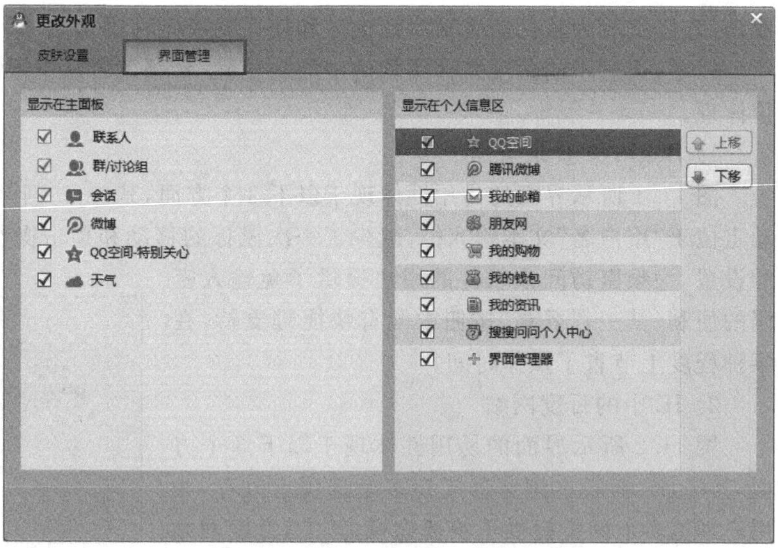

更改外观
皮肤设置　界面管理
显示在主面板：联系人；群/讨论组；会话；微博；QQ空间-特别关心；天气
显示在个人信息区：QQ空间；腾讯微博；我的邮箱；朋友网；我的购物；我的钱包；我的资讯；搜搜问问个人中心；界面管理器
上移　下移

图 11.4　QQ 软件界面管理

求及用户需求的不断变化。QQ 界面管理功能能够进行灵活定制，满足了不同用户的使用习惯和喜好。同理，很多软件中的业务流程也支持定制功能，显然大大增强了软件的易用性和适应性。

5）LoadRunner 的导航

图 11.5 所示界面的易用性体现于两方面，一方面，为 LoadRunner 任务导航的设置，为使用该工具生疏的测试者提供了简单的步骤引导；另一方面，LoadRunner 任务导航中各名称均链接了不同的操作页面，便于用户快速进行页面跳转。

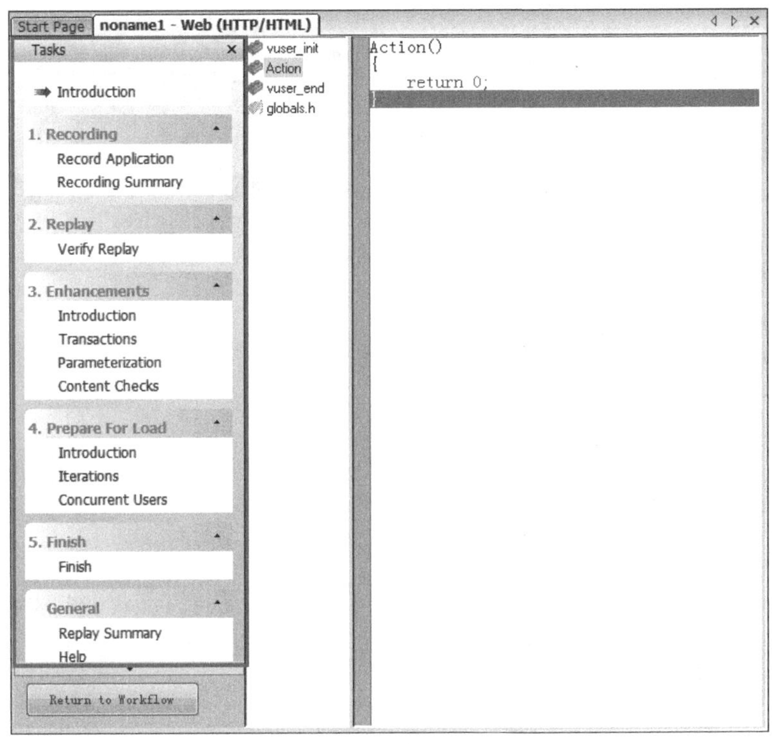

图 11.5　LoadRunner 的导航

6）LoadRunner 的模块集成

图 11.6 所示界面的易用性体现于 LoadRunner 的业务模块集成度很高，在 LoadRunner 的 Virtual User Generator 模块中（图 11.6 所示的左侧对话框），选择 Tools|Create Controller Scenario 菜单命令，可直接进入下一关联操作模块，即 Controller 模块（图 11.6 所示的右侧对话框）。显然，LoadRunner 业务模块集成度很高，避免用户再次通过选择"开始"|"程序"|LoadRunner|Applications|Controller 菜单命令启动进入 Controller 模块的烦琐步骤。

7）淘宝网的交互性

图 11.7 所示界面的易用性体现于淘宝网的友好交互性，在该软件中对于用户操作能够及时反馈，每一步操作都有相应的图标或文字提示，旨在让用户清晰地看到系统的运行状态。例如，会员名输入正确；登录密码输入错误；登录密码的安全性强弱级别较弱；以及用户当前操作所处于流程的"1. 填写账户信息"阶段等。显然，淘宝网的交互性非常优秀。

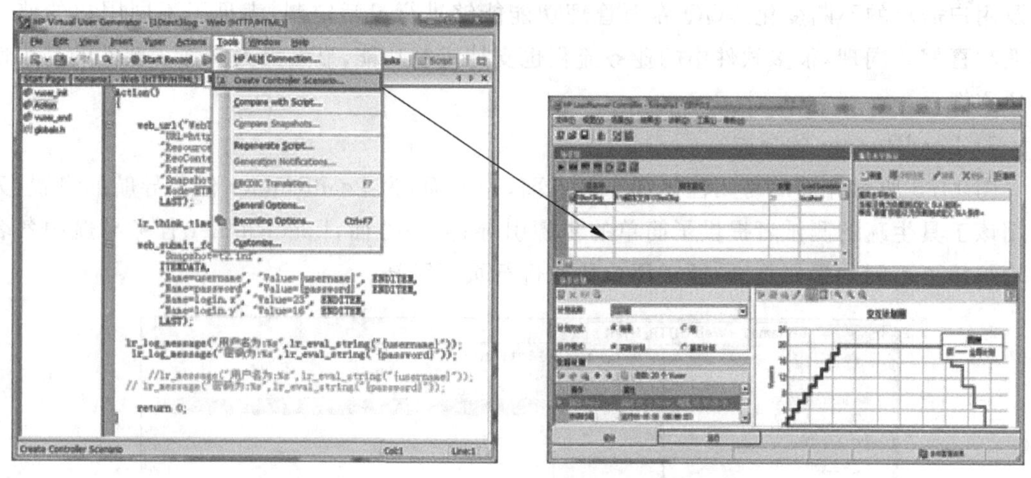

图 11.6　LoadRunner 的模块集成

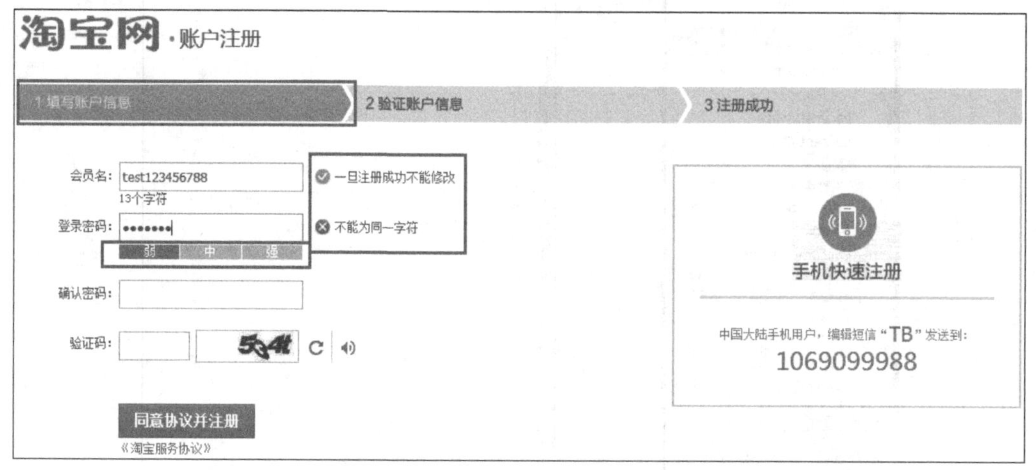

图 11.7　淘宝网的交互性

8）快招网的数据共享

对比图 11.8 和图 11.9 所示界面，不难发现，其易用性体现于快招网软件中数据共享能力很强，即对于某些信息仅输入一次，便可在相关模块中被重复使用，避免用户多次输入重复的信息，耗时费力。例如，在图 11.8 所示的“个人基本信息”模块中填写了部分个人信息后，访问图 11.9 所示的“添加简历”模块，可见“个人基本信息”模块中已添加的信息在该模块中也正常显示。显然，快招网强大的数据共享能力减少了多次进行重复信息输入的冗余环节。

以上实例，均从软件易用的角度带领读者体会何为软件易用性；下面借助实例，通过其不易用的角度带领读者进一步加深对易用性的认识。

9）图书网的注册页面

图 11.10 所示为易用性的反面实例，经观察得知，“确认密码”与“密码”输入一致时，“确认密码”字段后提示“两次输入的密码一致”信息。基于经验，往往对于字段输入正确的情况采用进行提示，而在输入有误的情况下才使用图标进行警示。

图 11.8 快招网的数据共享_个人基本信息

图 11.9 快招网的数据共享_添加简历

此实例中输入正确无误，但使用了❗图标以提醒读者操作正确。显然，易用性较差，在用户不仔细查看文字提示的情况下，容易误导用户以为输入有误。

10) 信息网的查看入口

图 11.11 所示为易用性的又一反面实例。经观察得知，当前页面中未提供单独的角色“查看”入口，即新添加的角色信息(包含角色名称、角色权限、角色功能等字段)，无法通过单独的“查看”链接进行查看；除了角色列表中列出的“角色名称”字段内容外，若想查看其他角

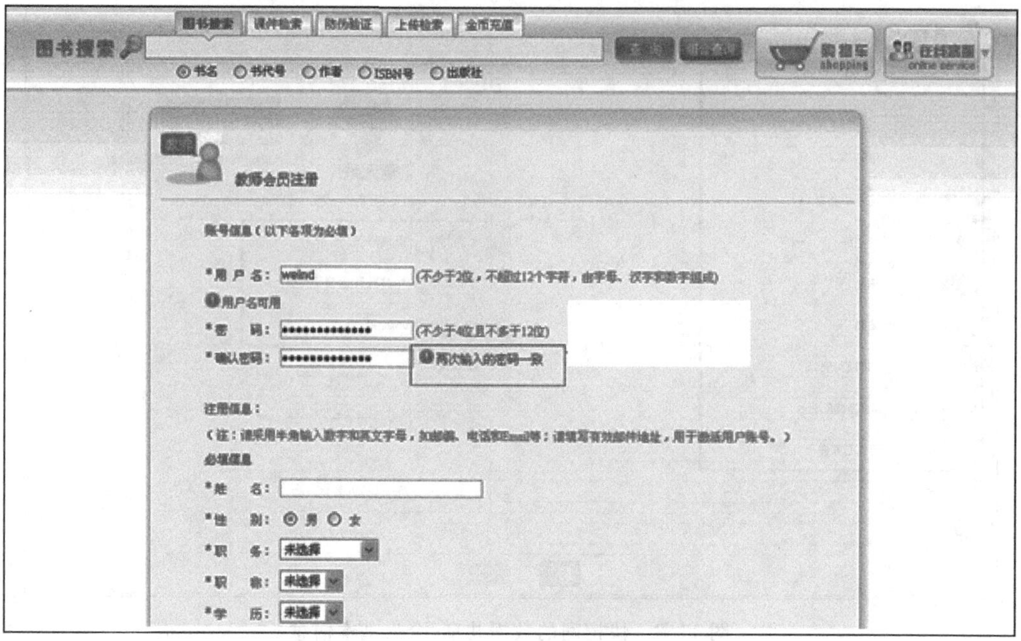

图 11.10　图书网的注册页面

图 11.11　信息网的查看入口

色信息,通过单击"删除"链接,可进入到角色信息详细页面,方可查看角色信息;当然,进入的角色信息详细页面中也可进行删除操作。

不难理解,此实现方式不合乎常理,往往单击"删除"链接,会弹出带有"您是否确定删除该记录?"的确认删除提示窗口,而并非进入到角色信息详细页面。因此,该方式较不好理解,易用性较差。

注意:单击"修改角色名称"一栏中的"修改"链接,仅可查看并修改已添加的角色名称信息,而其他添加的角色信息无法查看。

11）航线信息窗体

图 11.12 所示为航线信息窗体，不难看出该窗体中包含了多种不易用。具体体现如下：

(1) "出发城市"与"到达时间"摆放在了同一区域中，而与"出发时间"相距较远，增加了用户操作过程中的鼠标移动次数；若将相同或相近功能的控件摆放一起，则会更加易用。

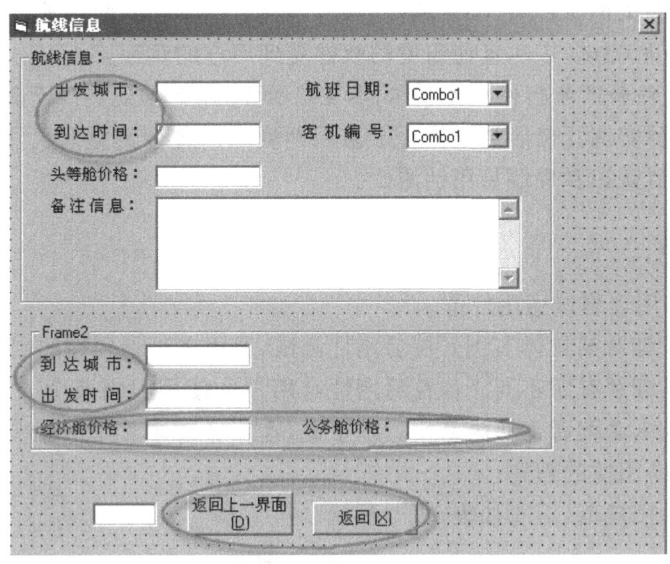

图 11.12　航线信息窗体

(2) "出发城市"、"到达城市"等字段以文本框控件呈现，一方面操作耗时，另一方面也易造成输入错误；若更改为组合框控件呈现，则既提供了下拉菜单的选项选取，又可支持手动灵活输入，显然，易用性增强。

(3) "到达时间"、"出发时间"等字段以文本框控件呈现，若更改为日期控件方式，则避免了手动输入日期格式有误的状况发生。

(4) "头等舱价格"、"经济舱价格"及"公务舱价格"字段的分离摆放及文本框控件形式的呈现，均使用户难理解其用意如何。

(5) 窗体下方的"返回上一界面(D)"与"返回(X)"的同时出现，易使读者搞不清楚单击相应按钮后，终将何去何从。

注意：组合框控件是将文本框和列表框的功能融合在一起的一种控件，在特征上具有文本框和列表框的特点。

至此，通过多角度进行了软件易用及不易用正反两方面的分别阐述，上述实例仅为诸多实例中随意选出的几个代表而已，足以说明易用性在软件行业中的受重视程度。

在读者充分理解了软件的易用性后，进一步探讨何为软件易用性测试？即从软件的易理解、易学习及易操作等角度对软件系统进行检测，以发现软件不方便用户使用的地方。实际上，上述针对实例进行易用及不易用的评价过程，即为易用性测试的过程。不难理解，针对软件进行严格的易用性测试，无疑为其又增加了几分竞争力，使其在同类产品数量繁多的激烈竞争中，可以更顺利地脱颖而出。

值得一提的是，易用性测试的主观性比较强，不同的用户可能对易用性的理解有所差异，应当重点关注用户的喜好和习惯。如用惯了 Windows 操作系统的用户，再去体验苹果的 Mac 操作系统，极可能首先就无法适应那只有一个键的鼠标；反之，对于 Mac 用户，Windows 同样也是需要不懈的努力和不断地适应才能熟练上手。因此，何为易用，往往与用户的使用习惯及个人喜好密切相关。故请读者谨记，务必重视用户的作用。

有的读者已意识到，易用性测试与界面测试在主观性强弱上极其类似，都同用户密不可分。因此，易用性测试也应针对“项目软件”和“产品软件”不同的两种软件类型，借助不同用户的作用来灵活开展测试，以尽量使研发的软件受到用户的欢迎。

注意：项目软件和产品软件相关介绍，参见实验 10 中的阐述。限于篇幅，不再赘述。

至此，通过多种实例让读者初步体会了易用性测试的各种侧重和关注。以下实验的开展，进一步带领读者认识和理解易用性测试。

3. 实验任务

任务：制定易用性测试通用规范。

本任务中并未针对某具体实例开展易用性测试，原因在于易用性的主观性极强，不同用户可能对易用性的理解有所不同。往往易用性与用户的使用习惯及个人喜好密切相关，作者认为易用的方式未必读者也认为易用。基于此，本任务要求汇总一份易用性测试通用规范，以加深读者对易用性的理解。

易用性测试通用规范，汇总如表 11.1 所示。

表 11.1 易用性测试

角度	测 试 内 容	期望结果
界面	观察控件名称是否准确、易理解	是
	观察控件名称是否较明显区别于同界面的其他控件名称	是
	观察不同界面的相同按钮是否保持名称一致	是
	观察界面中的图标是否能直观显示所要完成的操作	是
	观察常用功能或数据是否设有默认值，且默认值合理	是
	观察默认按钮是否支持 Enter 键及鼠标选择操作，即快速自动执行默认按钮对应操作	是
	观察当选项数较少时，是否使用下拉菜单形式呈现	是
	观察单选按钮是否设置默认选项	是
	观察并操作，验证常用按钮是否支持快捷方式，且功能正确	是
	观察并操作，验证同一软件的不同版本间是否保持快捷键统一	是
	操作验证默认按钮是否支持回车操作	是
	操作验证 Tab 键是否支持依据从上到下，从左到右顺序跳转	是
	观察控件是否按照使用频率和操作习惯摆放	是
	观察完成相同或相近功能的控件摆放用图 11.13 所示的 GoupBox 框起来，且应有功能说明或标题	是
	观察完成同一功能或任务的控件摆放集中摆放，以减少鼠标移动距离	是

续表

角度	测 试 内 容	期望结果
功能	操作验证完成业务功能和流程步骤是否较简单	是
	观察验证是否设有导航引导操作	是
	操作验证不可恢复性操作及可能给用户带来损失的操作，操作前是否给出确认操作的提示信息	是
	操作验证不可恢复性操作及可能给用户带来损失的操作是否支持可逆性处理	是
	观察并操作，验证需用户较长时间等待的操作，是否支持取消操作	是
	观察需用户较长时间等待的操作，是否显示操作的状态	是
	观察并操作，当可输入控件中输入非法内容，是否给出提示信息并自动获得焦点	是
菜单	操作菜单，验证菜单的快捷键是否符合 Windows 菜单标准，例如 编辑操作快捷键：Ctrl＋A 全选，Ctrl＋C 复制，Ctrl＋V 粘贴，等等； 文件操作快捷键：Ctrl＋P 打印，Ctrl＋W 关闭，Ctrl＋N 新建，等等； 主菜单操作快捷键：Alt＋F 文件，Alt＋E 编辑，Alt＋T 工具，等等	是
帮助	操作验证是否提供 F1 及时帮助功能	是
	操作验证针对功能采用及时帮助是否能准确定位到帮助中的位置	是
	阅读帮助内容描述的是否清晰、准确及可协助问题的解决	是
	观察帮助中是否提供软件技术支持的方式	是

图 11.13　GoupBox 框

以上，简要汇总了部分常用的易用性测试用例，旨在抛砖引玉，读者可结合企业与项目的实际情况灵活制定易用性测试规范。

4. 拓展练习

请选取身边的任意一款软件产品为测试对象，拟定一份易用性测试用例文档。

实验 12　安装测试与用例设计

1. 实验目标

(1) 理解安装测试内涵。

(2) 掌握安装测试关注点。

(3) 能够针对系统灵活开展安装测试。

2. 背景知识

众所周知，在日常学习工作过程中用到的各种软件，除了少部分绿色软件外，大多需要进行安装操作才能正常使用。对于一款软件，特别是用户范围较大的产品来说，安装过程作为用户接触产品之前的第一印象，对于用户体验有着巨大的影响。因此，安装测试也是软件测试中必不可少的一环。

以下，将为读者介绍安装测试的相关知识，旨在让读者掌握软件安装的相关常识以及安装测试中常见的测试要点。

安装测试是指在将被测软件置于各种情况下，测试该软件是否能按照预设过程正常安装、升级、更新，以及在安装后是否能够正常运行等。并且，在进行安装测试时，要考虑各种异常情况，例如文件损坏、空间不足、权限不足等。通常来讲，软件安装配置文档测试也作为安装测试的一部分。

在读者充分理解了安装测试的内涵后，如何进行安装测试则为下文重点研究的内容。安装测试的进行，首先要考虑当前软件的运行平台为何种类型，是 PC 还是移动设备？针对各平台又要考虑具体运行的何种操作系统等。就目前而言，常见 PC 操作系统包括：Windows XP/Windows 7/Windows 8/Windows Server/Liunx/Unix/Mac 等；常见移动操作系统包括：Android/IOS/Windows Mobile 等。

依据软件运行平台及操作系统的不同，在进行安装测试时要关注的测试点也有所差异。当确认被测软件运行平台及操作系统后，接下来要重点分析安装测试的三大过程，即软件安装、软件卸载及软件更新。

1) 软件安装

在实际工作中，根据平台及操作系统的区别，所能接触的安装包的种类繁多。较为常见的有：

(1) Windows 下的 exe 文件、msi 文件；

(2) Linux 下的 rpm 文件、deb 文件、bin 文件；

(3) Android 下的 apk 文件等。

安装包的类型不同，安装方法也不尽相同。以下，结合常见类型汇总了安装过程测试点，如表 12.1～表 12.3 所示。

表 12.1 安装过程测试点

测试类型	安装测试	测试项	安装过程
用例编号	测试内容		期望结果
1	软件安装程序是否能够正常运行。大多数软件为用户提供的都是封装好的安装包,在这一点上是不存在平台及操作系统区别的,安装包能否正常执行,是安装测试要检查的第1步		是
2	软件安装程序是否有友好的向导或提示,向导提示内容是否正确、简洁、无歧义。按照通用标准,软件安装程序应包含欢迎页、版权页、配置页、安装进度页、结束页几部分构成。各功能页之间应设置友好的向导提示来指示用户进一步的操作		是
3	软件安装过程中需手工输入部分是否进行有效性校验		是
4	软件安装各步骤是否可回退至上一步,如可回退,上一步中用户录入数据是否正常		是
5	软件安装过程是否可以取消,取消后是否对临时文件进行处理		是
6	软件安装成功后相关文件是否写入对应目录		是
7	软件安装若涉及第三方程序的安装或配置,需验证是否正常。例如数据库、Web 容器等		是
8	软件安装成功后,是否能够正常运行		是
9	软件安装过程中是否对异常情况进行处理,例如空间不足、断电等		是
10	软件安装过程中各类功能键/快捷键是否正常		是
11	软件安装是否需要认证/加密措施。软件安装加密测试涉及专业技术领域,若需要参见表 12.2 及表 12.3 中所示用例进行相关测试		是/否

表 12.2 软件加密测试点

测试类型	安装测试	测试项	安装过程——软件加密
用例编号	测试内容		期望结果
1	在安装或运行时提示输入正确序列号,程序是否可以正常安装或运行		是
2	在安装或运行时提示输入错误序列号,程序是否不可以安装或运行		是
3	按要求执行解密操作,检验程序是否可以正常运行		是
4	不执行解密操作,程序是否不可以运行		是

表 12.3 硬件加密测试点

测试类型	安装测试	测试项	安装过程——硬件加密
用例编号	测试内容		期望结果
1	安装加密狗后,检查程序是否可以正常安装或运行		是
2	不安装加密狗,程序是否给出提示不能安装或运行		是
3	在安装或运行的过程中,拔掉加密狗,程序是否给出提示并退出安装或运行过程		是

续表

测试类型	安装测试	测试项	安装过程——硬件加密
用例编号	测 试 内 容		期望结果
4	插入同一软件不同版本的一组加密狗,检查程序是否仍然可以正常安装或运行		是
5	插入一组加密狗包括被测软件的加密狗和其他软件的加密狗,检查程序是否仍然可以正常安装或运行		是

2) 软件卸载

大多数成熟的软件产品,不仅要有简单易用的安装过程,在程序卸载时同样应做到方便、快捷、无残留。

注意:某些软件产品因功能涉及监控、安全等特殊性质,因此,对卸载删除软件功能有相应限制,读者应结合实际项目和业务情况进行软件卸载的测试。

基于 Windows 操作系统的软件而言,大致支持以下两种卸载方式:其一,通过软件自带的卸载程序进行卸载(如图 12.1 所示实例),通常借助于程序安装目录下或开始菜单中的快捷方式进行卸载;其二,通过图 12.2 所示的 Windows 添加删除程序功能进行卸载。

图 12.1 卸载程序

控制面板主页

查看已安装的更新

打开或关闭 Windows 功能

卸载或更改程序

若要卸载程序,请从列表中将其选中,然后单击“卸载”、“更改”或“修复”。

组织 ▾

名称	发布者	安...	大小	版本
360安全卫士	360安全中心	2013/...	191 MB	9.1.0.2001
360杀毒	360安全中心	2013/5/7		4.0.0.4033
360手机助手	360	2013/...		2.0.0.2083
2007 Office system 兼容包	Microsoft Corporation	2013/...	147 MB	12.0.6514.5001
ACDSee 5.0	ACD Systems, Ltd.	2013/...		5.0
Acer ePower Management	Acer Incorporated	2013/...		6.00.3010
ActivePerl 5.16.2 Build 1602 (64...	ActiveState	2013/...	82.6 MB	5.16.1602
Adobe Flash Player 11 ActiveX	Adobe Systems Incor...	2013/...	6.00 MB	11.7.700.202
Adobe Flash Player 11 Plugin	Adobe Systems Incor...	2013/...	6.00 MB	11.7.700.169
Adobe Reader XI (11.0.03) - Chin...	Adobe Systems Incor...	2013/...	160 MB	11.0.03
DAEMON Tools Lite	DT Soft Ltd	2013/...		4.46.1.0327
Dotfuscator Software Services - ...	PreEmptive Solutions	2013/...	6.44 MB	5.0.2300.0
Dotfuscator Software Services - ...	PreEmptive Solutions	2013/...	2.91 MB	5.0.2300.0
Foxit Reader Pro 3.0 Build 1817 ...	FoxitSoftware Syste...	2012/...		
HP LoadRunner	HP	2013/...	1.47 GB	11.0.0.0
HP Update	Hewlett-Packard	2013/...	2.96 MB	5.002.002.002
Intel® Rapid Storage Technology	Intel Corporation	2013/...	18.4 MB	11.0.0.1032
iSee图片专家	iseeclan.com	2013/6/6		
Java 7 Update 17 (64-bit)	Oracle	2013/...	128 MB	7.0.170
Java SE Development Kit 7 Update...	Oracle	2013/...	189 MB	1.7.0.170

当前安装的程序 总大小: 6.93 GB

133 安装的程序

图 12.2 Windows 的添加删除程序功能

综合上述不同的卸载方式,汇总卸载过程测试点如表 12.4 所示。

表 12.4　卸载过程测试点

测试类型	安装测试	测试项	卸载过程
用例编号	测 试 内 容		期望结果
1	软件自身是否包含卸载功能，若包含，卸载功能是否能正常使用。对于移动平台软件来说，软件本身一般不提供卸载功能，因此在进行移动平台软件卸载测试时，不考虑本条		是
2	使用操作系统自身的添加删除程序功能是否能正常卸载软件		是
3	软件卸载过程是否有友好的向导或提示，向导提示内容是否正确、简洁、无歧义		是
4	软件卸载后是否对临时文件、残留文件、注册表信息进行清理		是
5	卸载过程是否可以取消，取消后是否对临时文件进行处理		是
6	卸载过程中是否对异常情况进行处理，如死机、断电、文件缺失等		是
7	卸载过程中各类功能键/快捷键是否正常		是

3）软件更新

一款成熟的产品，基于不断优化产品质量、提升用户服务水平，及同时提高用户黏着度等目的，通常会提供软件更新功能。就目前而言，软件更新通常分为部分更新和整体更新两种方式。二者区别在于，部分更新时，更新程序一般仅获取需要更新的文件并替换；而整体更新时，更新程序下载的更新包为安装包，需要重新执行安装过程。例如身边的例子，读者或曾经历使用 QQ 2013 时，看到任务栏中提示“有可用的更新，是否下载”，通过选择确定后即进行下载操作，待下载完毕后更新操作会在下次登录 QQ 时自动执行，此类更新多为部分更新；此外，从一较旧的 QQ 版本升级时，下载完毕后需要重新执行安装，此类更新多为整体更新。

在读者充分理解了软件更新及更新方式后，则不难理解下文简要汇总的更新过程测试点如表 12.5 所示。

表 12.5　更新过程测试点

测试类型	安装测试	测试项	更新过程
用例编号	测 试 内 容		期望结果
1	软件是否为自动更新，若为自动更新，检测更新功能是否正常		是
2	更新时是否有友好的向导或提示，向导提示内容是否正确、简洁、无歧义		是
3	更新方式是替换差异文件还是安装包重新安装，是否符合常规情况。例如，一般来说，软件小版本更新大多采用替换差异文件，只有涉及大量功能修改的大版本更新时才采用重新安装		是
4	更新过程是否可以取消，取消后是否对临时文件进行处理		是
5	测试更新后软件功能是否正常。不单包括更新部分的功能，还包括所有与之相关的功能		是
6	更新过程中是否对异常情况进行处理，如空间不足、死机、断网等		是
7	更新过程中各类功能键/快捷键是否正常		是

至此，从理论层面上汇总了常见的安装测试要点，以下，结合最常见的 Windows 平台 exe 安装包类型，以旅馆住宿系统的安装测试为例，从实践角度对安装测试各环节中的测试点进行介绍，进一步揭示安装测试技术的应用。

3. 实验任务

任务：旅馆住宿系统 PC 端安装测试。

(1) 某旅馆住宿系统包括 Web 端旅馆信息展示网站和 PC 端旅馆业务管理应用程序两部分。请针对 PC 端安装包进行全面安装测试(安装过程、卸载过程及更新过程)，并简要记录结果。

(2) 旅馆住宿系统 PC 端待测程序：如图 12.3 所示的 HomeHotel.exe。

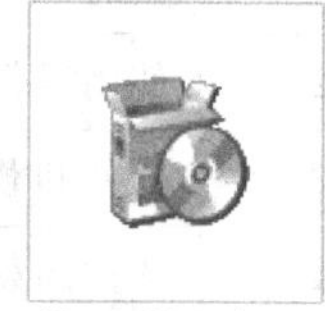

图 12.3 旅馆住宿系统安装包

(3) 本实验任务整体步骤如下。

第一部分：安装过程测试。

第 1 步：针对图 12.3 所示的 exe 安装文件，首先验证程序是否能正常运行，双击安装包，程序可正常运行，弹出如图 12.4 所示的安装欢迎对话框。

图 12.4 安装欢迎对话框

此步骤中，需要检查欢迎安装对话框中是否有友好的提示及向导，文字描述是否清晰明确无歧义。通过观察，不难得出以下结果：

- 本安装程序具有较友好的用户提示，但在文字描述方面，左上角、左下角、程序标题栏以及提示信息中所涉及产品名称的部分均显示"您的产品"，并未准确描述出产品名称、网址等信息，属于软件缺陷。
- 同时安装程序的背景图片与产品信息基本无关，建议修改。
- 当安装程序窗体为当前窗口时，程序自动将焦点定位至"下一步"按钮，在易用性方面表现良好。

第 2 步：依据图 12.4 中程序的提示，单击“下一步”按钮，安装程序进入如图 12.5 所示许可协议对话框。

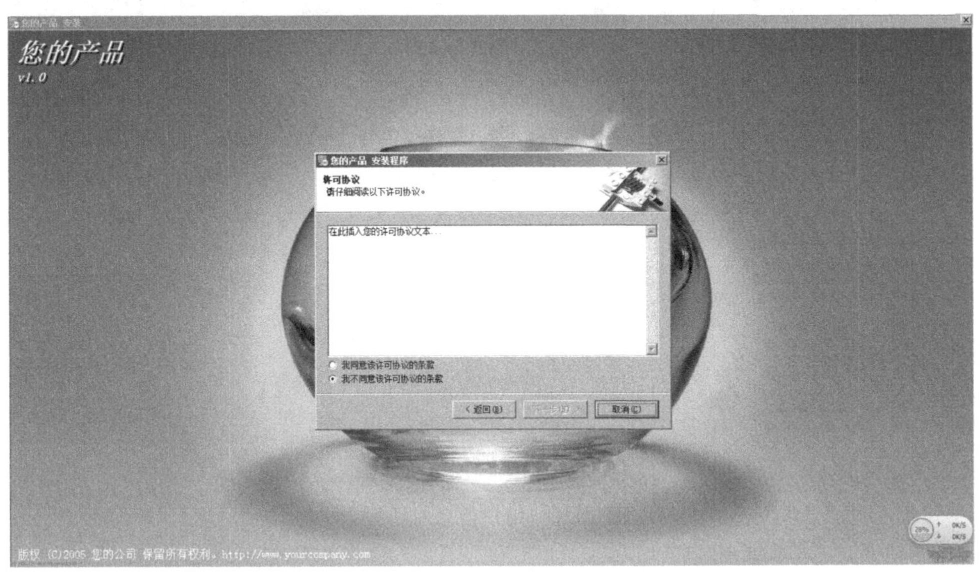

图 12.5　许可协议对话框

此步骤中，值得提醒的是，尽管日常使用中，大多用户通常直接跳过查看许可协议详细内容的步骤，但对于成熟的软件产品而言，安装过程中的许可协议是不可忽略的，其中的内容作为用户接受产品的前提，具有一定法律效力。一旦发生纠纷，许可协议的存在可有效避免软件所有者蒙受不必要的损失。因此，进行安装测试时，许可协议同样需进行测试，主要测试点包含以下几点：

- 许可内容是否与预设内容一致；
- 确认选项是否默认为不接受；
- 用户是否只有选择接受协议后，才能继续安装；
- 若存在多页文本，是否只有全部阅读完成后，才允许进行确认选项的选择，等等。

此处，经观察和操作不难看出，软件的许可协议处没有正式的许可协议内容，属于软件缺陷，应予以添加。

第 3 步：在图 12.5 中选择“我同意许可协议的条款”一项，“下一步”按钮变为可用状态，单击“下一步”按钮，进入图 12.6 所示的用户信息对话框。

此步骤中，须对名称及公司等输入框进行输入内容及格式的验证，例如，输入内容的有效性、允许输入的字符类型、字符长度等。均确认无误后，进行后续操作。本安装程序中，此处未见缺陷。

第 4 步：在图 12.6 中单击“下一步”按钮，进入图 12.7 所示的安装路径选择对话框。

此步骤中，也存在以下多项测试点：

- 路径选择功能是否正常；
- 是否支持除 C 盘之外的其他盘符的选择；
- 路径输入框内容是否进行校验；

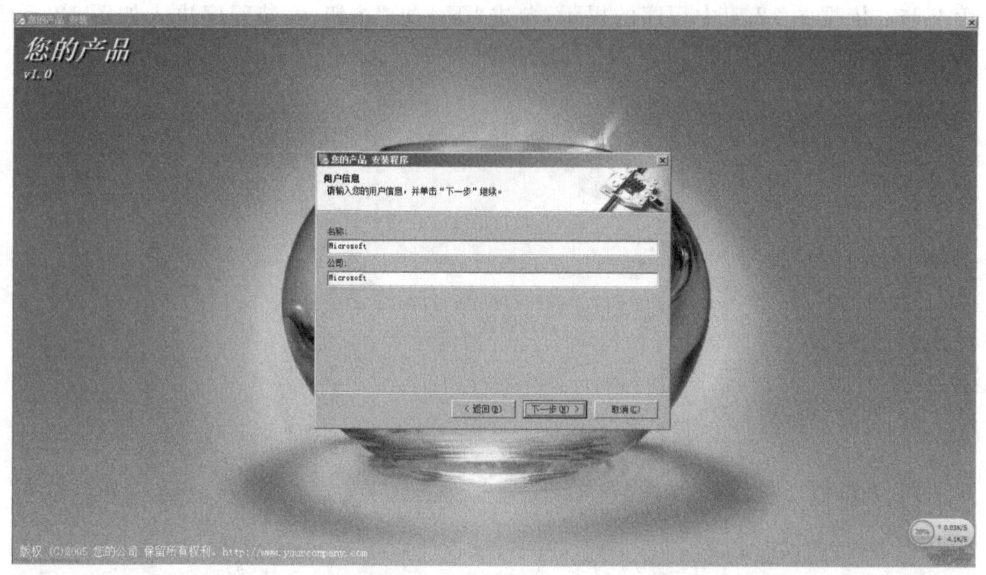

图 12.6　用户信息对话框

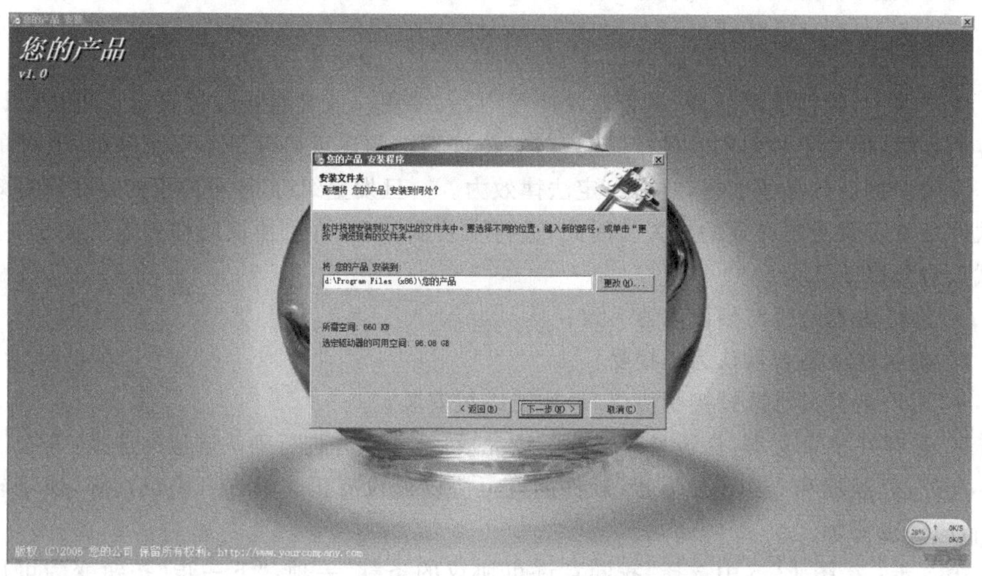

图 12.7　安装路径选择对话框

- 所需空间/可用空间显示是否正常，等等。

均确认无误后，进行后续操作。本安装程序中，此处未见缺陷。

第 5 步：在图 12.7 中单击"下一步"按钮，进入图 12.8 所示的快捷方式设置对话框。

此步骤中，须对下拉框、单选框等控件进行相关测试，具体测试项可参见实验 9 中详述。均确认无误后，进行后续操作。本安装程序中，此处未见缺陷。

第 6 步：在图 12.8 中单击"下一步"按钮，进入安装信息确认对话框。此步骤中，须验证安装信息是否同上述步骤中的设置相符，确认无误后，进行后续操作。本安装程序中，此处未见缺陷。

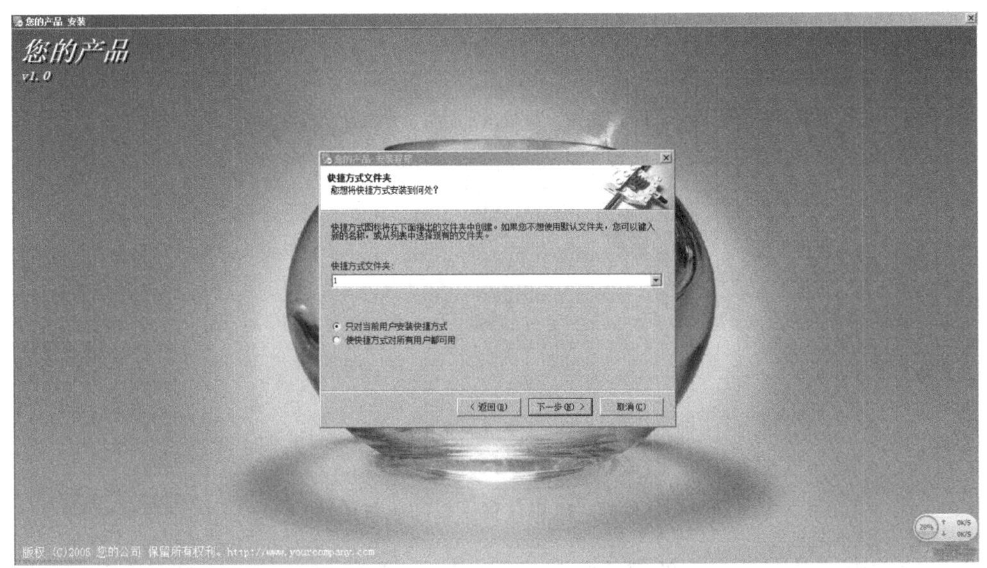

图 12.8 快捷方式设置对话框

第 7 步：继续单击“下一步”按钮，正式开始程序安装，安装过程中显示安装进度条。

此步骤中，需要测试是否进行安装环境检测，关联程序是否正常安装，安装进度条是否正常，等等。待安装完毕后，程序将自动跳转至完成界面，单击“完成”按钮即可。本安装程序中，此处未见缺陷。

基于上述各步骤，在安装程序运行过程中不难看出，程序的大多阶段均支持返回上一级，且返回至的对话框中已保存了用户录入的相关信息；与此同时，验证了各基本功能快捷键均正常支持；且于安装中途进行取消安装操作，程序均会给出相应提示信息。

至此，程序安装虽已执行完毕，但安装测试的过程尚未结束。除了验证程序是否可正常运行之外，接下来还须验证相关信息是否依据安装过程中的设置写入了对应目录，其中重点检查安装目录、开始菜单、桌面快捷方式、快速启动栏等。此程序中，安装成功后显示的桌面快捷方式图标有误，应将旅馆的徽标作为程序启动图标。

此外，在条件允许的情况下，应补充进行一些极端情况的测试，如安装异常中断、断电、死机、磁盘空间满等状况下的检测。

综上所述，以旅馆住宿系统的安装过程为例，介绍了安装过程测试的开展。

第二部分：卸载过程测试。

针对第一部分中已安装完成的旅馆住宿系统，采用上文所述的“借助于程序安装目录下或开始菜单中的快捷方式进行卸载”方式进行卸载。以下为具体卸载及测试步骤。

test
卸载 您的产品

图 12.9 旅馆住宿系统卸载入口

第 1 步：于开始菜单中找到程序文件夹，执行图 12.9 所示的“卸载您的产品”菜单以启动卸载功能，进入图 12.10 所示的卸载对话框。

此步骤中，通过观察图 12.10 所示的卸载对话框，需要检查程序是否有友好的提示及向导，文字描述是否清晰、明确、无歧义。经观察得知，本卸载程序具有较友好的用户提示，但

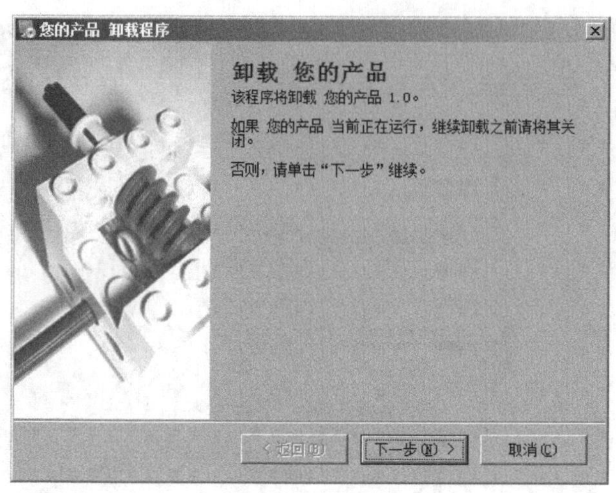

图 12.10　旅馆住宿系统卸载对话框

在文字描述方面涉及产品名称的部分均显示“您的产品”，未准确描述出产品名称、版本等信息，属于软件缺陷；此外，如图 12.11 所示的程序标题栏与任务栏显示的标题描述不一致，也属于软件缺陷。

您的产品 安装

图 12.11　旅馆住宿系统任务栏标题

第 2 步：在图 12.10 中单击“下一步”按钮，正式开始程序卸载，卸载过程中显示卸载进度条。

此步骤中，需要检验卸载进度条是否显示，显示是否正常，同卸载进度否匹配，提示信息显示是否正常，等等。待卸载完毕后，程序自动跳转至卸载完成对话框，单击“完成”按钮，成功卸载。本程序卸载过程中，此处未见缺陷。

基于上述各步骤，程序的大多阶段同样支持返回上一级操作；与此同时，验证了各基本功能快捷键均正常支持；且于卸载中途进行取消卸载操作，程序也会给出相应提示信息。

值得一提的是，至程序卸载执行完毕后，另需检查程序安装文件夹、快捷方式、开始菜单、注册表信息等相关内容是否被一并删除，且删除是否干净；若同时安装了其他关联程序，亦应验证是否同被删除。此外，条件允许的情况下，补充进行极端情况的测试，如卸载异常中断、断电等状况下的检测。

注意：本次采用的住宿管理系统软件较为简单，在针对较为复杂的软件进行测试时，还可能涉及是否保留用户文件、是否需要验证才能执行删除等内容，则需要根据软件的实际情况进行决定。

综上所述，以旅馆住宿系统的卸载过程为例，介绍了卸载过程测试的开展。

第三部分：更新过程测试。

针对第一部分中已安装完成的旅馆住宿系统，自动更新采用部分更新方式进行，即软件连接更新服务器获取版本列表，若本地版本低于服务器版本，则获取更新文件 Xml 列表进行下载并替换。以下为具体更新及测试步骤。

第 1 步：为进行更新测试，手动将配置文件中的 localVersion（本地版本）值改成低于目前服务器版本的值，如图 12.12 所示。

第 2 步：保存配置文件后，重新启动旅馆住宿系统，可自动检测软件最新版本。此步骤中,需要验证程序是否能自动检测新版本。不难看出,如图 12.13 所示当前系统提示有新版本更新,检测成功。

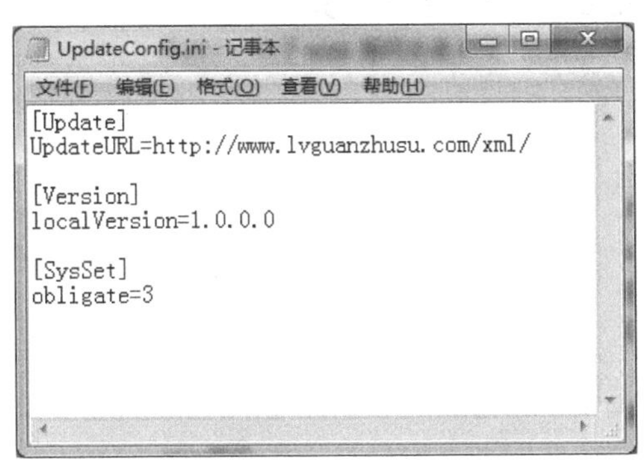

图 12.12　旅馆住宿系统配置文件

图 12.13　程序自动更新版本

第 3 步：单击“确定”按钮后,程序应显示更新文件列表。此步骤中,需要验证待更新文件是否与预设一致。本系统中,显示的更新文件列表如图 12.14 所示。对比图 12.13 所示更新文件列表的对话框中,不难看出,图 12.14 中的“升级”按钮丢失快捷键 U,故前后界面不一致,属于软件缺陷。

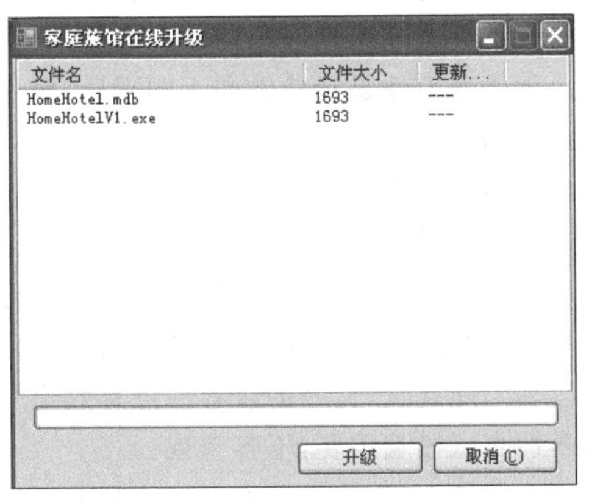

图 12.14　版本更新文件列表

第 4 步：单击“升级”按钮,程序将自动下载更新文件进行更新。此步骤中,须验证各文件能否正常下载,更新进度是否正常。在网络正常连通情况下,本系统升级正确无误。

第 5 步：更新完毕后,程序自动重新运行。此步骤中,须验证更新后的软件版本是否正确,更新后软件功能是否正常,等等。经验证,软件自动更新后,版本及功能与预期相符,正确无误。

综上所述,以旅馆住宿系统的更新过程为例,介绍了更新过程测试的开展。值得一提的是,上述介绍为部分更新过程。拓展思考,另一自动更新方式——整体更新过程,从某角度来讲,基本可视为部分更新与安装的组合过程。其测试的过程应首先验证是否能够检测到新版本并下载,其次验证安装是否正常,最后验证软件功能等一系列内容。

到目前为止,以旅馆住宿系统为例,介绍了较完整的安装测试过程,仅为抛砖引玉,供读者参考。对于其他类型、其他操作系统乃至于其他平台的软件,虽然安装过程不尽一致,但基本原则仍大致相同,读者需要根据实际情况灵活设计测试用例并执行测试,才能达到最好的效果。

4. 拓展练习

请选取身边的任意一款安装程序为测试对象,依据本讲汇总的安装过程测试点、卸载过程测试点及更新过程测试点开展全面安装测试,并记录测试执行结果。

实验 13　兼容性测试与用例设计

1. 实验目标

(1) 理解兼容性测试内涵。

(2) 掌握兼容性测试关注点。

(3) 了解兼容性测试常见工具。

(4) 能够针对系统灵活开展兼容性测试。

2. 背景知识

实际工作中，经常遇到此类问题：客户反映系统存在某些问题，而测试人员在本地测试环境下参照客户给出的步骤和数据反复测试却无法复现。就此类情况而言，往往需要考虑：是否软件存在兼容性问题？从此角度出发，或许能找到答案。

软件兼容性是指软件在不同平台、操作系统、软硬件环境等多种情况下，能否正常稳定地运行，若运行正常，则认为该软件在此环境下及同此环境中的相关软件兼容。在读者充分理解了何为兼容性后，则不难理解软件兼容性测试，即通过技术手段对软件在上述不同环境下进行的测试验证。

对于一些个人或小团体开发，仅作学习研究之用的小型软件来讲，兼容性测试可能无关紧要；但对于一款成熟的软件产品而言，随着用户基数的不断增大，产品运行环境也多种多样。基于此现状，良好的兼容性可有效提升用户满意度，为产品推广打下坚实基础。显然，兼容性测试极端重要，不容忽视。

读者已知晓，兼容性测试如此重要，如何进行兼容性测试则显得尤为关键，接下去，向读者介绍进行兼容性测试时，一般需考虑的测试方面。

1) 不同平台、操作系统的兼容性

在前面的安装测试章节中已提到，目前市场上主流操作系统种类繁多，例如 Windows XP/Vista/7/8/Server、Mac、Linux、UNIX、Android、Windows Mobile、iOS 等。一款软件于研发之初，首先需考虑该软件的运行环境为何种操作系统，当然，这是由软件的开发语言所决定的。由于各操作系统底层架构不同，而开发语言的适应性也有所差异，此情况就有可能导致同一款软件在 A 操作系统下运行正常，却在 B 操作系统下出现无法运行等不兼容的问题。尤其对于 CS 架构的软件，若不进行针对特定系统的二次开发，则很难做到仅用一个软件版本就在所有平台、操作系统下全部兼容。例如，Windows Mobile 下的 CAB 包在 Windows 平台下无法安装，再如 Android 下的 Apk 文件在 iOS 下无法运行等。

因此，针对软件进行操作系统兼容性测试时，首先明确被测软件的目标操作系统、平台为哪个或哪些，此内容往往都应在软件需求规格说明中有明确描述。随后才能有针对性的结合测试范围中的目标操作系统开展测试。而对于尚未明确声明目标操作系统的软件，则应在目前主流操作系统下对其进行测试。

2）不同浏览器的兼容性(BS 架构软件)

BS 架构软件，由于其方便易用而受到广大开发人员和用户的欢迎，而浏览器作为 BS 架构软件与用户交互的基础，在测试时也需要被测试团队重点关注。

若进行浏览器兼容测试，首先要了解市面上主流的浏览器类型。以 PC 平台为例，IE 作为 Windows 操作系统自带的浏览器，始终占据着主流之位。就目前来讲，IE 6 与 IE 7 基本已被淘汰；IE 8 和 IE 9 正为目前流行版本；IE 10 伴随 Windows 8 也占有一定市场比例；Firefox 由于其开源免费、拥有多种功能强大的插件，也拥有相当多的使用者；2008 年谷歌推出的 Chrome 以稳定安全著称，同时具有多平台版本，广受信息从业者的好评；与此同时，国内的 360、搜狗、金山等软件公司推出的浏览器也借助其产品占有了一定的市场份额。

目前市面上主流的浏览器种类繁多，不同种类的浏览器对网页脚本、控件、样式等元素支持上也不尽相同。在进行兼容性测试时，若需求规格说明中未明确提及所推荐的浏览器范围，则读者应根据实际情况，选择市面上主流的各类浏览器来开展浏览器兼容性测试。

值得一提的是，浏览器兼容性测试过程中，可选用第三方工具来协助进行测试，例如 MultiIE、MultiBrowser、IETester、SuperPreview 等。上述工具能够模拟多浏览器环境，协助测试人员检测待测网站在不同浏览器下的运行情况。但是，客观来讲，此类工具虽功能强大，不可否认的是，其毕竟与真实浏览器存在差异。因此，在条件允许的情况下，仍建议读者采用真实浏览器进行测试以保证达到最佳测试效果。

3）与其他软硬件的兼容性

一般来说，计算机上除了被测软件外，还会运行着各种其他的软件(如图 13.1 所示为常见的软件类型)，连接着各类不同的设备(如打印机、扫描仪等)。因此，在进行兼容性测试时，还需考虑软件与此计算机上其他软硬件的兼容性，旨在保证被测软件能够与其他软硬件协同共存。值得一提的是，具体其他软硬件的选择原则，同样依据主流与否进行各类型的综合选取。

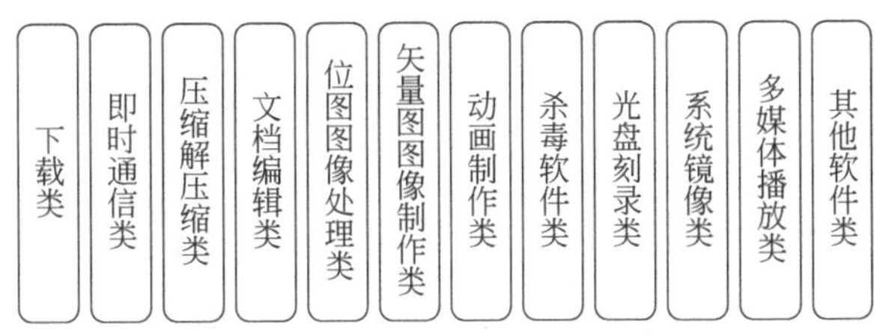

图 13.1　常见的软件类型

综上所述，从“不同操作系统、平台的兼容性”、“不同浏览器的兼容性(BS 架构软件)”及“与其他软硬件的兼容性”3 个方面进行了兼容性测试关注点的阐述。基于上述 3 个方面，若已确定出市场主流的多种操作系统、多种浏览器及多种不同类型的软硬件，下一步该如何进行 3 个方面的环境组合呢？难道逐一组合，逐一测试？显然，组合类型之多，数量之大，逐一开展不切实际。试问读者可还记否“正交试验法”？此法恰恰适用于平台参数配置或兼容性测试过程。请读者自行回顾实验 6 中的知识。

至此，读者已从理论层面上认识了兼容性测试，以下，通过旅馆住宿系统的兼容性测试为例，从实践角度进一步揭示兼容性测试技术的应用。

3. 实验任务

任务 1：旅馆住宿系统 Web 端兼容性测试。

(1) 某旅馆住宿系统包括 Web 端旅馆信息展示网站和 PC 端旅馆业务管理应用程序两部分。对于 Web 端网站请采用"IETester+Firefox+360 浏览器"的组合进行兼容性测试，并记录测试执行结果。

(2) 旅馆住宿系统 Web 端待测界面见网址 http://www.lvguanzhusu.com/。

(3) 本实验任务整体步骤如下：

第 1 步：为了进行 Web 兼容性测试，首先需要下载 IETester。用户可访问以下地址：http://www.my-deBugbar.com/wiki/IETester/HomePage 下载最新版本的 IEtester，也可自行搜索下载地址，截至 2013 年 6 月 16 日，最新版本为 0.52。

第 2 步：下载完毕后，运行安装包，参照提示选择安装路径即可完成安装，过程简单易行，不再赘述。

第 3 步：安装完毕后，可通过开始菜单或桌面快捷方式启动 IETester，运行后界面如图 13.2 所示。

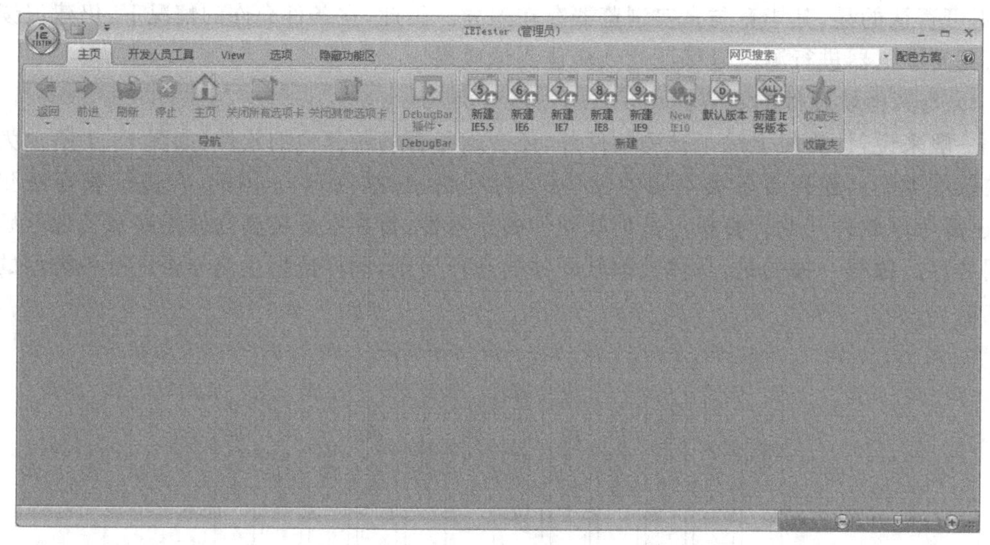

图 13.2 IETester 工具界面

不难看出，软件界面十分简洁。用户只需单击对应版本图标即可新建各版本的 IE 窗口，值得提醒的是，目前此软件尚不能较好地模拟 IE 10。在此，主要测试网站在 IE 7～IE 9 下的兼容性。

第 4 步：单击相应版本图标，并于展开的对应版本 IE 窗口的地址栏中输入待测网站地址即可，例如 http://www.lvguanzhusu.com/，运行后程序效果如图 13.3 所示。

第 4 步：与此同时，可启动 Firefox 和 360 浏览器，针对不同浏览器综合进行测试。

第 5 步：通过测试，简要记录测试结果如下。

① 在 IE 7 下，侧边栏位置错误，如图 13.4 所示。

② 在 IE 9 下，侧边栏无法展开，首页浮动窗口无法飘动，且内页导航按钮样式存在问

题，如图 13.5 所示。

图 13.3　程序效果展示

图 13.4　IE 7 下效果展示

图 13.5　IE 9 下效果展示

③ 在 Firefox 下，首页侧边栏无透明效果，如图 13.6 所示。

图 13.6　Firefox 下效果展示

④ 而在 360 浏览器和 IE 8 下,显示效果较好。

⑤ 同时,可发现网站在窗口小于 1024×768 的情况下,样式会发生异常。

依据上述测试结果,得出结论如下：推荐用户在 IE 8,1024×768 分辨率下访问网站,以达到最佳效果。

任务 2：旅馆住宿系统 PC 端兼容性测试。

(1) 某旅馆住宿系统包括 Web 端旅馆信息展示网站和 PC 端旅馆业务管理应用程序两部分。对于 PC 端程序,请选择 Windows XP 和 Windows 7 两款主流操作系统进行兼容性测试,并记录测试执行结果。

(2) 旅馆住宿系统 PC 端待测程序：HomeHotel. exe。

(3) 本实验任务整体步骤如下。

第 1 步：选择测试机。对 PC 端程序进行兼容性测试时,由于专门采购不同平台的 PC 机成本较高,因此,采用虚拟机来进行测试。目前流行的虚拟机软件有很多,在此选用 VMware Workstation。用户可访问 http://www. vmware. com/cn 下载试用版。

第 2 步：安装 VMware。其安装过程简易,下载安装包后按提示进行安装即可。关于虚拟机操作系统的安装配置,用户可参照软件帮助或网上搜索教程,在此不再赘述。

第 3 步：将旅馆管理系统安装程序复制至虚拟机中,如图 13.7 所示。

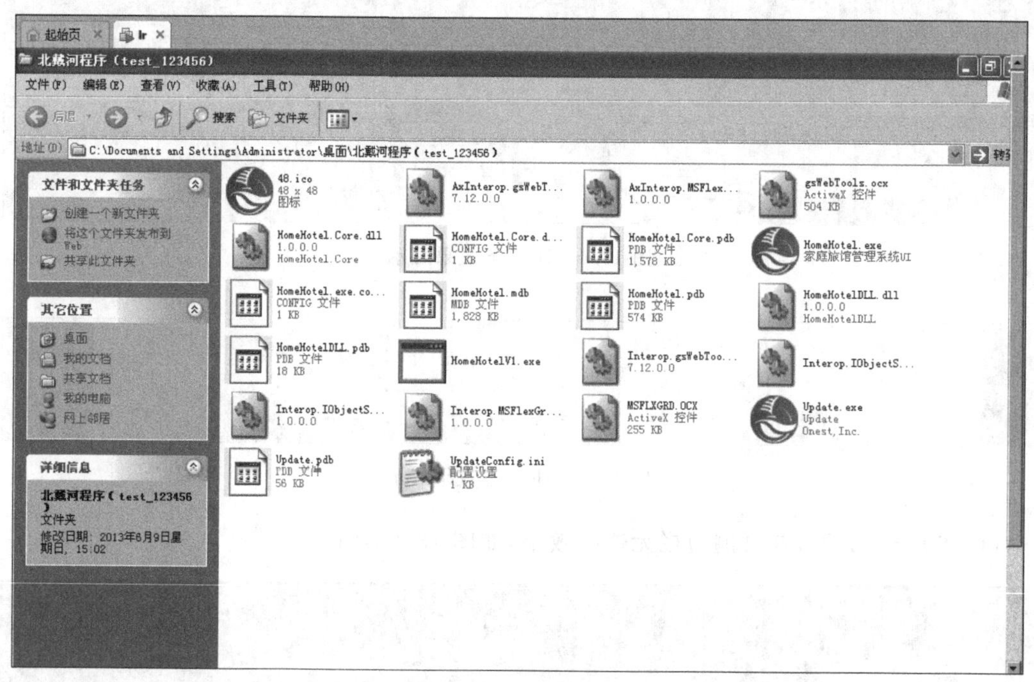

图 13.7 安装程序移至虚拟机

第 4 步：执行图 13.8 所示的启动文件 HomeHotel. exe,进行程序兼容性测试。

第 5 步：通过测试,简要记录测试结果如下。

① 在 Windows XP 和 Windows 7 32 位系统下,程序运行正常。

② 在 Windows 7 64 位系统下,程序可进入登录界面,但单击“登录”按钮后报错,如图 13.9 所示。经验证,该错误原因为程序不支持 64 位操作系统。

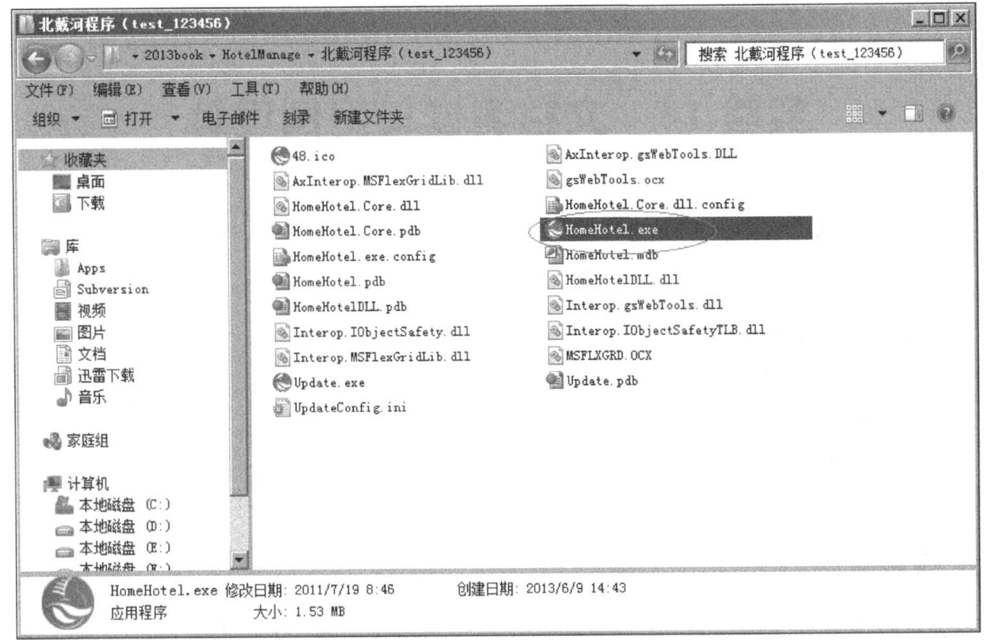

图 13.8　执行启动文件

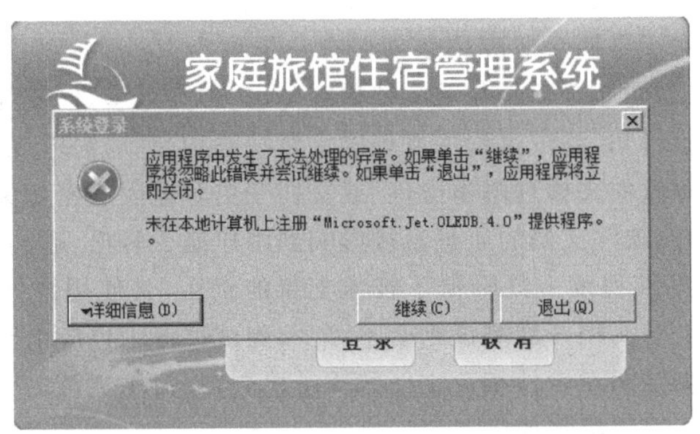

图 13.9　Windows 7 64 位系统下程序效果

③ 同时，发现软件在屏幕分辨率小于 1024×768 的情况下，会出现界面无法正常显示的问题等。

依据上述测试结果，得出结论如下：推荐用户在 Windows XP 和 Windows 7 32 位系统，1024×768 分辨率下使用 PC 端程序，以达到最佳效果。

至此，相信读者已初步了解了软件兼容性测试的相关知识。但值得提醒的是，随着技术的不断发展，软件的运行环境也日益多样化、复杂化。因此，在进行兼容性测试时，测试者也应跟上时代发展，不断研究新环境下软件的兼容性问题，从而才能保证测试质量。

4. 拓展练习

请选取身边的任意一个网站为测试对象，采用 IETester 工具进行兼容性测试，并记录测试执行结果。

实验 14　文档测试与用例设计

1. 实验目标

(1) 理解文档测试内涵。

(2) 理解文档测试不同类型。

(3) 掌握开发文档相关测试。

(4) 掌握管理文档相关测试。

(5) 掌握测试文档相关测试。

(6) 能够针对文档灵活开展测试。

2. 背景知识

随着软件产业的飞速发展,用户对软件质量要求越来越高,软件测试行业越发受到关注和重视。从而对软件测试的认识也由原来的功能测试、性能测试、界面测试、易用性测试、安全性测试等广为熟知的概念扩展到了文档测试等领域。

提起文档测试,对于早期众多应用软件仅有一个称为 Readme 的文本文件开展文档测试未免显得小题大作。而如今软件相关文档内容丰富、种类繁多,已成为软件产品不可或缺的一部分;况且由经验得知,测试过程中发现的大量缺陷均与"对需求规格说明书、概要设计文档、详细设计文档等软件文档理解不准确"或文档变更等原因有密切关系;再如联机帮助、用户手册等面向用户的软件文档的质量直接影响到用户能否轻松、顺利、高效地使用软件产品,优秀的用户文档某种程度上既降低了技术支持的费用,又使用户体验达到较好的效果等。基于上述理由,针对文档开展测试则必不可少,测试过程中也应引起足够重视。

不难理解,文档测试即对软件相关文档的质量检测,如关注文档的正确性、完备性、一致性、易理解性等方面。简要解释如下。

(1) 正确性：验证文档中对于软件功能和操作等的相关介绍,应准确无误,亦不可出现前后矛盾等情况。

(2) 完备性：验证文档中对于软件功能和操作等相关介绍,应完整、翔实、前后统一,避免出现虎头蛇尾、甚至丢失功能模块的情况。

(3) 一致性：验证文档描述同软件实际情况保持一致、符合实情,避免由于缺陷的修复或软件版本的更新而导致内容与实际不符。

(4) 易理解性：验证文档编写采用的语言、介绍的方式等应通俗易用。例如,对于专业术语、缩写语等应给以注解;对于关键、重要的操作应图文并茂,且易于理解。

在读者充分理解了文档测试内涵的基础上,则不难理解文档测试的应用对象种类繁多。通常,文档测试面向开发文档、管理文档及用户文档三大类开展。各类文档中又分为了以下多种不同类型。

(1) 开发文档：可行性研究报告、软件需求规格说明书、概要设计说明书、详细设计说明书、数据库设计说明书等。

(2) 管理文档：项目开发计划、测试计划、测试分析报告、开发进度月报、项目开发总结报告等。

(3) 用户文档：用户手册、用户指南、使用向导、操作手册、联机帮助、Readme 文件、软件包装文字和图形、市场宣传材料、授权/注册登记表/用户许可协议等。

就目前而言，上述文档相应测试的开展方式存在一定差异，但测试核心及根本目的保持一致。其中，开发文档和管理文档主要通过评审方式进行测试，项目相关人员结合实际项目情况共同参与到评审过程中，通过评审的开展起到预防缺陷产生的重要作用；而用户文档则由测试人员在文档完成后专门开展文档专项测试，在文档最终提供给用户之前做好最后一道检验。

下文，以“软件测试计划评审”和“联机帮助文档测试”为例，分别针对“开发文档和管理文档”及“用户文档”两种不同方式的测试进行阐述。

1) 软件测试计划评审

软件测试计划是管理文档中的典型文档代表，它是计划阶段的文档产物，是指导测试过程的纲领性文件；借助测试计划，可使测试与开发等人员明确测试任务、安排及进度等信息；可对资源、时间、风险、测试范围和预算等方面进行综合分析和规划，旨在达到“高效执行测试实施，有效跟踪、控制测试过程，应对测试过程中的相关变更”等目的。

在此，选择测试计划作为“开发文档和管理文档”方式的代表，进行评审的讲解。

通常，测试计划评审可通过邮件评审或会议评审两种不同方式进行，由测试计划编写者组织需求人员、开发人员、测试人员等其他项目相关人员参与其中。以下，结合两种不同方式分别介绍。

(1) 邮件评审属于异步评审方式，测试计划编写者通过邮件形式组织评审开展，事先需发送一封测试计划评审通知邮件，以启动评审。值得提醒的是，邮件中需注意以下几点要求。

① 需发送《待评审的测试计划文档》、《测试计划评审报告》及《评审问题反馈表》等相关资料，以供参与评审人员进行评审及问题反馈。

② 合理添加邮件的发送人员及抄送人员，通常由需求人员、设计人员、开发人员、测试人员等相关项目人员构成评审小组，则评审组所有成员均应及时收到评审邮件。

③ 邮件内容中务必注明评审时间限制，旨在提醒参与评审的人员及时进行评审及问题反馈。

注意：《测试计划评审报告》和《评审问题反馈表》分别如表 14.1 及表 14.2 所示，不同的公司或项目中，相关文档模板存在差异，仅供参考。

(2) 会议评审较邮件评审而言，则更为正式。它采用评审会的方式组织相关评审员共同进行测试计划评审，时效性更强，沟通也更为充分。该方式中同样提醒如下几点。

① 评审会议中，往往由测试计划编写者带领参与评审人员阅读待评审的内容，并组织进行讨论。

② 各评审组成员针对《测试计划评审报告》中的评审内容进行讨论交流，可提出相关问题，给出相应修改建议和意见等。

③ 由记录员进行讨论沟通过程的记录及《评审问题反馈表》的填写。

④ 最终由评审组长给出评审结论，其他与会人员进行签字确认即可。

显然，《待评审的测试计划文档》、《测试计划评审报告》及《评审问题反馈表》等文档在会议评审中同样重要。以下，结合《电子商业街道系统测试计划》的评审为例，给出相应的表 14.1 所示的《测试计划评审报告》及表 14.2 所示的《评审问题反馈表》，以供读者参考。

注意：《电子商业街道系统测试计划》文档内容繁多，限于篇幅，未在本实验中展示。

表 14.1　测试计划评审报告

<table>
<tr><td>项目名称</td><td colspan="3">电子商业街道系统</td><td>所属部门</td><td colspan="2">商业项目 1 组</td></tr>
<tr><td>评审组织人</td><td colspan="3">刘××</td><td>评审组长</td><td colspan="2">李××</td></tr>
<tr><td>评审方式</td><td colspan="3">√邮件　会议</td><td>评审日期</td><td colspan="2">2013-6-10 至 2013-6-13</td></tr>
<tr><td>评审类别</td><td colspan="3">产品评审</td><td>√项目评审</td><td colspan="2">其他评审</td></tr>
<tr><td>评审人</td><td colspan="6">李××、魏××、王××、张××、杨××</td></tr>
<tr><td rowspan="3">评审对象</td><td>序号</td><td colspan="2">工作产品</td><td>版本</td><td>编写人</td><td>备注</td></tr>
<tr><td>1</td><td colspan="2">《电子商业街道系统测试计划.doc》</td><td>V1.0</td><td>刘××</td><td></td></tr>
<tr><td>2</td><td colspan="2"></td><td></td><td></td><td></td></tr>
<tr><td>评审内容</td><td colspan="6">1. 进度计划是否符合合同约定(尤其是验收测试时间、交付时间)
2. 项目里程碑点是否明确
3. 计划是否符合项目实际情况
4. 项目工作量估计是否合理
5. 项目工作目标、验收标准是否明确
6. 项目工作范围(工作边界)是否明确
7. 项目通过准则是否合理
8. 任务分配是否合理
9. 项目风险是否考虑充分，是否制定了应对措施
10. 其他存在问题的地方</td></tr>
<tr><td>评审概述</td><td colspan="6">本次电子商业街道系统测试计划评审采用邮件评审方式；由刘××事先发布评审启动邮件，并指明评审时间为 2013-6-10 至 2013-6-13 期间；由所有评审人针对“待评审的测试计划文档”进行评审，并在截止期间前反馈《评审问题反馈表》</td></tr>
<tr><td>评审结论</td><td colspan="6">1. 通过，不必做修改　　　（ ）
2. 通过，需做修改　　　　（ ）
3. 不通过，需修改后再做评审　（√）

评审组组长：李××</td></tr>
<tr><td rowspan="6">评审确认</td><td colspan="4">确认意见</td><td colspan="2">确认人</td></tr>
<tr><td colspan="4">同意，修改后再次评审</td><td colspan="2">李××</td></tr>
<tr><td colspan="4">同意，修改后再次评审</td><td colspan="2">魏××</td></tr>
<tr><td colspan="4">同意，修改后再次评审</td><td colspan="2">王××</td></tr>
<tr><td colspan="4">同意，修改后再次评审</td><td colspan="2">张××</td></tr>
<tr><td colspan="4">同意，修改后再次评审</td><td colspan="2">杨××</td></tr>
</table>

表 14.2　评审问题反馈表

序号	问题位置	问题描述	修改建议	原因
1	1.3 范围	测试范围太粗	1）先整体描述然后进行功能点细化 2）建议采用表格形式（如表头：主模块/子模块/功能点/子功能点/功能描述等）	直接影响对系统的深入理解和后续用例设计详尽程度
2	3 测试进度	阶段划分太粗且不合理	1）细化进度，建议结合各个阶段的工作内容细化进度，如体现冒烟测试阶段、自动化测试阶段、回归测试阶段等 2）产品评估阶段时间过长 3）测试顺序不合理，如"功能测试、性能测试、系统测试" 4）"结束日期"同"实际开始日期"调换位置，并请添加"实际结束日期" 5）请和开发人员详细沟通后制定，务必结合实际情况	进度是测试计划中尤为重要的部分，影响到开发与测试的顺利合作；测试顺序不正确影响到测试充分性和准确性
3	4.3 测试工具	工具选择重复	TD 与 Bugzilla 选择其一即可，TD 中包含了缺陷管理功能	重复性提交缺陷影响测试目标和进度
4	5 风险分析	风险分析不全面	请结合实际情况分析项目风险，如时间问题、沟通问题、技术难度问题、风险模块（可能理解不深入等）	风险分析的目的是给项目成员以警示，将问题和风险在早期进行预测以达到更好预防和解决
5	6.1 功能测试	测试策略制定不合理	1）开始标准：不应在编码结束后，开发测试应并行工作 2）完成标准：描述模糊不清，请明确用户需求，参照描述无法判定测试是否达标 3）测试重点和优先级：请明确"什么是显性、隐性需求" 4）特殊事项：请真正进行深入思考，如权限设定相关、搜索关键字问题等	不合理的策略影响测试工作进度和测试充分性；描述模糊，无法顺利结束测试；仔细思考特殊事项能更好地指导后续用例设计工作开展
6	6.3 性能测试	测试策略制定不合理	1）请给定性能需求，目前描述无法进行测试 2）测试范围不准确，"搜索""购物"均为性能测试点 3）开始标准：应在基本功能测试后，且影响性能测试的 Bug 修复完毕后才可开始进行 4）测试重点："业务成功率"、"CPU"、"内存"均为重点关注指标	测试范围不准确直接影响测试结果的正确性；测试开始标准不正确，直接影响测试能否顺利开展，很可能中途会收到 Bug 的阻拦；测试指标关注不正确，会使测试结果准确性受影响

续表

序号	问题位置	问题描述	修改建议	原　因
7	6.3～6.7	和实际情况结合不是太紧密	1) 请将这些测试策略与实际测试项目结合起来进行分析，目前有直接套用模板的嫌疑 2) 请仔细思考6.3～6.6如何开展测试，是否需要进行合并测试	和实际情况结合不紧密，会使测试计划指导性不强
8	内容缺少	缺少重点/难点测试模块或功能	请仔细思考并添加至文档，对于重点难点部分深入分析测试策略和进度安排	直接影响进度安排和测试深度
9		缺少兼容性测试	请添加兼容性测试策略	兼容性测试是很重要的一个测试方面，不可丢失
10		缺少功能自动化测试策略	请添加功能自动化测试策略，如QTP工具介入的开始标准、测试范围等均需要详细设计	自动化测试工具的引入，需要进行合理且周密的计划，否则自动化不仅不能给项目带来高效益，反而会影响测试进度和质量
11		缺少版本发布策略	1) 添加版本发布策略，如"何时发布新版本"、"Bug达到什么情况可要求发布新版本"、"何种情况可拒绝测试(如不能通过冒烟测试时)"等 2) 请同开发人员详细沟通后完善文档	开发员与测试员均在实习，若不沟通好版本发布策略会导致测试版本发布延迟或修改Bug不及时，影响双方工作开展
12		缺少Bug管理策略	1) 请添加开发人员如何进行Bug库的访问，双方针对Bug如何进行交互 2) 若双方均访问Bug管理工具，测试员应提供Bug管理工具网址和访问账号	开发员与测试员均在实习，针对Bug的交互工作需进行详细沟通，否则影响Bug修改和测试的及时性
13		缺少进度反馈策略	1) 请添加"何时向开发指导老师、测试指导老师反馈进度" 2) 请添加"多长时间同开发人员进行一次详细沟通"	主要反映出来同领导层与同事间沟通的及时性和有效性
14		缺少测试准备数据	列举出需要开发人员提供的数据，如测试账号，基础数据等	防止影响测试进度
15		缺少测试通过标准	1) 请添加明确的测试通过标准，如：A类Bug解决率…、B类Bug解决率 2) 请结合实际测试情况及时同导师沟通	缺少明确标准易影响测试充分性
16	1.1 4.1(细节)	文字描述不准确	1) 1.1中"知道系统测试工作的进展"描述不准确 2) 4.1"具体职责"描述不全面，且工作内容顺序需调整 3) 其他文字描述	不注重细节易影响文档易读性

至此，为选择测试计划作为“开发文档和管理文档”方式的代表进行评审的讲述。与此相比，其他开发文档及管理文档的评审过程及相关《×××评审报告》、《评审问题反馈表》等模板大体保持一致，但在“评审内容”上存在较大差异，下文实验任务中将进一步汇总介绍。

2）联机帮助文档测试

联机帮助文档是用户文档中的典型代表文档，它是产品的功能、使用方法、注意事项等相关内容的说明书，能够使用户快速学会软件使用的帮助文档之一，其还支持索引和搜索等功能，用户可以方便、快捷地查找所需信息。作为提供给用户进行阅读的用户文档，其测试应站在最终用户的角度进行文档的全方位检测。

在此，选择联机帮助作为“用户文档”方式的代表进行文档测试的介绍。图 14.1 和图 14.2 所示均为旅馆住宿系统的联机帮助界面，就其测试而言，需注意以下几点。

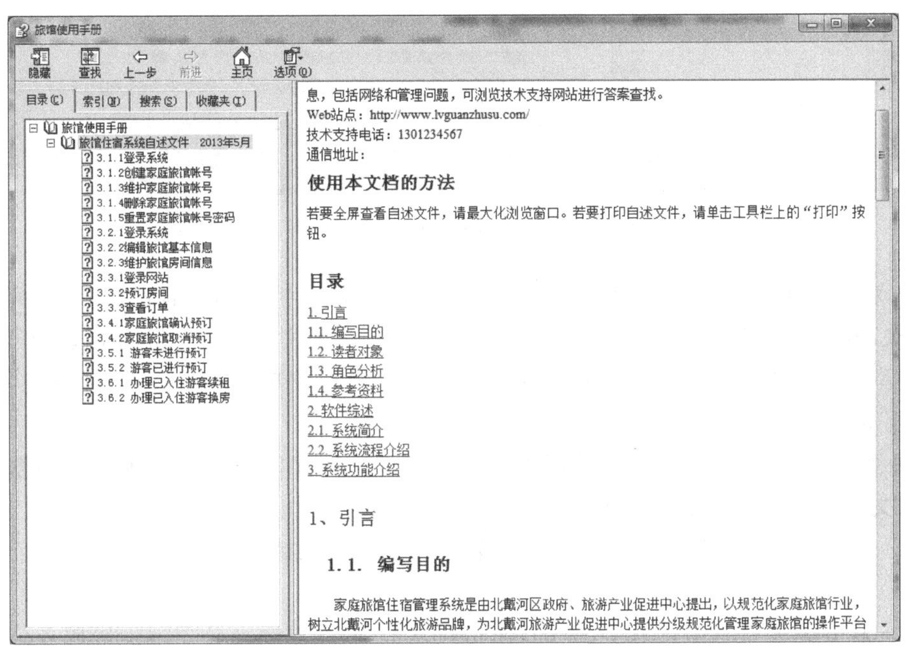

图 14.1 旅馆住宿系统的联机帮助界面 1

（1）观察文档标题显示是否正确，如旅馆使用手册中仅称为“旅馆”，显示欠完整。

（2）观察并操作验证文档中显示的站点，如“http://www.lvguanzhusu.com/”应保证能够打开，且链接的网址正确。

（3）观察目录、内容等显示是否完整，确保无遗漏。

（4）观察目录是否同左侧标题级别、标题名称保持一致。

（5）观察并操作验证文档中链接是否正确，如“1. 引言”应可正确链接到该段内容。

（6）针对左侧标题链接，逐项单击并验证帮助内容显示正确，标题和目录一致。如单击“3.1.1 登录系统”，右侧窗口应正确跳转到该内容窗口。

（7）依据文档中的描述逐步进行操作，验证对应功能是否实现，以及实现是否正确。例如，若要全屏查看自述文件，请最大化浏览窗口。若要打印自述文件，请单击工具栏上的“打印”按钮。不难发现，此页面中并未设置打印按钮，此为文档测试的缺陷。

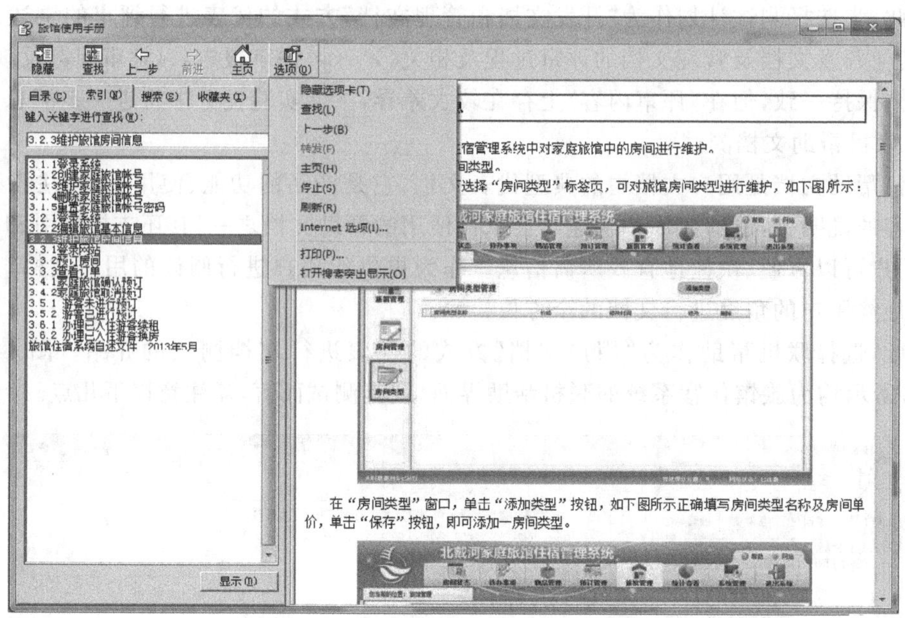

图 14.2　旅馆住宿系统的联机帮助界面 2

(8) 观察并操作验证文档给出的示例正确，尤其提醒文档中的所有操作，读者都需实际执行一次，方可判断文档编写是否正确。如图 14.2 所示的文字：“在‘房间类型’窗口，单击‘添加类型’按钮，如下图所示正确填写房间类型名称及房间单价，单击‘保存’按钮，即可添加一房间类型”。

(9) 观察文档内容描述正确，功能说明与系统的实际功能一致。如生成新的软件版本时，帮助文档的内容应同步进行更新。

(10) 观察并操作验证文档中的截图与软件实际界面保持一致，并非来源于之前的某个版本。

(11) 观察验证所有信息真实、正确，包括开发者、联系电话及公司地址等服务信息也应及时更新。如技术支持电话应为正确号码；通讯地址不能为空，否则直接去掉该字段即可。

(12) 观察文档界面显示美观，无错别字及标点使用错误的情况出现。

(13) 观察文档格式、排版正确。

(14) 观察并操作验证帮助窗口中的所有图标和菜单正确。如单击“隐藏”按钮，左侧窗口被隐藏；单击“上一步”按钮，退回上一页查询内容；单击“前进”按钮，进入下一页查询内容；当然，还需注意图标何时置灰显示。

(15) 操作验证索引、搜索等功能实现正确。

(16) 操作验证 Enter 键、Tab 键及快捷键使用正确。

至此，为选择联机帮助作为“用户文档”方式的代表进行文档测试的介绍。总之，提醒读者谨记，文档测试的开展应遵循“仔细阅读内容、操作每个步骤、检测每个图表、尝试每个示例”四原则，据此灵活开展测试。

综上所述，通过两个典型实例带领读者分别体会了“开发文档和管理文档”及“用户文档”两种不同类型文档的测试。以下实验中，汇总了部分常见的文档测试用例，进一步加深读者对文档测试的理解和认识。

3. 实验任务

任务1：制定开发及管理文档评审通用规范。

本任务要求汇总开发文档和管理文档测试的通用规范，以加深读者对“开发文档和管理文档”评审的理解。在此，选择需求评审、设计评审及测试用例评审进行汇总，依次如表14.3～表14.5所示。

表14.3 需求评审项

测试类型	开发文档和管理文档测试	测试项	需求评审
编号	评 审 内 容		结　果
1	是否包括了所有已知的客户和系统需求		是[ ] 否[ ] N/A[ ]
2	是否每个需求都在项目的范围		是[ ] 否[ ] N/A[ ]
3	是否每个需求都是以清楚、简洁没有二义性的语言描述，尽量避免诸如也许、可能、大概等关键字		是[ ] 否[ ] N/A[ ]
4	是否所有的需求都可以在已知的约束条件内实现		是[ ] 否[ ] N/A[ ]
5	是否所有的性能目标都进行了适当的描述		是[ ] 否[ ] N/A[ ]
6	是否每个软件功能需求都可追踪到一个更高层次的需求(例如，合同附件需求框架)		是[ ] 否[ ] N/A[ ]
7	是否每个需求都有可测试性		是[ ] 否[ ] N/A[ ]
8	需求优先级划分是否合理		是[ ] 否[ ] N/A[ ]
9	是否描述了软件的目标环境，指明并简短概述了目标环境中其他相关软件、子系统及模块等		是[ ] 否[ ] N/A[ ]
10	是否需求前后保持一致，彼此不冲突		是[ ] 否[ ] N/A[ ]
11	其他存在问题的地方		是[ ] 否[ ] N/A[ ]

表14.4 设计评审项

测试类型	开发文档和管理文档测试	测试项	设计评审
编号	评 审 内 容		结　果
1	从技术、成本、时间的角度来看，设计是否可行		是[ ] 否[ ] N/A[ ]
2	已知的设计风险是否被标识、分析并作了减轻风险的计划		是[ ] 否[ ] N/A[ ]
3	设计能否在技术和环境的约束下被实现		是[ ] 否[ ] N/A[ ]
4	设计是否可以追溯到需求		是[ ] 否[ ] N/A[ ]
5	全部需求是否都有对应的设计		是[ ] 否[ ] N/A[ ]
6	设计是否考虑性能需求		是[ ] 否[ ] N/A[ ]
7	是否包含内、外部接口设计		是[ ] 否[ ] N/A[ ]

续表

测试类型	开发文档和管理文档测试	测试项	设计评审
编号	评 审 内 容		结　　果
8	数据库设计是否合理		是[ ] 否[ ] N/A[ ]
9	设计是否具备可扩展性		是[ ] 否[ ] N/A[ ]
10	设计是否考虑了可测试性		是[ ] 否[ ] N/A[ ]
11	设计是否考虑容错性		是[ ] 否[ ] N/A[ ]
12	其他存在问题的地方		是[ ] 否[ ] N/A[ ]

表 14.5　测试用例评审项

测试类型	开发文档和管理文档测试	测试项	测试用例评审
编号	评 审 内 容		结　　果
1	用例设计的结构安排是否清晰、合理，利于高效对需求进行覆盖		是[ ] 否[ ] N/A[ ]
2	用例是否覆盖测试需求上的所有功能点		
3	用例优先级安排是否合理		是[ ] 否[ ] N/A[ ]
4	用例是否具有很好可执行性，如用例的前提条件、执行步骤、输入数据及期望结果等是否清晰、正确，且期望结果是否有明显的验证方法		是[ ] 否[ ] N/A[ ]
5	是否包含充分的正面及负面测试用例，结合业务充分设计		是[ ] 否[ ] N/A[ ]
6	是否包含从用户层面来设计用户使用场景和使用流程的测试用例		是[ ] 否[ ] N/A[ ]
7	用例描述是否简洁、清晰、复用性强		是[ ] 否[ ] N/A[ ]
8	是否存在冗余的用例		是[ ] 否[ ] N/A[ ]
9	其他存在问题的地方		是[ ] 否[ ] N/A[ ]

任务 2：制定用户文档测试的通用规范。

本任务要求汇总用户文档测试的通用规范，以加深读者对“用户文档”测试的理解，具体汇总如表 14.6 所示。

表 14.6　用户文档测试通用规范

角度	测 试 内 容	期望结果
术语	观察术语是否正确、规范	是
	观察术语是否容易理解，不易理解的应进行定义或注释	是
	观察术语使用是否保持一致，如“查询”按钮是否统一称为“查询”，应避免某些地方称为“查询”，另一些地方称为“查找”	是

续表

角度	测 试 内 容	期望结果
标题	观察文档整体标题是否存在,且显示正确	是
	观察文档各级标题是否存在,且显示正确	是
	观察并操作,验证标题是否与软件实际情况保持一致,避免由于功能的增删改导致与标题不匹配情况发生	是
内容	观察并操作,验证功能描述是否正确、合理、清晰	是
	观察并操作,验证菜单、控件的名称是否与软件中名称保持一致	是
	仔细阅读内容,并同步执行所有操作步骤,验证文档描述是否符合实际执行结果	是
	观察并操作,验证目录、索引等跳转是否正确	是
	观察并操作,验证所包含的网站地址等是否正确链接	是
	观察并操作,验证搜索功能是否正确	是
图表	观察是否图文并茂	是
	观察并操作,验证图的显示是否正确、清晰,且与软件界面保持一致,并非来源于已修改过的某个版本	是
	观察并操作,验证表的显示是否正确、清晰	是
	观察图题和表题是否显示,且序号正确、名称正确	是
示例	观察并操作,验证文档中的示例是否正确、合理、可行	是
界面	观察文档界面是否美观、风格一致	是
	观察文档显示是否无错别字,且标点符号使用正确	是
	观察文档排版是否正确、合理	是

以上,简要汇总了部分常见的文档测试用例,仅为抛砖引玉,读者可结合企业与项目的实际情况灵活制定文档测试规范。

4. 拓展练习

请选取身边的任意一款软件产品的用户使用手册为测试对象,依据本实验任务 2 中给定的《用户文档通用测试规范》体验文档测试的开展。

第二部分 Web测试技术

读者已知晓，黑盒测试的重要知识及用例设计方法。但在实际测试工作中，面对的测试对象往往是一套套各具特色的完整系统软件，例如：Web站点、PC桌面程序、嵌入式软件、移动平台应用等。在测试工作开展时，读者除了要灵活应用前面章节讲述的黑盒测试相关技术外，对于不同类型的软件系统，还应针对其特性应用相应技术进行用例设计及测试的开展。

在众多的软件系统中，Web站点作为日常工作最常见的系统之一，因其轻量、方便、快捷、易扩展等特性而被广大开发者和用户所青睐。在接下来的章节中，将通过链接测试、Cookies测试、安全性测试三方面，为读者介绍Web相关测试技术，旨在对黑盒测试技术进一步拓展和扩充。

谈至此，值得提醒读者的是，Web站点的测试开展仍不可脱离黑盒测试技术，功能测试、界面测试、易用性测试、兼容性测试、文档测试等等均属于适用于Web系统的测试。换言之，完整的Web测试技术中包含上述各种测试类型，乃至未提及的性能测试亦属于其范畴。但由于性能测试领域十分广阔，并非只言片语就能入门，故未于此再花大篇幅阐述，有兴趣的读者可参阅本书的姊妹篇《软件性能测试——基于LoadRunner应用》一书进一步学习。

实验 15　Web 站点链接测试

1. 实验目标

(1) 理解链接测试内涵。

(2) 灵活掌握 Xenu Link Sleuth 工具的使用。

(3) 能够使用 Xenu Link Sleuth 工具针对"Web 站点"进行链接测试。

(4) 能够使用 Xenu Link Sleuth 工具生成"Web 站点"链接测试结果报告。

(5) 体会 Web 站点测试与客户端测试的异同。

2. 背景知识

在 Web 网站中，如何实现各网页之间的切换呢？通常，需借助超链接来实现。

超链接即超级链接的简称。它是 Web 应用系统的一个主要特征，是在网页之间切换和指导读者去往其他网页的主要手段。从本质上讲，超链接属于一个网页的一部分，它是一种允许当前网页同其他网页或站点之间进行连接的元素。因此，只有将各个网页链接在一起后，才可构成一个真正意义上的网站。

换言之，所谓的超链接即从一个网页指向一个目标的连接关系。其中，包含了 3 层内容。其一，网页中用来超链接的对象，可为一段文本或是一个图片；其二，所指向的目标可为另一个网页，也可为当前网页上的不同位置，还可以为一个图片、一个电子邮件地址、一个文件，甚至是一个应用程序等；其三，当浏览者单击已经链接的文字或图片后，链接目标将显示在浏览器上，并且根据目标的类型进行打开或运行。

不难理解，对于网站尤其是大型网站而言，可涉及成百甚至上千个页面，如图 15.1 和图 15.2 所示，网页中包含了大量的文本超链接和图像超链接。整个网站的链接犹如一张庞大的蜘蛛网，相互关联。其中，链接的正确性与否直接影响到用户对该网站的印象，一个网站若常常出现链接上的错误，则无论其页面做得多么精致，用户对其信任度都会大打折扣。因此，为了提高网站的整体质量，务必重视对网页链接的检测，即所谓的链接测试。

在读者充分理解了何为链接及链接测试后，则不难理解链接测试的开展需重点关注如下方面。

首先，超链接本身应简洁，尤其对于文字型链接应言简意赅，具有可读性；其次，应定期检查链接的有效性，而此项在链接测试中至关重要；最后，当链接所指向的目标页面不存在时，应给出友好提示信息页面。其中，"应定期检查链接的有效性"可拆分为如下检查项。

(1) 链接页面是否存在；

(2) 链接页面是否正确；

(3) 是否存在孤立页面等。

基于上述测试关注的角度，简要分享几个典型缺陷如下，旨在加深读者对链接测试的理解。

图 15.1　河北师范大学软件学院网站首页

(1) 单击链接,页面无跳转,系统无响应。

(2) 单击链接,链接页面不存在,如图 15.3 所示。

(3) 存在孤立页面,即无法通过任何页面跳转到的页面,如图 15.4 所示。

(4) 文字链接名称描述欠简洁,如图 15.5 所示,无须带有"链接"二字。

基于上述介绍,尽管读者对于链接测试具体开展仍不尽理解,但有一点,读者应是了解了的,即链接测试的进行不容忽视。接下来,进一步介绍实际项目中链接测试的具体实施。

链接测试的实施通常应在集成测试阶段之后,要求事先开发完成了该 Web 网站的所有页面并集成。它既可采用手工单击链接方式进行,也可采用自动化测试工具协助完成。客观来讲,手工单击测试方式简单易行,但无疑工作量相对较大;而借助自动化工具开展测试,方便灵活,优势显著。例如 Xenu Link Sleuth、HTML Link Validator、Web Link Validat 等均为链接测试工具。

以下,选取 Xenu Link Sleuth 为链接测试工具代表,简要阐述工具用途。

Xenu Link Sleuth 是一款深受业界好评并被广泛使用的死链接检测工具,该工具虽简便小巧,但功能强大。首先,读者可灵活进行检测项的设置,该工具可依据读者自定义的检

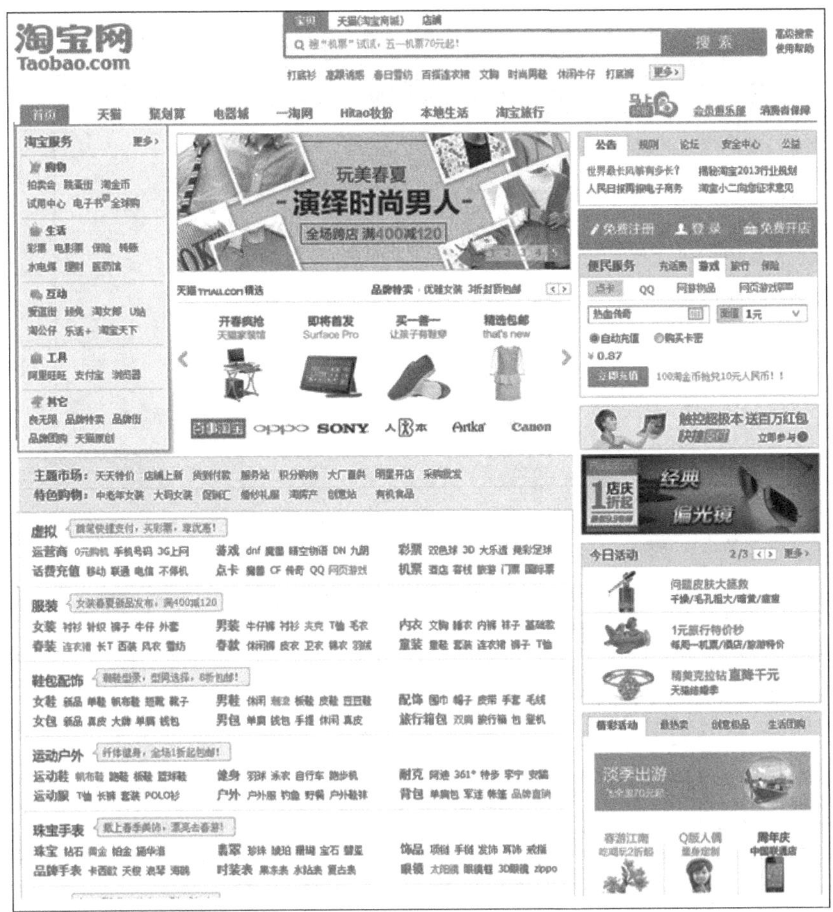

图 15.2　淘宝网首页

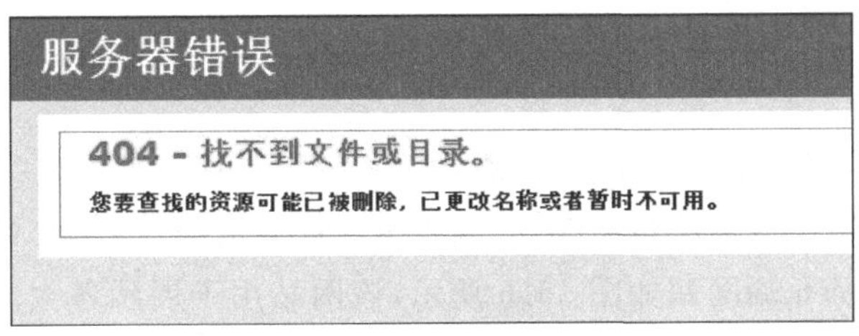

图 15.3　链接页面不存在

测设置，进行目标网站中各类链接的搜索和检查；其次，待检查完毕后，该工具会用显著的颜色标注出检查到的死链接，以便于测试人员浏览；最后，该工具还可以生成一份完整的测试报告，以供测试人员进行详细的站点分析。但值得提醒的是，此工具亦有不完美之处，其不能测试所链接页面的正确性。因此，链接测试的开展仍需要人为干预，以判断链接页面的正确性。

注意：*死链接又称作无效链接，即那些不可到达的链接。*

至此，读者已从理论层面上了解了链接测试及 Xenu Link Sleuth 链接测试工具，以下实验，将以旅馆住宿系统网站为例，结合 Xenu Link Sleuth 从实践角度进一步揭示链接测试的开展。

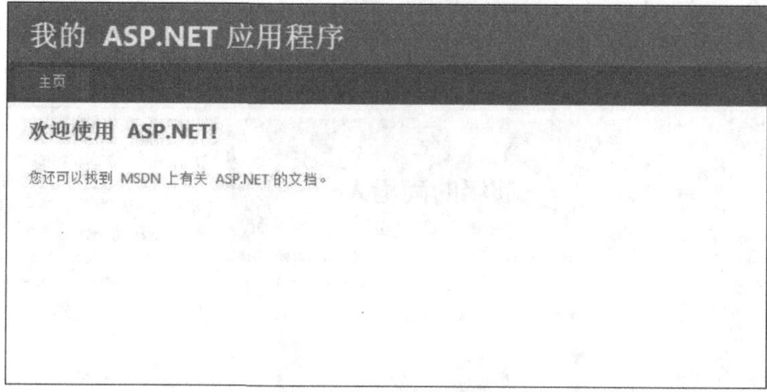

图 15.4　孤立页面

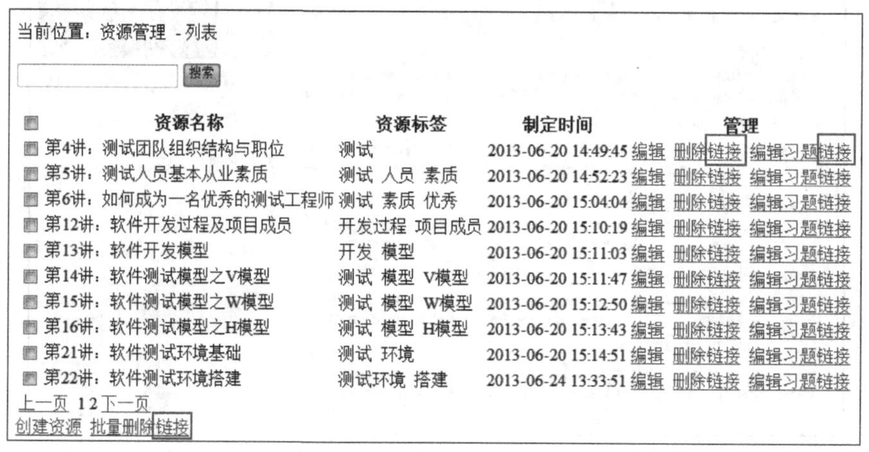

当前位置：资源管理 - 列表

搜索

资源名称	资源标签	制定时间	管理
第4讲：测试团队组织结构与职位	测试	2013-06-20 14:49:45	编辑 删除链接 编辑习题链接
第5讲：测试人员基本从业素质	测试 人员 素质	2013-06-20 14:52:23	编辑 删除链接 编辑习题链接
第6讲：如何成为一名优秀的测试工程师	测试 素质 优秀	2013-06-20 15:04:04	编辑 删除链接 编辑习题链接
第12讲：软件开发过程及项目成员	开发过程 项目成员	2013-06-20 15:10:19	编辑 删除链接 编辑习题链接
第13讲：软件开发模型	开发 模型	2013-06-20 15:11:03	编辑 删除链接 编辑习题链接
第14讲：软件测试模型之V模型	测试 模型 V模型	2013-06-20 15:11:47	编辑 删除链接 编辑习题链接
第15讲：软件测试模型之W模型	测试 模型 W模型	2013-06-20 15:12:50	编辑 删除链接 编辑习题链接
第16讲：软件测试模型之H模型	测试 模型 H模型	2013-06-20 15:13:43	编辑 删除链接 编辑习题链接
第21讲：软件测试环境基础	测试 环境	2013-06-20 15:14:51	编辑 删除链接 编辑习题链接
第22讲：软件测试环境搭建	测试环境 搭建	2013-06-24 13:33:51	编辑 删除链接 编辑习题链接

上一页 1 2 下一页
创建资源 批量删除链接

图 15.5　孤立页面

3. 实验任务

任务：旅馆住宿系统 Web 端链接测试。

(1) 需求：某旅馆住宿系统包括 Web 端旅馆信息展示网站和 PC 端旅馆业务管理应用程序两部分。其中，Web 端网站如图 15.6 所示，该网站用于展示各大旅馆的旅馆信息及房间信息等，其中包含了丰富的链接类型及大量的资源链接。现使用 Xenu Link Sleuth 工具对其进行链接测试，并生成测试结果报告。

(2) 界面原型：如图 15.6 所示。

待测内网网址：http://10.7.1.46/。

(3) 本实验任务整体步骤如下：

第 1 步：为了进行 Web 链接测试，首先需要下载 Xenu Link Sleuth 工具安装包，如 Xenu.exe。需说明的是，此工具于网络中提供了多个下载资源，读者可自行下载，不再赘述。

第 2 步：双击 Xenu.exe 图标，开启 Xenu Link Sleuth 链接测试工具主界面，如图 15.7 所示。

第 3 步：选择"文件"|"检测网址"菜单命令，弹出如图 15.8 所示的网址设置对话框。

图 15.6 旅馆信息展示网站

图 15.7 Xenu Link Sleuth 工具主界面

第 4 步：填写待测网址，例如：http://10.7.1.46/。

注意：图 15.8 所示对话框中显示“检查外部链接”一项，据此解释相关名词如下。

① 外部链接：外部链接又常被称为“反向链接”或“导入链接”，是指由网站 A 链接到网

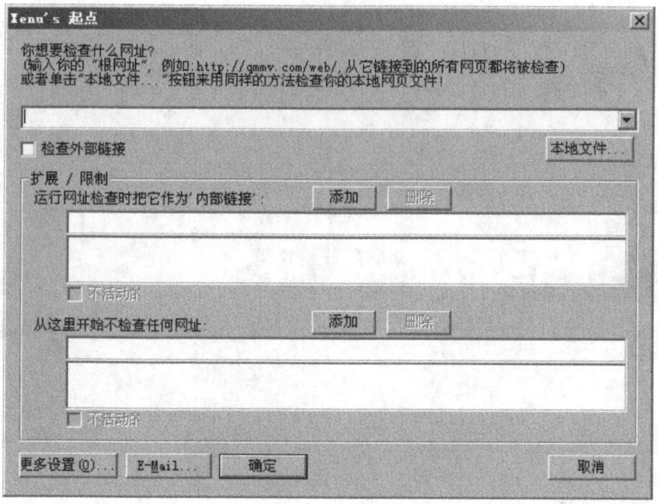

图 15.8　网址设置对话框

站 B 的链接。

② 内部链接：内部链接与外部链接(即反向链接)相反，是指同一网站域名下的内容页面之间的互相链接。如频道、栏目、内容页之间的链接，乃至站内关键词之间的 Tag 链接都可以归类为内部链接。因此，内部链接也可称为站内链接。

第 5 步：单击“更多设置”按钮，进入基本设置对话框，并依据图 15.9 所示进行相关设置后，单击“确定”按钮。

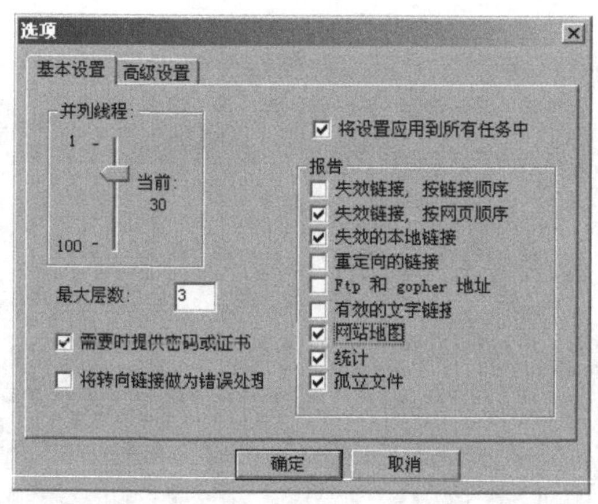

图 15.9　基本设置对话框

第 6 步：在返回到的网址设置对话框中，单击“确定”按钮，工具则开始依据设置进行链接测试，如图 15.10 所示。

第 7 步：检查完毕，工具询问是否生成测试报告，在提示信息中单击“是”，则可生成 HTML 格式的测试结果报告并自动在浏览器中打开，如图 15.11 所示。

至此，开发人员可根据链接测试结果报告给出的死链接及其所在页面，进行链接缺陷修复。此外，值得提醒读者如下两点。

图 15.10 链接测试过程

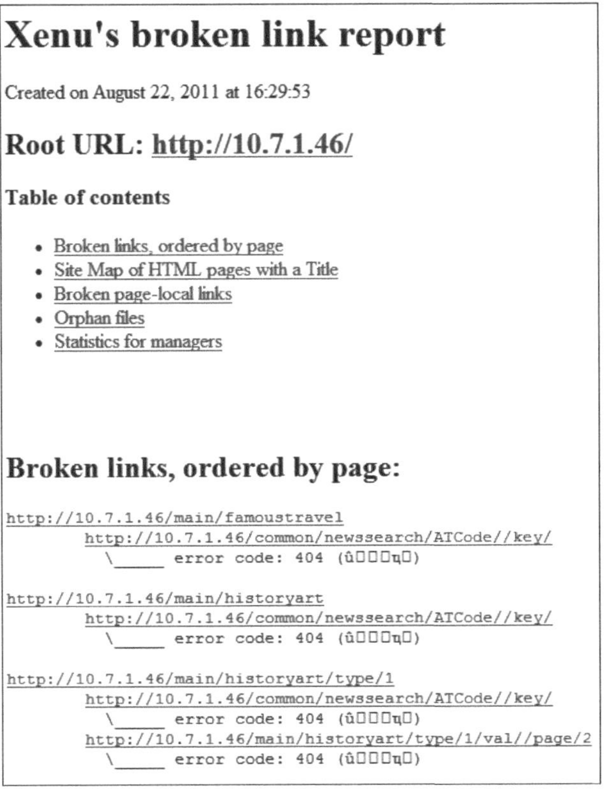

Xenu's broken link report

Created on August 22, 2011 at 16:29:53

Root URL: http://10.7.1.46/

Table of contents

- Broken links, ordered by page
- Site Map of HTML pages with a Title
- Broken page-local links
- Orphan files
- Statistics for managers

Broken links, ordered by page:

```
http://10.7.1.46/main/famoustravel
        http://10.7.1.46/common/newssearch/ATCode//key/
          \_____ error code: 404 (û□□□ҷ□)

http://10.7.1.46/main/historyart
        http://10.7.1.46/common/newssearch/ATCode//key/
          \_____ error code: 404 (û□□□ҷ□)

http://10.7.1.46/main/historyart/type/1
        http://10.7.1.46/common/newssearch/ATCode//key/
          \_____ error code: 404 (û□□□ҷ□)
        http://10.7.1.46/main/historyart/type/1/val//page/2
          \_____ error code: 404 (û□□□ҷ□)
```

图 15.11 链接测试报告

(1) 读者可依据实际项目需要，灵活采用该工具开展链接测试，如：可设置检查外部链接、进行其他高级设置等。相关操作亦简单、易理解，不再赘述。

(2) 上述介绍仅为采用 Xenu Link Sleuth 工具进行链接测试的过程，若进行网站的全面链接测试，读者仍需在此基础上，补充进行链接页面正确性及链接名称友好性的测试。

4. 拓展练习

请选取身边的任意一个网站为测试对象，采用 Xenu Link Sleuth 工具进行链接测试，并生成测试结果报告。

实验 16　Web 站点 Cookies 测试

1. 实验目标

(1) 理解 Cookies 测试内涵。
(2) 掌握 IECookiesView 工具的使用。
(3) 能够使用 IECookiesView 工具针对"CSDN 论坛"进行 Coolies 测试。
(4) 体会 Web 站点测试与客户端测试的异同。

2. 背景知识

用户或许有过此类经历,当访问某些 Web 站点时,Web 站点能够依据用户的选择,神奇的在某个时间段内甚至永久的记忆用户的个人信息,如图 16.1 及图 16.2 所示实例。

图 16.1　CSDN 网站登录

Web 站点究竟是如何来"记忆"的? 这些神奇的"记忆"又该如何测试呢?

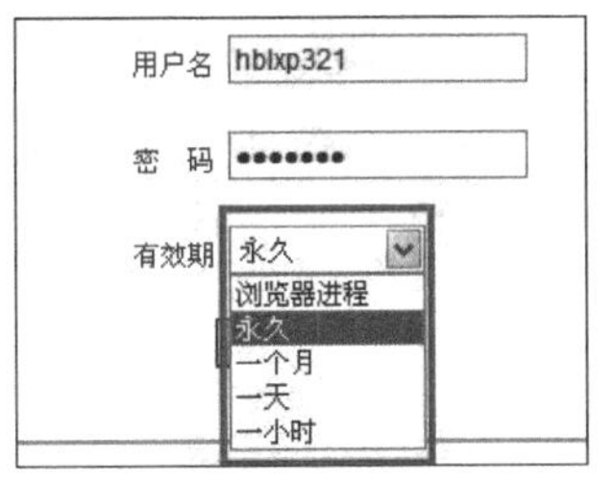

图 16.2　可设置有效期的网站登录

实质上,Web 站点的神奇的"记忆力"都要归结于"Cookie"。那谈及"记忆"的测试开展,首先需要读者弄清楚何为 Cookie 以及 Cookie 相关的一些基础知识,以下通过问答形式来逐一讲解。

(1) 何为 Cookie?

Cookie 是 Web 服务器保存在用户计算机硬盘上的一段文本。它允许某 Web 站点在用户的计算机上保存该站点访问的相关信息,并且当再次访问该站点时可再次使用该相关信息。例如,Cookie 可以记录用户在访问站点时的用户 ID、密码、浏览过的网页等信息。

针对 Cookie 的实质，再次分析如下。

① Cookie 是 Web 服务端与客户端(如浏览器)交互时彼此传递的一部分内容，在允许的长度范围之内，其内容是任意的。

② 客户端将 Cookie 保存在本地计算机上(例如 IE 会将 Cookie 保存于本地机器上的一个 txt 文件中)，并由客户端程序对其进行管理(例如当 Cookie 过期则会自动删除)。

③ 每当客户端访问某个站点的网页时，便会将保存在本地并且属于那个站点的有效 Cookie 信息附在网页请求的头部信息当中，一并发送给服务端。

(2) Cookie 存放于用户计算机上的何位置?

针对于不同的客户端类型，Cookie 在用户计算机上的存放位置有所差异，以 Windows XP 及 Windows 7 系统中 IE 的 Cookie 文件保存位置为例，介绍如下。

① Windows XP 操作系统：Cookie 存放于 C:\Documents and Settings\Administrator\Cookies 路径下；

② Windows 7 操作系统：Cookie 存放于 C:\Users\Administrator\AppData\Roaming\Microsoft\Windows\Cookies 路径下。

读者可结合个人的客户端类型，去对应的路径下查看 Cooike 文件。

保存于上述存放路径下的每个 Cookie 文件，都是一个简单而又普通的文本文件，如图 16.3 所示。通过文件名及文件的内容，读者可以分析得出是哪个 Web 站点在该计算机上放置了 Cookie。

图 16.3 CSDN 网站登录

(3) 为何要使用 Cookie?

用户访问 Web 网站时，Cookie 可记忆用户的身份。基于 Cookie 的“记忆”功能，当用户再次访问该网站时，既可免去某些繁琐的操作，又可节省用户的宝贵时间。

以下，通过 Cookie 数据的流动过程，进一步揭示 Cookie 引入的优势?

第 1 步：当用户在浏览器的地址栏中键入某 Web 站点的 URL(例如，输入 http://www.csdn.net)，浏览器则向该 Web 站点的服务器请求读取其网页。

第 2 步：同时，浏览器将从当前用户计算机上寻找 CSDN 网站设置的 Cookie 文件。若找到了 CSDN 的 Cookie 文件，浏览器会把 Cookie 文件中已记录的“当前用户上次访问该站点的个人信息”同已键入的 URL，一同发给 CSDN 服务器；若没有找到该 Cookie 文件，则不向 CSDN 服务器发送 Cookie 数据。

第 3 步：CSDN 服务器接收 Cookie 数据以及用户对网页的请求。如果存在“当前用户上次访问该站点的个人信息”，CSDN 将使用它来识别用户身份，从而用户无须再次进行登录或录入其他个人身份信息，达到节省访问网站时间的目的；若服务器未收到“当前用户上次访问该站点的个人信息”，这意味着 CSDN 知道当前用户在此之前未访问过它的站点，则服务器会创建一个新的 ID 放进 CSDN 的数据库中，然后把“当前用户此次访问该站点的个人信息”放在将传回的网页的头信息里，传给用户。

第 4 步：当前用户的浏览器，将在本地计算机的硬盘上保存“当前用户此次访问该站点的个人信息”，以备再次访问 CSDN 站点时使用，从而节省用户访问网站的时间。

(4) 基于上述基础知识，究竟如何进行 Cookie 测试呢？

通常，Cookie 测试的开展重点关注如下方面。

① 验证 Cookie 是否起作用；

② 验证 Cookie 是否按预定的时间(如 2 周内有效)进行保存；

③ 验证刷新、删除等操作对 Cookie 的影响；

④ 验证 Cookie 是否加密。

Cookie 测试的实施可采用手工方式进行，但实际测试工作常常会借助测试工具协助完成，例如 IECookiesView、Cookies Manager 等工具。上述工具均可用于 Cookies 的查看和管理，在某种程度上可协助读者快速开展 Cookie 方面的测试。

至此，相信读者对于 Cookie 及 Cookie 测试在理论层面上已有所了解。以下实验，将带领读者借助 IECookiesView 工具，从实践层面进一步体验“Cookie 测试”的开展。

3. 实验任务

任务：CSDN 网站 Cookies 测试。

(1) 需求：国内知名开发者技术社区 CSDN，如图 16.1 所示，已知其网站登录页面中应用了 Cookies 技术。现使用 IECookiesView 工具对其进行 Cookies 测试，并体会 Cookies 测试中各测试点。

(2) 待测网站地址：http://passport.csdn.net/account/login。

(3) 本实验任务整体步骤如下：

第 1 步：为了进行 Web 站点 Cookies 测试，首先需要下载 IECookiesView 工具安装包，如 IECookiesView1.74.exe。需说明的是，此工具于网络中提供了多个下载资源，读者可自行下载，不再赘述。

第 2 步：单击 IECookiesView 安装程序进行默认安装，至成功安装该工具。

第 3 步：双击 IECookiesView 快捷方式 启动 IECookiesView 工具，进入工具主界面，如图 16.4 所示。

注意：IECookiesView 是一款用于查看并管理 Cookies 的工具，使用 IECookiesView 可对 C:\Documents and Settings\Administrator\Cookies 下文件进行轻松查看和管理。

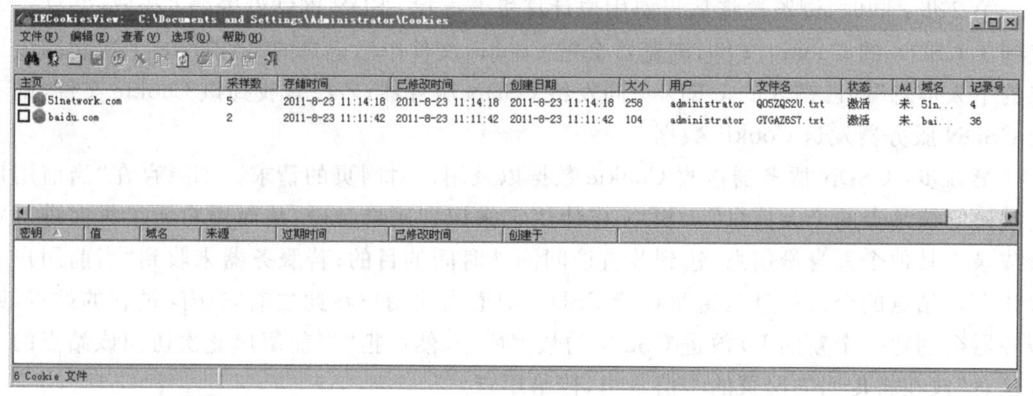

图 16.4　IECookiesView 工具主界面

第 4 步：按 Ctrl+A 键，并单击 ，清空 IECookiesView 工具下的所有记录，如图 16.5 所示。

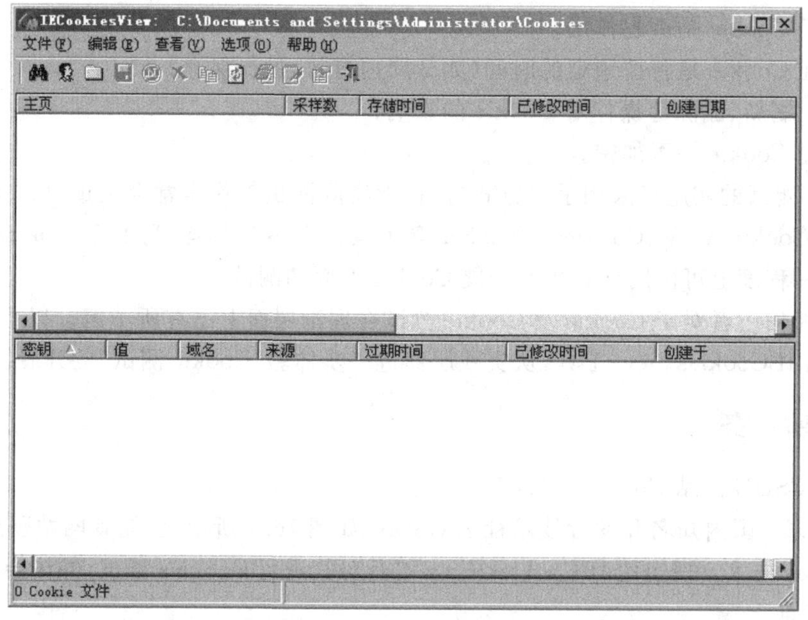

图 16.5　IECookiesView 工具主界面_清空记录

第 5 步：使用 IE 浏览器访问 http://passport.csdn.net/account/login，如图 16.6 所示。

注意：本机 IE 浏览器首页默认为 http://www.baidu.com/，特此说明。

第 6 步：输入已经注册过的用户名/密码，并勾选 两周内自动登录 后单击"登录"按钮，成功进入网站主页，如图 16.7 所示。

第 7 步：切换到 IECookiesView 工具窗口，并通过 F5 进行页面刷新，刷新后工具窗口如图 16.8 所示。

第 8 步：如图 16.9 所示，选择 csdn.net 并查看窗口下方显示的详细信息。

图 16.6　IE 中访问待测地址

图 16.7　CSDN 网站主页

经观察图 16.9 可知，用户信息及用户名过期时间为两周后，即 2011-9-6。这意味着只要该 Cookies 文件不丢失且不过期，则用户进行访问 http://passport.csdn.net/account/login 站点时均可跳过登录步骤，直接进入如图 16.7 所示的网站主页。

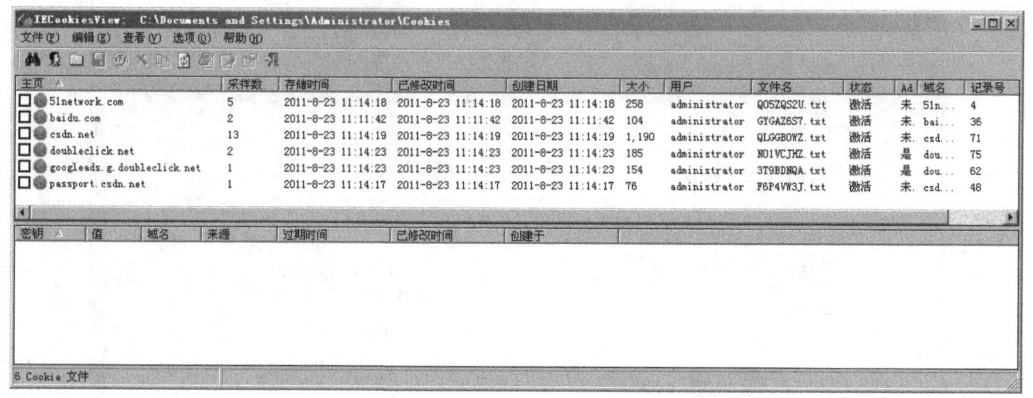

图 16.8 刷新后工具窗口

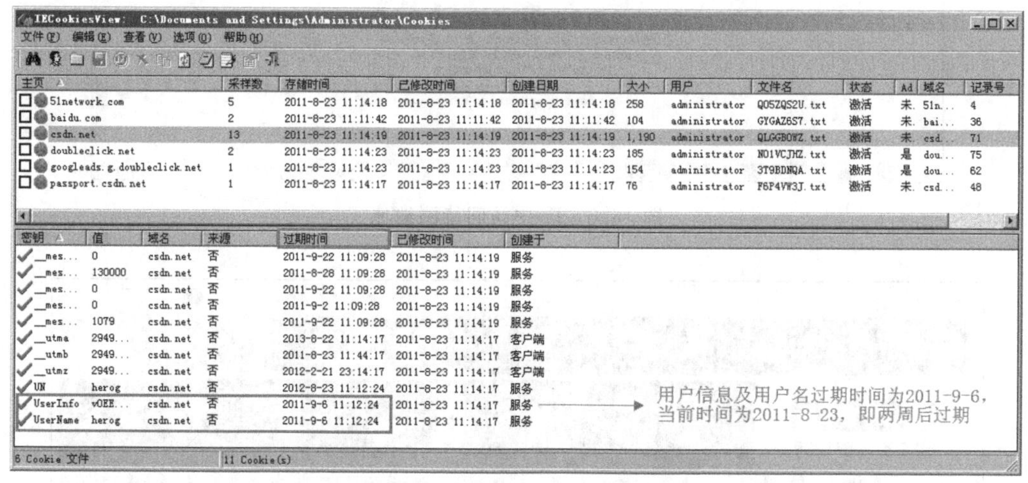

图 16.9 CSDN 网站的 Cookies 信息

至此，通过上述操作可验证 Cookie 的确按预定的时间"2 周内有效"，进行保存。

第 9 步：修改当前系统时间为 2011-9-5，即尚未过期时，通过 IE 浏览器访问 http://passport. csdn. net/account/login ，可成功直接进入如图 16.7 所示的网站主页。

至此，通过上述操作可验证 Cookies 已起作用，并可看出用户信息已进行了加密显示。

第 10 步：修改当前系统时间为 2011-9-7，即用户信息及用户名已过期，再次查看 IECookiesView 工具界面，显示已过期标识，如图 16.10 所示。

此时，通过 IE 浏览器访问 http://passport. csdn. net/account/login ，进入如图 16.11 所示系统登录页面，需重新输入用户个人信息。

至此，通过上述操作可验证 Cookies 过期时间控制正常，过期后，网站对当前用户的"记忆"消失。

第 11 步：修改当前系统时间为 2011-8-23，即用户信息及用户名未过期；按 Ctrl＋A 键，并单击，清空 IECookiesView 工具下的所有记录，清空操作后工具窗口同图 16.5 所示。

此时，通过 IE 浏览器访问 http://passport. csdn. net/account/login ，进入如图 16.11

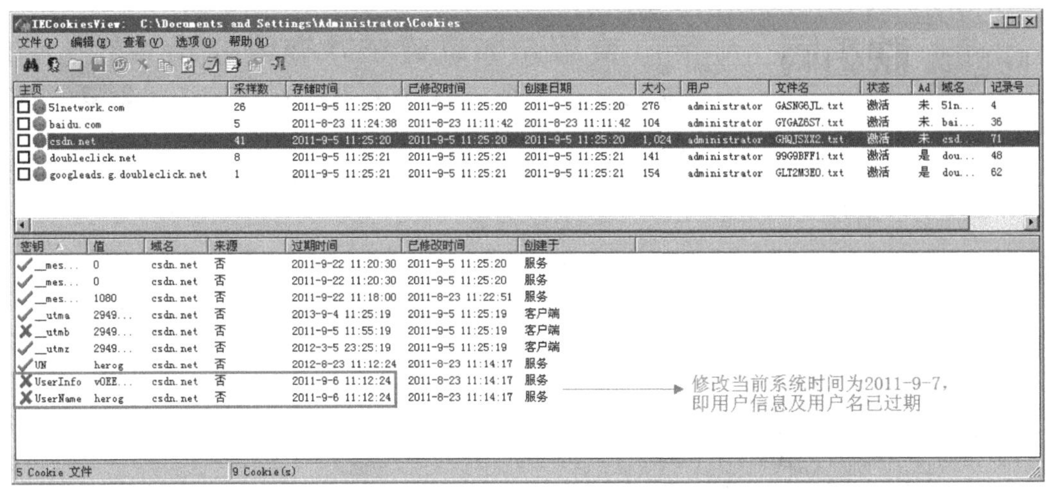

图 16.10　CSDN 网站的 Cookies 信息_已过期

图 16.11　CSDN 登录页面_Cookies 已过期

所示系统登录页面，需重新输入用户个人信息。

至此，通过上述操作可验证删除 Cookies 后，网站对当前用户的“记忆”消失。

综上所述，为借助 IECookiesView 工具对 CSDN 网站进行 Cookies 测试的过程，请读者仔细体会 Cookies 的用途及其测试关注点。

4. 拓展练习

请借助 IECookiesView 工具针对河北师范大学软件学院研发的“快招网”的“用户登录”功能进行 Cookie 测试初体验。快招网用户登录界面如图 16.12 所示。

待测网站地址：http://www.kuaizhao5.com/toLogin.do。

图 16.12　快招网登录页面

实验17　Web站点安全性测试

1. 实验目标

(1) 理解安全性测试内涵。

(2) 理解安全性测试基础知识。

(3) 理解 APPScan 工具的使用。

(4) 能够使用 APPScan 工具针对站点进行安全性测试。

2. 背景知识

在现实生活中，安全已成为人们最关心的问题之一，如人身安全、财产安全、食品安全、交通安全、工作安全等。同样，安全问题对于每一款优秀的计算机应用产品而言，也是不容忽视的。因此，安全性测试应运而生。

在介绍安全性测试之前，首先要弄清楚何为安全性？安全性的实质是通过各种技术手段来控制用户对系统资源访问及操作，从而保证计算机应用程序不被破坏，数据信息不被窃取或泄露。这里所述的系统资源不仅包括应用软件本身，还包括系统硬件、数据信息等一系列相关的资源。

在读者了解了安全性定义之后，为了更好地进行安全性测试，还需了解常见的入侵手段类型。入侵手段种类繁多，例如欺骗、伪装、篡改、注入、监听、信息泄露、拒绝服务、密码破解、跨站脚本、系统漏洞等。再如，目前最大的安全风险 XSS(跨站脚本攻击)，最经典的 SQL 注入"and 1=1"，以及星号密码查看器等，均属于入侵范畴。

基于众多的入侵手段，仅选取 XSS(跨站脚本攻击)为例，简要进行介绍。

XSS 亦可称作 CSS(cross-site scripting)，即跨站脚本攻击。它是指恶意攻击者向 Web 页面里插入恶意 HTML 代码，当用户浏览此网页之时，嵌入 Web 页面中的 HTML 代码会被同步执行，从而达到恶意攻击的目的。就 Web 网站发展现状而言，XSS 可被称为目前最大的安全风险。以下，通过两个实例进一步说明 XSS(跨站脚本攻击)内涵。

【例 17.1】 某 Web 网站的"教育背景"页面中，填写如图 17.1 所示内容，值得提醒的是，"专业描述"字段中填写内容为具有实际意义的 html 代码；之后单击"添加"按钮，期望结果为，在当前页面的下方显示出一条已添加的教育背景信息，且信息内容同当前填写的各项输入，应原样显示出来；但实际结果如图 17.2 所示，不难理解，实际结果页面中，"专业描述"字段中 html 代码并未原样显示为"<iframe src="http://www.baidu.com"><iframe>"，而是以 html代码的实际意义进行了显示。因此，上述过程即可称为一次 XSS(跨站脚本攻击)。

读者或许并未体会出通过此方式如何达到攻击的目的，试想假定在百度网站中挂马，则当用户在访问此 Web 网站的"教育背景"页面时，嵌入此 Web 页面中的 HTML 代码会被同步执行，即同步将访问百度网站，则不难理解从而达到恶意攻击的目的。

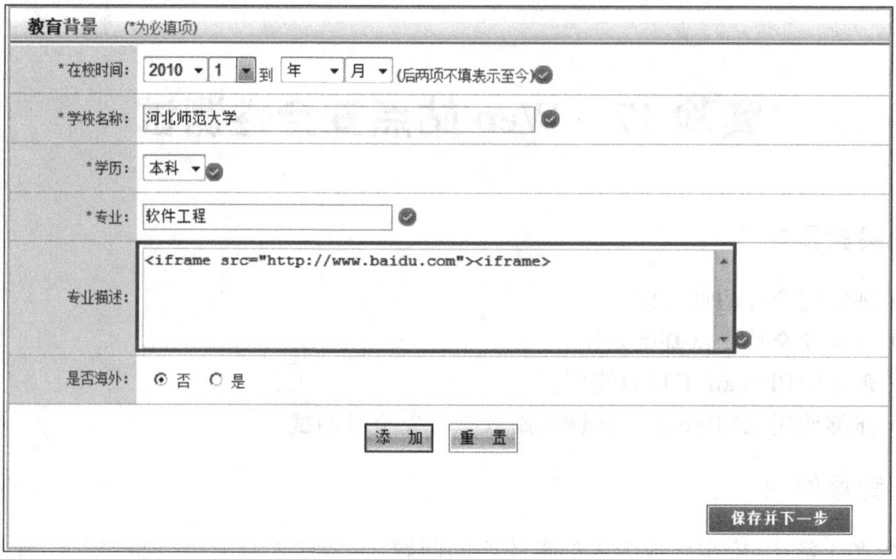

图 17.1　Web 网站的“教育背景”页面

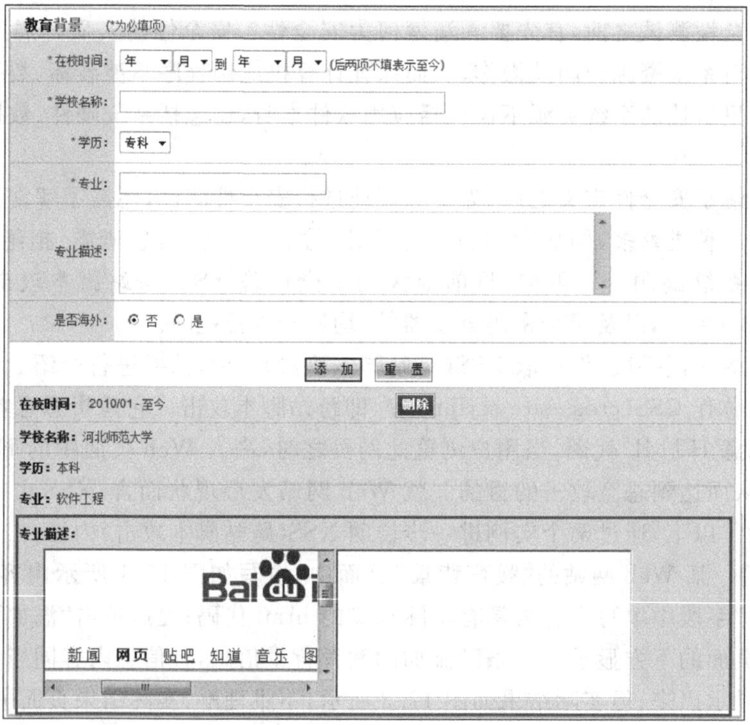

图 17.2　“教育背景”页面_进行 XSS(跨站脚本攻击)后

【例 17.2】　某 Web 网站的“培训经历”页面中，填写如图 17.3 所示内容，值得提醒的是，“详细描述”字段中填写内容为具有实际意义的 HTML 代码；之后单击“添加”按钮，期望结果为，在当前页面的下方显示出一条已添加的教育背景信息，且信息内容同当前填写的各项输入，应原样显示出来；但实际结果如图 17.4 所示，且当之后再次单击左侧“培训经历”

图 17.3　Web 网站的“培训经历”页面

图 17.4　“培训经历”页面_进行 XSS(跨站脚本攻击)后

菜单时，均会弹出 hello 消息提示框，限制了培训经历页面的访问。

不难理解，实际结果页面中，“详细描述”字段中 html 代码并未原样显示为“<script>alert("hello");</script>”，而是以 html 代码的实际意义进行了显示。显然，上述过程亦可称为一次 XSS(跨站脚本攻击)。

以上，通过某 Web 网站的“教育背景”及“培训经历”页面为例，体验了众多入侵手段的典型代表之一——XSS(跨站脚本攻击)。

基于上述介绍，尽管读者对于繁多的入侵技术仍不尽理解，但是有一点，读者肯定是了解了的，即安全性测试至关重要，不容忽视。接下来，为读者介绍安全性测试相关知识。

安全性测试，是指通过技术手段来验证系统应用是否具有相应的安全服务和识别潜在安全隐患的能力。

要进行安全性测试，首先要明确一点：从客观上来说，系统漏洞是始终存在的。对于入侵者来说，入侵的手段是多种多样的，没有固定的方法。测试工程师在进行安全性测试时，也没有所谓的“标准测试”方法。一般情况，首先通过对系统实际情况进行分析来找出可能存在的风险，并设计出相应安全性对策，进而根据实际情况开展测试。

如同“软件测试无法发现系统中所有的缺陷”一样，安全性测试也不能证明应用程序是100%安全的，而是仅用于验证根据风险分析所制订的对策是否有效。

安全性测试的开展，通常可分为两部分：一是手工测试，在进行功能测试时进行的长度验证、有效性验证、特殊字符验证、操作权限验证、密码错误输入次数是否限制、忘记密码的处理方式等均属于此类范畴；二是使用专业工具进行安全性测试，如 AppScan、pangolin 等。但值得提醒的是，目前几乎尚未有一款“全能”的工具可以测试到被测系统所涉及所有安全方面的问题。因此，在实际工具应用时，应注意灵活掌握工具的适用性范围，选出最为适合的策略开展测试。

综上，读者应从理论层面对安全性知识及安全性测试有了相关认识，以下实验，将借助 IBM Rational AppScan 这款强大的 Web 安全性测试工具，带领读者从实践层面进一步体会安全性测试的开展。

3. 实验任务

任务：AppScan 网站安全性测试。

(1) 需求：引用 IBM developerworks 网站上对 IBM Security AppScan(即 IBM Rational AppScan 新版本的名称)的介绍：该产品是一款领先的 Web 应用安全测试工具，曾以 Watchfire AppScan 的名称享誉业界。IBM Security AppScan 可自动化 Web 应用的安全漏洞评估工作，能扫描和检测所有常见的 Web 应用安全漏洞，例如 SQL 注入(SQL-injection)、跨站点脚本攻击(cross-site scripting)、缓冲区溢出(buffer overflow)及最新的 Flash/Flex 应用及 Web 2.0 应用曝露等方面安全漏洞的扫描。现以 AppScan 自带的 demo 站点为测试对象，采用 AppScan 工具对其开展安全性测试，并生成测试结果报告。

(2) 待测网站地址：http://demo.testfire.net。

(3) 本实验任务整体步骤如下。

第 1 步：为了进行 Web 站点安全性测试，首先需要下载 AppScan 工具安装包，如 AppScan_Setup.exe。需要说明的是，AppScan 是一款收费软件，读者可访问 IBM developerworks 官网下载程序试用版，也可通过搜索引擎自行搜索下载，限于篇幅，不再赘述。

第 2 步：安装 AppScan。软件安装过程比较简单，运行安装文件后，依据提示引导即可完成整个安装过程。值得提醒的是，安装完毕后，程序提示是否安装 Webservice 扫描工具，若选择“是”，将进入下载页面；若选择“否”，则结束安装。

第 3 步：安装完毕后，通过选择“开始”|“所有程序”|IBM Rational AppScan|IBM Rational AppScan 8.0 即可启动程序，进入如图 17.6 所示的欢迎对话框。

第 4 步：在图 17.5 所示欢迎对话框中，单击“创建新的扫描”菜单，在弹出的新建扫描对话框中，选择扫描使用模板。在此，如图 17.6 所示选择 AppScan 自带的 demo.testfire.net 模板，此模板中已针对被测站点制订了若干常见的扫描规则。

第 5 步：在打开的扫描配置向导对话框中，将扫描类型设置为默认的“Web 应用程序扫描”，如图 17.7 所示。

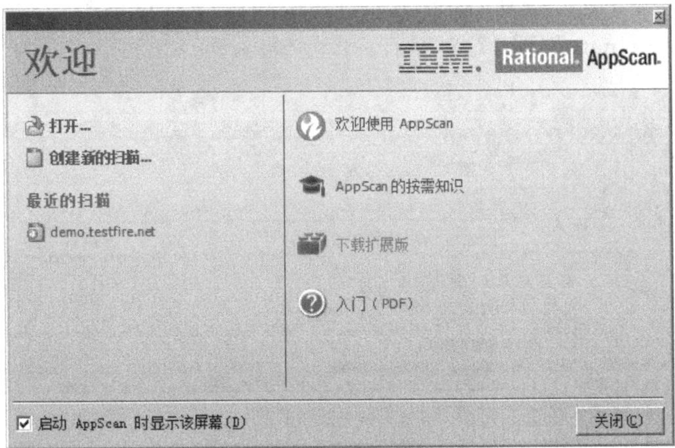

图 17.5　欢迎对话框

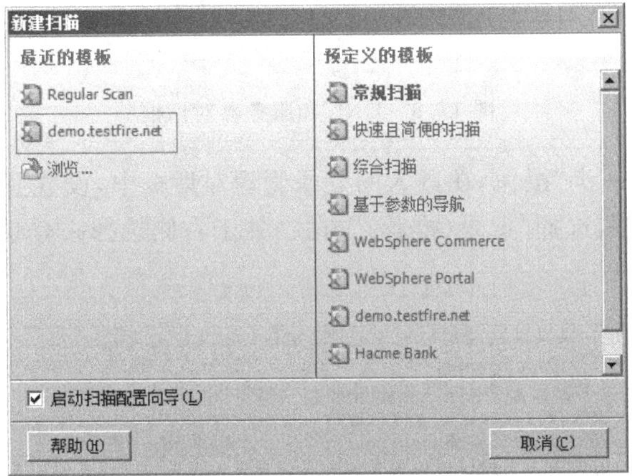

图 17.6　新建扫描对话框

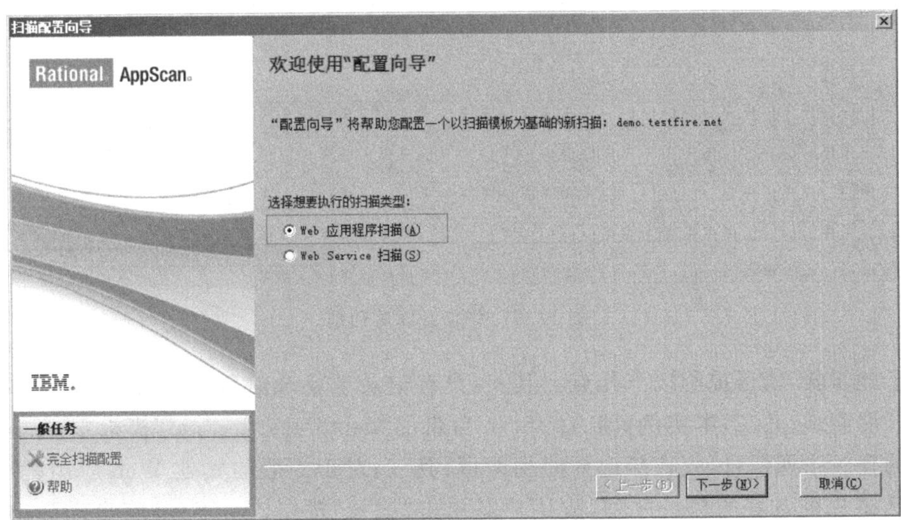

图 17.7　扫描配置向导对话框

第 6 步：单击“下一步”按钮，在打开的 URL 和服务器对话框中，填写被测站点地址 http://demo.testfire.net，如图 17.8 所示。

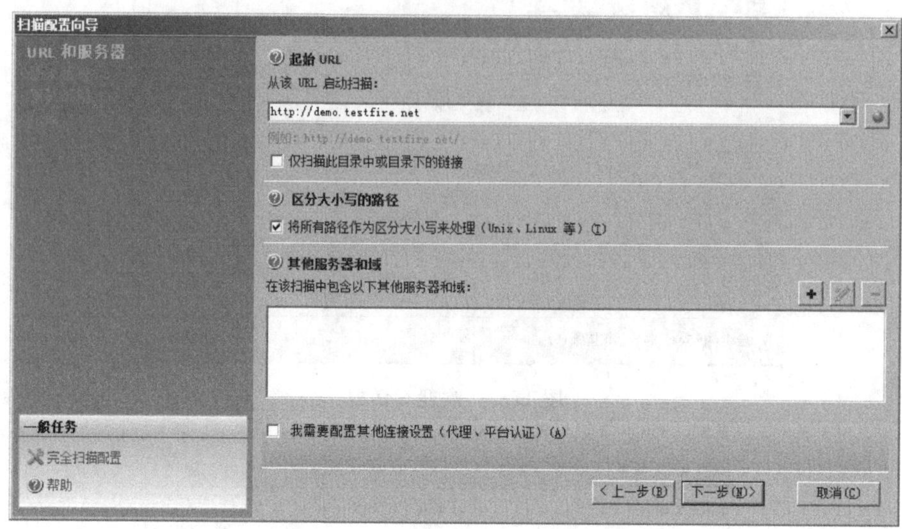

图 17.8　URL 和服务器对话框

第 7 步：单击“下一步”按钮，在进入的登录管理对话框中，设置登录方法，如图 17.9 所示。在此，于对话框左侧选择“记录(推荐)”方式，并于右侧选择一登录序列后单击“下一步”按钮。

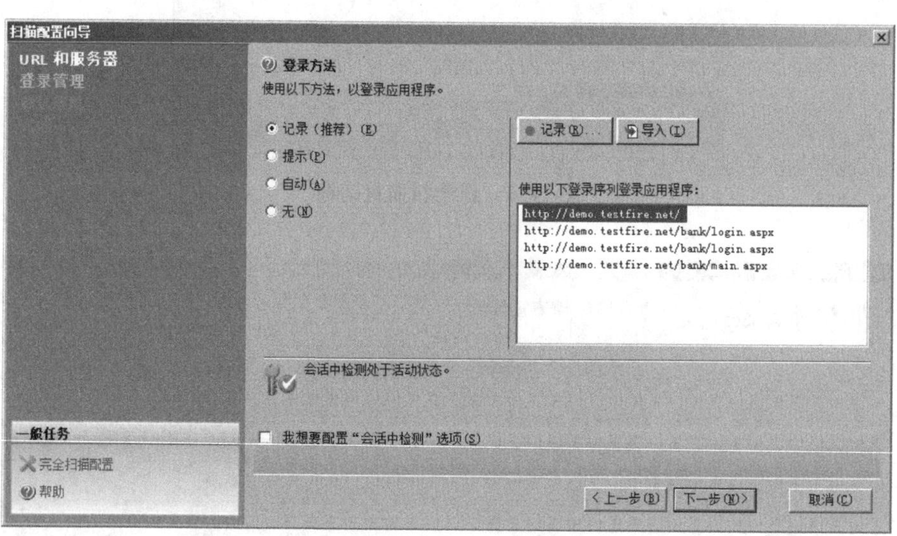

图 17.9　登录管理对话框

基于此步骤，值得提醒以下几点。其一，只有记录了登录信息，AppScan 才能够进一步更好地开展测试；其二，本实例，即 AppScan 自带的“demo.testfire.net”模板中，已记录了 4 组页面的登录序列信息，故直接选择使用即可；其三，对于一般的其他 Web 应用程序而言，不存在已事先准备好的登录序列，故用户需单击“记录”按钮，AppScan 将自动弹出浏览器窗口供用户进行登录操作并记录相关登录信息，以生成登录序列；其四，对于某些较复杂的程序，也可于对话框左侧选择“提示”方式，则在需要登录时，AppScan 将弹出提示信息，供用户进行相关登录操作。

第 8 步：单击“下一步”按钮，在进入的测试策略选择对话框中，选择默认的 default 策略，如图 17.10 所示。值得提醒的是，读者进行其他站点的测试时，可根据实际情况选择不同的策略。关于每一策略的具体说明，用户可阅读系统帮助文档，限于篇幅，不再赘述。

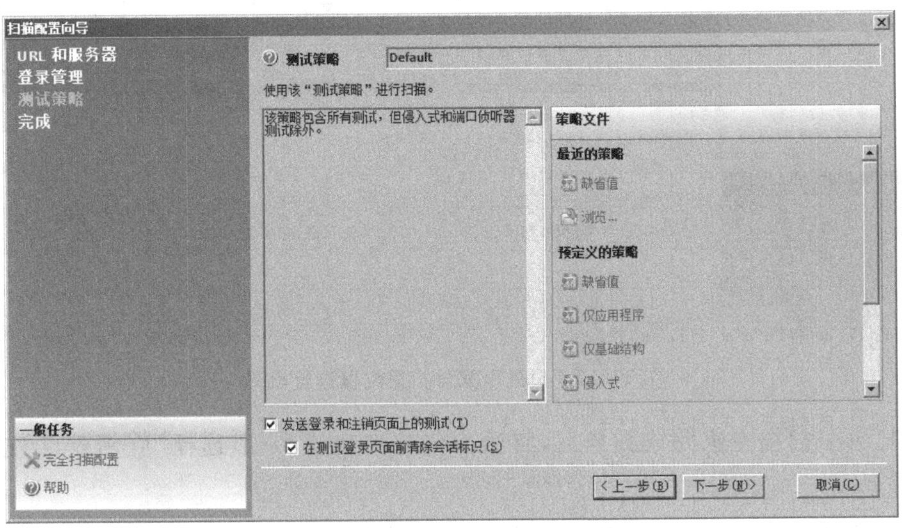

图 17.10 测试策略对话框

第 9 步：单击“下一步”按钮，在进入的完成对话框中，如图 17.11 所示选择“启动全面自动扫描”方式，并单击“完成”按钮即可启动网站安全性扫描。

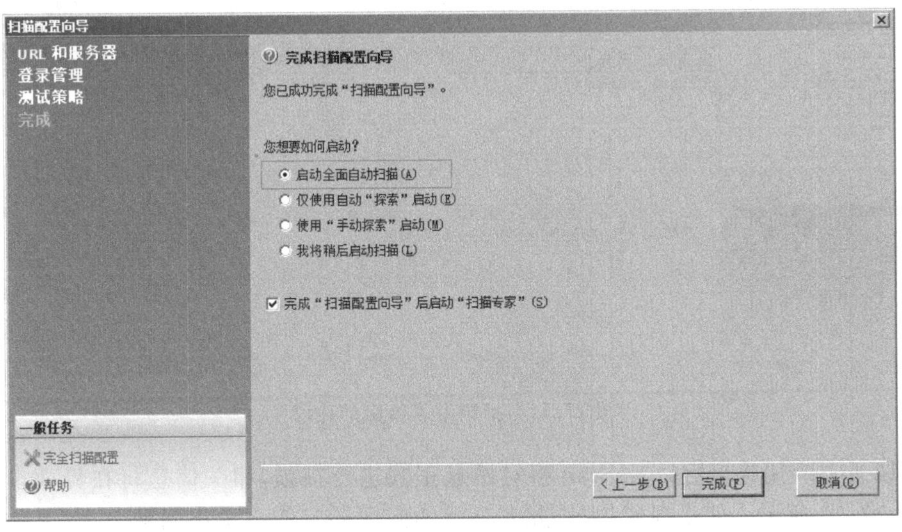

图 17.11 完成对话框

第 10 步：正式扫描启动后，AppScan 将首先对被测站点进行初步扫描，并会提示用户是否要保存扫描信息，在此建议选择“是”。此后，如图 17.12 所示程序会启动扫描专家对扫描配置进行检测。

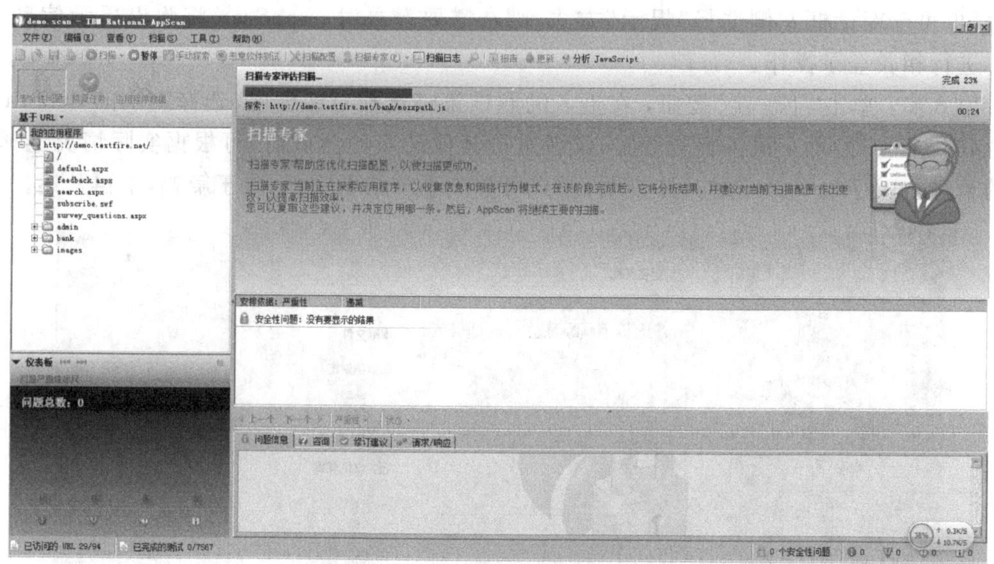

图 17.12　扫描专家对扫描配置进行检测

第 11 步：扫描专家完成扫描后，将给出优化性建议，一般选择“应用建议”按钮，如图 17.13 所示。

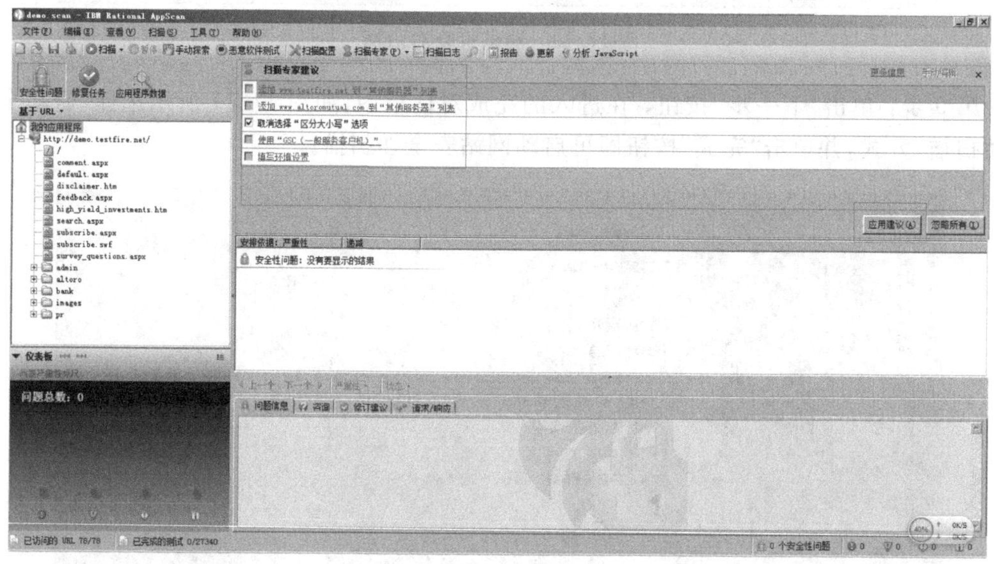

图 17.13　扫描专家给出的建议

第 12 步：应用建议后，AppScan 将对站点正式进行扫描，相关信息将在界面上进行显示，如图 17.14 所示。值得提醒的是，此时显示的问题还只能显示出问题分类，具体问题内容需要待结束扫描并完成分析后才可查看。

第 13 步：扫描完成后，AppScan 启用结果专家对扫描结果进行分析，如图 17.15 所示。

第 14 步：分析完成后，可查看生成的如图 17.16 所示的安全性测试结果，如：每个问题的请求/响应、修订建议等详细内容。

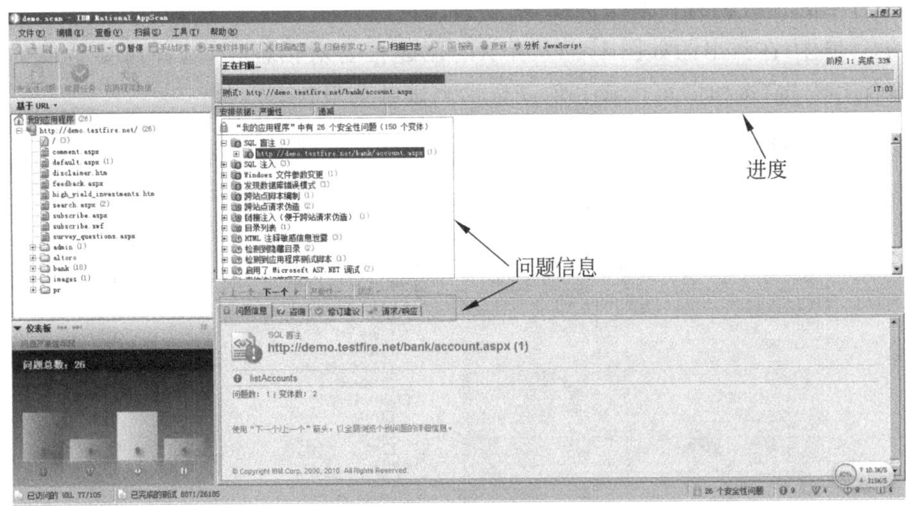

图 17.14　AppScan 对站点进行扫描

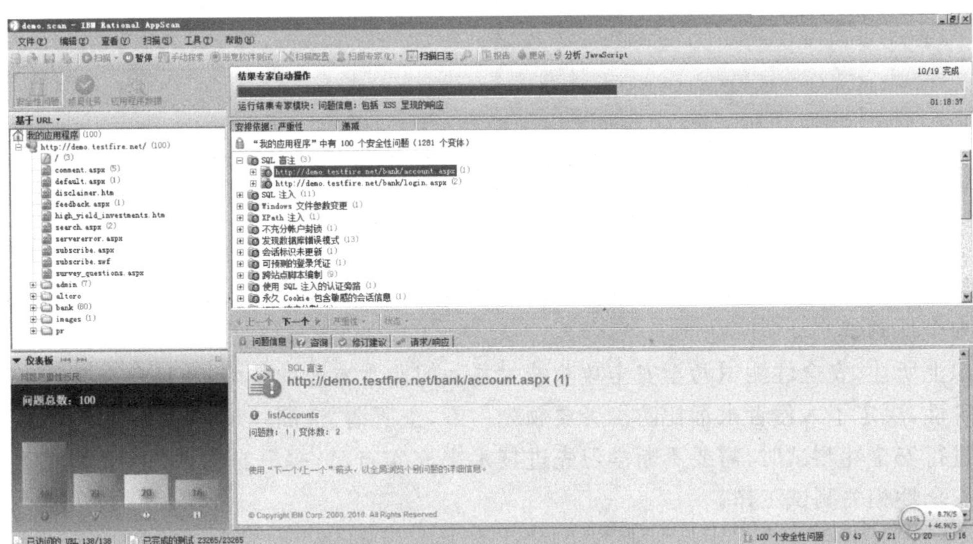

图 17.15　结果专家分析扫描结果

图 17.16　安全性测试结果

第 15 步：为了方便分析解决问题，可将得出的测试结果生成为测试结果报告。单击工具栏中的 报告，在弹出的如图 17.17 所示的创建报告对话框中，选择所要生成的报告类型，单击“保存报告”按钮即可生成一份安全性测试结果报告。

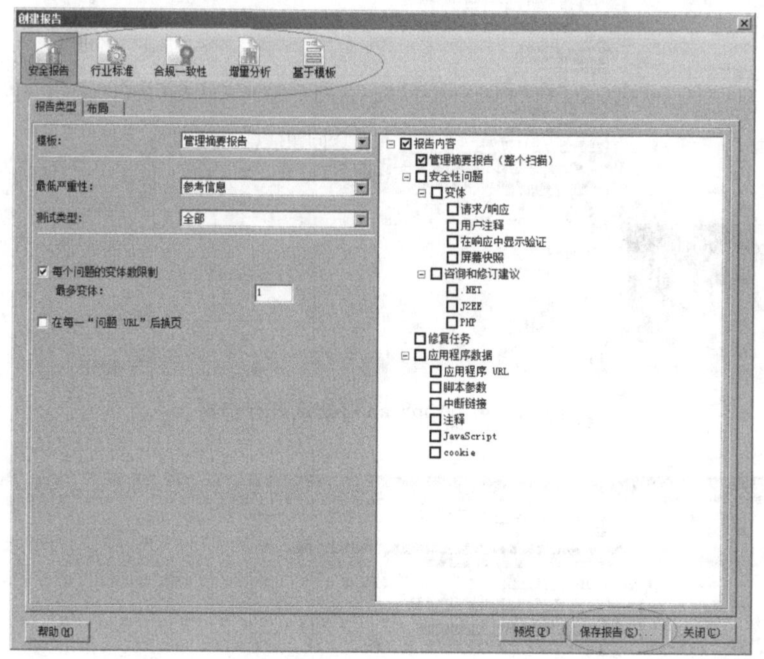

图 17.17　创建报告对话框

至此，以 AppScan 自带的 demo 站点为测试对象，使用 AppScan 8.0 工具开展了一次简易的安全性测试。

综上所述，安全性测试乃至安全攻防技术是一门非常专业的技术，并且安全业由于其行业特殊性，决定了入侵者永远比防御者要领先一筹，正所谓“道高一尺，魔高一丈”。因此，读者在进行安全性测试时，需要不断学习先进技术来充实自己，提升自己，才能保证高质量地完成安全性相关测试工作。

4. 拓展练习

请选取身边的任意一个网站为测试对象，采用 AppScan 工具对其开展安全性测试，并生成测试结果报告。

第三部分 白盒测试技术

基于前面章节中黑盒测试技术与 Web 测试技术的学习，读者应对相关技术和知识有了一定的了解，并能尝试于实际工作中投入应用。然而作为一名合格的测试人员，为了进一步提升技术水平，除了掌握上述测试技术之外，还应当了解软件测试技术中另一大重要技术组成部分——白盒测试技术。与黑盒测试相对应，所谓白盒测试，是指在设计和执行用例过程中，将程序视为透明的白盒子，不但要关注输入内容和输出结果，还需关注程序内部结构并验证其是否正常。

通常，白盒测试技术可从静态测试、动态测试两方面进行阐述。其中，静态测试又可细分为代码检查法、静态结构分析及代码质量度量等。其更多强调的是，依据编码规范及程序结构来对代码的规范性、可读性、代码逻辑表达的正确性，代码结构的合理性等方面进行分析和检测。往往读者具备一定编程知识后，不难开展相关静态测试。相反，动态测试更多强调通过程序的执行来发现其中隐藏的缺陷，而程序的执行往往借助相关测试用例及测试代码于白盒测试工具中辅助完成，并非仅具有编程知识即可顺利进行的。因此，后续章节（实验）将重点结合白盒测试用例设计技术及常见典型白盒测试工具相关知识进行讲解，旨在让读者进一步了解白盒测试相关过程。

综上所述，不难理解，白盒测试由于需要对程序结构进行分析解读，需要测试人员掌握相关的编程知识，因此读者有意从事此领域相关工作，应不断学习和积累编码相关知识和技术。

第三部分
白盒测试技术

实验 18　逻辑覆盖测试用例设计

1. 实验目标

(1) 能够依据程序画出程序流程图。

(2) 能够理解常用覆盖方法的内涵。

(3) 能够理解常用覆盖方法的强弱关系。

(4) 能够使用常用覆盖方法设计测试用例。

2. 背景知识

白盒测试通常依据静态测试和动态测试方法开展。动态测试是参照系统需求或测试规则,通过预先设计一组测试输入,并借助此输入动态运行程序,从而达到发现程序错误的过程。

覆盖测试为动态测试中的一类有效测试方法,主要包括逻辑覆盖、基本路径测试等。其中,逻辑覆盖是基于程序内部逻辑结构,通过对程序逻辑结构的遍历实现程序的覆盖方式。依据覆盖源程序结构的详尽程度,可分为语句覆盖、判定覆盖、条件覆盖、条件判定覆盖、条件组合覆盖及路径覆盖 6 种类型。各类覆盖具体内涵解释如下。

1) 语句覆盖

(1) 语句覆盖是一个比较弱的测试标准,具体含义指选择足够的测试用例,使得程序中每个语句至少都能被执行一次。

(2) 局限性:测试不够充分,对程序执行逻辑的覆盖率较低,属于最弱的覆盖方式。

2) 判定覆盖

(1) 判定覆盖,又称分支覆盖。是较“语句覆盖”稍强的一类测试标准,具体含义指选择足够的测试用例,使得程序中各判定获得每一种可能的结果至少一次,换言之,使各判定的每个分支至少都被执行一次。

(2) 局限性:测试不够充分,仅对整个判定的最终取值进行各方面度量,但判定内部每一个子表达式的取值未被考虑。

3) 条件覆盖

(1) 条件覆盖是更强的一类测试标准,具体含义指选择足够的测试用例,使得程序各判定中的每个条件获得各种可能的取值。

(2) 局限性:测试不够充分,虽弥补了判定覆盖的漏洞,对判定内部每一个子表达式的取值进行了度量,但条件覆盖并不能满足判定覆盖。

4) 条件判定覆盖

(1) 条件判定覆盖是综合了判定覆盖和条件覆盖特点的一类更强的测试标准,具体含义指选择足够的测试用例,使得程序中各判定的每个分支至少都被执行一次,且使得各判定中的每个条件获得各种可能的取值。

(2) 局限性：测试不够充分，未考虑单个判定对整体程序的影响，对程序执行逻辑的覆盖率较低。

5) 条件组合覆盖

(1) 条件组合覆盖是指选择足够的测试用例，使得判定中条件的各种组合都至少被执行一次。

(2) 局限性：测试不够充分，某些情况下可遗漏覆盖部分路径，且组合数量相对较大，往往花费时间较多。

6) 路径覆盖

(1) 路径覆盖是相当强的一类覆盖标准，具体含义指设计足够多的测试用例，使得程序中所有可能的路径被执行一次。

(2) 局限性：测试不够充分，测试所需用例数量相对较大，使得工作量呈指数级增长。

至此，为逻辑覆盖中 6 种覆盖类型的介绍。值得提醒的是，软件评测师考试中，此讲知识点往往占据一定的分值。大多数题型为：

(1) 采用 6 种覆盖方式进行测试用例的设计；

(2) 依据各类覆盖的强弱关系进行语句判断。

因此，针对各类覆盖的强弱关系，总结如下。

(1) 满足条件组合覆盖的测试用例一定满足语句覆盖、判定覆盖、条件覆盖和条件判定覆盖。

(2) 满足条件判定覆盖的测试用例一定满足语句覆盖、条件覆盖和判定覆盖。

(3) 满足判定覆盖的测试用例一定满足语句覆盖。

(4) 满足条件覆盖的测试用例不一定满足语句覆盖及判定覆盖。

综上所述，各类覆盖均不是十全十美的，单单使用某种覆盖往往会导致测试片面、不充分，实际项目中通常会采用多种覆盖综合开展测试。例如，测试通过准则可能会要求语句覆盖达到 100%，判定覆盖达到 90%等。

至此，读者已从理论层面上认识了 6 种逻辑覆盖，以下实验，从实践角度进一步揭示 6 种逻辑覆盖方法的应用。

3. 实验任务

任务 1：针对源程序采用 6 种逻辑覆盖设计测试用例。

源程序：

```
#include<stdio.h>
void main()
{
    float A,B,X;
    scanf("%f%f%f",&A,&B,&X);
    if((A>1)&&(B==0))
        X=X/A;
    if((A==2)||(X>1))
        X=X+1;
    printf("%f",X);
}
```

测试用例设计：

第 1 步：绘制程序流程图，如图 18.1 所示。

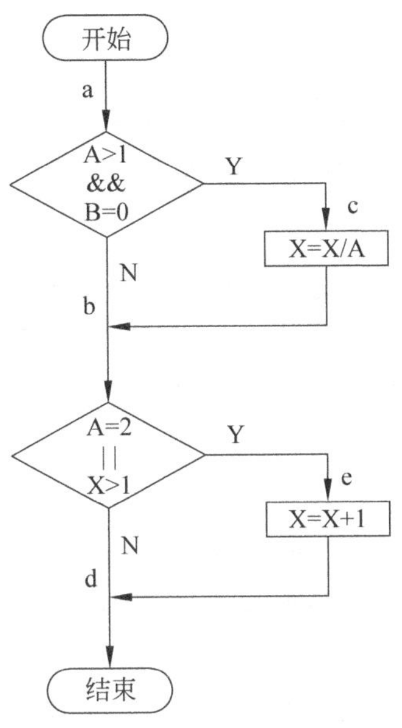

图 18.1　程序流程图

第 2 步：设计测试用例满足语句覆盖，如表 18.1 所示。

表 18.1　语句覆盖测试用例_任务 1

用例编号	测试用例	覆盖路径
1	A=2,B=0,X=3	a—c—e

第 3 步：设计测试用例满足判定覆盖，如表 18.2 所示。其中，if((A>1)&&(B==0))、if((A==2)||(X>1))为源程序中的两个判定。在此，需考虑两判定的每个分支被执行一次即可。

表 18.2　判定覆盖测试用例_任务 1

用例编号	测试用例	覆盖路径
1	A=3,B=0,X=1	a—c—d
2	A=2,B=1,X=3	a—b—e

第 4 步：设计测试用例满足条件覆盖，如表 18.3 所示。其中，if((A>1)&&(B==0))、if((A==2)||(X>1))为源程序中的两个判定，而(A>1)、(B==0)、(A==2)和(X>1)为两判定中的 4 个条件。在此，需考虑(A>1)、(A<=1)、(B==0)、(B!=0)、(A==2)、(A!=2)、(X>1)和(X<=1)这 8 种取值均被执行一次即可。

表 18.3 条件覆盖测试用例_任务 1

用例编号	测试用例	覆盖条件
1	A=2,B=1,X=4	(A>1)、(B!=0)、(A==2)、(X>1)
2	A=-1,B=0,X=1	(A<=1)、(B==0)、(A!=2)、(X<=1)

第 5 步：设计测试用例满足条件判定覆盖，如表 18.4 所示。在此，需同时满足条件覆盖和判定覆盖的要求。

表 18.4 条件判定覆盖测试用例_任务 1

用例编号	测试用例	覆盖路径	覆盖条件
1	A=2,B=0,X=4	a-c-e	(A>1)、(B==0)、(A==2)、(X>1)
2	A=1,B=1,X=1	a-b-d	(A<=1)、(B!=0)、(A!=2)、(X<=1)

第 6 步：设计测试用例满足条件组合覆盖，如表 18.5 所示。其中，if((A>1)&&(B==0))、if((A==2)||(X>1))为源程序中的两个判定。在此，需考虑((A>1)&&(B==0))、((A>1)&&(B!=0))、((A<=1)&&(B==0))、((A<=1)&&(B!=0))、((A==2)||(X>1))、((A==2)||(X<=1))、((A!=2)||(X>1))及((A!=2)||(X<=1))这 8 种组合情况均被执行一次即可。

表 18.5 条件组合覆盖测试用例_任务 1

用例编号	测试用例	覆盖条件组合
1	A=2,B=0,X=4	((A>1)&&(B==0))、((A==2)||(X>1))
2	A=2,B=1,X=1	((A>1)&&(B!=0))、((A==2)||(X<=1))
3	A=1,B=0,X=2	((A<=1)&&(B==0))、((A!=2)||(X>1))
4	A=1,B=1,X=1	((A<=1)&&(B!=0))、((A!=2)||(X<=1))

注意：条件组合仅仅针对于同一判定语句内存在多条件的情况，此情况下，这些条件的取值进行笛卡儿积组合即可；换言之，对于不同的判定之间无须考虑条件组合，以及对于单条件的判断语句，仅需要满足自身所有取值即可。下文任务 2 中，该注意同样适用，不再赘述。

第 7 步：设计测试用例满足路径覆盖，如表 18.6 所示。在此，需满足程序中所有可能的路径被执行一次。

表 18.6 路径覆盖测试用例_任务 1

用例编号	测试用例	覆盖路径
1	A=1,B=1,X=1	a-b-d
2	A=1,B=1,X=2	a-b-e
3	A=3,B=0,X=1	a-c-d
4	A=2,B=0,X=4	a-c-e

至此,为 6 种覆盖的测试用例设计。值得提醒的是,读者可能设计出的覆盖路径及输入数据同上述设计不尽相同,但也并非有误,如在判定覆盖中,可选择 ace 路径和 abd 路径的组合,也可以选择 acd 路径和 abe 路径的组合,均可满足判定覆盖的要求。因此,上述步骤及用例仅为抛砖引玉,供读者参考。

任务 2:针对源程序采用 6 种逻辑覆盖设计测试用例。

源程序:

```
1. int testing(int x, int y)
2. {
3.     int software=0;
4.     if((x>0) && (y>0))
5.     {
6.         software=x+y+10;
7.     }
8.     else
9.     {
10.         software=x+y-10;
11.     }
12.
13.     if(software<0)
14.     {
15.             software=0;
16.     }
17.         return software;
18. }
```

测试用例设计:

第 1 步:绘制程序流程图,如图 18.2 所示。

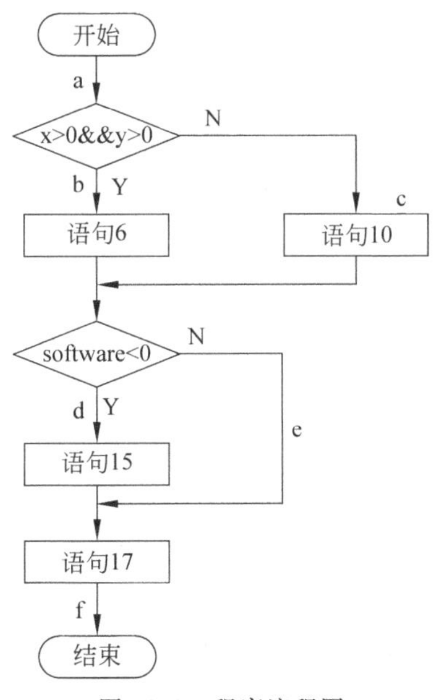

图 18.2 程序流程图

第 2 步：设计测试用例满足语句覆盖，如表 18.7 所示。

表 18.7　语句覆盖测试用例_任务 2

用例编号	测试用例	覆盖路径
1	x=3，y=3	a—b—e—f
2	x=-3，y=0	a—c—d—f

第 3 步：设计测试用例满足判定覆盖，如表 18.8 所示。其中，if((x>0)&&(y>0))、if(software<0)为源程序中的两个判定。在此，需考虑两判定的每个分支被执行一次即可。

表 18.8　判定覆盖测试用例_任务 2

用例编号	测试用例	覆盖路径
1	x=3，y=3	a—b—e—f
2	x=-3，y=0	a—c—d—f

第 4 步：设计测试用例满足条件覆盖，如表 18.9 所示。其中，if((x>0)&&(y>0))、if(software<0)为源程序中的两个判定，而 x>0、y>0 和 software<0 为两判定中的 3 个条件。在此，需考虑(x>0)、(x<=0)、(y>0)、(y<=0)、(software<0)和(software>=0)这 6 种取值均被执行一次即可。

表 18.9　条件覆盖测试用例_任务 2

用例编号	测试用例	覆盖路径
1	x=3，y=3	a—b—e—f
2	x=-3，y=0	a—c—d—f

第 5 步：设计测试用例满足条件判定覆盖，如表 18.10 所示。在此，需同时满足条件覆盖和判定覆盖的要求。

表 18.10　条件判定覆盖测试用例_任务 2

用例编号	测试用例	覆盖路径
1	x=3，y=3	a—b—e—f
2	x=-3，y=0	a—c—d—f

第 6 步：设计测试用例满足条件组合覆盖，如表 18.11 所示。其中，if((x>0)&&(y>0))、if(software<0)为源程序中的两个判定。在此，需考虑((x>0) && (y>0))、((x>0) && (y<=0))、((x<=0) && (y>0))、((x<=0) && (y<=0))这 4 种情况，以及(software<0)和(software>=0)两种取值均被执行一次即可。

表 18.11　条件组合覆盖测试用例_任务 2

用例编号	测试用例	覆盖路径
1	x=−3,y=0	a—c—d—f
2	x=−3,y=2	a—c—d—f
3	x=−3,y=0	a—c—d—f
4	x=3,y=3	a—b—e—f

第 7 步：设计测试用例满足路径覆盖，如表 18.12 所示。在此，需满足程序中所有可能的路径被执行一次。

表 18.12　路径覆盖测试用例_任务 2

用例编号	测试用例	覆盖路径
1	x=3,y=5	a—b—e—f
2	x=0,y=12	a—c—e—f
3	该路径不可能	a—b—d—f
4	x=−8,y=3	a—c—d—f

以上，为 6 种覆盖的测试用例设计。同任务 1 中的介绍，读者仍可设计不同于上述覆盖路径及输入数据的测试用例。上述步骤及用例仅供参考。

4. 拓展练习

(1) 请依据所提供程序，绘制程序流程图，并采用 6 种覆盖方式(语句、判定、条件、条件判定、条件组合及路径覆盖)进行白盒测试用例设计。

源程序：

```
int Test(int i_count, int i_flag)
  {
      int i_temp=1;
      while (i_count> 0)
      {
          if (0==i_flag)
          {
              i_temp=i_count+100;
              break;
           }
           else
           {
               if (1==i_flag)
               {
                   i_temp=i_temp * 10;
               }
               else
```

```
                {
                    i_temp=i_temp*20;
                }
            }
            i_count--;
        }
        return i_temp;
    }
```

(2) 请依据所提供程序，绘制程序流程图，并采用6种覆盖方式(语句、判定、条件、条件判定、条件组合及路径覆盖)进行白盒测试用例设计。

源程序：

```
int _tmain(int argc, _TCHAR* argv[])
{
    int x,y;
    scanf("%d%d",&x,&y);
    if(x>0 && y>0)
    {
        int i=1;
        if(x>y)
        {
             while((x*i)%y !=0)
             i++;
             printf("%d\n",x*i);
         }
         else
         {
             while((y*i)%x ! =0)
                 i++;
             printf("%d\n",y*i);
         }
     }
     return 0;
 }
```

实验 19　基本路径测试用例设计

1. 实验目标

(1) 理解控制流图及其画法。

(2) 掌握程序环路复杂度的计算方法。

(3) 能够快速找出程序中基本路径。

(4) 能够使用基本路径测试法设计测试用例。

2. 背景知识

覆盖测试为动态测试中的一类有效测试方法,除逻辑覆盖测试法之外,基本路径测试法在覆盖测试中也占有极其重要的地位。

基本路径测试法是在程序控制流图的基础上,通过计算环路复杂度,找出基本可执行路径的集合,然后据此设计测试用例。其中,设计出的测试用例需确保源程序的每个可执行语句至少执行一次。

上述基本路径测试法的定义,实质为读者指明了该测试法的开展步骤,具体如下。

(1) 依据源程序,画出控制流图(或程序流程图,不影响用例设计)。

(2) 依据画出的图计算环路复杂度(或称为圈复杂度)。

(3) 找出图中的各条独立路径。

(4) 设计覆盖各条独立路径的测试用例,并写出预期结果汇总入表。

基于上述介绍,多数读者对基本路径测试法的内涵仍不尽理解,以下,依据基本路径测试法的开展步骤,依次讲解定义中覆盖的知识点,进一步引导读者加深对该方法的认识和掌握。

(1) 依据源程序,画出控制流图(或程序流程图,不影响用例设计)。

何为控制流图?控制流图是描述程序控制流的一种图示方法,通常由"○"及"→"两种图形符号构成。其中,"○"称为控制流图的结点,代表一条或多条语句;"→"称为边或连接,代表控制流的走向;"○"和"→"圈定的空间称为区域,当对区域计数时,图形外的区域也应记为一个区域。

常见的控制流基本结构包含顺序结构、选择结构、while 循环结构及 case 多分支结构等等。简要举例如图 19.1~图 19.4 所示。

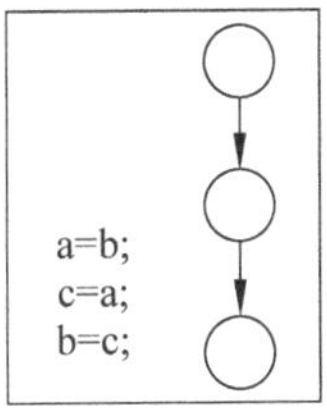

a=b;
c=a;
b=c;

图 19.1　顺序结构

读者可依据上述常见结构类型,绘制程序控制流图。当然,读者也可依据已有的程序流程图绘制对应的控制流程图。值得提醒的是,程序流程图的判定中的条件表达式若为 or、and 等逻辑运算符连接而成的复合条件表达式,则转化为控制流图时,需将复合条件的判定拆分为一系列仅有单个条件的嵌套的判定,如图 19.5 中所示实例。

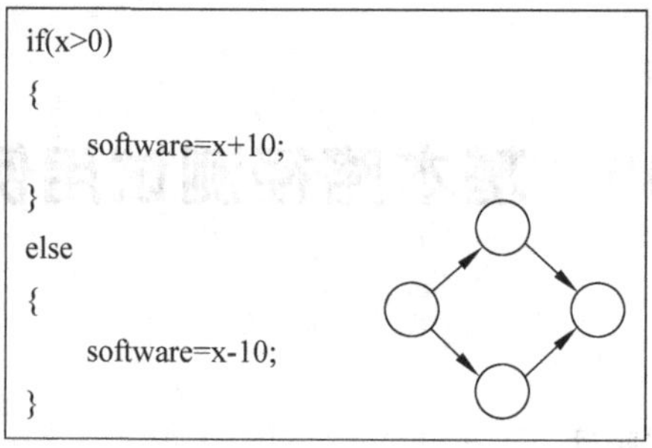

```
if(x>0)
{
    software=x+10;
}
else
{
    software=x-10;
}
```

图 19.2 选择结构

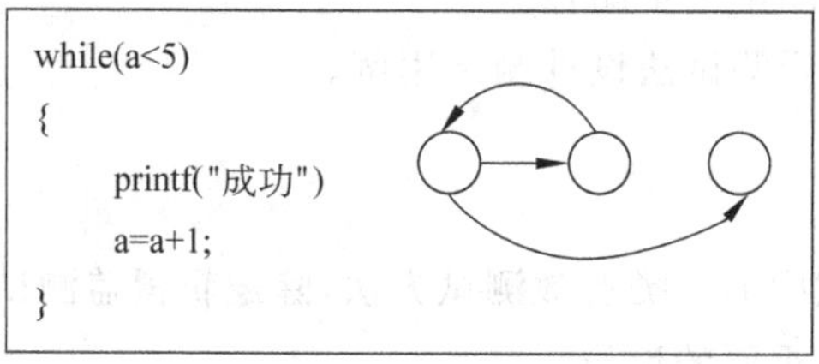

```
while(a<5)
{
    printf("成功")
    a=a+1;
}
```

图 19.3 while 循环结构

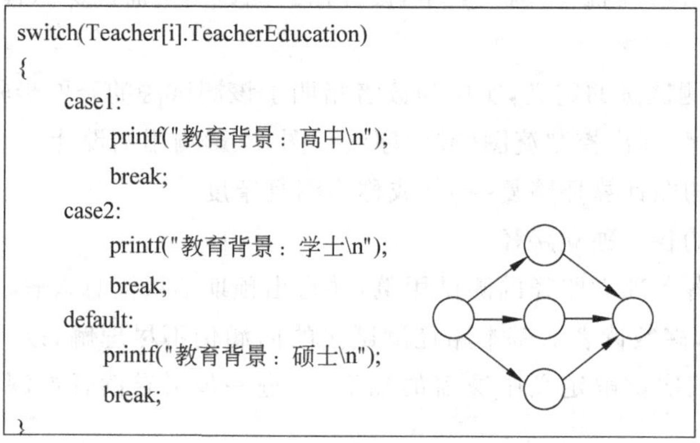

```
switch(Teacher[i].TeacherEducation)
{
    case1:
        printf("教育背景：高中\n");
        break;
    case2:
        printf("教育背景：学士\n");
        break;
    default:
        printf("教育背景：硕士\n");
        break;
}
```

图 19.4 case 多分支结构

(2) 依据画出的图计算环路复杂度(或称为圈复杂度)。

何为程序环路复杂度？程序环路复杂度即圈复杂度，它是一种判定程序逻辑复杂性的定量度量方式。常常应用于计算程序的基本独立路径数。具体计算方式包含如下 3 种。

前提说明：流程图 G 的程序环路复杂度为 V(G)；边的数量为 E；结点的数量为 N；判定结点的数量(即分支结点的数量)为 P；

计算方式 1：V(G)＝E－N＋2；

计算方式 2：V(G)＝P＋1；

计算方式 3：V(G)＝G 中区域的数量。

以图 19.6 所示控制流图为例，计算环路复杂度如下：

据计算方式 1：V(G)＝E－N＋2＝16－12＋2＝6；

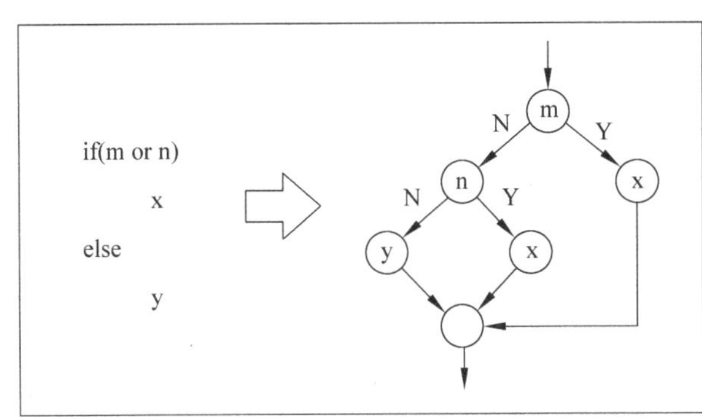
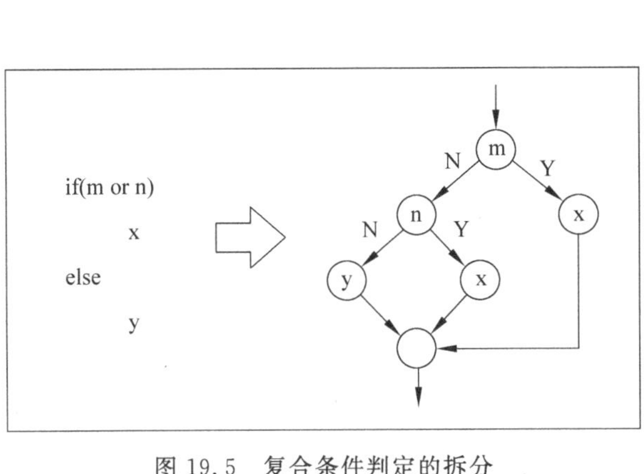

图 19.5　复合条件判定的拆分

图 19.6　控制流图

据计算方式 2：V(G)＝P＋1＝5＋1＝6；(其中结点 2、3、5、6、9 为判定结点)

据计算方式 3：V(G)＝G 中区域的数量＝6。

(3) 找出图中的各条独立路径。

何为独立路径？从程序的开始至结束的多次执行中，独立路径是指，每次至少引入一条新的、尚未执行过的语句，即每次至少要经历一条从未走过的弧。上述得出的 V(G)值恰恰等于程序的独立路径条数。如图 19.6 中的独立路径条数为 6，具体路径如下：

路径 1：1-2-9-10-12；

路径 2：1-2-9-11-12；

路径 3：1-2-3-9-10-12；

路径 4：1-2-3-4-5-8-2…

路径 5：1-2-3-4-5-6-8-2…

路径 6：1-2-3-4-5-6-7-8-2…

(4) 设计覆盖各条独立路径的测试用例，并写出预期结果汇总入表。

此步骤中，仅需结合找出的基本路径，分别设计覆盖此路径的程序输入值及预期结果即可。如针对路径 2 而言，输入值为“score[1]＝－1”，相应预期结果为“average＝－1，其他量保持初值”；同理，设计用例分别覆盖其他 5 条路径。

至此，阐述了基本路径测试法相关基础。值得提醒的是，在全国计算机技术与软件专业技术资格考试(简称计算机软件资格考试)的软件评测师科目中，基本路径测试法往往占有绝对的分量，为软件评测人员的必备知识。基于此，读者也应重视该方法的掌握。

以下实验，选取计算机软件资格考试的软件评测师科目中的典型真题为例，进行基本路径测试法的应用讲解。

3. 实验任务

任务：阅读下列说明，回答问题 1～问题 3。

说明：以下代码由 C 语言书写，能根据指定的年、月计算当月所含天数。

```
int GetMaxDay(int year, int month)
{
    int maxday=0;
    if (month>=1 && month<=12)
    {
        if (month==2)
        {
            if (year%4==0)
            {
                if (year%100==0)
                {
                    if (year%400==0)
                        maxday=29;
                    else
                        maxday=28;
                }
                else
                    maxday=29;
            }
            else
                maxday=28;
        }
        else
        {
            if (month==4 || month==6 || month==9 || month==11)
                maxday=30;
            else
                maxday=31;
        }
    }
    return maxday;
}
```

问题 1：请画出以上代码的控制流图。

问题 2：请计算上述控制流图的环路复杂度 V(G)。

问题 3：假设 year 的取值范围是 1000＜year＜2001，请使用基本路径测试法为变量 year、month 设计测试用例(写出 year 取值、month 取值、maxday 预期结果)，使之满足基本路径覆盖要求。

(此为 2007 年上半年软件评测师下午试题)

问题 1 解答：依据源程序，画出控制流图，如图 19.7 所示。

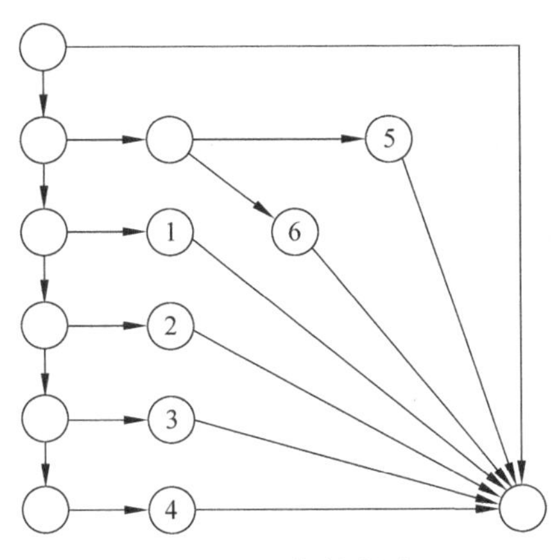

图 19.7　控制流图

问题 2 解答：依据画出的控制流图计算环路复杂度，V(G)＝G 中区域的数量＝7。

问题 3 解答：设计测试用例如表 19.1 所示。

表 19.1　测试用例

用例编号	year 取值	month 取值	Maxday 预期结果
1	1001～2000 之间任意整数	[1,12]之外的任意整数	0
2	1001～2000 之间不能被 4 整除的任意整数，如 1001、1002、1003 等	2	28
3	1001～2000 之间能被 4 整除但不能被 100 整除的任意整数，如 1004、1008、1012、1016 等	2	29
4	1001～2000 之间能被 100 整除但不能被 400 整除的任意整数，如 1100、1300、1400、1500、1700、1800、1900	2	28
5	1001～2000 之间能被 400 整除的任意整数，如 1200、1600、2000	2	29
6	1001～2000 之间的任意整数	1、3、5、7、8、10、12 中的任意一个	31
7	1001～2000 之间的任意整数	4、6、9、11 中的任意一个	30

注意：*本问题的解答步骤可参照“先找出控制流图中的各条独立路径，之后设计覆盖各条独立路径的测试用例，并写出预期结果汇总入表”来开展。*

以上，选取历年软件评测师考试中典型的真题之一介绍了基本路径测试法的具体应用。仅此抛砖引玉，读者可结合历年真题的其他典型题目进行巩固训练。

4. 拓展练习

阅读下列说明，回答问题 1～问题 3。

说明：使用基本路径法设计出的测试用例能够保证程序的每一条可执行语句在测试过程中至少执行一次。以下代码由 C 语言书写，请按要求回答问题。

```
int IsLeap(int year)
{
  if (year%4==0)
  {
    if (year%100==0)
    {
      if (year%400==0)
        leap=1;
      else
      leap=0;
    }
    else
    leap=1;
  }
  else
  leap=0;
  return leap;
}
```

问题 1：请画出以上代码的控制流图。

问题 2：请计算上述控制流图的圈复杂度 V(G)(独立线性路径数)。

问题 3：假设输入的取值范围是 1000＜year＜2001，请使用基本路径测试法为变量 year 设计测试用例，使其满足基本路径覆盖的要求。

(本题为 2005 年上半年软件评测师下午试题)

实验 20 基本路径测试法应用

1. 实验目标

(1) 能够使用基本路径测试法设计测试用例。

(2) 能够针对 C 语言教师管理系统案例进行用例设计。

(3) 能够举一反三针对其他实例开展用例设计。

2. 背景知识

基本路径测试法作为覆盖测试中一类有效测试方法，广泛应用于实际项目测试中。本讲以教师管理系统的“计算软件学院教师薪水模块”和“输出软件学院教师信息模块”为例，采用基本路径测试法进行方法应用的介绍，旨在加深读者对基本路径测试法的认识和理解。

1) 计算软件学院教师薪水模块源代码

```
/*
作用: 计算软件学院教师薪水
说明: 节选自软件学院教师管理系统源代码
*/
void CaculateTeacherSalary()
{
  int i;
  int j=0;
  printf("输入要计算的软件学院教师编号: \n");
  fflush(stdin);
  scanf("%d",&num);
  for(i=0;i<MAXNUM;i++)
  {
     if(Teacher[i].TeacherNo==num)    //确定是否为输入的教师号
     {
         j=1;                         //先赋值,在后面让j同0比较
         printf("输入保险金额:");
         fflush(stdin);
         scanf("%f",&baoxianjin);
         printf("输入月效益:");
         fflush(stdin);
         scanf("%f",&xiaoyi);
         TeacherSalary[i]=(Teacher[i].TeacherBaseSalary+2*Teacher[i].
         TeacherMonthWorkDays+xiaoyi*Teacher[i].TeacherWorkYears/100)*
         0.5-baoxianjin;
         printf("%04d号软件学院教师的薪水为: %lf元每月\n",Teacher[i].
```

```
            TeacherNo,TeacherSalary[i]);
            break;                              //找到该教师后,直接跳出循环
        }
    }
    if(j==0)
      printf("未找到! \n");
}
```

2)输出软件学院教师信息模块源代码

```
/*
作用:输出软件学院教师信息
说明:节选自软件学院教师管理系统源代码
*/
void PrintTeacherInformation()
{
  unsigned int i;
  if(ActualNum!=0)
  {
      printf("共有%d条软件学院教师信息\n",ActualNum);
      printf("\n");
      for(i=0;i<ActualNum;i++)
      {
          printf("第%d个软件学院教师的信息: \n",i+1);
          printf("编号:%04d\n",Teacher[i].TeacherNo);
          printf("姓名:%s\n",Teacher[i].TeacherName);
          printf("籍贯:%s\n",Teacher[i].TeacherHometown);
          printf("地址:%s\n",Teacher[i].TeacherAddress);
          printf("电话:%s\n",Teacher[i].TeacherPhone);
          printf("生日:%d年%d月%d日\n",Teacher[i].TeacherBirth.year,
          Teacher[i].TeacherBirth.month,Teacher[i].TeacherBirth.day);
          printf("工龄:%d\n",Teacher[i].TeacherWorkYears);
          if(Teacher[i].TeacherSex==0)
              printf("性别:男\n");
          else if(Teacher[i].TeacherSex==1)
              printf("性别:女\n");
              else
              printf("性别:无\n");
              printf("基本工资:%f\n",Teacher[i].TeacherBaseSalary);
              printf("月工作天数:%d\n",Teacher[i].TeacherMonthWorkDays);
          switch(Teacher[i].TeacherEducation)
          {
              case 1:
                  printf("教育背景: 高中\n");
                  break;
              case 2:
```

```
32                  printf("教育背景：学士\n");
33                  break;
34              case 3:
35                  printf("教育背景：硕士\n");
36                  break;
37              case 4:
38                  printf("教育背景：其他\n");
39                  break;
40              case 5:
41                  printf("教育背景：无\n");
42          }
43  printf("****************************************************\n");
44        }
45      }
46      else printf("暂无软件学院教师信息!请重新选择!\n");
47  }
```

以下实验，依据上述两模块的源程序，从实践角度揭示基本路径测试法的应用。

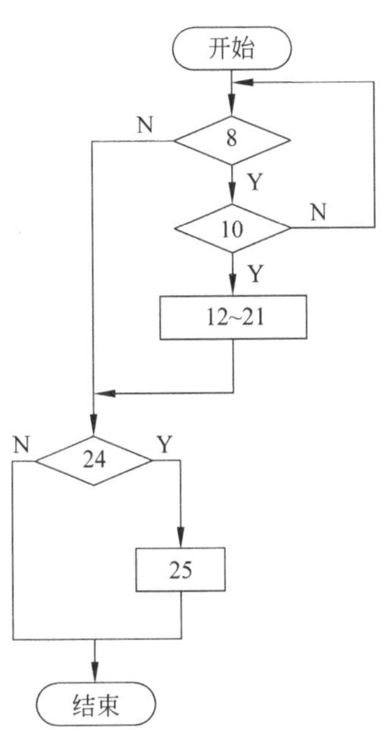

图 20.1　计算软件学院教师薪水模块程序流程图

3. 实验任务

任务 1：结合“计算软件学院教师薪水模块”源代码，采用基本路径测试法进行测试用例设计。

第 1 步：依据源程序，画出程序流程图或控制流图，如图 20.1 所示。

第 2 步：依据画出的图计算环路复杂度(或称为圈复杂度)，V(G)=G 中区域的数量=4。

第 3 步：找出图 20.1 中的 4 条独立路径。

路径 1：开始-8-24-结束。

路径 2：开始-8-24-25-结束。

路径 3：开始-8-10-(12-21)-24-结束。

路径 4：开始-8-10-8-24-结束。

第 4 步：设计覆盖各条独立路径的测试用例，并写出预期结果汇总如表 20.1 所示。

表 20.1　计算软件学院教师薪水模块测试用例

序号	路　径	测 试 用 例	预 期 结 果
1	开始-8-24-结束	设置 MAXNUM=0,j=1 输入教师编号“1”	程序执行结束
2	开始-8-24-25-结束	设置 MAXNUM=0 输入教师编号“1”	程序输出：“未找到!”

续表

序号	路 径	测 试 用 例	预 期 结 果
3	开 始-8-10-(12-21)-24-结束	设置 Teacher[0]. TeacherNo=123 teacher[0]. teacherBaseSalary=3000 teacher[0]. teacherMonthWorkDays=20 teacher[0]. teacherWorkYears=10 输入教师编号：123 输入保险金额：1000 输入月效益：3000	程序输出："0123号软件学院教师的薪水为：670 每月"
4	开始-8-10-8-24-结束	设置 Teacher[0]. TeacherNo=123 teacher[0]. teacherBaseSalary=3000 teacher[0]. teacherMonthWorkDays=20 teacher[0]. teacherWorkYears=10 MAXNUM=1 输入教师编号：1234	程序输出："未找到!"

任务 2：结合"输出软件学院教师信息模块"源代码，采用基本路径测试法进行测试用例设计。

第 1 步：依据源程序，画出程序流程图或控制流图，如图 20.2 所示。

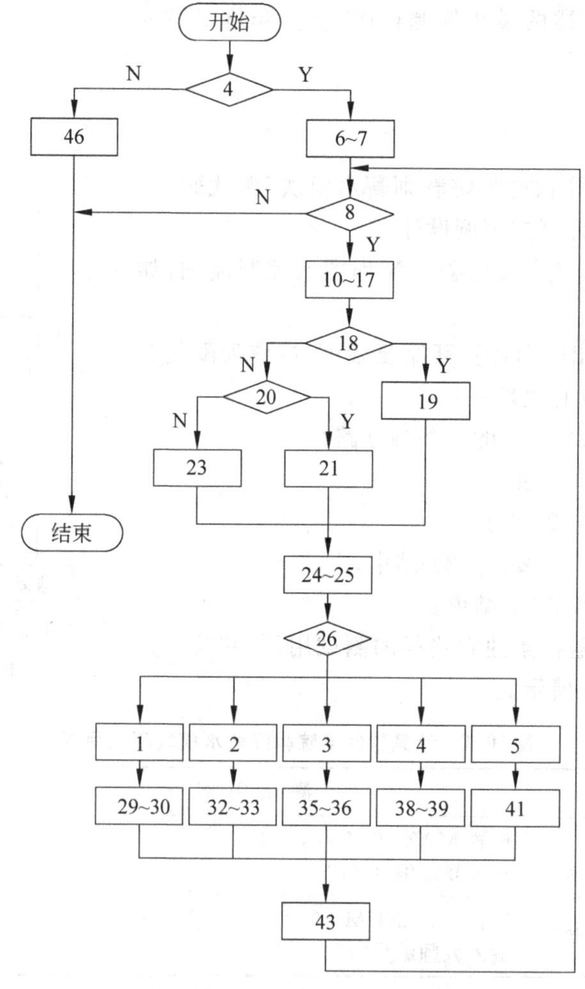

图 20.2 输出软件学院教师信息模块程序流程图

第 2 步：依据画出的图计算环路复杂度(或称为圈复杂度)，V(G)＝G 中区域的数量＝9。

第 3 步：找出图 20.2 中的 9 条独立路径。

路径 1：开始-4-46-结束

路径 2：开始-4-(6、7)-8-结束

路径 3：开始-4-(6、7)-8-(10、17)-18-20-23-(24、25)-26-1-(29、30)-43-8…

路径 4：开始-4-(6、7)-8-(10、17)-18-20-21-(24、25)-26-1-(29、30)-43-8…

路径 5：开始-4-(6、7)-8-(10、17)-18-19-(24、25)-26-1-(29、30)-43-8……

路径 6：开始-4-(6、7)-8-(10、17)-18-20-21-(24、25)-26-2-(32、33)-43-8…

路径 7：开始-4-(6、7)-8-(10、17)-18-20-21-(24、25)-26-3-(35、36)-43-8…

路径 8：开始-4-(6、7)-8-(10、17)-18-20-21-(24、25)-26-4-(38、39)-43-8…

路径 9：开始-4-(6、7)-8-(10、17)-18-20-21-(24、25)-26-5-41-43-8…

第 4 步：设计覆盖各条独立路径的测试用例，并写出预期结果汇总如表 20.2 所示。

表 20.2　输出软件学院教师信息模块测试用例

序号	路　径	测 试 用 例	预 期 结 果
1	开始-4-46-结束	设置 AcrualNum＝0	程序输出“暂无软件学院教师信息！请重新选择！”
2	开始-4-(6、7)-8-结束	设置 AcrualNum＝－1	程序输出：共有－1 条软件学院教师信息
3	开始-4-(6、7)-8-(10、17)-18-20-23-(24、25)-26-1-(29、30)-43-8…	设置 acrualNum＝1 Teacher[0]. TeacherNo＝1234 Teacher[0]. TeacherName＝"Nobody" Teacher[0]. TeacherHometown＝"河北承德" Teacher[0]. TeacherAddress＝"河北石家庄" Teacher[0]. TeacherPhone＝"18712340024" Teacher[0]. TeacherBirth. year＝1991 Teacher[0]. TeacherBirth. month＝8 Teacher[0]. TeacherBirth. day＝7 Teacher[0]. TeacherWorkYears＝10 Teacher[0]. TeacherSex＝2 Teacher[0]. TeacherBaseSalary＝3000 Teacher[0]. TeacherMonthWorkDays＝20 Teacher[0]. TeacherEducation＝1	程序输出：“共有 1 条软件学院教师信息 编号：1234 姓名：Nobody 籍贯：河北承德 地址：河北石家庄 电话：18712340024 生日：1991 年 8 月 7 日 工龄：10 性别：无 基本工资：3000 月工作天数：20 教育背景：高中 *************”
4	开始-4-(6、7)-8-(10、17)-18-20-21-(24、25)-26-1-(29、30)-43-8…	设置 acrualNum＝1 Teacher[0]. TeacherNo＝1234 Teacher[0]. TeacherName＝"Nobody" Teacher[0]. TeacherHometown＝"河北承德" Teacher[0]. TeacherAddress＝"河北石家庄" Teacher[0]. TeacherPhone＝"18712340024" Teacher[0]. TeacherBirth. year＝1991 Teacher[0]. TeacherBirth. month＝8 Teacher[0]. TeacherBirth. day＝7 Teacher[0]. TeacherWorkYears＝10 Teacher[0]. TeacherSex＝1 Teacher[0]. TeacherBaseSalary＝3000 Teacher[0]. TeacherMonthWorkDays＝20 Teacher[0]. TeacherEducation＝1	程序输出：“共有 1 条软件学院教师信息 编号：1234 姓名：Nobody 籍贯：河北承德 地址：河北石家庄 地址：18712340024 地址：1991 年 8 月 7 日 工龄：10 性别：女 基本工资：3000 月工作天数：20 教育背景：高中 *************”

序号	路 径	测 试 用 例	预 期 结 果
5	开 始-4-(6、7)-8-(10、17)-18-19-(24、25)-26-1-(29、30)-43-8…	设置 acrualNum=1 Teacher[0]. TeacherNo=1234 Teacher[0]. TeacherName="Nobody" Teacher[0]. TeacherHometown="河北承德" Teacher[0]. TeacherAddress="河北石家庄" Teacher[0]. TeacherPhone="18712340024" Teacher[0]. TeacherBirth. year=1991 Teacher[0]. TeacherBirth. month=8 Teacher[0]. TeacherBirth. day=7 Teacher[0]. TeacherWorkYears=10 Teacher[0]. TeacherSex=0 Teacher[0]. TeacherBaseSalary=3000 Teacher[0]. TeacherMonthWorkDays=20 Teacher[0]. TeacherEducation=1	程序输出："共有 1 条软件学院教师信息 编号：1234 姓名：Nobody 籍贯：河北承德 地址：河北石家庄 地址：18712340024 地址：1991 年 8 月 7 日 工龄：10 性别：男 基本工资：3000 月工作天数：20 教育背景：高中 *************"
6	开 始-4-(6、7)-8-(10、17)-18-20-21-(24、25)-26-2-(32、33)-43-8…	设置 acrualNum=1 Teacher[0]. TeacherNo=1234 Teacher[0]. TeacherName="Nobody" Teacher[0]. TeacherHometown="河北承德" Teacher[0]. TeacherAddress="河北石家庄" Teacher[0]. TeacherPhone="18712340024" Teacher[0]. TeacherBirth. year=1991 Teacher[0]. TeacherBirth. month=8 Teacher[0]. TeacherBirth. day=7 Teacher[0]. TeacherWorkYears=10 Teacher[0]. TeacherSex=1 Teacher[0]. TeacherBaseSalary=3000 Teacher[0]. TeacherMonthWorkDays=20 Teacher[0]. TeacherEducation=2	程序输出："共有 1 条软件学院教师信息 编号：1234 姓名：Nobody 籍贯：河北承德 地址：河北石家庄 地址：18712340024 地址：1991 年 8 月 7 日 工龄：10 性别：女 基本工资：3000 月工作天数：20 教育背景：学士 *************"
7	开 始-4-(6、7)-8-(10、17)-18-20-21-(24、25)-26-3-(35、36)-43-8…	设置 acrualNum=1 Teacher[0]. TeacherNo=1234 Teacher[0]. TeacherName="Nobody" Teacher[0]. TeacherHometown="河北承德" Teacher[0]. TeacherAddress="河北石家庄" Teacher[0]. TeacherPhone="18712340024" Teacher[0]. TeacherBirth. year=1991 Teacher[0]. TeacherBirth. month=8 Teacher[0]. TeacherBirth. day=7 Teacher[0]. TeacherWorkYears=10 Teacher[0]. TeacherSex=1 Teacher[0]. TeacherBaseSalary=3000 Teacher[0]. TeacherMonthWorkDays=20 Teacher[0]. TeacherEducation=3	程序输出："共有 1 条软件学院教师信息 编号：1234 姓名：Nobody 籍贯：河北承德 地址：河北石家庄 地址：18712340024 地址：1991 年 8 月 7 日 工龄：10 性别：女 基本工资：3000 月工作天数：20 教育背景：硕士 *************"

续表

序号	路　径	测试用例	预期结果
8	开始-4-(6、7)-8-(10、17)-18-20-21-(24、25)-26-4-(38、39)-43-8…	设置 acrualNum=1 Teacher[0]. TeacherNo=1234 Teacher[0]. TeacherName="Nobody" Teacher[0]. TeacherHometown="河北承德" Teacher[0]. TeacherAddress="河北石家庄" Teacher[0]. TeacherPhone="18712340024" Teacher[0]. TeacherBirth. year=1991 Teacher[0]. TeacherBirth. month=8 Teacher[0]. TeacherBirth. day=7 Teacher[0]. TeacherWorkYears=10 Teacher[0]. TeacherSex=2 Teacher[0]. TeacherBaseSalary=3000 Teacher[0]. TeacherMonthWorkDays=20 Teacher[0]. TeacherEducation=4	程序输出:"共有 1 条软件学院教师信息 编号:1234 姓名:Nobody 籍贯:河北承德 地址:河北石家庄 电话:18712340024 生日:1991 年 8 月 7 日 工龄:10 性别:无 基本工资:3000 月工作天数:20 教育背景:其他 *************"
9	开始-4-(6、7)-8-(10、17)-18-20-21-(24、25)-26-5-41-43-8…	设置 acrualNum=1 Teacher[0]. TeacherNo=1234 Teacher[0]. TeacherName="Nobody" Teacher[0]. TeacherHometown="河北承德" Teacher[0]. TeacherAddress="河北石家庄" Teacher[0]. TeacherPhone="18712340024" Teacher[0]. TeacherBirth. year=1991 Teacher[0]. TeacherBirth. month=8 Teacher[0]. TeacherBirth. day=7 Teacher[0]. TeacherWorkYears=10 Teacher[0]. TeacherSex=1 Teacher[0]. TeacherBaseSalary=3000 Teacher[0]. TeacherMonthWorkDays=20 Teacher[0]. TeacherEducation=5	程序输出:"共有 1 条软件学院教师信息 编号:1234 姓名:Nobody 籍贯:河北承德 地址:河北石家庄 电话:18712340024 生日:1991 年 8 月 7 日 工龄:10 性别:女 基本工资:3000 月工作天数:20 教育背景:无 *************"

至此,结合教师管理系统的两个模块进行了基本路径法应用的介绍,请读者仔细体会该方法的应用并灵活掌握。

4. 拓展练习

阅读下列说明,回答问题 1～问题 3。

说明:逻辑覆盖法是设计白盒测试用例的主要方法之一,它是通过对程序逻辑结构的遍历实现程序的覆盖。针对以下由 C 语言编写的程序,按要求回答问题。

```
getit(int m)
{
    int I,k;
    k=sqrt(m);
    for(i=2;i<=k;i++)
```

```
        if(m%i==0) break;
    if(i>=k+1)
        printf("%d is a selected number\n",m);
    else
        printf("%d is not a selected number\n",m);
    }
```

问题 1：请找出程序中所有的逻辑判断子语句。

问题 2：请找出 100%DC(判断覆盖)所需的逻辑条件。

问题 3：请画出上述程序的控制流程图，并计算其控制流图的环路复杂度 V(G)。假设函数 getit 的参数 m 取值范围是 150<m<160，请使用基本路径测试法设计测试用例，列出参数 m 的取值，使之满足基本路径覆盖要求。

(本题为 2010 年上半年软件评测师下午试题)

实验 21　C++ Test 安装与配置

1. 实验目标

(1) 了解 C++ Test 的主要功能。
(2) 能够独立安装 C++ Test。
(3) 熟悉 C++ Test 工具界面。

2. 背景知识

经典的计算闰年程序,如图 21.1 所示,请读者针对其进行静态测试,试问程序中存在多少问题?

```
#include<stdio.h>

void main()
{
    int y = 2000;

    while(y <= 2500)
    {
        if((y%4) == 0)
            if(y%100 != 0)
                printf("%d年是闰年\n",y);
            else
                if(y%400 == 0)
                    printf("%d年是闰年\n",y);
                else
                    printf("%d年不是闰年\n",y);
        else
            printf("%d年不是闰年\n",y);
        y = y + 1;
    }
}
```

图 21.1　计算闰年程序

客观来讲,单纯通过眼观,或许并未发现较多的程序问题。相比较,借助 C++ Test 工具执行一次静态测试,则发现如图 21.2 所示的代码中,几乎每一行的左侧都显示了标志。凡标注的代码行中,均表明发生了违反标准和规范的行为。

换言之,人为无法快速察觉的问题,借助 C++ Test 工具可轻松定位。可见,C++ Test 工具的引入是必然且有价值的。

究竟何为 C++ Test? C++ Test 是法国 Parasoft 公司研发的一款专门测试 C/C++ 程

```
#include<stdio.h>

void main()
{
        int y = 2000;

        while(y <= 2500)
        {
                if((y%4) == 0)
                        if(y%100 != 0)
                                printf("%d□□□□\n",y);
                        else
                                if(y%400 == 0)
                                        printf("%d□□□□\n",y);
                                else
                                        printf("%d□□□□□\n",y);
                else
```

图 21.2　计算闰年程序_C++ Test 静态测试结果

序的白盒测试工具,功能强大,操作简易。首先,在无须读者编写测试用例、测试驱动程序或桩模块的情况下,可针对任何 C/C++ 类、函数或部件等灵活测试;其次,可适应任何开发生命周期,易用性强;最后,可协助读者针对程序轻松开展静态测试、动态测试及回归测试等多方位的测试,同时可针对测试覆盖情况进行统计和管理。另外,值得一提的是,C++ Test 强大的报表功能，可为读者的测试过程呈现详尽的报表统计。综上所述，足以知晓 C++ Test 工具，优势显著。

接下来，针对上述提到的 C++ Test 所支持重点测试类型，简要介绍如下。

(1) 静态测试：C++ Test 支持多达几百甚至上千条测试规范。不仅集成了由 Parasoft 累积出来的一些规范，更重要的是其中内嵌了业界最著名的 Effective C++ (epcc)、More Effective C++ (mepcc) 等标准和规范，可协助读者轻松开展静态测试，进行代码规范性检验。

(2) 动态测试：C++ Test 可针对待测程序自动生成一批精心设计的测试用例，并自动执行，协助读者高效开展动态测试。例如，程序中出现了"for(i＝0;i<＝5;i＋＋)"，则 C++ Test 极有可能针对"i＝5"这个边界情况进行多条用例设计及测试代码的生成，旨在对程序边界情况进行校验。

(3) 回归测试：C++ Test 可灵活支持回归测试的开展。当首次测试某个待测程序时，可自动保存其测试相关参数。一旦需要执行回归测试时，读者可打开合适的项目和文件，运行所有原来的测试用例和测试相关参数，且可告知执行中发现的问题，从而保证了回归测试参数的选取同之前的测试相关参数的一致性等。

总之，C++ Test 为开发工程师和白盒测试工程师提供了一种灵活且便捷的测试方式。

基于 C++ Test 工具如此强大、易用，如何来安装 C++ Test 进行体验则显得更为迫切。C++ Test 工具支持 Windows、Linux 等多种操作系统，且具备不同类型的安装版本，如：单机安装、插件安装。

以下实验，以 Windows 操作系统下的 C++ Test 工具安装为例，分别介绍单机安装和插件安装两种不同类型。随后简要介绍 C++ Test 工具操作界面，旨在让读者初识并理解 C++ Test 工具。

3. 实验任务

任务 1：进行 C++ Test 的 Windows 单机安装。

本任务主要作答在 Windows 操作系统上如何安装 C++ Test 单机版软件。在此，选择 C++ Test 6.5 版本为例进行介绍。具体安装步骤如下。

注意：建议读者在安装 C++ Test 6.5 之前，首先安装 Microsoft Visual C++ 6.0 软件，并在 Visual C++ 6.0 中成功运行一段程序后，再进行 C++ Test 6.5 的安装。此举是为防止 C++ Test 6.5 安装成功后，运行过程中出现一些异常状况。

第 1 步：安装 Visual C++ 6.0 软件。执行 exe 安装文件，安装过程同普通的 Windows 应用程序安装一样，可选择安装路径，依次下一步即可完成安装。限于篇幅，不再赘述。

第 2 步：在 Visual C++ 6.0 中运行一段程序。安装完成后，启动 Visual C++ 6.0，可以执行一次项目的编译，确保环境变量已经写入系统中。在此运行如图 21.1 所示的程序。

第 3 步：安装 C++ Test 6.5 工具。执行 exe 安装文件，安装过程同普通的 Windows 应用程序安装一样，可选择安装路径，依次下一步即可完成安装。限于篇幅，不再赘述。

注意：C++ Test 试用版软件限制部分功能的使用，若要使用被限制的部分功能或长期使用该软件，需购买相应 License。不同类型的 License 价格差别较大，建议依据实际需要选择购买。

第 4 步：C++ Test 6.5 安装完毕后，桌面可出现如图 21.3 所示的快捷方式图标，且可自动和 Microsoft Visual C++ 6.0 集成，如图 21.4 所示。

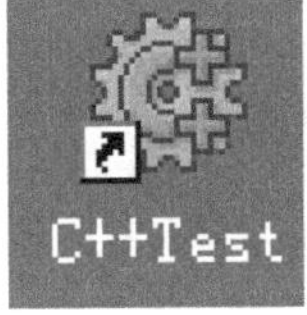

图 21.3　快捷方式图标

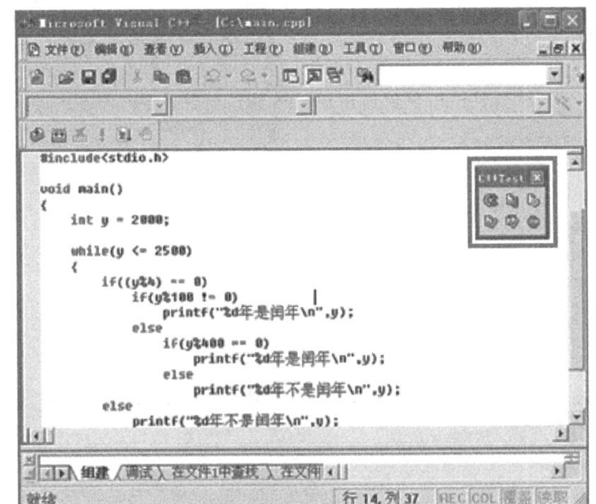

图 21.4　C++ Test 同 VC6.0 集成

第 5 步：单击如图 21.3 所示的快捷启动方式，可进入如图 21.5 所示的 C++ Test 6.5 启动界面，随后自动跳转至 C++ Test 主界面，如图 21.6 所示。至此，完成 C++ Test 安装并成功启动。

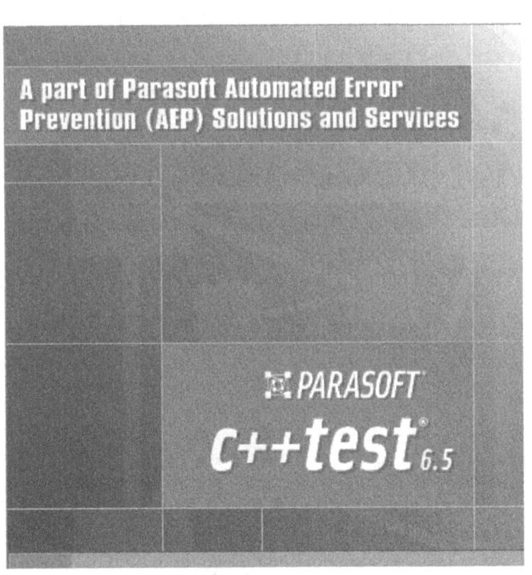

图 21.5　C++ Test 启动界面

任务 2：进行 C++ Test 的 Windows 插件安装。

本任务主要作答在 Windows 操作系统上如何将 C++ Test 插件安装到 Visual Studio 集成环境中。在此，选择 Visual Studio 2008 及 cpptest_9.0.0.155_win32_vs2005_2008_2010 版本为例进行介绍。具体安装步骤如下。

第 1 步：安装 Visual Studio 2008 工具软件，如图 21.7 所示。该软件的成功安装是 cpptest_9.0.0.155_win32_vs2005_2008_2010 工具安装的必备前提，其安装过程读者可参加微软官方帮助，限于篇幅，不再赘述。

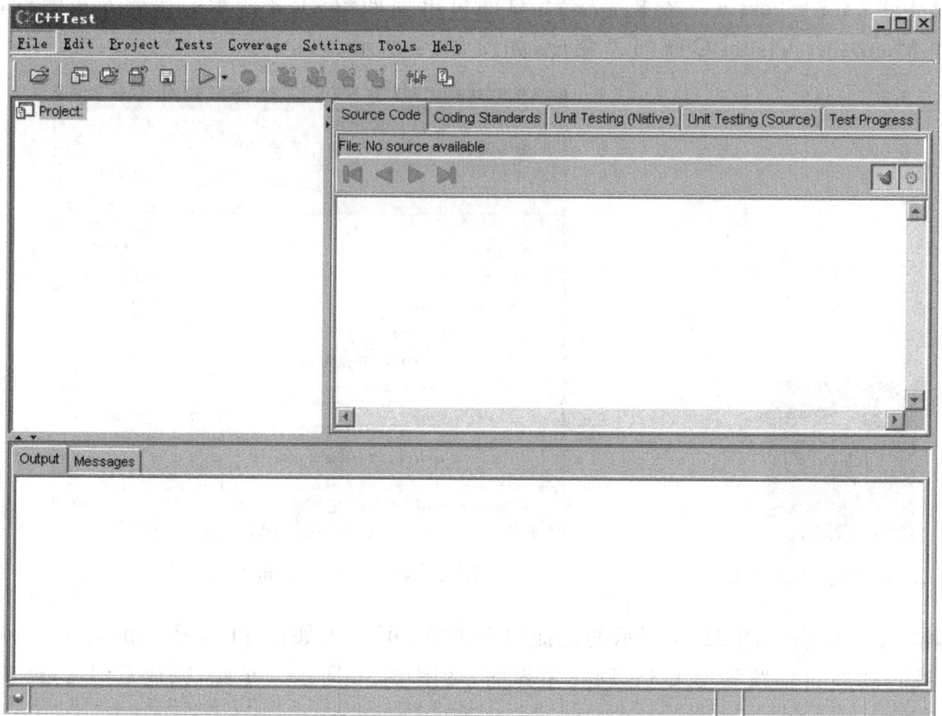

图 21.6　C++ Test 主界面

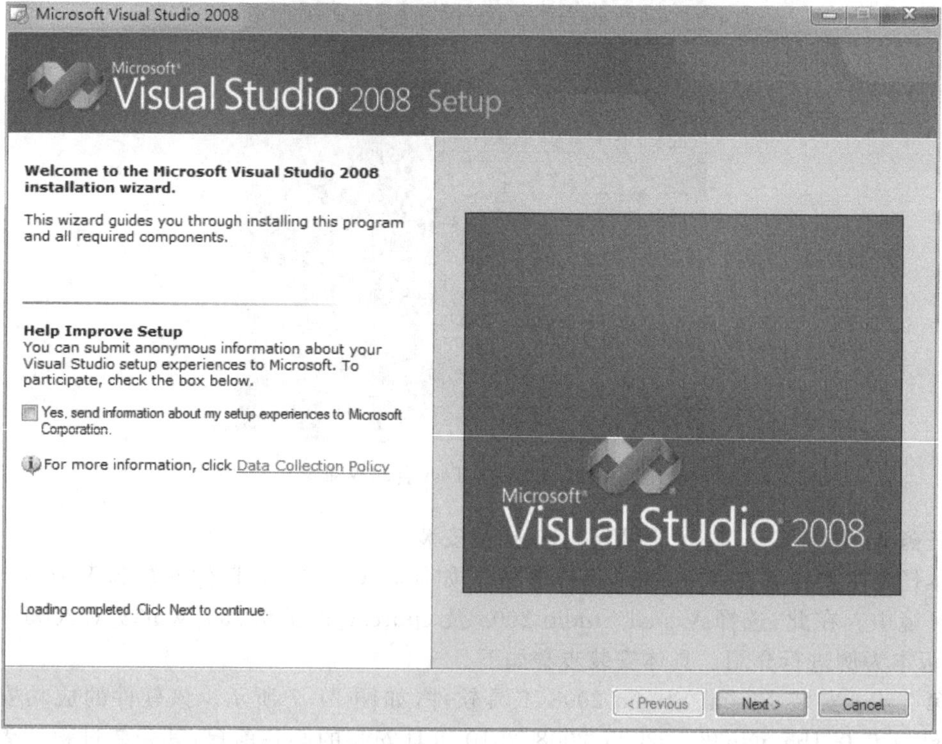

图 21.7　Visual Studio 2008 安装过程

注意：若读者未事先安装 Visual Studio 软件，当安装 cpptest 插件(如 cpptest_9.0.0.155_win32_vs2005_2008_2010)时，系统会弹出如图 21.8 所示的提示信息。

第 2 步：安装 C++ Test 工具软件。双击 cpptest_9.0.0.155_win32_vs2005_2008_2010.exe 安装包，进入如图 21.9 所示的选择安装语言对话框。

图 21.8　安装向导提示信息

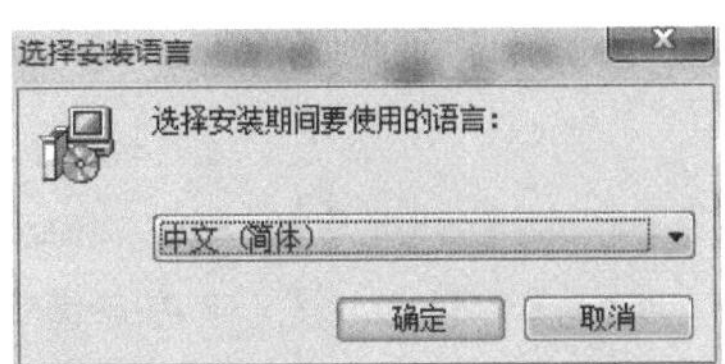

图 21.9　选择安装语言

第 3 步：选择“中文(简体)”并单击“确定”按钮，进入如图 21.10 所示的产品封面对话框。数秒后，系统自动跳转至如图 21.11 所示的安装向导对话框。

图 21.10　产品封面对话框

图 21.11　安装向导对话框

第 4 步：单击“下一步”按钮，进入如图 21.12 所示的安装许可协议选择对话框。

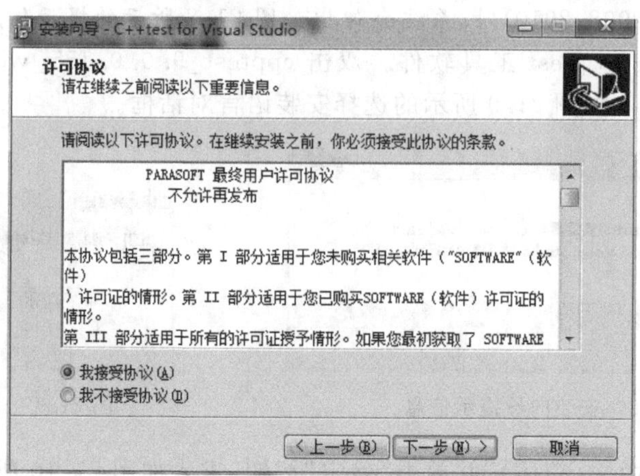

图 21.12　安装许可协议选择对话框

第 5 步：在已阅读并同意许可证信息的前提下，选择“我接收协议”，并单击“下一步”按钮，进入如图 21.13 所示的重要信息阅读对话框。

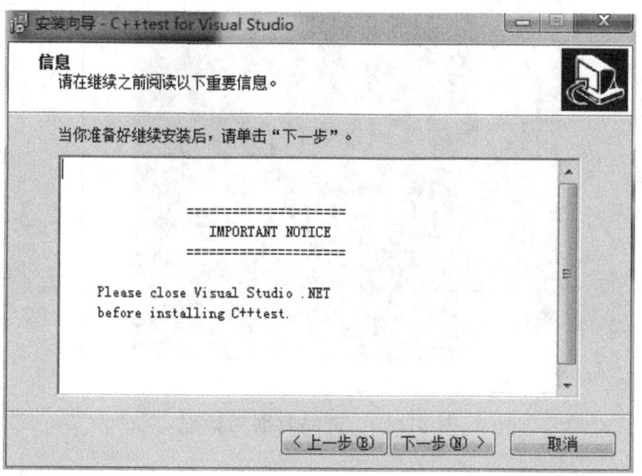

图 21.13　重要信息阅读对话框

第 6 步：单击“下一步”按钮，进入如图 21.14 所示的 C++ Test for Visual Studio 安装目录选择对话框。

第 7 步：选择待安装的目录后，单击“下一步”按钮，进入如图 21.15 所示的 Parasoft Test for Visual Studio 安装目录选择对话框。

第 8 步：选择待安装的目录后，单击“下一步”按钮，进入如图 21.16 所示的 Visual Studio 加载项注册对话框。

第 9 步：选择“添加 Parasoft C++ Test 插件到主 Visual Studio 配置中(推荐)”一项，并单击“下一步”按钮，进入如图 21.17 所示的选择开始菜单文件夹对话框。

第 10 步：指定希望该程序的快捷方式添加到菜单文件夹中的位置后，单击“下一步”按钮，进入如图 21.18 所示的准备安装对话框，可确认已设置的安装信息。

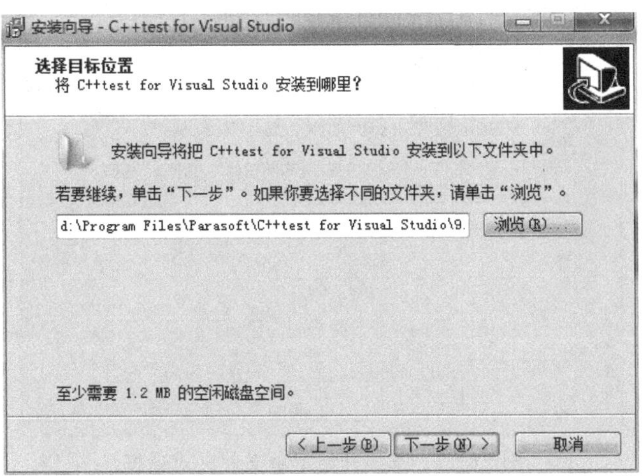

图 21.14　C++ Test for Visual Studio 安装目录选择

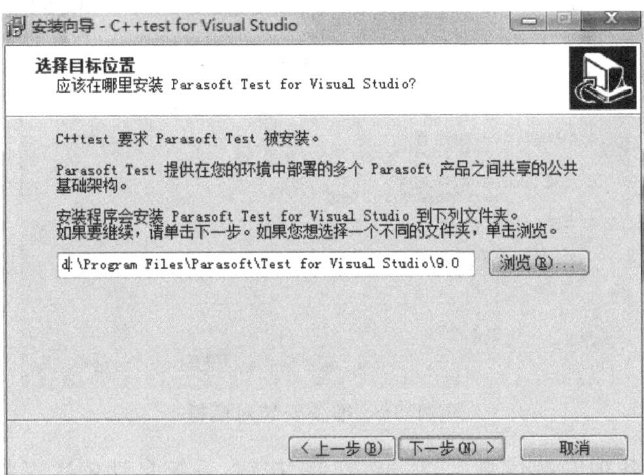

图 21.15　C++ Test for Visual Studio 安装目录选择

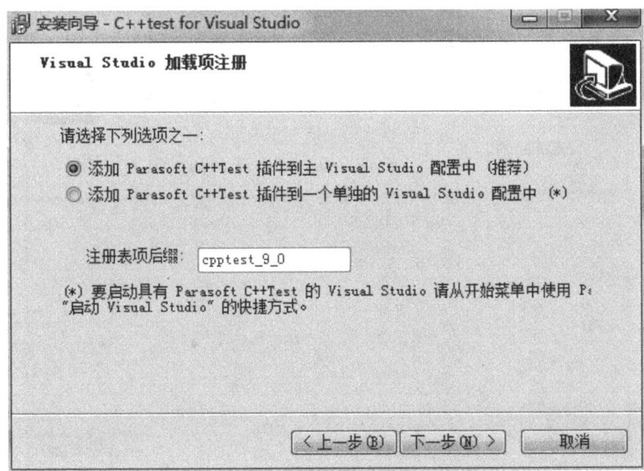

图 21.16　加载项注册对话框

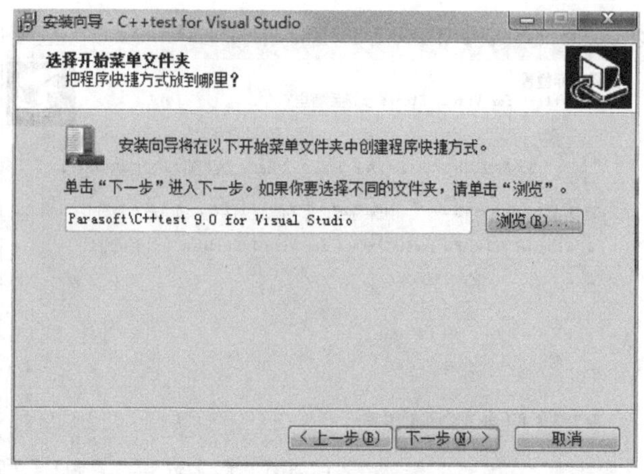

图 21.17 选择开始菜单文件夹对话框

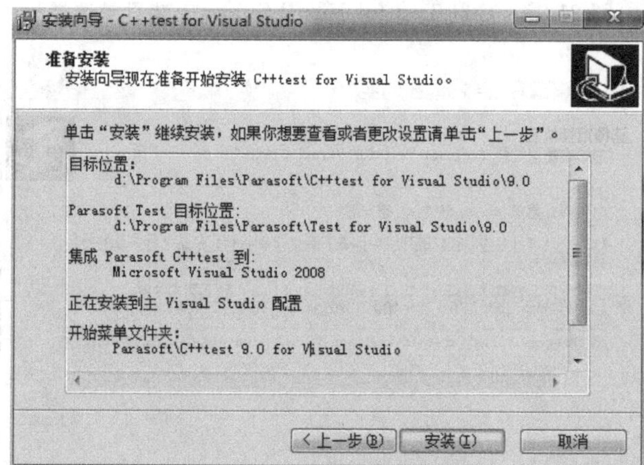

图 21.18 准备安装对话框

第 11 步：确认各项安装信息后，单击“安装”按钮，系统自动依次安装 Parasoft Test for Visual Studio 和 C++ Test for Visual Studio 程序。图 21.19～图 21.22 所示为上述程序的自动安装及配置过程。

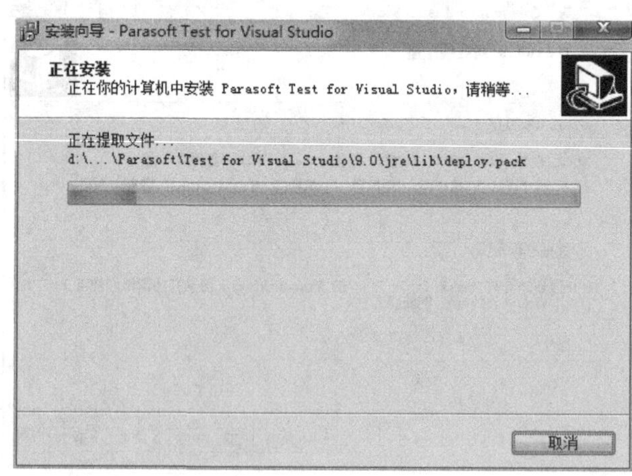

图 21.19 安装 Parasoft Test for Visual Studio

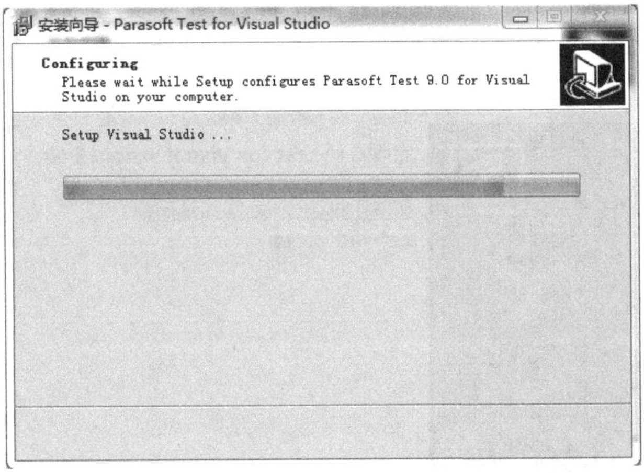

图 21.20 配置 Parasoft Test for Visual Studio

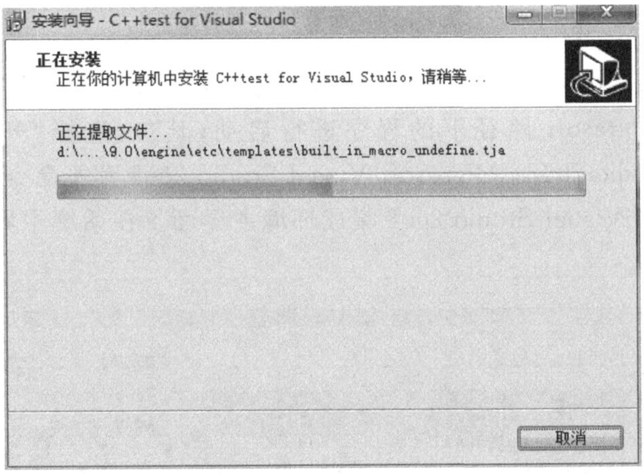

图 21.21 安装 C++ Test for Visual Studio

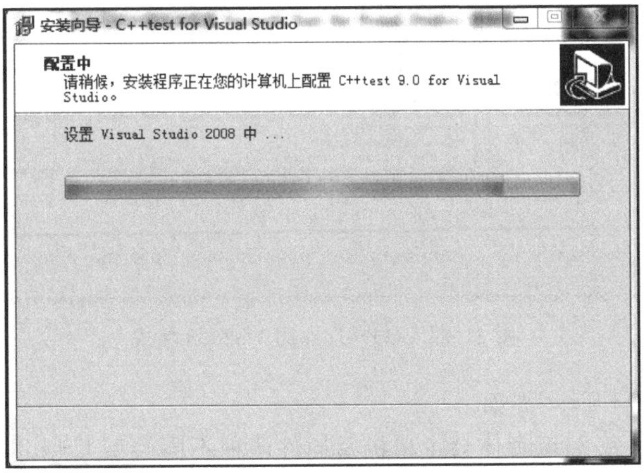

图 21.22 配置 C++ Test for Visual Studio

第 12 步：出现如图 21.23 所示的安装完成消息框时，表明已经成功安装了 C++ Test 插件至 Visual Studio 2008 集成环境中。

图 21.23　安装完成消息框

第 13 步：C++ Test 插件成功安装后，读者可通过多种方式启动该工具。其一，选择"开始"|"所有程序"|Parasoft 路径下的程序进行启动；其二，选择"开始"|"所有程序"|Microsoft Visual Studio 2008| Microsoft Visual Studio 2008 菜单命令进行启动。启动后，进入图 21.24 所示的 Visual Studio 2008 集成环境主界面。在系统主界面中可见已成功安装的 C++ Test 插件。

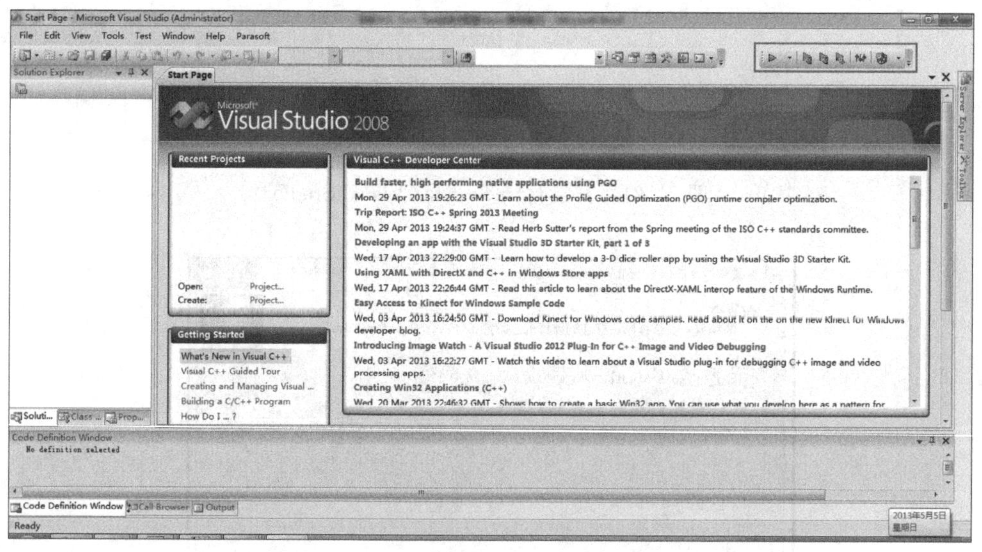

图 21.24　C++ Test 同 VS2008 集成

任务 3：熟悉 C++ Test 界面。

通过任务 1 和任务 2，读者体会了单机及插件两种不同类型 C++ Test 的安装。二者功能及核心思想保持一致，单机方式可更清晰地让读者体会 C++ Test 的功能使用。以下，结合 C++ Test 单机方式进行界面介绍。

C++ Test 支持多种启动方式。其一，在 Visual C++ 6.0 上的单击 (Launch C++ Test GUI)启动；其二，选择"开始"|"程序"|C++ Test|C++ Test 菜单命令启动；其三，单击桌面上的 C++ Test 快捷方式启动。

以第一种 C++ Test 开启方式为例，进入图 21.25 所示的 C++ Test 主操作对话框。

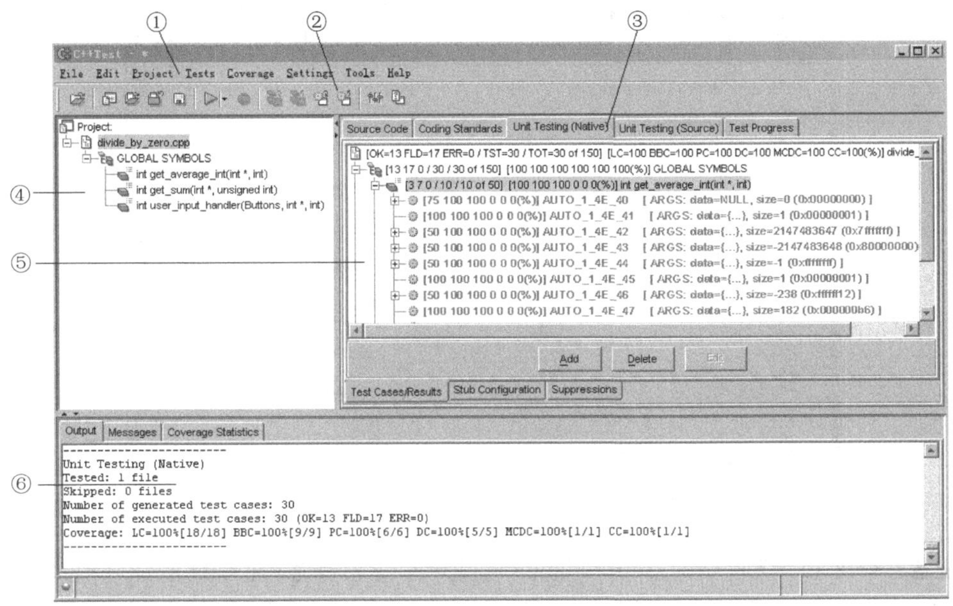

图 21.25　C++ Test 主操作对话框

① Menu Bar：菜单栏，包含 File、Edit、Project、Tests 及 Coverage 等菜单项；

② Tool Bar：工具栏，包含各项常用工具。值得提醒的是，工具栏中所显示的具体项可通过选择 Settings|Change Toolbar 菜单命令，在打开的图 21.26 所示的对话框中进行灵活定制；

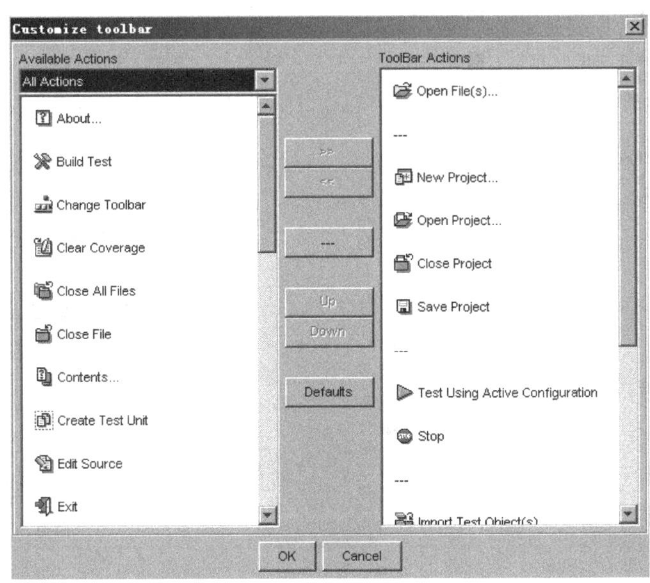

图 21.26　工具栏灵活定制对话框

③ Test Tabs：测试选项卡，包含 Source Code、Coding Standards、Unit Testing (Native)、Unit Testing(Source)及 Test Progress 选项卡；

• Source Code：源代码选项卡，用于显示待测程序，如图 21.27 所示。

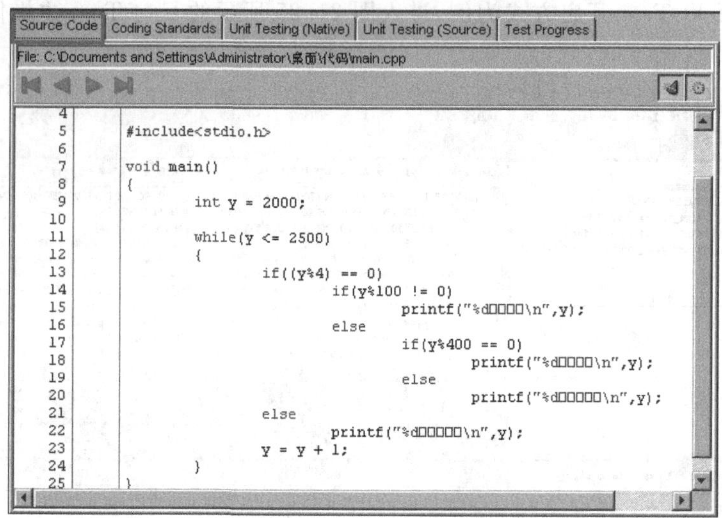

图 21.27　Source Code 选项卡

注意：如图 21.27 所示的 Source Code 选项卡中待测程序(即源程序)中的"汉字"无法正确显示，均显示为了"□□□□"。若遇到此情况，可通过选择 Settings | Customize | Source Code 菜单命令，打开如图 21.28 所示对话框，修改 Font 下拉菜单内容为 Default，待测程序(即源程序)中即可正确显示汉字。

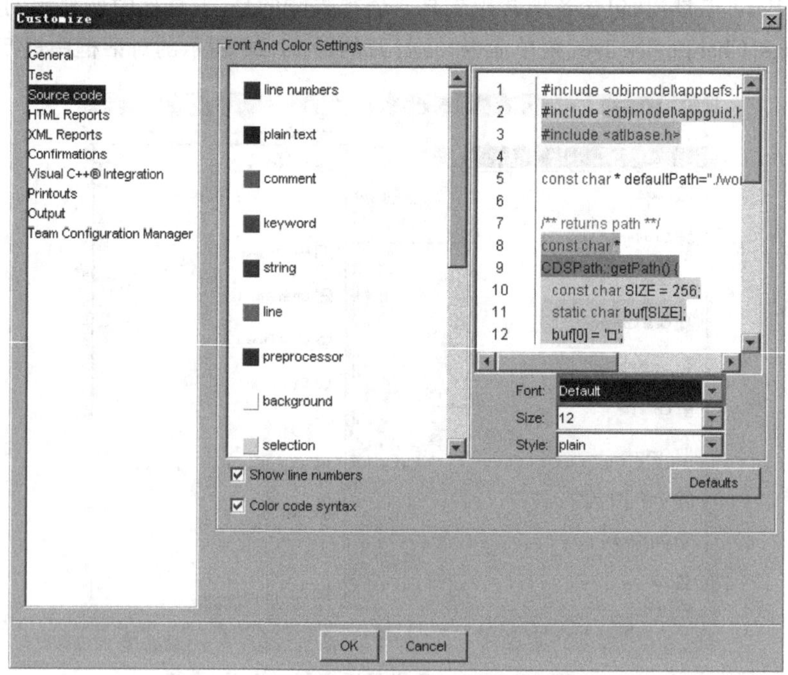

图 21.28　定制对话框

• Coding Standards：编码标准选项卡，用于显示静态测试结果，如图 21.29 所示。

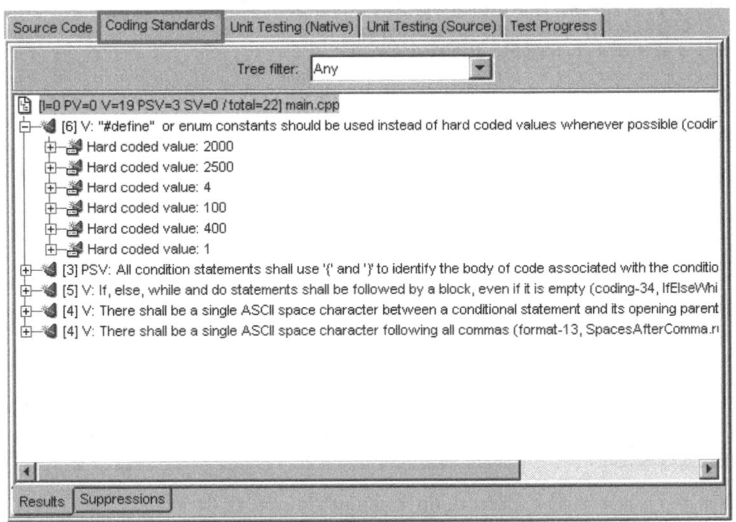

图 21.29　Coding Standards 选项卡

• Unit Testing(Native)：单元测试(本地)选项卡，用于显示动态测试及回归测试结果，如图 21.30 所示。

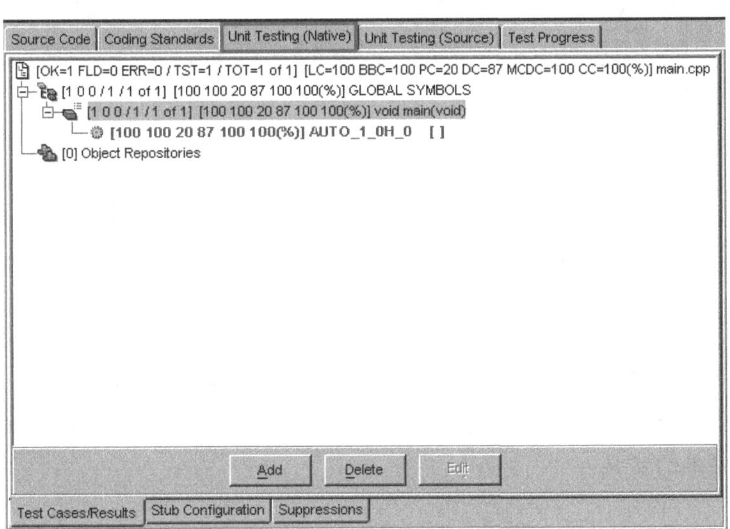

图 21.30　Unit Testing(Native)选项卡

• Unit Testing(Source)：单元测试(源)选项卡，也可用于显示动态测试及回归测试结果，如图 21.31 所示。

• Test Progress：测试进度选项卡，显示测试过程的进展，如图 21.32 所示。

④ Project Tree Panel：工程树面板。

⑤ Main GUI Panel：主界面面板。

⑥ Output/Messages Panel：输出/消息面板。

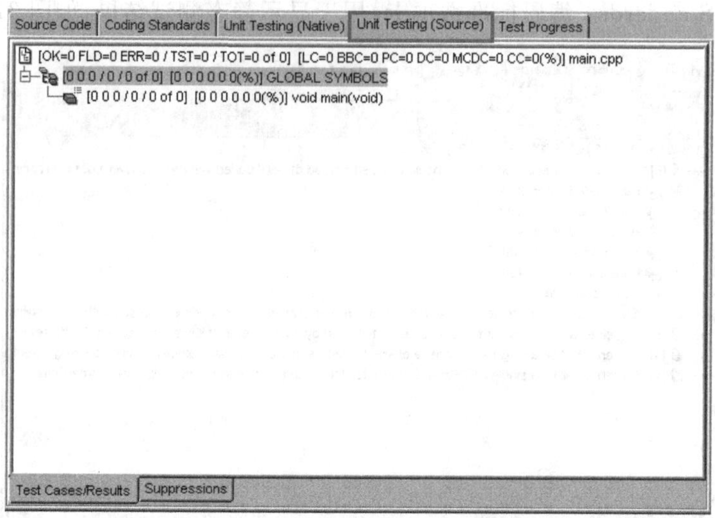

图 21.31　Unit Testing(Source)选项卡

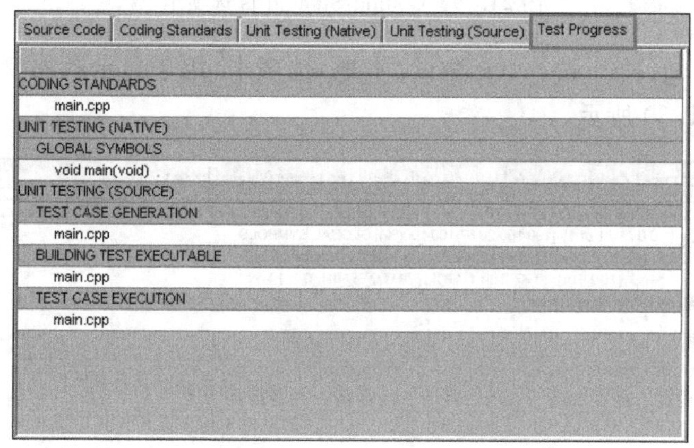

图 21.32　Test Progress 选项卡

至此，上述为 C++ Test 界面的介绍。此外，读者已知晓，C++ Test 6.5 安装完毕后，可自动与 Visual C++ 6.0 集成，故补充说明于 Visual C++ 6.0 中，如图 21.33 所示的 C++ Test 相关快捷菜单的含义。

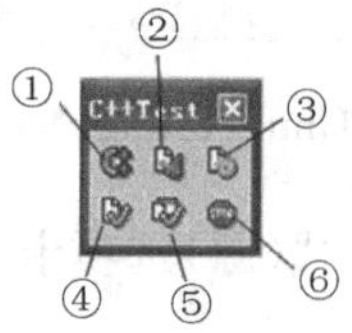

图 21.33　VC6.0 工具栏_C++ Test 快捷菜单

① Launch C++ Test GUI：访问 C++ Test 界面，选择该项可从当前 Visual C++ 6.0 环境转入 C++ Test 界面。

② Static Analysis (File)：静态测试(文件)，选择该项可针对 Visual C++ 6.0 中当前

打开的文件执行静态测试。

③ Dynamic Analysis (File)：动态测试(文件),选择该项可针对 Visual C++ 6.0 中当前打开的文件执行动态测试、回归测试。

④ Complete Analysis (File)：全面测试(文件),选择该项可自动导入 Visual C++ 6.0 中当前打开的文件至 C++ Test,并编译测试用例,执行静态和动态测试。

⑤ Complete Analysis (Project)：全面测试(工程),选择该项可自动导入 Visual C++ 6.0 当前打开的工程至 C++ Test,并编译测试用例,执行静态和动态测试。

⑥ Stop：停止,选择该项则停止测试。

以上为 C++ Test 工具非常基础的界面介绍,旨在让读者对于 C++ Test 有了一个大概的认识。关于 C++ Test 更详细的使用将在后续实验中逐步展示给读者。

4. 拓展练习

(1) 请依据任务 1 及任务 2 中的步骤,体验不同类型 C++ Test 的安装过程。

(2) 请结合已安装完成的 C++ Test,熟悉其操作界面。

实验 22　C++ Test 静态测试

1. 实验目标

(1) 理解 C++ Test 静态测试原理。

(2) 掌握 C++ Test 静态测试理论。

(3) 能够使用 C++ Test 进行静态测试。

(4) 能够对静态测试结果进行分析。

(5) 尝试针对静态测试结果修改源代码。

2. 背景知识

C++ Test 白盒测试工具，依靠其简单的界面、强大的功能，可协助读者针对程序轻松开展静态测试、动态测试及回归测试等多方位的测试，同时可针对测试覆盖情况进行统计和管理。

本讲重点学习 C++ Test 静态测试。介绍 C++ Test 静态测试，首先要从何为静态测试谈起。静态测试是指不运行被测程序(即源程序)本身，仅通过分析或检查被测程序(即源程序)的语法、结构、过程及接口等来验证程序的正确性。例如，常见的静态测试错误类型有：参数不匹配、循环嵌套和分支嵌套不恰当、递归的不合理应用、定义的变量未使用及空指针的引用等。通常，静态测试可分为代码检查、静态结构分析及代码质量度量等。

C++ Test 静态测试的开展，基于其内嵌了业界最著名的 Effective C++ (epcc)、More Effective C++ (mepcc)、Meyer-Klaus(mk)以及 Universal Code Standard(ucs)等编码规范。同时，集成了由 parasoft 累积出来的一些规范。C++ Test 通过对被测代码(即源程序)进行详尽的扫描，实质是将被测代码(即源程序)与 C++ Test 事先设定好的编码规范进行比较，从而验证代码中是否存在和预设规范相冲突的地方，以尽快地发现一些问题代码，避免由它们带来之后的集成扩散。上述简要介绍即为 C++ Test 静态测试的原理，如图 22.1 所示。

显而易见，C++ Test 静态测试有助于将软件开发规范化，并在编码早期自动实现错误预防。

在读者理解了 C++ Test 静态测试原理后，C++ Test 如何开展静态测试将作为后续研究重点。通常，静态测试的开展包含如下 3 步。

(1) 设置 C++ Test 静态测试规则。即从众多规范中选出被测代码(即源代码)应遵循的规范集合。

(2) 执行 C++ Test 静态测试。即将被测代码(即源代码)与 C++ Test 设置好的编码规范进行比较的过程。

(3) 分析 C++ Test 静态测试结果。即针对比较出的结果进行分析，以确定出被测代码(即源代码)与编码规范相冲突的地方，从而尽快确定代码中的问题。

```
#include<stdio.h>

void main()
{
    int y = 2000;

    while(y <= 2500)
    {
        if((y%4) == 0)
            if(y%100 != 0)
                printf("%d年是闰年\n",y);
            else
                if(y%400 == 0)
                    printf("%d年是闰年\n",y);
                else
                    printf("%d年不是闰年\n",y);
        else
            printf("%d年不是闰年\n",y);
        y = y + 1;
    }
}
```

比较

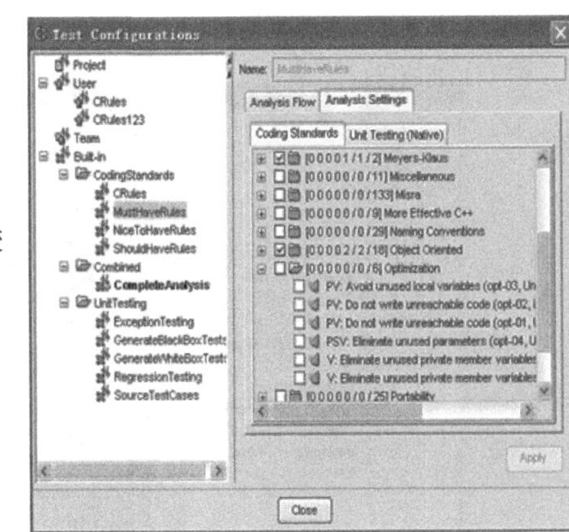

被测代码

编码规范

图 22.1　静态测试原理

以下实验,以经典的计算闰年程序为例,如图 22.2 所示,介绍完整的 C++ Test 静态测试过程。

```
#include<stdio.h>

void main()
{
    int y = 2000;

    while(y <= 2500)
    {
        if((y%4) == 0)
            if(y%100 != 0)
                printf("%d年是闰年\n",y);
            else
                if(y%400 == 0)
                    printf("%d年是闰年\n",y);
                else
                    printf("%d年不是闰年\n",y);
        else
            printf("%d年不是闰年\n",y);
        y = y + 1;
    }
}
```

图 22.2　计算闰年程序

3. 实验任务

任务 1:设置 C++ Test 静态测试规则。

第 1 步:进入 C++ Test 静态测试规则设置对话框。选择 Tests | Test Configurations 菜单命令,打开如图 22.3 所示的对话框,该对话框中主要包含了测试规范树及测试规则两大部分,具体介绍如下。

(1) 测试规范树:以树状形式显示了 C++ Test 中的测试规范结构,通常划分为以下 4 大类。

① Project:工程的规范。

② Users:个人的规范。

③ Team:团队的规范。

④ Built in:系统内置的规范。

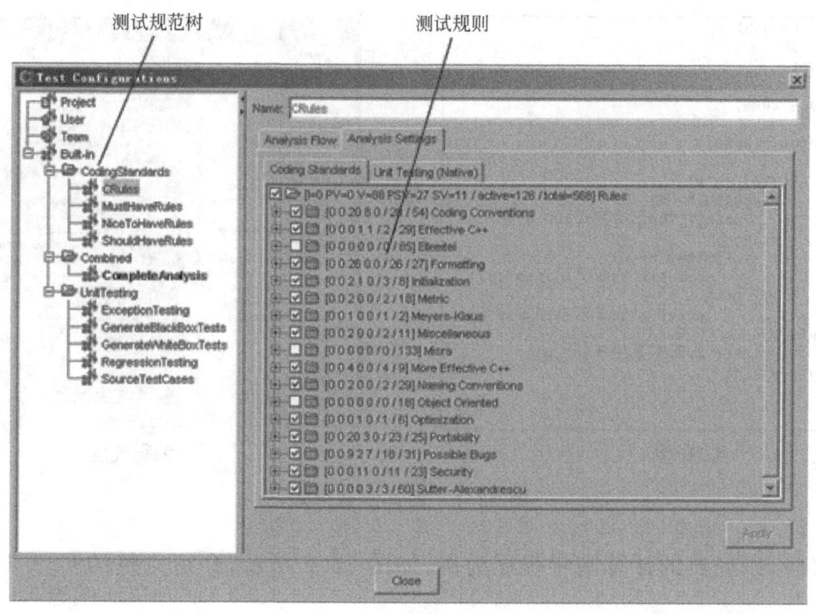

图 22.3　测试配置界面

就此，给出几点提醒如下：其一，Built in(系统内置)类别的规范读者无法进行配置，由系统事先进行了默认设定；其二，Built in(系统内置)类别的规范下包含了 4 种不同的级别，分别为 Crules、MustHaveRules、NiceToHaveRules 及 ShouldHaveRules，四者级别的高低划分如图 22.4 所示；其三，若需灵活配置测试规范时，仅需将 Built in 中某级别的规则存放于 Project 或 Users 中，即可进一步进行规范的灵活配置。

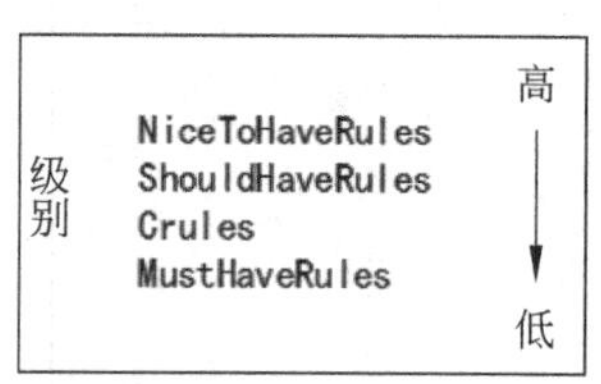

图 22.4　内置规范级别

注 意： Crules、MustHaveRules、NiceToHaveRules 及 ShouldHaveRules 这 4 种不同的规范级别的定义，是依据于总规则中的被激活的规则数目的多少来划分的。如 Crules 对应“active＝126”；MustHaveRules 对应“active＝27”、NiceToHaveRules 对应“active＝287”；ShouldHaveRules 对应“active＝202”。显然，级别高低可想而知。

(2) 测试规则：在测试规范树中选择某规范类别后，右边区域列出相应的具体测试规则。例如，著名的 Effective C++ (epcc)、More Effective C++ (mepcc)等编码规范。在此，针对所选择的当前规范类别，将测试规则依据 I、PV、V、PSV 及 SV 这 5 个不同的严重级别进行了归类，并显示于测试规则列表的最上面。其中，5 个级别含义如下。

① I：表示 information，通知行为。

② PV：表示 possible violation，可能的违规行为。

③ V：表示 violation，违规行为。

④ PSV：表示 possible severe violation，可能的严重违规行为。

⑤ SV：表示 severe violation，严重违规行为。

如图 22.5 所示，此区域统计了当前规范类别中各种类型的规范级别数。通过单击对应规范文件夹前面的⊞可查看该规范的详细内容，如图 22.6 所示。读者可根据实际项目需要灵活选择合适的测试规则。

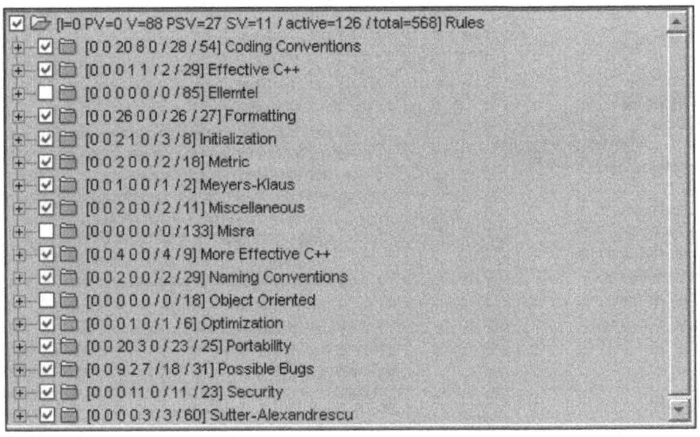

图 22.5　测试规则列表 1

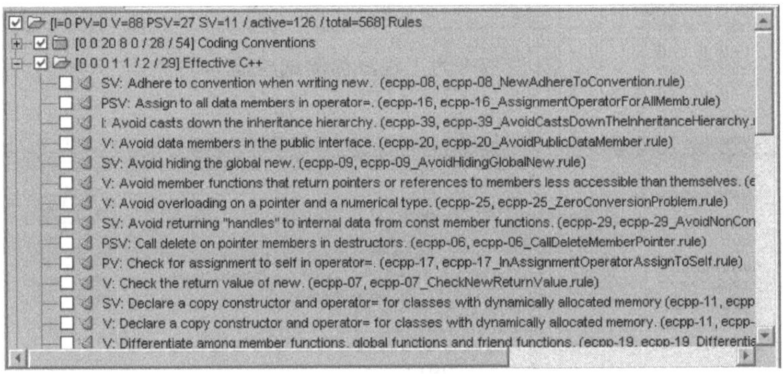

图 22.6　测试规则列表 2

注意：图 22.5 中所示的众多测试规则按着不同的应用领域，综合了在软件开发行业已有的实践经验，抑或提取于经典的书籍。如 MISRA C 是由 MISRA 组织制定的针对 C 语言的软件开发标准，其目标是促进 C 代码在嵌入式系统中的安全性、可移植性和可靠性；Effective C++ 是提取于名为《Effective C++》书中的 C++ 编程规范。

第 2 步：依托 C++ Test 内置的 NiceToHaveRules 为参照，建立灵活的工程规范。如图 22.7 所示，选择 Built in | CodingStandards 菜单命令，右击 NiceToHaveRules 结点，选择 Copy To… | Project 菜单命令，将 NiceToHaveRules 加入 Project（工程）中，如图 22.8 所示。此时 Project（工程）下的 NiceToHaveRules 规范可进行灵活配置。

第 3 步：设置 Project（工程）下的 NiceToHaveRules 规范。在图 22.8 中勾选所有规则，如 [0 0 0 0 0 / 0 / 85] Ellemtel 及 V: Avoid macros (sa-16, sa-16_AvoidMacros.rule)，使得 NiceToHaveRules 规范总数达到最大值，即后续要进行最严格的全规则测试。

第 4 步：激活工程的测试规范。如图 22.9 所示，选择 Project 菜单命令，右击 NiceToHaveRules 结点，选择 Set As Active 菜单命令，则此规范被激活，由 NiceToHaveRules 变更显示为 **NiceToHaveRules**，即此规范被设为工程默认的测试规范。

注意：若 C++ Test 中内置的众多规则，仍不能满足读者的需求，可通过选择 Tools |

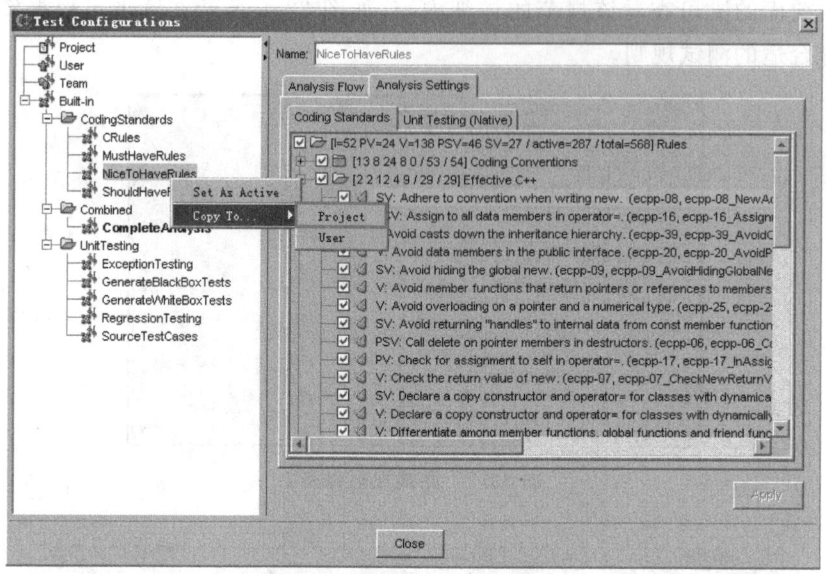

图 22.7　为工程添加测试规范

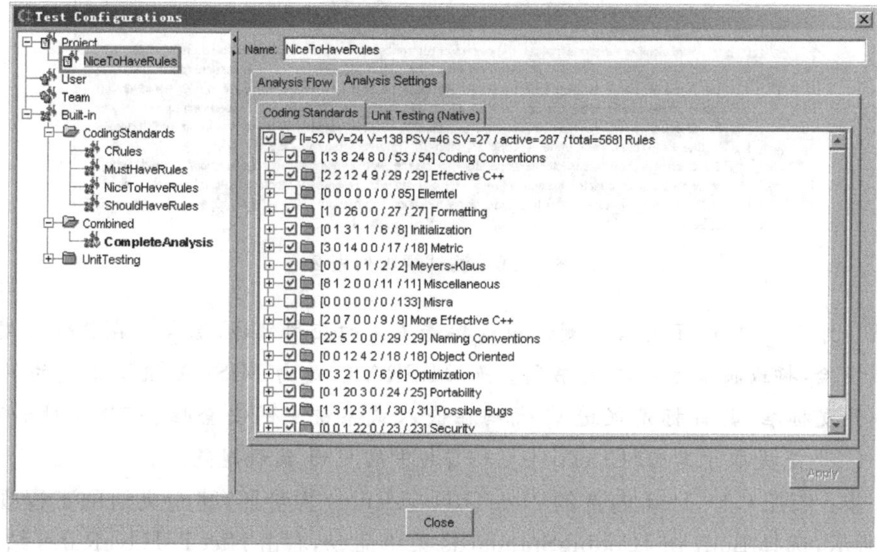

图 22.8　NiceToHaveRules 加入 Project(工程)

RuleWizard 菜单命令,借助 RuleWizard 向导创建新的规则。

C++ Test 测试规范设置完成后,即可开始对被测代码(即源代码)进行静态测试。

任务 2:执行 C++ Test 静态测试。

C++ Test 对源代码(即被测代码)执行静态测试简单易行,过程如下。

第 1 步:打开待测试的文件。通过选择 File|Open File(s)…菜单命令,打开 runnian. cpp 待测文件,如图 22.10 所示。

第 2 步:Read Symbols,读取符号。右击 runnian. cpp(Symbols not read)结点,选择 Read Symbols 菜单命令,如图 22.11 所示。其符号读取过程如图 22.12 所示。此过程中 C

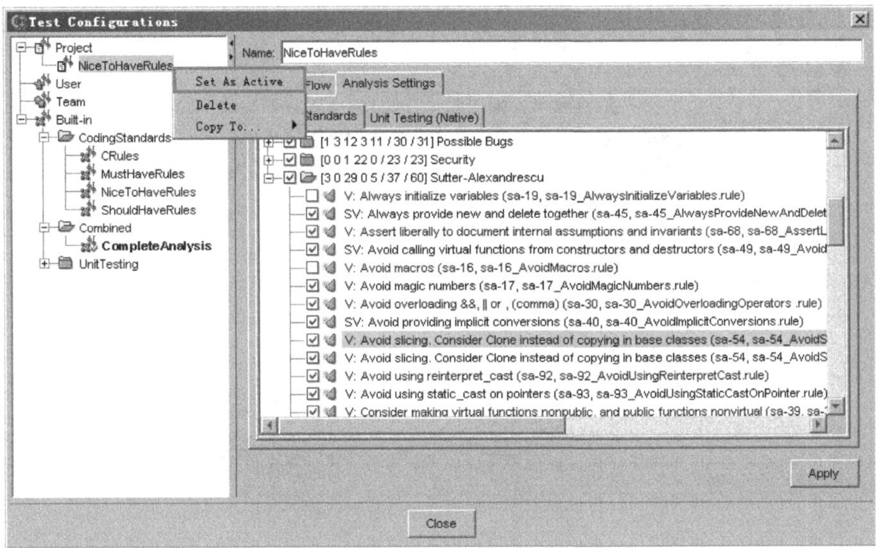

图 22.9　为工程激活测试规范

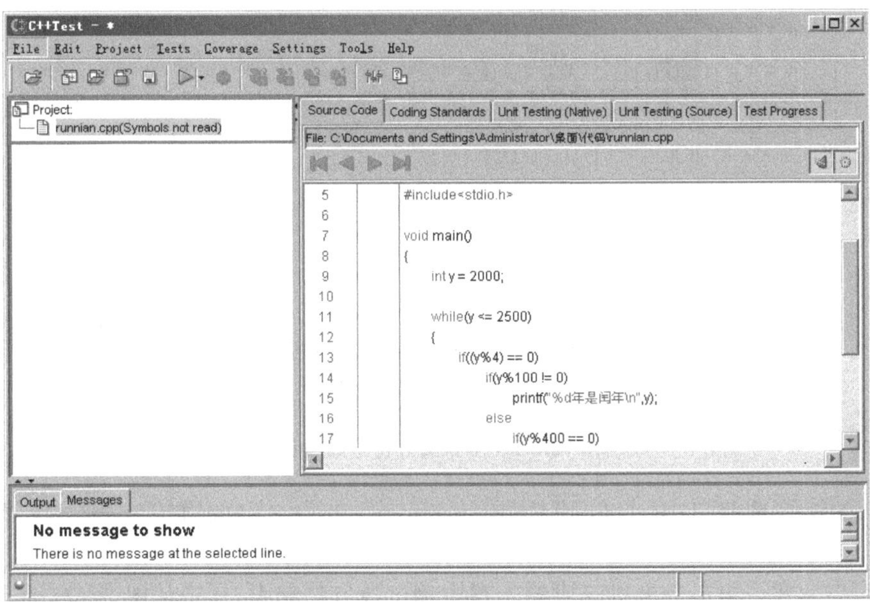

图 22.10　runnian. cpp 待测文件

++ Test 将剖析当前源程序(即被测程序),完成最初的词法分析。单击 OK 按钮,分析结果会输出于 Output 窗口中,如图 22.13 所示。

第 3 步:选择已设置好的测试规范,执行静态测试。读者可通过 4 种方式选择前文已设置的工程默认的 NiceToHaveRules 规范,并执行静态测试。其一,选择 Tests | Test Using | Active Configuration(NiceToHaveRules)菜单命令启动;其二,选择 Tests | Test Using | Configurations | Project | NiceToHaveRules 菜单命令启动;其三,单击工具栏中的 ▷▾,选择 Test Using | Active Configuration(NiceToHaveRules)菜单命令启动;其四,单击

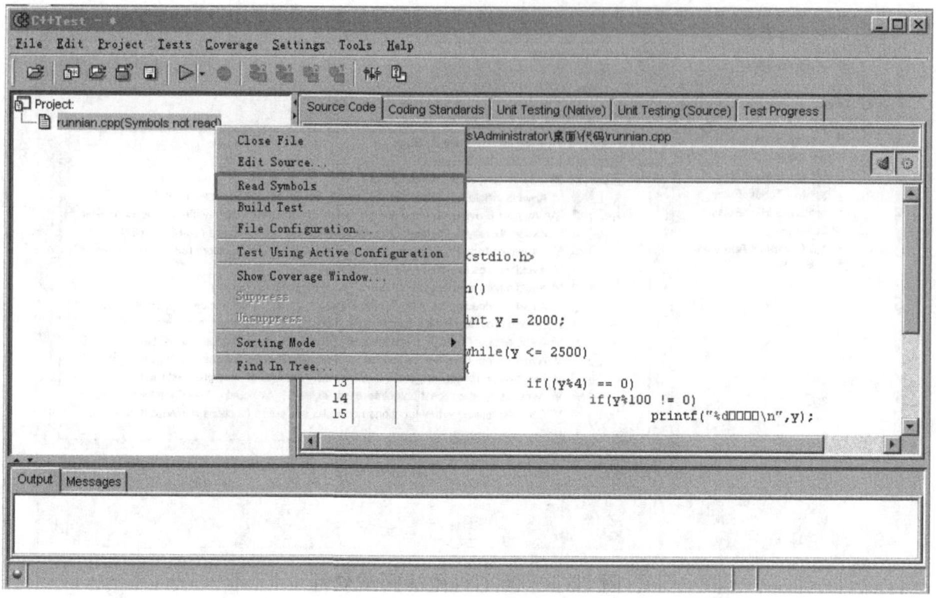

图 22.11　读源文件符号

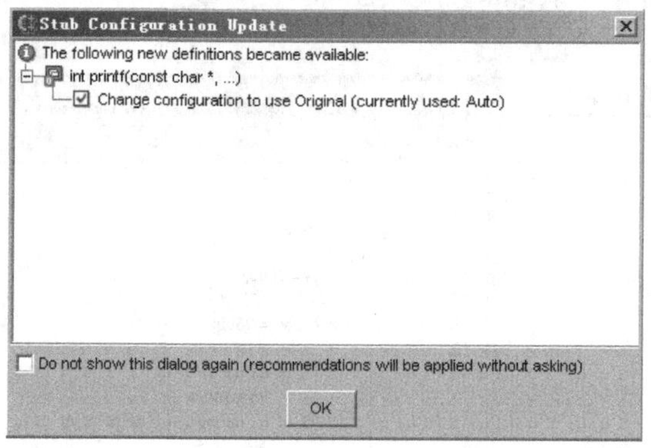

图 22.12　读源文件符号的过程

工具栏中的▷，选择 Test Using | Configurations | Project | NiceToHaveRules 菜单命令启动。

在此，以方式一启动为例进行讲解。静态测试执行过程中，显示如图 22.14 所示的测试进度对话框。

静态测试成功执行后，显示如图 22.15 所示的测试结果对话框。C++ Test 列举出了源程序（即被测程序）与已设置的静态测试规则不符的所有地方，并给出详细的注解信息，借助此结果的分析可帮助读者尽快地定位错误和进行改进。

任务 3：分析 C++ Test 静态测试结果。

图 22.15 所示为 C++ Test 静态测试的结果，以下结合 Source Code 及 Coding Standards 选项卡分别进行结果分析。

（1）Source Code 选项卡中的结果分析。

第 1 步：单击 Source Code 选项卡，进入图 22.16 所示的源代码（即被测代码）对话框。

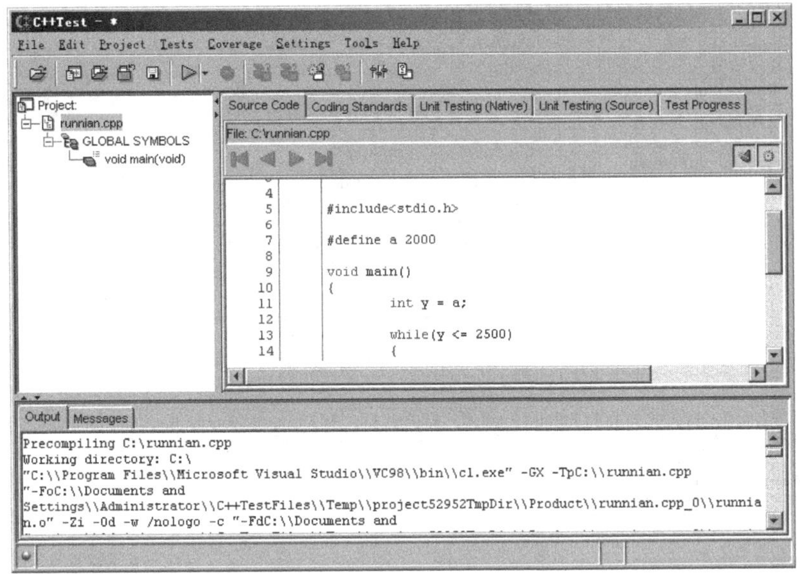

图 22.13　读源文件符号成功后

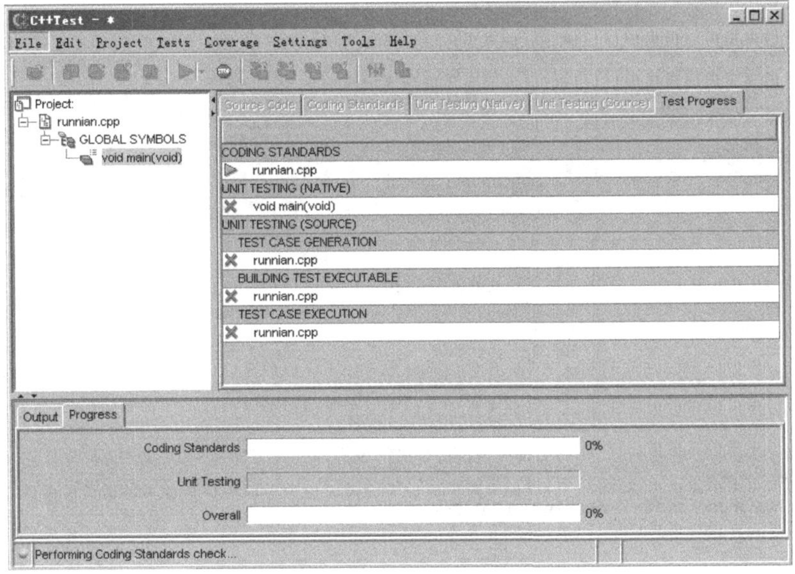

图 22.14　静态测试过程

① 区域显示被测代码及静态测试结果，当代码被选中时，被选代码以蓝色背景的形式呈现，界面美观友好；并且在此对话框可清晰查看静态测试的结果，源代码左侧的，表示当前行的代码在静态测试时违反了规则。

② 区域显示静态测试的输出及详细结果分析信息，如 Message 对话框中显示问题代码其违反规范的原因以及源代码链接（如 C:\runnian.cpp : 7 ）、示例链接（如 sa-16 AvoidMacros.rule ）等。

第 2 步：选择问题代码。在图 22.16 所示的①中单击违反规范的代码行（如第 7 行

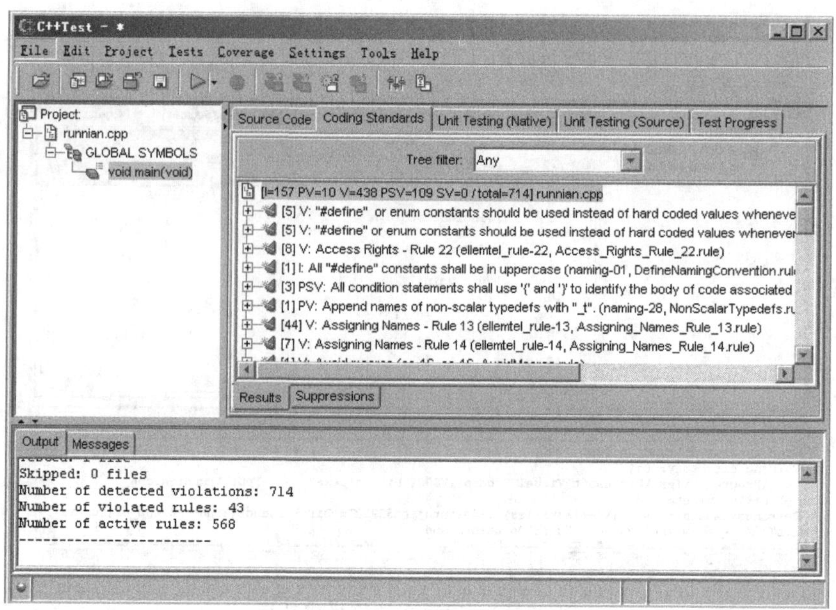

图 22.15　静态测试结果

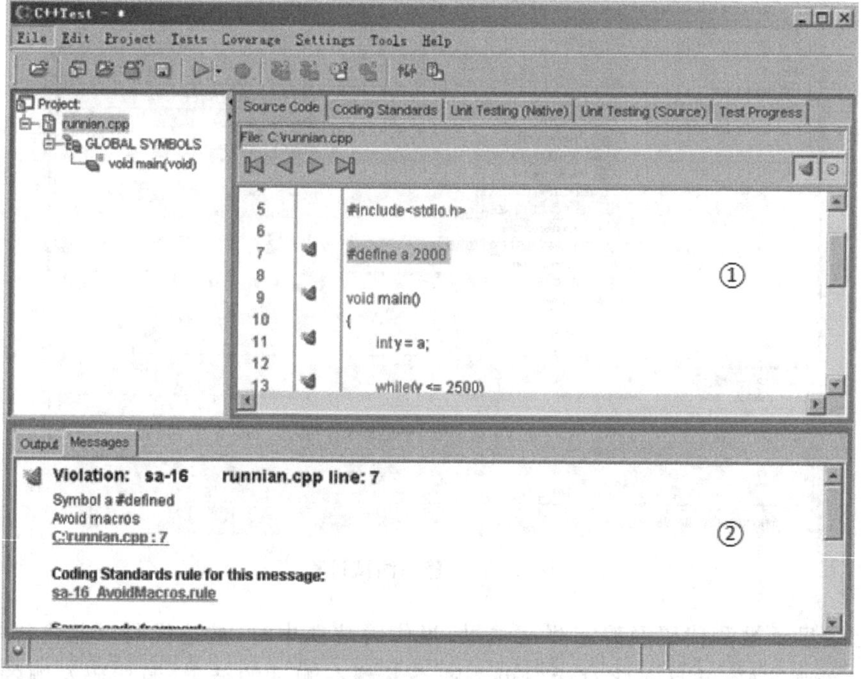

图 22.16　Source Code 对话框

#define a 2000)，查看 Message 对话框中对应显示的详细信息，如图 22.17 所示。

第 3 步：分析问题代码。单击图 22.17 所示的 sa-16 AvoidMacros.rule 规则链接，打开如图 22.18 所示的规则详细信息界面，其中记载了 3 个方面的主要信息。

- 规则含义解释；

图 22.17　Message 对话框的详细信息_Source Code 选项卡

- 遵循当前规则的正确示例；
- 违反当前规范的错误示例。

参照图 22.18 中的解释，需将“＃define a 2000”修改为“const double a＝2000；”，读者可尝试修改后，重新进行 C++ Test 静态测试，不难发现，该问题已解决。

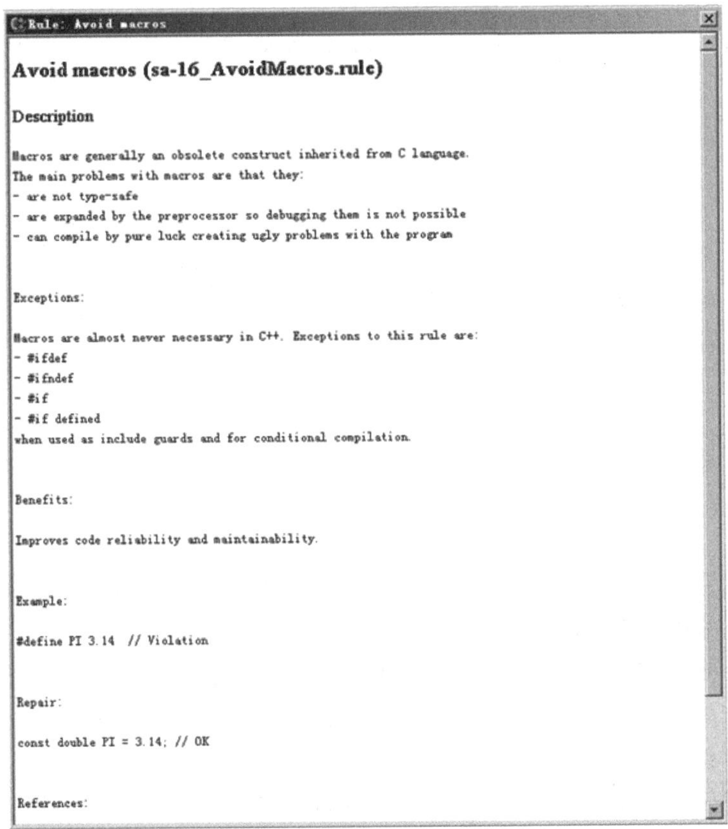

图 22.18　规则详细信息界面

注意：在图 22.16 中的①区域右击，可弹出如图 22.19 所示快捷菜单，读者可进行其他操作。各菜单介绍如下。

图 22.19　快捷菜单

Edit Source：编辑源代码，可进入代码编辑对话框。

Search：搜索，用于搜索特定代码。

Refresh：更新，用于更新被测代码。

View Static Results：查看静态测试结果，可切换至 Coding Standards 选项卡查看静态分析结果。

View Dynamic Results：查看动态测试结果，可切换至 Unit Testing(Native)选项卡查看动态分析结果。

Show Coverage：显示覆盖了，用于查看源代码的测试覆盖率。

Text Properties：文本属性，用于设置代码颜色、字体类型等属性。

(2) Coding Standards 选项卡中的结果分析。

第 1 步：单击 Coding Standards 选项卡，进入如图 22.20 所示对话框(默认显示 Results 选项卡)，其显示了所有违反规范的代码信息。具体介绍如下。

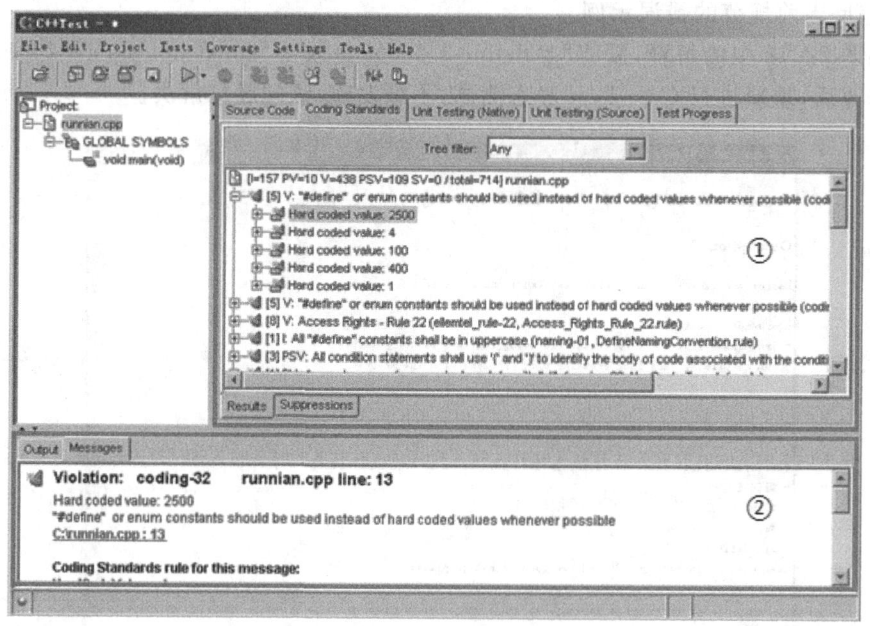

图 22.20　Coding Standards 对话框

① 区域显示 C++ Test 静态测试后的测试结果，依据规则类型分类列举了违反规则的问题代码，并进行了不同级别问题的数量统计。

如图 22.20 中所示的测试规则依据 I、PV、V、PSV 及 SV 这 5 个不同的严重级别进行了归类，并统计了各类别的问题代码数及违反规则的总代码数。如当前实例情况如下。

- 157 个 I 级别(即 information，通知行为)的问题。
- 10 个 PV 级别(即表示 possible violation，可能的违规行为)的问题。
- 438 个 V 级别(即 violation，违规行为)的问题。
- 109 个 PSV 级别(即 possible severe violation，可能的严重违规行为)的问题。

• 0 个 SV 级别(即 severe violation,严重违规行为)的问题。

• 问题总数达到 714 个(即 total=714)。

此外,如图 22.21 所示 C++ Test 依据不同的规则内涵,将问题代码进行了归类显示,且单击⊞将其展开后,还可查看具体是哪一行违反了规则。

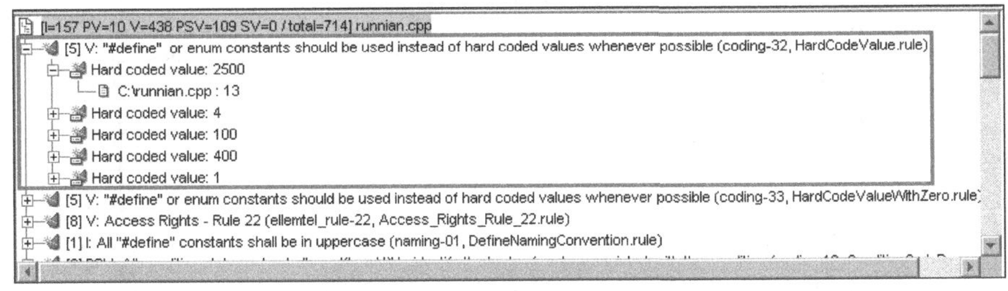

图 22.21　问题代码归类显示

② 区域显示静态测试的输出及详细结果分析信息,同 Source Code 选项卡中的介绍,不再赘述。

第 2 步:选择问题代码。在图 22.20 所示的①中单击带有 Hard coded value: 2500 的标志的内容行(如 ⊞ Hard coded value: 2500),查看 Message 对话框中对应显示的详细信息,如图 22.22 所示。

Output　Messages

Violation: coding-32　　runnian.cpp line: 13

Hard coded value: 2500

"#define" or enum constants should be used instead of hard coded values whenever possible

C:\runnian.cpp : 13

Coding Standards rule for this message:

HardCodeValue.rule

Source code fragment:

```
 8:
 9:     void main()
10:     {
11:             int y = a;
12:
13:>>>         while(y <= 2500)
14:             {
15:                     if((y%4) == 0)
16:                             if(y%100 != 0)
17:                                     printf("%d□□□□\n",y);
18:                             else
```

图 22.22　Message 对话框的详细信息_Coding Standards 选项卡

第 3 步:分析问题代码。单击图 22.22 所示的 **HardCodeValue.rule** 规则链接,可打开如图 22.23 所示的规则详细信息界面,具体同 Source Code 选项卡中的介绍,不再赘述。

参照图 22.23 中的解释进行问题修改即可,具体同 Source Code 选项卡中的介绍,不再赘述。

综上所述,C++ Test 针对每条规范都给出了详细的说明和示例,通过对静态测试中检测到的问题逐条分析,可以提高静态分析的正确率和效率。但是,C++ Test 的静态测试仅仅是依据设置的测试规范对源代码(即被测代码)进行扫描。则不难理解,规范选取的不同,得到的结果也会存在差异。

另外,值得提醒的是,在 Coding Standards 选项卡下,可由 Results 选项卡切换至

Rule: "#define" or enum constants should be used instead of hard coded values when...

"#define" or enum constants should be used instead of hard coded values whenever possible (HardCodeValue.rule)

Description

Description:
This rule checks whether you are avoiding using hard coded values.
Using #define or enum constants rather than hard coded values promotes the maintainability of 'C' code by creating a localized area for changes.

Benefits:
Readability and maintainability.

Example:

```
#define buff 256
#define OK 1
enum color
{
   RED = 0,
   BLUE = 1,
   GREEN = 2
   /*...*/
};

void foo()
{
   int tabColorsNew[256];   // Violation
   int tabColors[buff];
   if ( tabColors[0] == 1 ) // Violation
   {
     /*...*/
   }
}
```

图 22.23　规则详细信息界面

Suppressions 选项卡，如图 22.24 所示。Suppressions 选项卡下可进行规则的限制，从而进一步快速筛选规则。例如，限制 V 级别规范的应用，可通过如下步骤开展。

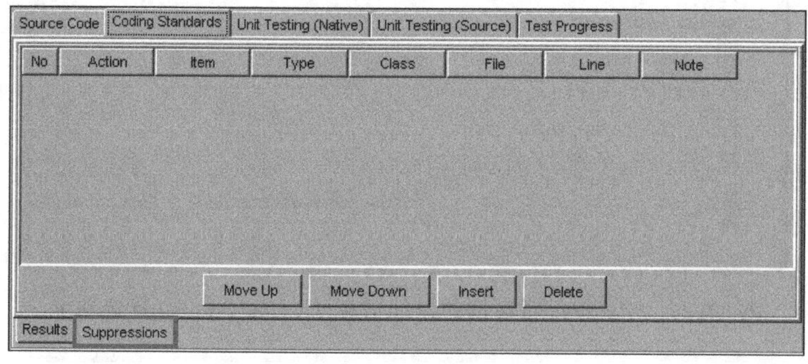

图 22.24　Coding Standards 对话框_ Suppressions 选项卡

第 1 步：单击 Insert 按钮，可插入一条限制规则，如图 22.25 所示。

第 2 步：单击 Type 字段，在弹出的下拉菜单中选择“V”，如图 22.26 所示。

第 3 步：切换至 Results 选项卡观察结果的变化，如图 22.27（添加限制规则前的结果）和图 22.28（添加限制规则后的结果）所示。

可见，通过 Suppressions 选项卡可帮助读者进行规则的限制，以尽快分析及定位所关注的问题。

综上，以经典的计算闰年程序为例，带领读者体验了 C++ Test 静态测试过程。C++

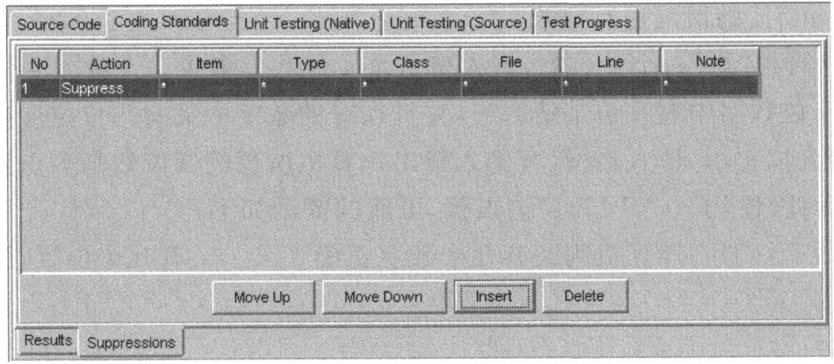

图 22.25　插入限制规则

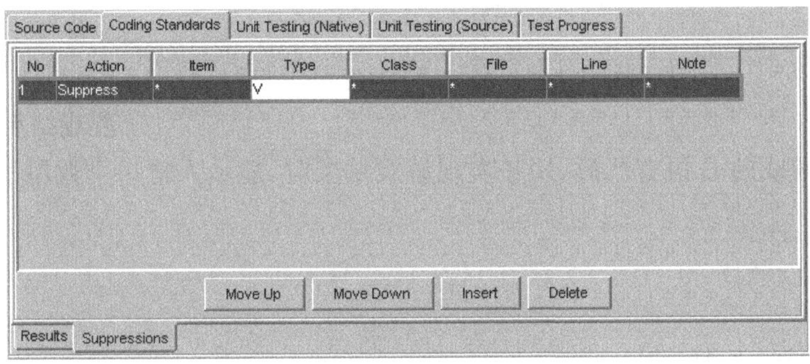

图 22.26　设置 V 类型限制规则

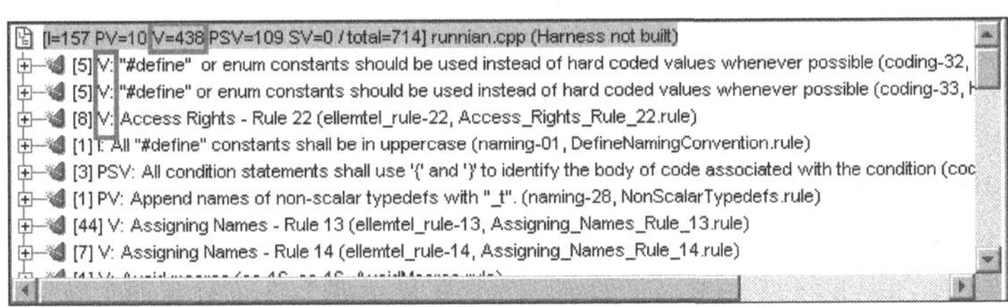

图 22.27　添加限制规则前的结果

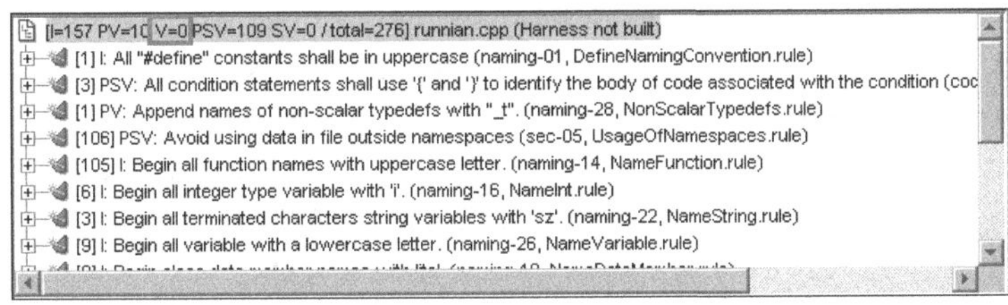

图 22.28　添加限制规则后的结果

Test 静态测试应用甚广，并非一篇文字就能将所有知识讲授完全，读者可结合实际项目情况不断学习和探索。

4. 拓展练习

(1) 请针对"人机猜数游戏"采用 C++ Test 自带的最严格的标准开展静态测试，并针对测试结果中 V 和 SV 的情况进行修改。

需求：由计算机“想”一个 4 位数，请人猜这个 4 位数是多少。人输入 4 位数字后，计算机首先判断这 4 位数字中有几位是猜对了，并且在对的数字中又有几位位置也是对的，将结果显示出来，给人以提示，请人再猜，直到人猜出计算机所想的四位数是多少为止。

例如：计算机“想”了一个“1234”请人猜，可能的提示如下：

人猜的整数	计算机判断有几个数字正确	有几个位置正确
1122	2	1
3344	2	1
3312	3	0
4123	4	0
1243	4	2
1234	4	4
		游戏结束

以下为该游戏的 C 语言代码，用于实现游戏结束时，显示人猜一个数用了几次。

```
#include<stdio.h>
#include<stdlib.h>

void bhdy(int s,int b);
void prt();
int a[4],flag,count;

void main()
{
    int b1,b2,i,j,k=0,p,c;
    printf("Game guess your number in mind is ####.\\n");
    for(i=1;i<10&&k<4;i++)          //分别显示四个 1~9 确定四个数字的组成
    {
      printf("No.%d:your number may be:%d%d%d%d\\n",++count,i,i,i,i);
      printf("How many digits have bad correctly guessed:");
      scanf("%d",&p);               //人输入包含几位数字
      for(j=0;j<p;j++)
          a[k+j]=i;                 //a[]:存放已确定数字的数组
      k+=p;                         //k:已确定的数字个数
    }
    if(k<4)                         //自动算出 4 位中包含的个数
      for(j=k;j<4;j++)
        a[j]=0;
      i=0;
    printf("No.%d:your number may be:%d%d%d%d\\n",++count,a[0],a[1],a[2],
a[3]);
    printf("How many are in exact positions:");     //顺序显示 4 位数字
    scanf("%d",&b1);                //人输入有几位位置是正确的
```

```
    if(b1==4){prt();exit(0);}                    //4 位正确,打印结果,结束游戏
    for(flag=1,j=0;j<3&&flag;j++)                //实现 4 个数字的两两(a[j],a[k])交换
     for(k=j+1;k<4&&flag;k++)
         if(a[j]!=a[k])
         {
            c=a[j];a[j]=a[k];a[k]=c;           //交换 a[j],a[k]
            printf("No.%d:Your number may be:%d%d%d%d\\n",++count,a[0],
                    a[1],a[2],a[3]);
            printf("How many are in exact positions:");
            scanf("%d",&b2);                   //输入有几个位置正确
            if(b2==4){prt();flag=0;}           //若全部正确,结束游戏
            else if(b2-b1==2)bhdy(j,k);
            else if(b2-b1==-2)
            {
              c=a[j];a[j]=a[k];a[k]=c;
              bhdy(j,k);
            }
            else if(b2<=b1)
            {
              c=a[j];a[j]=a[k];a[k]=c;
            }
            else b1=b2;
         }
      if(flag) printf("You input error!\\n");
}

void prt()
{
    printf("Now your number must be%d%d%d%d.\\n",a[0],a[1],a[2],a[3]);
    printf("Game Over\\n");
}

void bhdy(int s,int b)
{
    int i,c=0,d[2];
    for(i=0;i<4;i++)                             //查找 s 和 b 以外的两个元素下标
       if(i!=s&&i!=b)
           d[c++]=i;
    i=a[d[1]];a[d[1]]=a[d[0]]; a[d[0]]=i;   //交换除 a[s]和 a 以外的两个元素
    prt();
    flag=0;
}
```

(2) 请在练习(1)的基础上,限制 V 和 SV 类型的规则的使用,体会限制规则的作用。

实验 23 C++ Test 动态测试

1. 实验目标

(1) 理解 C++ Test 动态测试理论。

(2) 能够使用 C++ Test 进行动态测试。

(3) 能够分析动态测试结果。

(4) 能够进行测试用例添加与修改。

2. 背景知识

C++ Test 白盒测试工具,不仅在静态测试领域中表现出强大的功能,在动态测试领域中亦有出色的表现。

本讲重点学习 C++ Test 动态测试。介绍 C++ Test 动态测试,首先要从何为动态测试谈起。

动态测试是指通过运行被测程序,检查运行结果与预期结果的差异,并分析运行效率和健壮性等问题。与静态测试相比,静态测试强调的是不执行程序,仅通过分析、同规范比对来发现问题;而动态测试强调的是执行程序,通过执行测试用例去校验程序实际运行结果与预期结果的差异来发现缺陷。

C++ Test 提供了一种有效并且高效的动态测试方式,将自动完成代码的动态测试。其中,重点体现在白盒测试及黑盒测试两方面。

(1) 白盒测试领域,C++ Test 完全自动执行所有的白盒测试过程。例如,自动生成和执行精心设计的测试用例;自动生成桩函数,或允许自行编写桩函数;允许设定测试用例及执行层次;自动标记任何运行失败,并以简单的图示化结构显示;自动保存测试用例,以便灵活用于今后的回归测试。

(2) 黑盒测试领域,C++ Test 可自动生成测试用例的核心集合,通过自动化黑盒测试的大部分操作,大大减轻了黑盒测试的负担。例如,仅需简单地输入测试用例输入数据,即可让 C++ Test 运行测试用例并自动确定实际的输出结果;若输出结果正确,无须其他操作;若结果不正确,则可输入预期的输出结果,此方式比较单纯手工输入每个测试用例的结果大大提高了效率。

除此之外,C++ Test 还可协助进行自动化的回归测试。

C++ Test 动态测试的开展以单元测试方式进行,其中可分为 Source 和 Native 两种类型,分别对应于 Unit Testing(Native)及 Unit Testing(Source)选项卡。Source 和 Native 两种开展方式虽对应于不同的 Unit Testing(Native)及 Unit Testing(Source)选项卡,但二者本质相同,均依据测试设置、测试执行和测试结果分析 3 个步骤进行;唯一区别,Source 方式可直接编辑 C++ Test 生成的测试用例源代码,而 Native 方式则是通过文本框形式提供了输入和预期输出结果的编辑入口,比 Source 方式更加简便地进行测试用例的编辑。

综上，以下实验以 Unit Testing(Native)为例针对 divide_by_zero. cpp 源代码文件进行动态测试过程的介绍。

注意：divide_by_zero. cpp 为 C++ Test 工具自带实例，读者可在默认安装目录的 examples 文件夹下找到该文件。

为了帮助读者更好地理解动态测试过程，首先分析源程序(即被测程序)含义如下。

```
//定义枚举型常量,分别代表"求和按钮、求平均值按钮及清除按钮"
enum Buttons {BUTTON_SUM, BUTTON_AVRG, BUTTON_CNCL};
//实现数组各值求和操作
int get_sum(int * data, unsigned int size) {
    //missing checking if 'data' exists
    int sum=0;

    for (int i=0; i<size; i++) {
        sum +=data[i];
    }
    return sum;
}
//实现求平均值操作
int get_average_int(int * data, int size) {
    int sum=get_sum(data, size);
    //missing 'size' value checking
    int average=sum / size;
    return average;
}
//基于用户的按钮选择进行各函数的调用
int user_input_handler(Buttons userChoice, int * data, int size) {
    int result=0;
    switch (userChoice) {
        case BUTTON_SUM:
            result=get_sum(data, size);
            break;
        case BUTTON_AVRG:
            result=get_average_int(data, size);
            break;
        default:
            break;
    }
    return result;
}
```

3. 实验任务

任务 1：进行 C++ Test 动态测试设置。

第 1 步：进入 C++ Test 动态测试设置对话框。选择 Tests | Test Configurations…菜

单命令，在打开的 Test Configurations 对话框中，如图 23.1 所示选择左侧测试规范树中的 Project|NiceToHaveRules 规范。

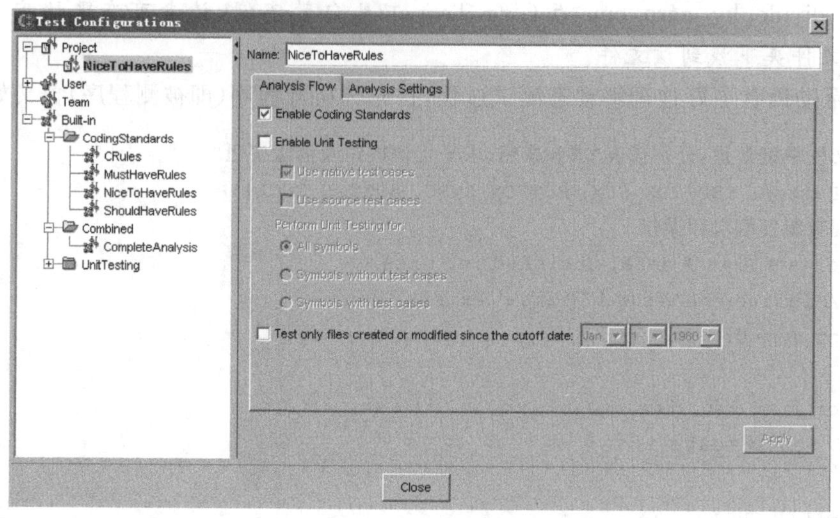

图 23.1　动态测试设置对话框

第 2 步：设置 Analysis Flow 选项。在 Analysis Flow 选项卡下，勾选 Enable Unit Testing 复选框，使得 Use Native test cases 被启用，如图 23.2 所示。

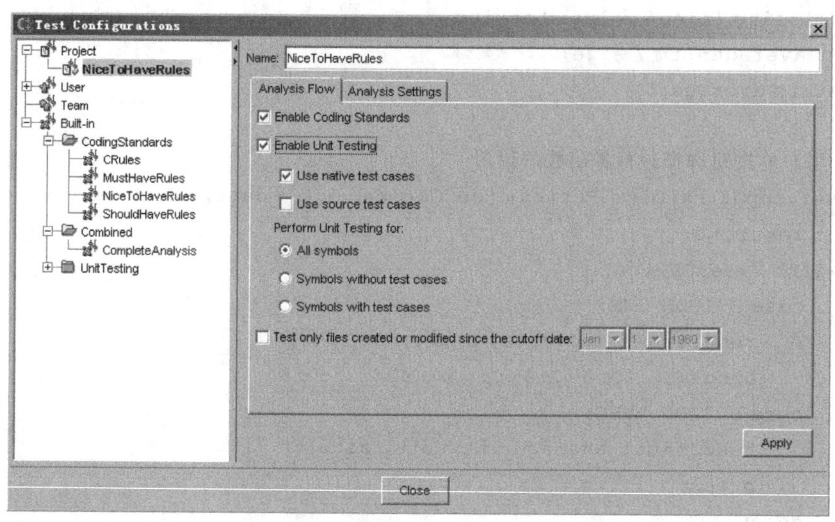

图 23.2　设置 Analysis Flow 选项

第 3 步：设置 Analysis Settings 选项。切换至 Analysis Settings| Unit Testing(Native)选项卡，在如图 23.3 所示的配置界面中设置 Unit Testing Native 相关参数。在此，使用默认配置开展。

注意：在 Test Configurations 对话框中，若读者的左侧测试规范树中的 Project 下无 NiceToHaveRules 规范，则可参照实验 22 中的介绍进行添加和激活。

C++ Test 动态测试设置完成后，即可开始对被测代码(即源代码)进行动态测试。

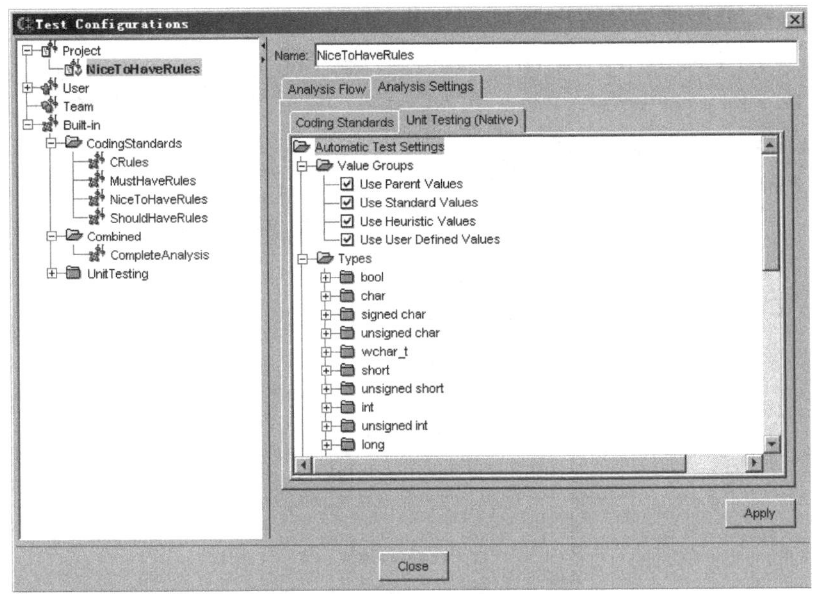

图 23.3　设置 Analysis Settings 选项

任务 2：执行 C++ Test 动态测试。

C++ Test 动态测试的执行简便、快捷，具体过程如下。

第 1 步：打开待测试的文件。通过选择 File|Open File(s)菜单命令，打开 C++ Test 默认安装路径的 examples 文件夹下的 divide_by_zero.cpp 待测文件，如图 23.4 所示。

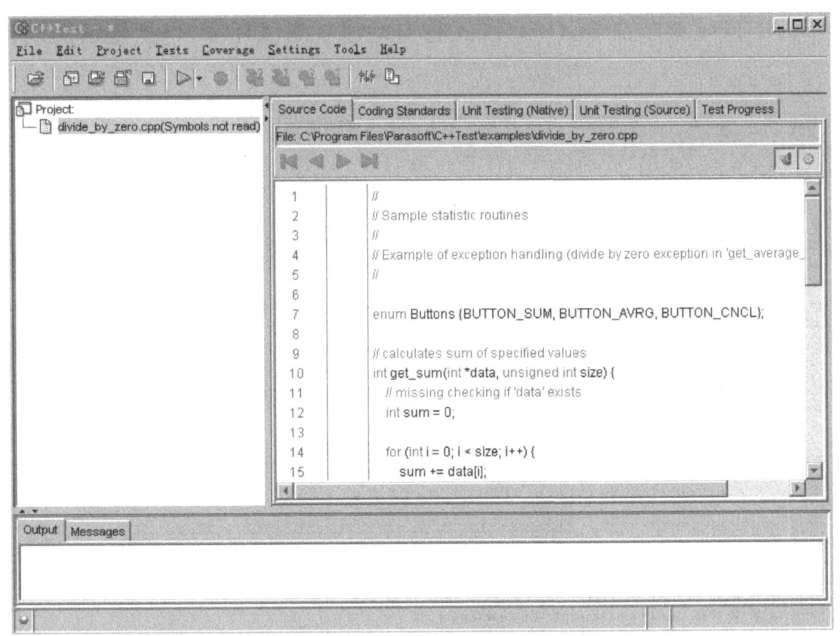

图 23.4　divide_by_zero.cpp 待测文件

第 2 步：Read Symbols，读取符号。如图 23.5 所示，选择 divide_by_zero.cpp(Symbols not read)，右击 Read Symbols 菜单命令，C++ Test 将剖析当前源程序(即被测程序)，完成

最初的词法分析，分析结果会输出于 Output 窗口中。

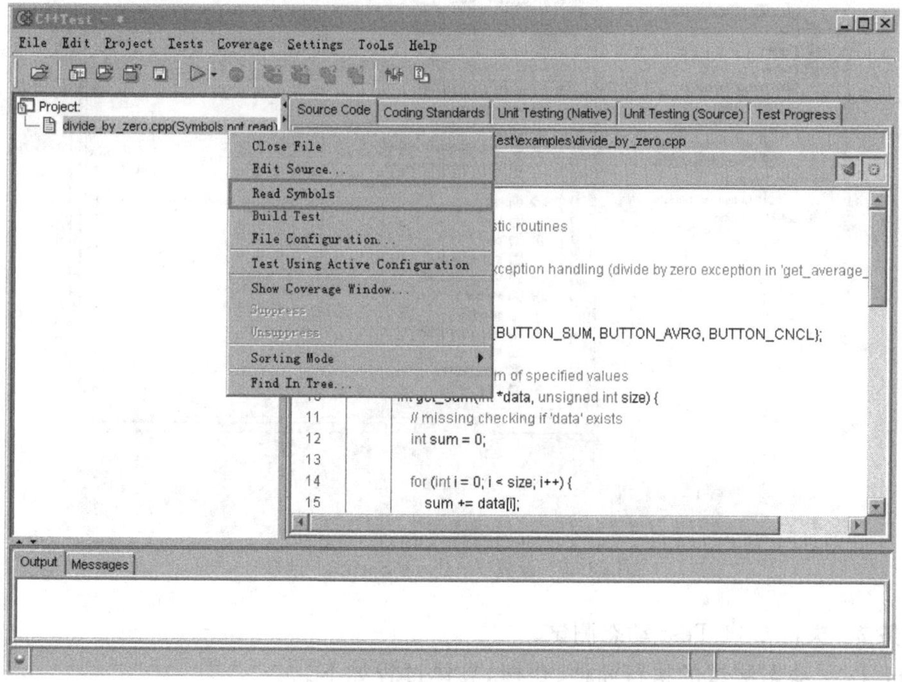

图 23.5　读取符号菜单

第 3 步：Build Test，创建测试。如图 23.6 所示，选择 divide_by_zero.cpp(Symbols not read)，右击 Build Test 菜单命令，C++ Test 将自动建立测试环境，包括测试驱动程序及桩模块等。

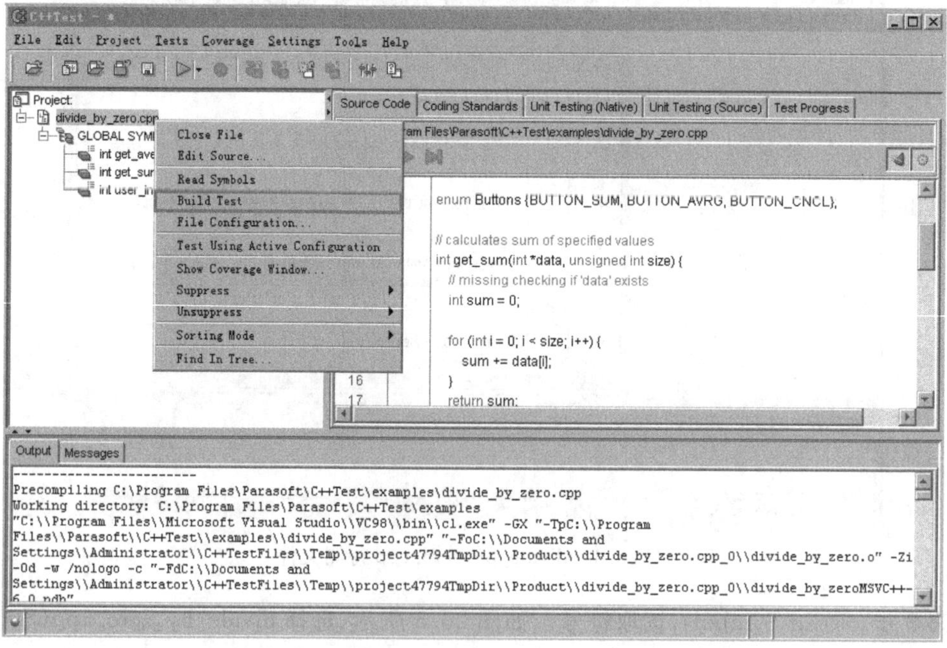

图 23.6　创建测试菜单

第 4 步：设置测试范围。在测试选项卡区域，选择 Unit Testing(Native)|Suppressions 选项卡，在如图 23.7 所示的函数列表中选择待测试的函数。在此，针对全部函数进行测试。

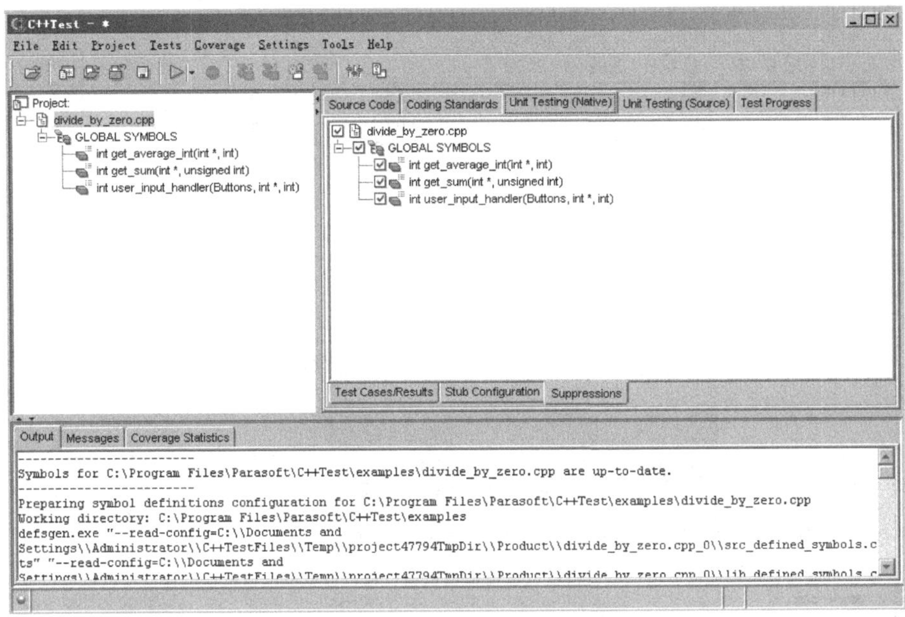

图 23.7　设置测试范围对话框

注意：在 Unit Testing(Native)|Suppressions 选项卡下，可进行测试范围的选择，即可限制不被测的函数或方法，从而进一步有针对性地高效测试。

第 5 步：为测试单元生成测试用例。在测试选项卡区域，选择 Unit Testing(Native)|Test Cases/Results 选项卡，在如图 23.8 所示的对话框中选择 Generate Test Cases 右键菜

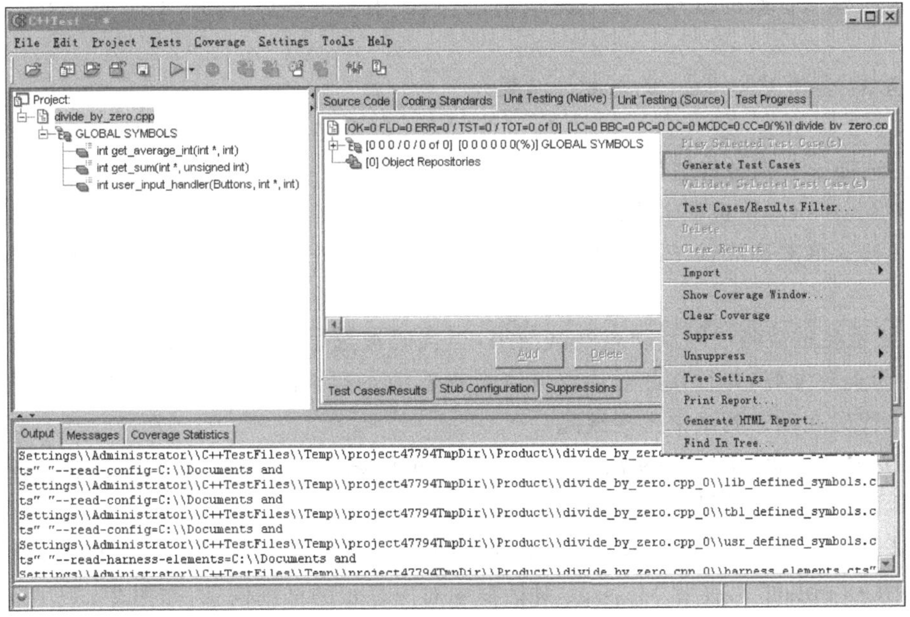

图 23.8　生成测试用例菜单

单,实现为被测单元生成测试用例。

第 6 步：查看 C++ Test 自动生成的测试用例,如图 23.9 所示。

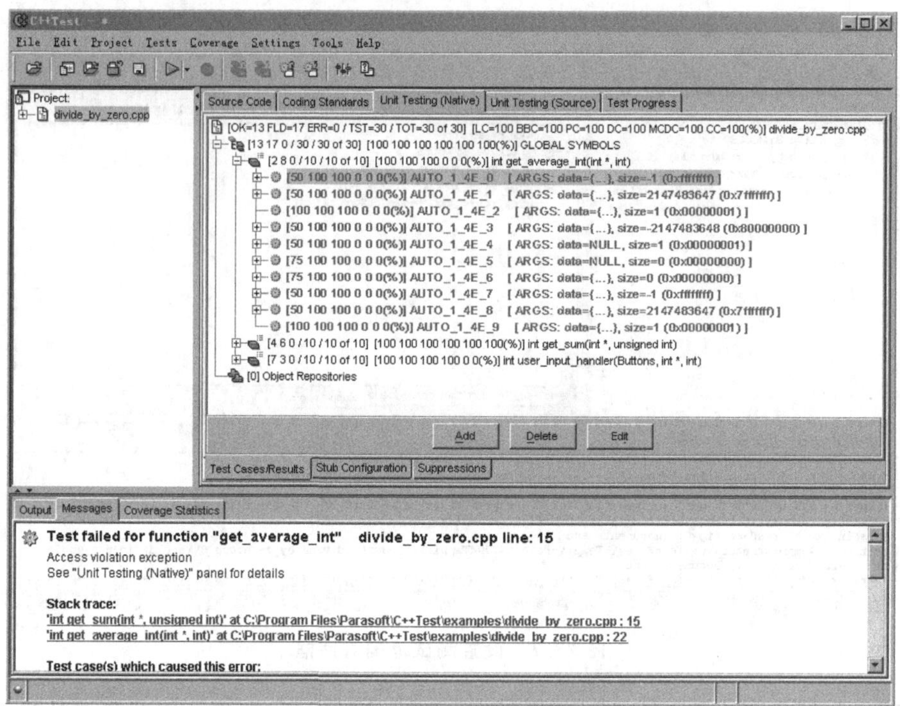

图 23.9　自动生成的测试用例

可见,C++ Test 为 int get_sum(int * data, unsigned int size)、int get_average_int(int * data, int size) 及 int user_input_handler(Buttons userChoice, int * data, int size) 函数自动生成了输入参数的值和预期输出结果,且测试用例生成后,Unit Testing(Native)会自动执行。

任务 3：分析 C++ Test 动态测试结果。

图 23.9 所示为 C++ Test 动态测试的结果,以下结合 Source Code 及 Unit Testing (Native)选项卡分别进行结果分析。

(1) Source Code 选项卡中的结果分析。

第 1 步：单击 Source Code 选项卡,进入如图 23.10 所示的源代码(即被测代码)对话框。

① 区域显示被测代码及动态测试结果,当代码被选中时,被选代码以蓝色背景的形式呈现,界面美观友好,并且在此对话框可清晰查看动态测试的结果。源代码左侧的✹,表示当前行的代码在动态测试中出现缺陷。

② 区域显示动态测试的输出及详细结果分析信息,例如,Message 对话框中显示问题代码其栈跟踪情况以及导致该问题产生的相关用例等。

第 2 步：选择问题代码。在图 23.10 所示的①中单击违反规范标有✹的代码行(如第 15 行sum += data[i];),查看 Message 对话框中对应显示的详细信息,如图 23.11 所示。

第 3 步：查看问题代码涉及用例。单击图 23.11 所示的"Test case(s) which caused

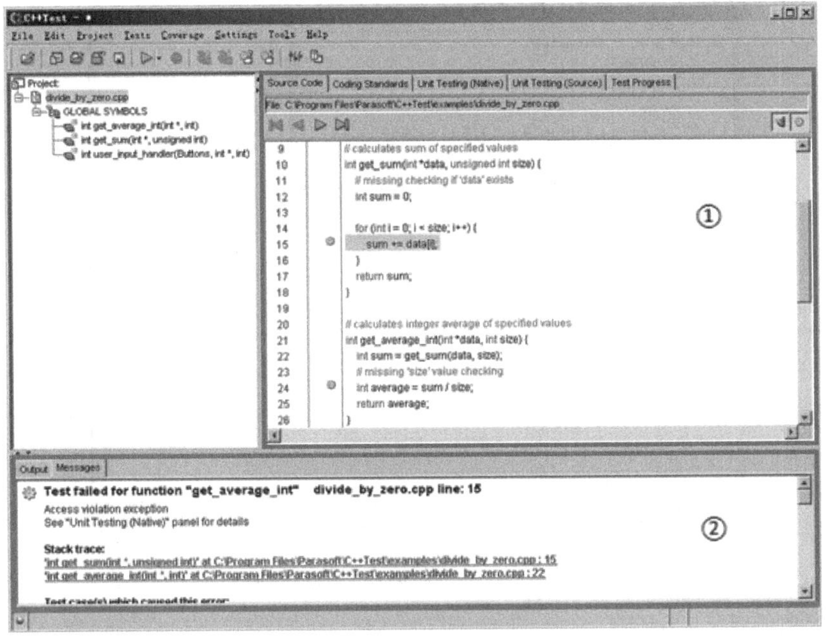

图 23.10 Source Code 对话框

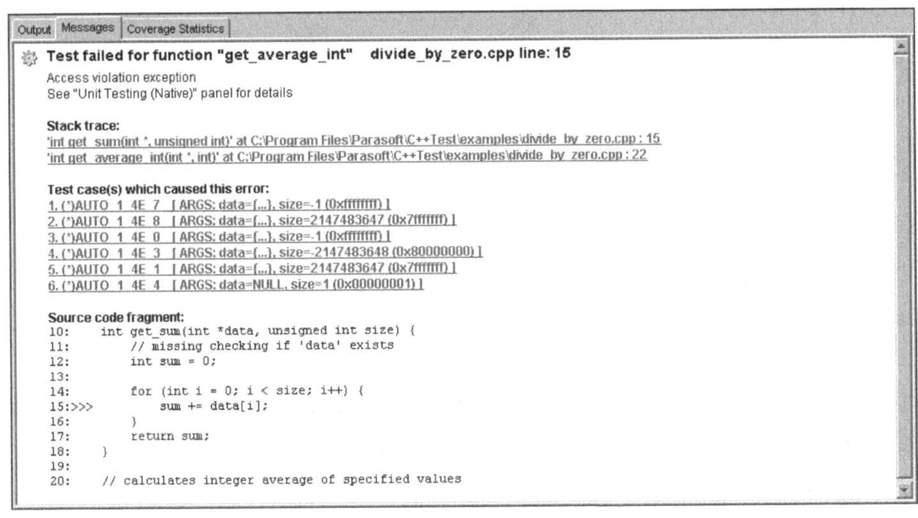

图 23.11 Message 对话框的详细信息_Source Code 选项卡

this error:”下的用例链接，如 **6. (*)AUTO 1 4E 4 [ARGS: data=NULL, size=1 (0x00000001)]**，打开图 23.12 所示的测试用例详细信息对话框，其中可分为 3 个主要区域。

① 区域显示测试用例详细信息。可包含 Arguments(参数)、Arguments Post(参数出口条件)、Return(返回值)、Pre Conditions(前置条件)、Post Conditions(后置条件)等项，依据待测程序的不同此区域显示存在差异。

② 区域显示对象库。

③ 区域用于源代码的显示、测试用例属性及数据源等相关设置。

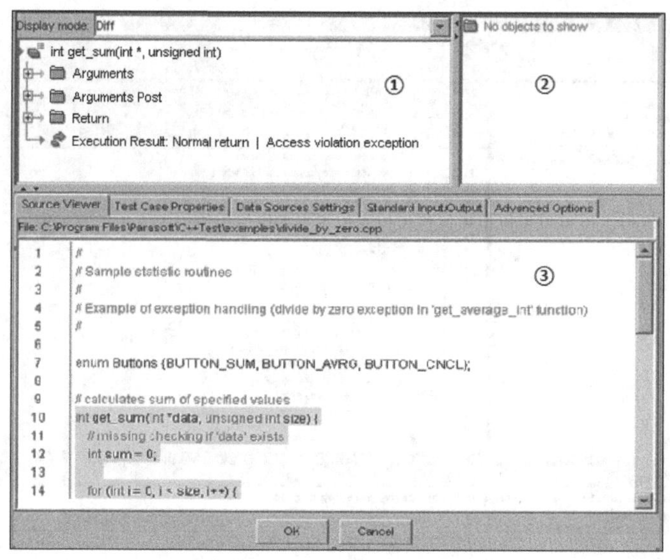

图 23.12　测试用例详细信息界面

经分析可知，此用例**6. (*)AUTO 1 4E 4 [ARGS: data=NULL, size=1 (0x00000001)]**中输入值 data 为空，即指针为空，未对指针进行保护，则必然出现异常。据此在原有代码中增加如下代码，此代码问题解决。

```
if (!data)
{
    return 0;
}
```

(2) Unit Testing(Native)选项卡中的结果分析。

第 1 步：单击 Unit Testing(Native)选项卡，进入如图 23.13 所示对话框(默认显示 Test Cases/Results 选项卡)，其显示了所有生成的测试用例及测试用例执行信息。具体介绍如下。

① 区域显示 C++ Test 动态测试结果，针对不同函数进行了测试用例的生成及执行，并依据测试用例的执行情况和被测代码覆盖程度进行了数量统计。

• 测试用例执行情况依据如下 5 种类别进行了数量统计。

OK：标示通过测试的用例数；

FLD：即 Failed，表示未通过测试的用例数；

ERR：即 Error，表示出错的测试用例数；

TST：即 Tested，表示已执行的测试用例数；

TOT：即 Total，表示生成的测试用例总数。

• 被测代码覆盖程度依据如下 6 种类别进行了数量统计。

LC：即 Line Coverage，表示语句覆盖；

BBC：即 Basic Block Coverage，表示语句块覆盖；

PC：即 Path Coverage，表示路径覆盖；

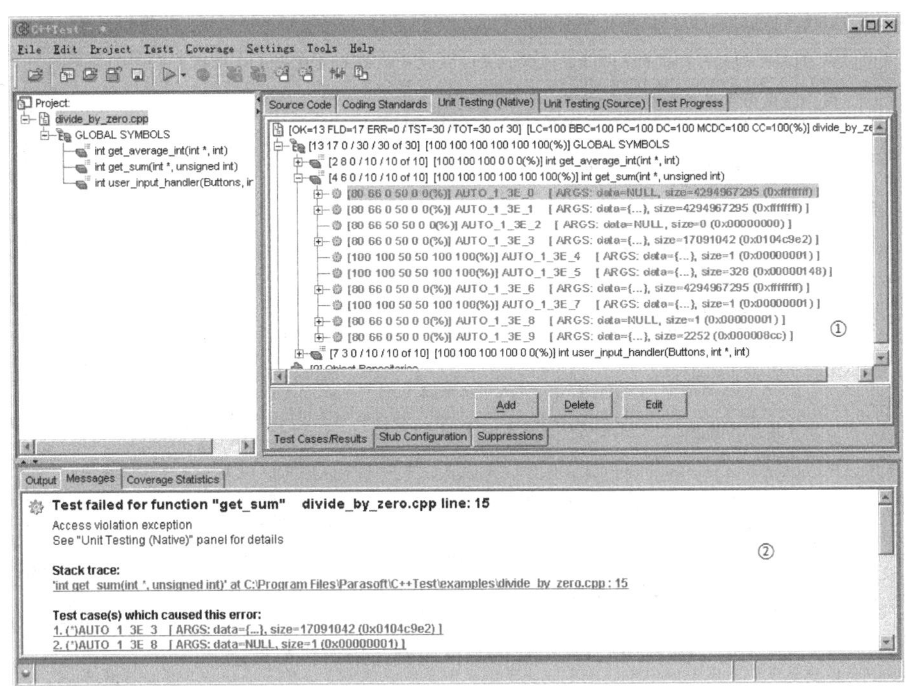

图 23.13　Unit Testing(Native)对话框

CC：即 Condition Coverage，表示条件覆盖；

DC：即 Decision (Branch) Coverage，表示判定(分支)覆盖；

MC/DC：即 Modified Condition/Decision Coverage，表示修正条件判定覆盖。

注意：上述部分覆盖类型在本书实验 18 中已有所介绍。它们是白盒测试方法的逻辑覆盖方法中的重要成员，目前上述方法在软件测试中被广泛应用，尤其 MC/DC 更是被很多大型软件测试所应用，例如飞行控制软件的测试等。

此外，C++ Test 针对不同函数进行了测试用例的生成及执行，如图 23.14 所示，显示了所有生成的测试用例及测试用例执行信息，针对未执行通过的测试用例(即红色的测试用例)可单击⊞将其展开后，进一步查看具体分析情况。

在此，值得提醒的是，图 23.13 中红色测试用例表示执行中发现了缺陷，绿色测试用例表示执行通过；AUTO 关键字标识的用例表示为 C++ Test 自动生成的(如：AUTO_1_3E_0 [ARGS: data={...}, size=4294967295 (0xffffffff)])，USER 关键字标识的用例表示为 C++ Test 使用者手工创建的(如 USER_1_3E_39 [ARGS: data=random, size=random])。

② 区域显示动态测试的输出及详细结果分析信息，同 Source Code 选项卡中的介绍，不再赘述。

第 2 步：选择未执行通过的测试用例。在图 23.13 所示的①中单击带有标志的红色测试用例(如 AUTO_1_3E_24)，查看如图 23.15 所示的该用例执行的具体分析情况及如图 23.16 所示的 Message 对话框中对应显示的详细信息。

第 3 步：分析未执行通过的测试用例。在图 23.13 所示的①中单击 Edit 按钮，打开如图 23.17 所示的测试用例编辑对话框。

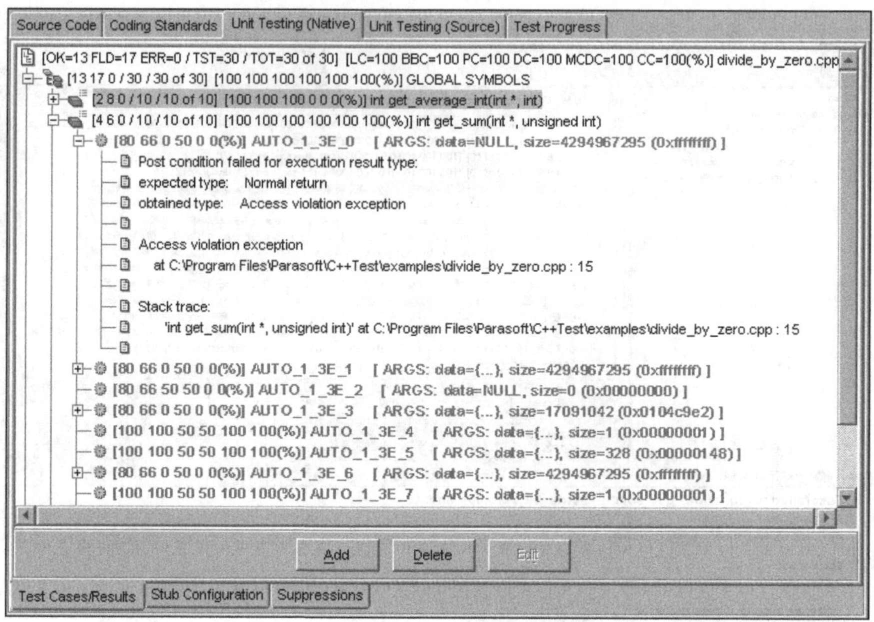

图 23.14　已生成的测试用例及用例执行信息

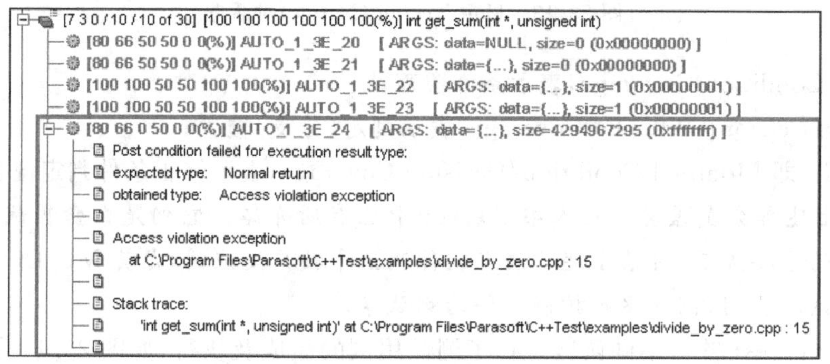

图 23.15　用例执行的具体分析

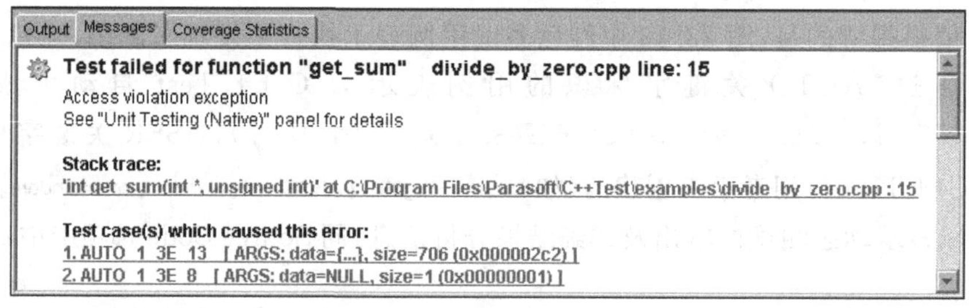

图 23.16　测试结果详细信息

从图 23.17 中可知，该用例生成的输入 data[i]，size 分别为 0，4294967295。可见对于只有一维的数组，却加了 4294967265 次，显然发生 size 越界。据此可进行代码修改并重新测试，至执行当前测试用例由红色转变为绿色时，表明缺陷成功修复。

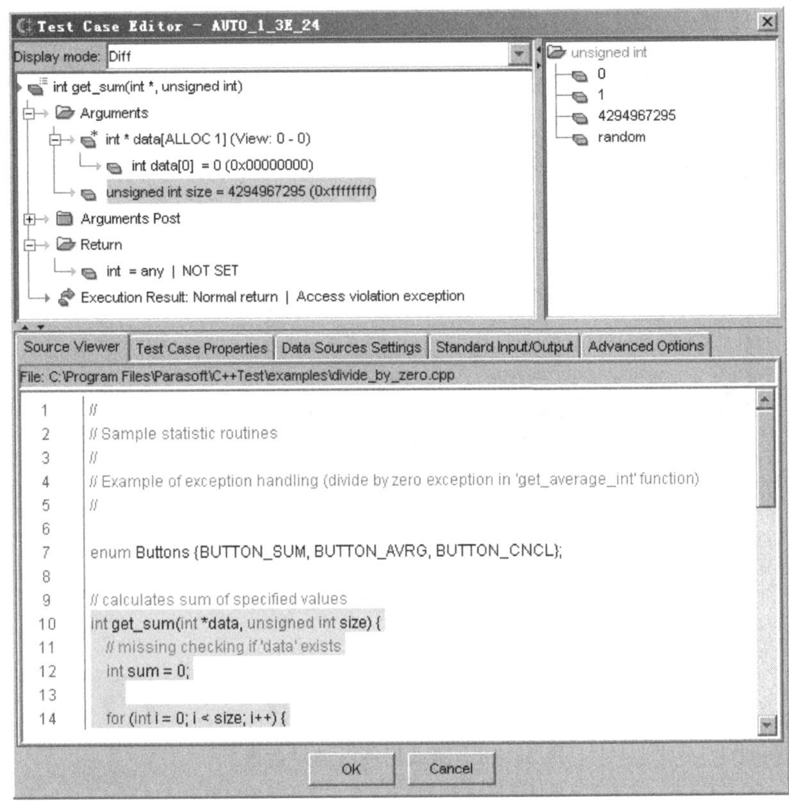

图 23.17　测试用例编辑对话框

除此之外，被测程序中还存在多种问题，如未对指针进行保护；i 与 size 类型不匹配等。读者仔细分析 C++ Test 动态测试结果，可逐一发现。

值得提醒的是，若 C++ Test 自动生成的测试用例不能满足项目测试需要，则可通过手工创建测试用例以进行补充。例如，添加一条测试用例，用于验证当"datat[0]=2147483647，size=1"时，sum=2147483647 是否成立。具体步骤如下。

第 1 步：在图 23.13 所示的①中单击 Add 按钮，打开如图 23.18 所示的测试用例添加对话框。

第 2 步：如图 23.19 所示设置测试用例详细信息。

第 3 步：查看手工添加的测试用例。在图 23.19 中单击 OK 按钮，一条测试用例添加成功，返回至图 23.20 所示对话框。

第 4 步：执行添加的测试用例。单击新添加的用例，选择 Play Selected Test Case(s)右键菜单，如图 23.21 所示。

第 5 步：查看用例执行结果。测试用例执行后，结果显示为 [100 100 50 50 100 100(%)] USER_1_3F_10 [ARGS: data={...}, size=1 (0x00000001)]，显然，该用例执行通过。

以上，为 C++ Test 动态测试过程的简要概述。不难看出，C++ Test 动态测试的开展，尤其需要手工添加测试用例的测试中，对读者的代码能力有较高要求，请读者结合自身情况拓展学习。

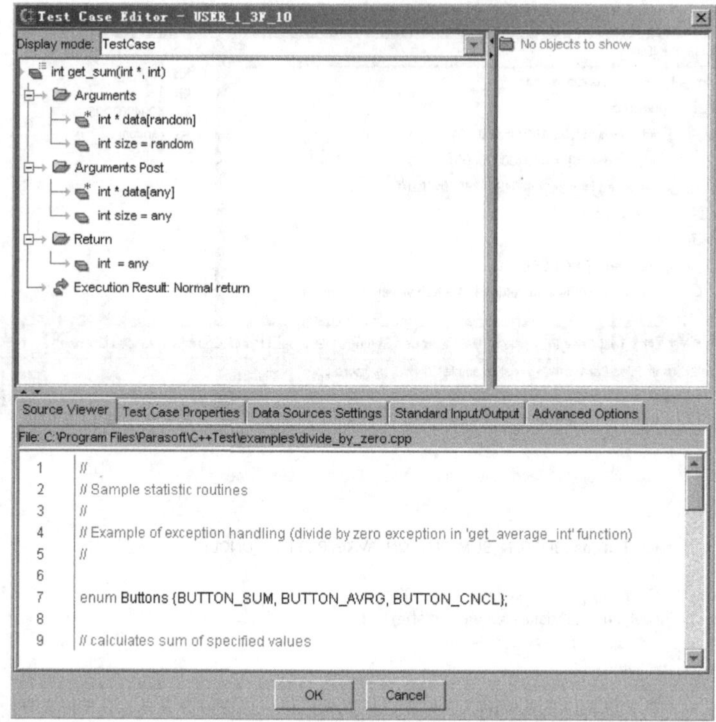

图 23.18　测试用例添加对话框

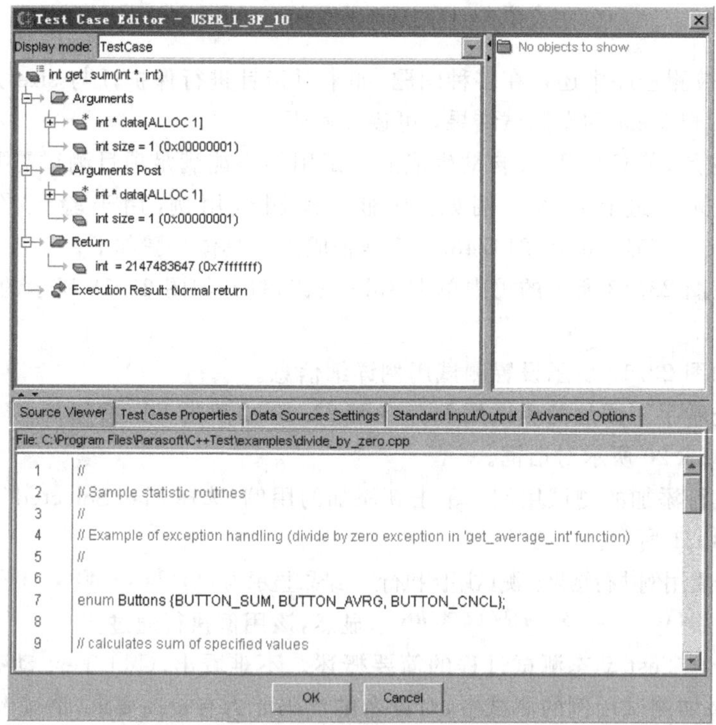

图 23.19　设置测试用例详细信息

[5 4 0 / 9 / 11 of 11] [100 100 100 100 100 100(%)] int get_sum(int *, int)
[80 66 0 50 0 0(%)] AUTO_1_3F_0 [ARGS: data={...}, size=2147483647 (0x7fffffff)]
[100 100 50 50 100 100(%)] AUTO_1_3F_1 [ARGS: data={...}, size=1 (0x00000001)]
[80 66 50 50 0 0(%)] AUTO_1_3F_2 [ARGS: data=NULL, size=-1 (0xffffffff)]
[80 66 50 50 0 0(%)] AUTO_1_3F_3 [ARGS: data={...}, size=-1 (0xffffffff)]
AUTO_1_3F_4 [ARGS: data=NULL, size=198 (0x000000c6)]
[80 66 0 50 0 0(%)] AUTO_1_3F_5 [ARGS: data={...}, size=147178 (0x00023eea)]
[80 66 50 50 0 0(%)] AUTO_1_3F_6 [ARGS: data={...}, size=0 (0x00000000)]
[80 66 50 50 0 0(%)] AUTO_1_3F_7 [ARGS: data={...}, size=-1 (0xffffffff)]
[80 66 0 50 0 0(%)] AUTO_1_3F_8 [ARGS: data={...}, size=2147483647 (0x7fffffff)]
[80 66 0 50 0 0(%)] AUTO_1_3F_9 [ARGS: data={...}, size=2147483647 (0x7fffffff)]
USER_1_3F_10 [ARGS: data={...}, size=1 (0x00000001)]
[27 13 0 / 40 / 40 of 40] [100 100 100 100 0 0(%)] int user_input_handler(Buttons, int *, int)

图 23.20　手工添加的测试用例

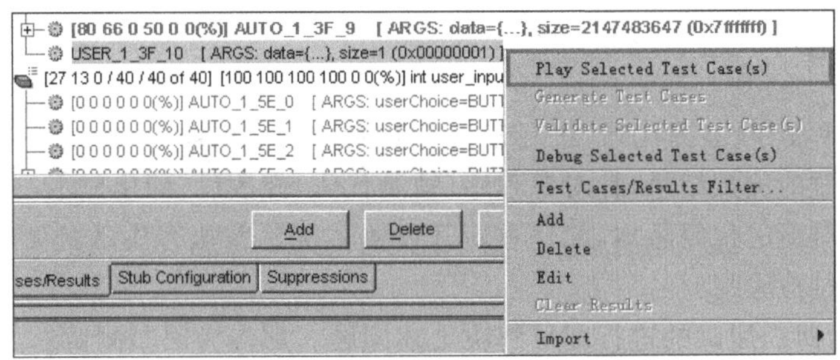

图 23.21　执行添加的测试用例菜单

4. 拓展练习

请借助 C++ Test 工具，针对如下程序开展动态测试，要求至少手工添加 1 条测试用例，并执行测试。

源程序：

```
#define SIZE 88
int user_input_handler(int i)
{
    int result=0;
    if (i>SIZE)
        result=-1;
    else if (i<33)
        result=1;
        return result;
}
```

实验 24　C++ Test 回归测试

1. 实验目标

(1) 理解 C++ Test 回归测试理论。

(2) 能够使用 C++ Test 进行回归测试。

2. 背景知识

思考：针对源程序(被测代码)进行动态测试后，C++ Test 自动生成一批测试用例，当读者依据执行失败的测试结果，针对源程序(被测代码)修改后，即生成了一个新的代码版本(软件版本)。面对新的代码版本，如何重新开展测试呢？曾执行失败的测试用例在新版本代码中是否可通过检验呢？

题目很简单，回归测试的进行即可解决上述问题。那何为回归测试？

回归测试是对"修改后的软件代码所形成的新版本"进行的重新测试。此类型测试基于如下两目的开展。其一，验证已修复的软件缺陷是否真的已解决；其二，验证缺陷被修复的同时，是否能确保以前所有运行正常的功能依旧保持正常，而不应受到此次代码修改的影响。

C++ Test 功能强大，可灵活支持回归测试的开展。首次测试某个待测程序时，可自动保存其测试相关参数。一旦需要执行回归测试时，读者可打开合适的项目和文件，运行所有原来的测试用例和测试相关参数，且可告知执行中发现的问题，从而保证了回归测试参数的选取同之前的测试相关参数的一致性等。

在读者充分理解了何为回归测试后，则不难理解，C++ Test 回归测试的开展是基于"C++ Test动态测试"和"源代码修改(依据 C++ Test 动态测试结果进行)"二者步骤之后的工作。

以下实验，以 cpptest_demo. cpp 源代码文件为例，进行"C++ Test 动态测试→源代码修改→C++ Test 回归测试"过程的介绍。

注意：cpptest_demo. cpp 为 C++ Test 工具自带实例，读者可在默认安装路径的 examples 文件夹下找到该文件。

3. 实验任务

任务：针对 cpptest_demo. cpp 程序开展动态测试，并对产生的 Bug 进行修改，Bug 修改之后进行回归测试。

第 1 步：动态测试。请读者结合实验 23 中的讲解，针对 cpptest_demo. cpp 程序开展动态测试，限于篇幅，不再赘述。C++ Test 动态测试后，生成如图 24.1 所示的测试结果。

第 2 步：依据图 24.1 中所示执行失败的测试用例(即以红色标识)修改源代码。源代码如图 24.2 所示，结合 C++ Test 动态测试结果的分析及个人经验，可知需添加判空的校

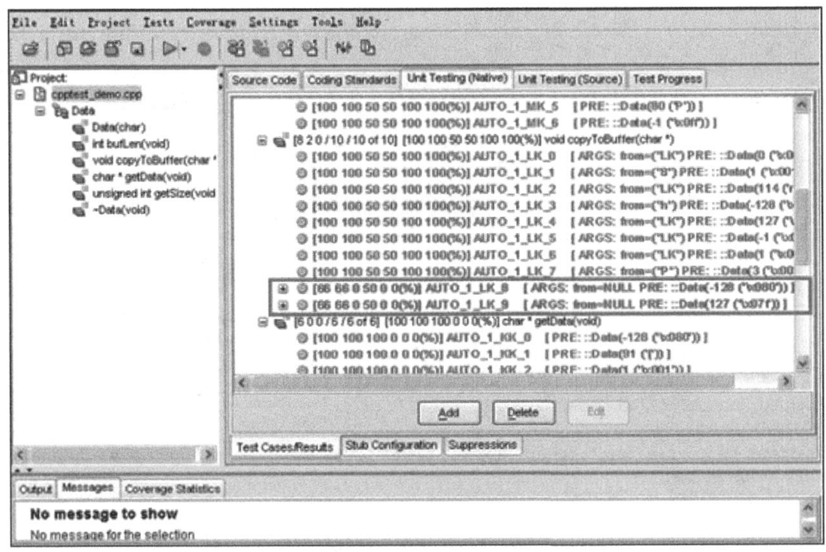

图 24.1 动态测试结果

验,如图 24.3 所示。修改成功后,进行源代码保存,即生成了新版本的软件代码。具体步骤请读者自行体验,限于篇幅,不再赘述。

```
void Data::copyToBuffer(char * from) {
    // argument should be validated - exception thrown if NULL passed
    // off by one error - should use '<' instead of '<='
    const unsigned SZ = getSize();
    for (int i = 0; i <= SZ; ++ i) {
        *(_data + i) = *(from + i);
    }
    _data[SZ - 1] = '\0';
}
```

图 24.2 存在缺陷的源代码

```
void Data::copyToBuffer(char * from) {
    // argument should be validated - exception thrown if NULL passed
    // off by one error - should use '<' instead of '<='
    const unsigned SZ = getSize();
    if (NULL!=_data && NULL!=from)        //添加判断是否为空
    {
       for (int i = 0; i <= SZ; ++ i) {
        *(_data + i) = *(from + i);
    }
    _data[SZ - 1] = '\0';
    }                                      //添加
}
```

图 24.3 修改后的源代码

注意:如图 24.2 所示,未执行通过的用例表明了 copyToBuffer 方法中未进行空值情况的校验。

第 3 步:回归测试。如图 24.4 所示,在 C++ Test 动态测试结果对话框中,单击工具栏中的▷·,选择 Test Using|Configurations|Built-in|UnitTesting|RegressionTesting 菜单命令,自动进行回归测试。回归测试结果如图 24.5 所示,可见,经过源代码的修改,软件缺陷已被成功修复,即曾执行失败的测试用例(即以红色标识),现已执行成功(即以绿色标识)。

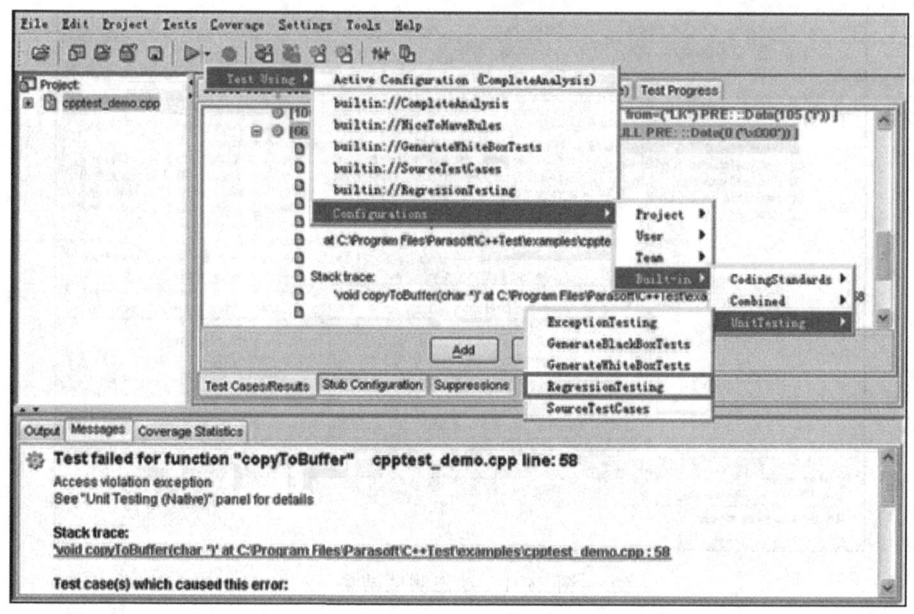

图 24.4　回归测试执行菜单

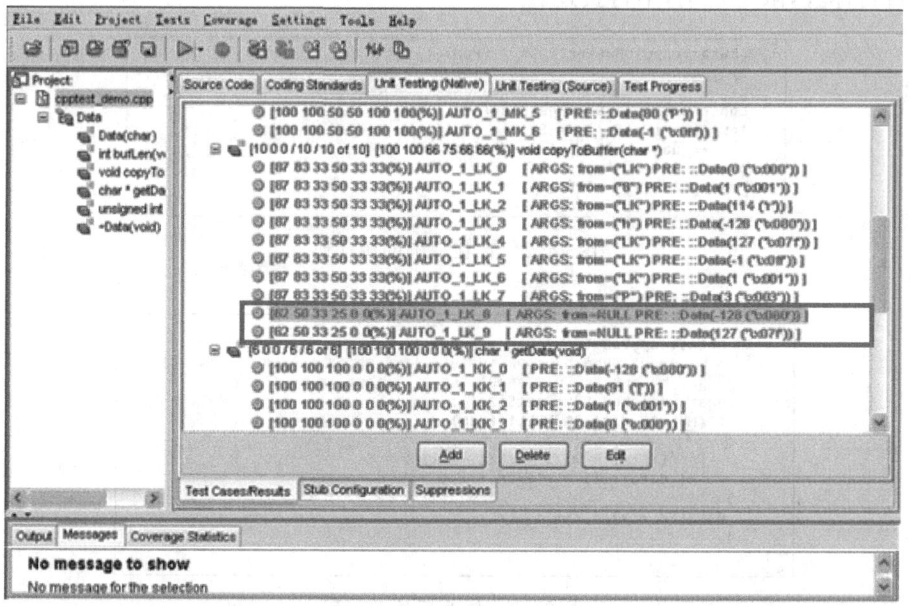

图 24.5　回归测试结果

至此，简要概述了 C++ Test 回归测试过程，请读者通过实践的过程慢慢体会回归测试同动态测试的差异。

4. 拓展练习

请针对 C++ Test 工具自带的 divide_by_zero.cpp 程序开展动态测试，并对产生的缺陷进行修改（至少一个），之后进行回归测试，体会回归测试同动态测试的不同。

实验 25　C++ Test 拓展功能

1. 实验目标

(1) 了解 C++ Test 桩函数设置。

(2) 体验自定义桩模块操作。

(3) 体会自动生成桩模块与自定义桩模块的差异。

2. 背景知识

C++ Test 功能极其强大，除了支持静态测试、动态测试及回归测试之外，还可在很多方面为读者的自动化测试开展带来便利。例如，自定义桩模块、测试对象库的管理与维护、生成测试报告等。

本讲结合较常用的 C++ Test 功能点，选取“自定义桩模块”为代表进行 C++ Test 拓展介绍，旨在激发读者进一步深入研究和学习 C++ Test 其他功能。

首先，体验一个实例。使用 Visual C++ 6.0 打开 stubs.cpp 源代码文件，并进行编译、运行操作。不难发现，如图 25.1 所示此过程出现错误。

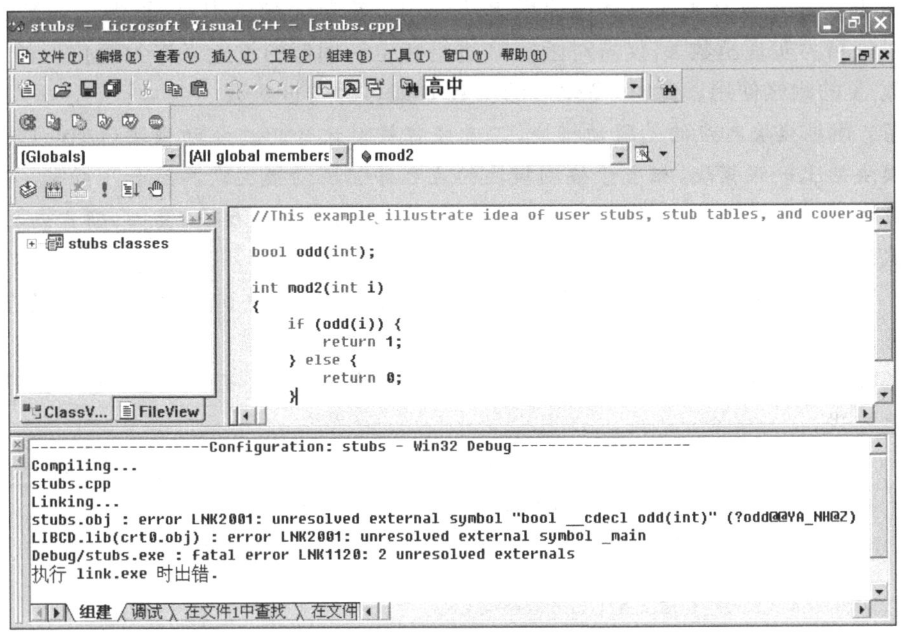

图 25.1　stubs.cpp 编译运行报错

图 25.1 中显示了 stubs.cpp 源代码，经分析得知：其一，stubs.cpp 源代码中包含了 odd()和 mod2()两个函数；其二，mod2()函数调用 odd()函数；其三，odd()仅通过“bool odd(int);”进行了函数声明，并未进行函数定义。显然，mod2()调用尚未定义的 odd()函数，执

行过程必然失败。

此后，在 C++ Test 中打开 stubs. cpp 源代码文件，并执行动态测试。不难发现，C++ Test 可成功完成动态测试执行。为何此过程不受未定义的 odd()函数的影响？在 Visual C++ 6.0中无法运行的程序为何于 C++ Test 中可顺利开展动态测试？为读者揭示答案，其原因在于动态测试过程中，C++ Test 自动为 stubs. cpp 源代码构造了桩函数(如图 25.2 所示)以协助测试的顺利开展。

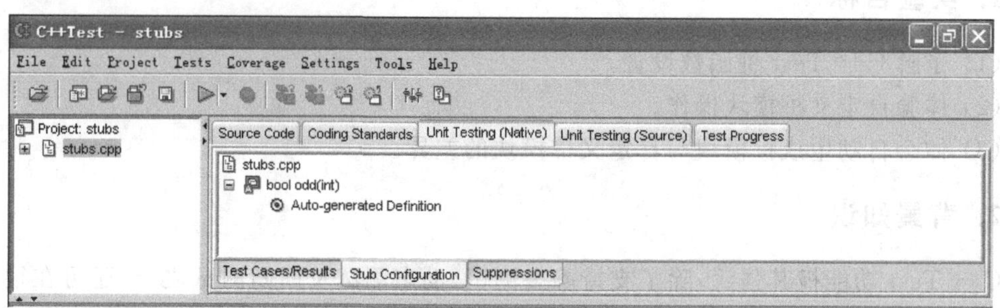

图 25.2　自动构造桩函数

尽管读者对于桩函数的内涵和作用仍不尽理解，但肯定有一点是了解了的，即 C++ Test 是借助桩函数来协助 stubs. cpp 源代码测试的顺利开展的。

何为桩函数？桩函数，又称桩模块(Stub)。它用于模拟被测模块工作过程中所调用的模块，通常都是很简单的函数，且仅进行较少的数据处理。例如，函数 A 调用了其他函数 B，而函数 B 由于还没有实现或其他原因无法使用。在单元测试中，要想测试函数 A，则无须花费大量精力实现函数 B，仅需对函数 B 进行特定返回值的设置来作为简化后的函数 B，以供函数 A 的测试使用。此时，简化后的函数 B 即可称作桩函数。

注意：同桩模块对应的是驱动模块，二者经常被对比介绍。驱动模块(Drive)用于模拟被测试模块的上一级模块，相当于被测模块的主程序。驱动模块需具有如下功能：其一，接收测试数据；其二，将相关数据传送给被测模块；其三，启动被测模块；其四，输出或打印出相应的测试结果。

C++ Test 工具能够在被测代码需要调用但尚未实现或无法访问时，通过生成桩函数以达到能够测试与外部资源操作的交互目的。

桩函数作用如此重要，如何来创建桩函数则显得尤为关键。C++ Test 支持如下两种桩函数创建方式。

(1) C++ Test 自动生成桩函数：即用户仅需在 C++ Test 中单击其提供的测试配置，则可针对所选择源文件或者源工程自动生成桩函数；

(2) 用户自定义桩函数：即用户手动编写桩函数，如自定义的桩函数示例如下：

```
int::CppTest_Stub_doSomething(int i)
{
    return i+10;
}
```

读者可能会问：既然 C++ Test 能够为源代码自动生成桩函数，为何还需自定义桩函数？原因在于自定义桩函数的灵活性及实用性更优于自动生成桩函数，例如桩函数的返回值，可由用户自由控制，更具灵活性。

值得提醒的是，自定义桩函数的执行优先级高于 C++ Test 自动生成的桩函数，故当二者共存时，读者若需调整桩函数的返回值，仅需调整自定义桩函数中的值即可。

上述两种不同桩函数生成的类型中，C++ Test 自动生成桩函数方式操作简易，在 C++ Test 动态测试过程中即可自动创建桩函数，限于篇幅，不再赘述；以下实验，以 stubs. cpp 源代码为例，重点介绍如何自定义桩函数。

3. 实验任务

任务：针对"stubs. cpp"开展动态测试，需要手动为该函数添加桩函数，体会自定义桩函数与手动添加桩函数的差别。

第 1 步：打开待测试的文件。通过选择 File|Open File(s)菜单命令，打开 C++ Test 默认安装路径的 examples 文件夹下的 stubs. cpp 待测文件。

第 2 步：Read Symbols，读取符号。右击 stubs. cpp(Symbols not read)，选择 Read Symbols 菜单命令，C++ Test 将剖析当前源程序(即被测程序)，完成最初的词法分析，分析结果会输出于 Output 窗口中。

第 3 步：Build Test，创建测试。右击 stubs. cpp(Symbols not read)，选择 Build Test 菜单命令，C++ Test 将自动建立测试环境，包括测试驱动程序及桩模块等。

注意：如图 25.3 所示，在测试选项卡区域，选择 Unit Testing (Native) | Stub Configuration 选项卡，可见 C++ Test 自动创建的桩模块。由于尚未进行动态测试，故该桩函数未生效。

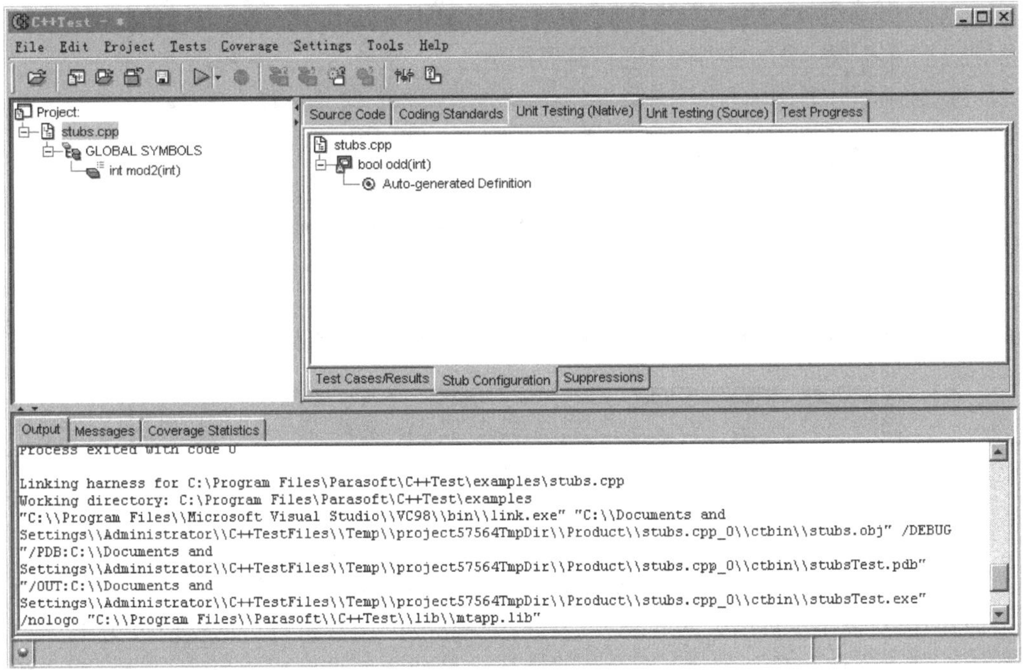

图 25.3　C++ Test 自动创建的桩模块

第 4 步：自定义桩函数。在图 25.3 所示的 Stub Configuration 选项卡下，右击 bool odd(int) 函数，选择 Add User Definition 菜单命令，打开如图 25.4 所示的 Stub Configuration Update 对话框，单击 OK 按钮，进入图 25.5 所示的窗口，可进行桩函数的编写。

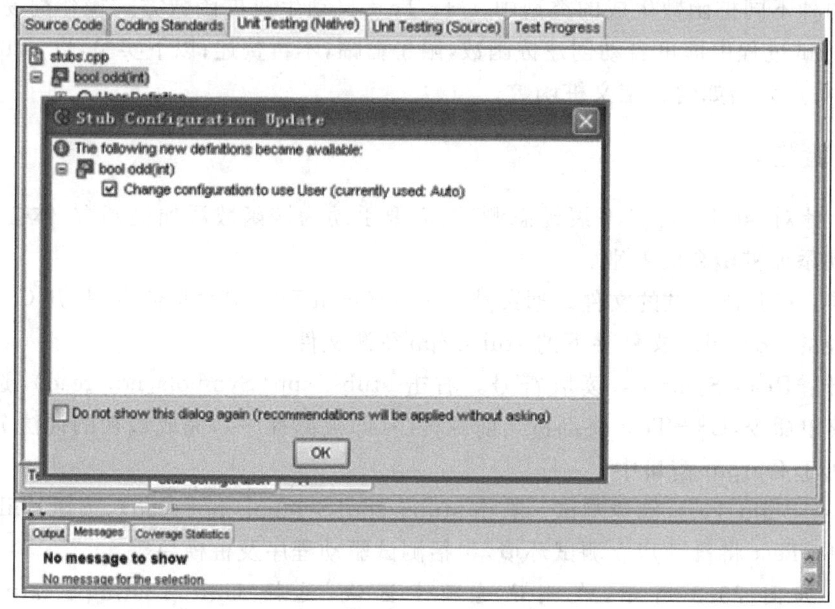

图 25.4　Stub Configuration Update 对话框

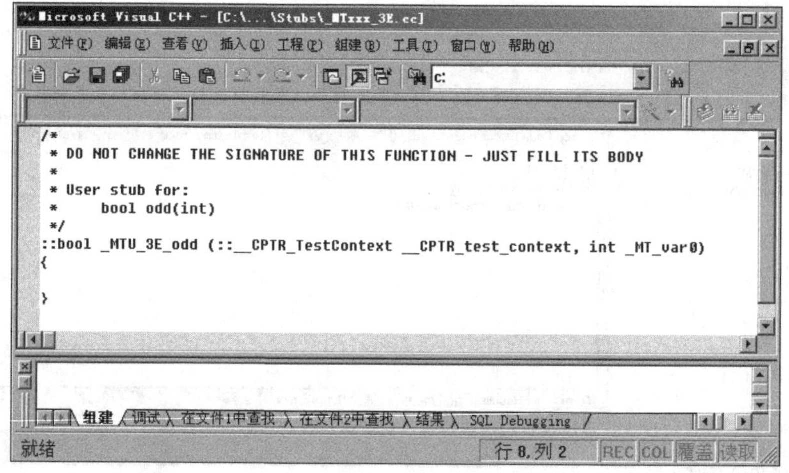

图 25.5　桩函数的编写窗口

第 5 步：编写桩函数，如图 25.6 所示。

结合图 25.7 所示的源代码进行分析，当 mod2()函数调用上述桩函数时，桩函数将返回 true(即真)值给调用本桩函数的 mod2()函数，则 mod2()函数执行后的返回值为 1。可见，此情况下，无论 i 值赋值为何值，mod2()函数执行后的预期返回值均为 1。反之，假定将当前桩函数内容修改为“return false;”，则无论 i 值赋值为何值，mod2()函数执行后的预期返回值均为 0。

```
/*
 * DO NOT CHANGE THE SIGNATURE OF THIS FUNCTION - JUST FILL ITS BODY
 *
 * User stub for:
 *     bool odd(int)
 */
::bool _MTU_3E_odd (::__CPTR_TestContext __CPTR_test_context, int _MT_var0)
{
  return true;

}
```

图 25.6　桩函数

```
//This example illustrate idea of user stubs, stub tables, and coverage

bool odd(int);

int mod2(int i)
{
    if (odd(i)) {
        return 1;
    } else {
        return 0;
    }
}
```

图 25.7　源代码

第 6 步：查看自定义的桩函数。编写桩函数并保存成功后，返回至 C++ Test 工具的 Unit Testing(Native)| Test Cases/Results 选项卡，可查看自定义桩函数如图 25.8 所示。其中，_MTxxx_3E.cc 表示自定义的桩函数文件。

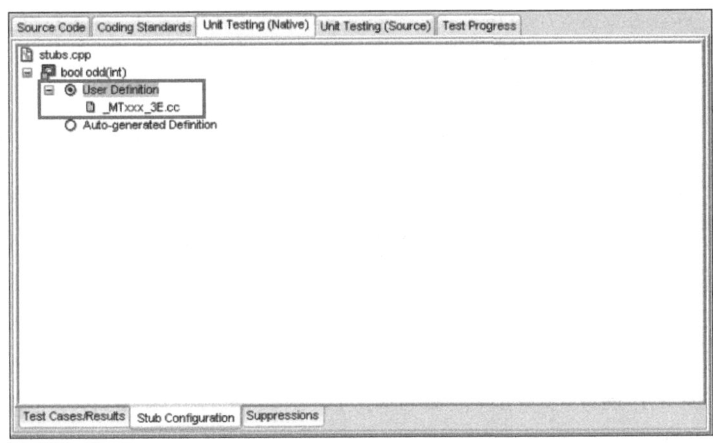

图 25.8　自定义的桩函数

第 7 步：手动添加测试用例。在测试选项卡区域，选择 Unit Testing(Native)| Test Cases/Results 选项卡；在打开的 Test Cases/Results 选项卡中，单击 Add 按钮；在打开的 Test Case Editor - USER_1_4E_6 对话框中，如图 25.9 设置 Arguments 中的参数值及 Return 中的返回值；设置完毕，单击 OK 按钮即可。

注意：图 25.9 中的设置表示"无论 i 值赋值为何值，mod2()函数执行后的预期返回值均为 1"。

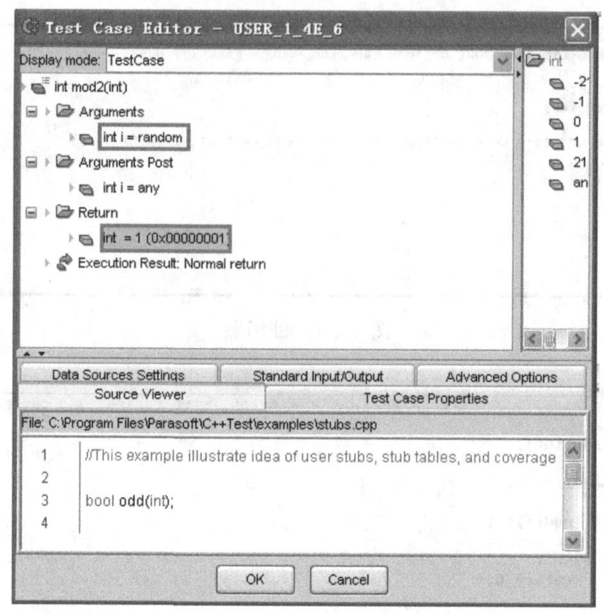

图 25.9　添加测试用例对话框

第 8 步：执行新添加的测试用例。在 Test Cases/Results 选项卡区域，选择新添加的手工测试用例，右击 Play Selected Test Case(s)菜单命令，C++ Test 自动执行当前测试用例，结果显示为执行通过(即测试用例为绿色，代表源代码执行得出的实际结果同预期结果 1)，如图 25.10 所示。

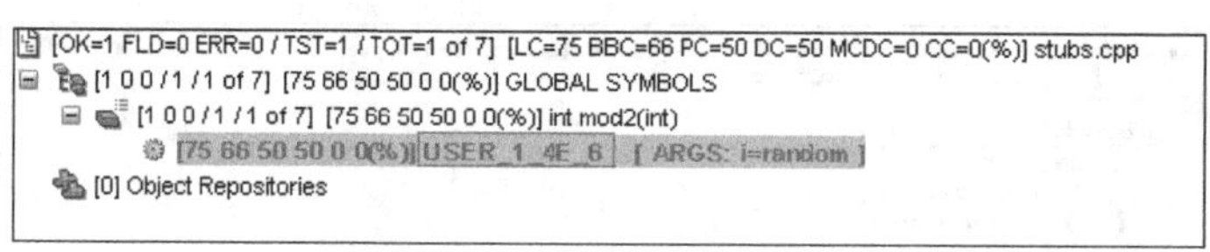

图 25.10　测试用例执行结果

至此，简要介绍了借助用户自定义桩函数方式开展动态测试的过程。上述功能仅为众多 C++ Test 拓展功能之一，请读者结合实际项目需要灵活进行拓展学习。

4. 拓展练习

请针对如下函数开展动态测试，需要手动为该函数添加桩函数，体会自定义桩函数与手动添加桩函数的差别。

源代码：

```
int div(int a,int b)
{
    int c;
    c=a/b;
    dev(c);
    return c;
}
```

实验 26　XUnit 基础与 JUnit 安装

1. 实验目标

(1) 了解 XUnit 单元测试框架。
(2) 了解 Xunit 常见类型。
(3) 了解 JUnit 单元测试框架。
(4) 掌握 JUnit 相关环境准备。

2. 背景知识

单元测试是开发人员或白盒测试工程师编写的一小段代码，用于检验源程序（被测代码）的一个很小的、很明确的功能是否正确的行为。换言之，单元测试是对软件最基本的组成单元进行的测试，是编码完成后必须进行的测试工作。

注意：程序中一个最小的单元应有明确的功能、性能相关定义，而且可以清晰地与其他单元区分开来。例如，面向过程语言（如 C、Visual Basic 等）的单元可理解为“由一个或若干个的函数或过程所组成”；面向对象语言（如 Java、C++ 、C# 等）的单元可理解为“一个类或类的实例，或者由方法来实现的功能”。

单元测试的概念较为抽象，通过如下实例帮助读者加深理解。

(1) 图 26.1 所示为实现加法功能的源代码，可称作一个“单元”。

(2) 图 26.2 所示为测试代码，用于测试源代码。

```
package weind;

public class calculator {
    public int add(int a,int b)
    {
        return a+b;
    }
```

图 26.1　源代码

```
package weind;

import junit.framework.Assert;
import junit.framework.TestCase;

public class calculatorTest extends TestCase {

    public void testAdd() {
        calculator cal = new calculator();
        int result = cal.add(3, 5);
        //断言
        Assert.assertEquals(8,result);
    }
}
```

图 26.2　测试代码

(3) 图 26.3 所示为借助单元测试工具 JUnit（即 XUnit 框架中的一款工具）来执行测试的结果显示，与绿色进度条均表示测试通过。

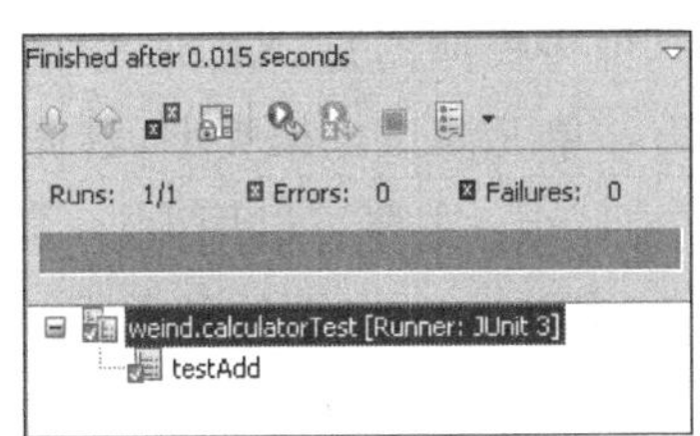

图 26.3　测试结果显示

至此，上述测试过程的进行，可称为单元测试。

在读者理解了何为单元测试之后，请思考实际工作中是否有必要开展此类测试呢？客观来讲，单元测试是测试工作中极其重要的一个阶段，该项工作的推行优势诸多。

其一，单元测试阶段要远远早于集成测试和系统测试阶段，依据软件测试工作中“尽早地和及时地开展测试”的原则，提倡测试工作在早期同步进行，而并非是等到所有系统功能开发完毕且组装成一个完整系统时(即系统测试阶段)才开展；其二，单元测试的开展可带来更大的测试范围，可测试得更加深入，从而弥补系统测试阶段的不足；其三，单元测试中由于代码透明可见，故能够很容易地模拟错误条件，这点在系统测试阶段的功能测试中很难办到。除此之外，单元测试的开展还能减少调试工作，促进团队协作，等等。总之，单元测试不容忽视。

至此，读者已了解单元测试及其开展的必要性，基于上述介绍，读者最关注的莫过于如何开展单元测试。以下进行分析介绍。

通常，单元测试的开展方式包含以下 4 种类型。

(1) 人工静态分析：即通过人工阅读代码的方式来查找代码中存在的错误。

(2) 自动静态分析：即使用代码复查工具进行代码中错误的查找，往往借助工具来发现程序的语法相关错误。

(3) 人工动态测试：即人工设定程序的输入和预期输出，通过执行程序的过程来判断实际输出是否符合预期结果，若不符则说明产生了缺陷。

(4) 自动动态测试：即借助测试工具自动生成测试用例并自动执行被测程序的过程，往往工具用来发现程序的行为相关错误。

基于上述介绍，值得提醒的是，虽然利用 XUnit 完成的单元测试过程借助了 XUnit 工具来开展，但由于需要人工设定程序的输入和预期结果，故仍属于“人工动态测试”类型。

以下，重点介绍如何借助 XUnit 执行单元测试。首先，认识一下 XUnit。

XUnit 是基于测试驱动开发的单元测试框架，主要目标是提供编写、运行测试用例，反馈测试结果及记录测试日志的一系列基础软件设施。

拓展：

① XP(eXtreme Programming)，即极限编程，更加重视单元测试环节，推崇测试优先原则，且开发方法独特。例如：

- 测试代码优先编写，之后再编写符合测试代码的源代码；
- 测试代码侧重覆盖系统主要功能及易错部分，无须覆盖全部细节；
- 不断维护测试代码等。有兴趣的读者可自行学习相关知识，限于篇幅，不再赘述。

② TDD(Test-Driven Development)，即测试驱动开发，它以不断的测试来推动代码的开发，该方式既简化了代码，同时又保证了软件质量。

③ TDD 是 XP 的重要特点之一，而 XUnit 是基于 TDD 的单元测试框架。

值得提醒的是，XUnit 中的“X”为一变量，可代表多种不同的编程语言。结合常见的 XUnit 单元测试框架类型，具体列举如下。

JUnit：主要测试用 Java 编写的代码。

CPPUnit：主要测试用 C++ 编写的代码。

NUnit：主要测试用.NET 编写的代码。

PyUnit：主要测试用 Python 编写的代码。

SUnit：主要测试用 SmallTalk 编写的代码。

vbUnit：主要测试用 VB 编写的代码。

utPLSQL：主要测试用 Oracle's PL/SQL 编写的代码。

MinUnit：主要测试用 C 编写的代码。

PhpUnit：主要测试用 php 编写的代码。

读者已知晓，XUnit 系列框架种类繁多，但实质内涵统一。引用官方对 XUnit 系列框架结构说明，如图 26.4 所示。

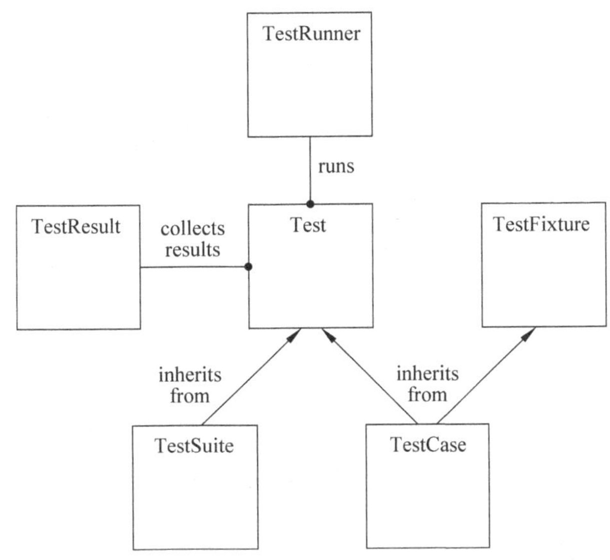

图 26.4　XUnit 系列框架

其中，可划分为用户可控部分和系统控制部分两大类。

(1) 用户可控部分：即用户编写测试用例时需了解或实现的部分，主要包含如下方面。

① TestSuite：测试集合，用于执行批量测试。

② TestCase：测试用例，据此开展测试。

③ TestFixture：测试接口，所有的测试用例都实现此接口。

(2) 系统控制部分：即整个测试框架的控制部分，而用户无须了解该部分具体的实现，主要包含如下方面。

① TestRunner：主要负责运行测试用例，并输出运行结果。

② TestResult：测试结果，用于呈现测试结果情况。

上述为 XUnit 系列框架的综述，在具体框架中也存在细微差别。在读者初步了解了 XUnit 相关基础后，接下来将结合 JUnit 为例进行单元测试的开展。

JUnit 是面向 Java 语言的单元测试框架，是 Java 社区中知名度最高的一款开源的单元测试工具，已发展成为 Java 开发中单元测试框架的事实标准。引用官方对 JUnit 框架的说明，如图 26.5 所示，并简要解释如下。

(1) junit.framework 是软件包，包内主要呈现类、接口，以及它们之间的关系。预使用包里的内容必须先引用该软件包，否则程序会报错。例如，软件包中包含了很多类，如

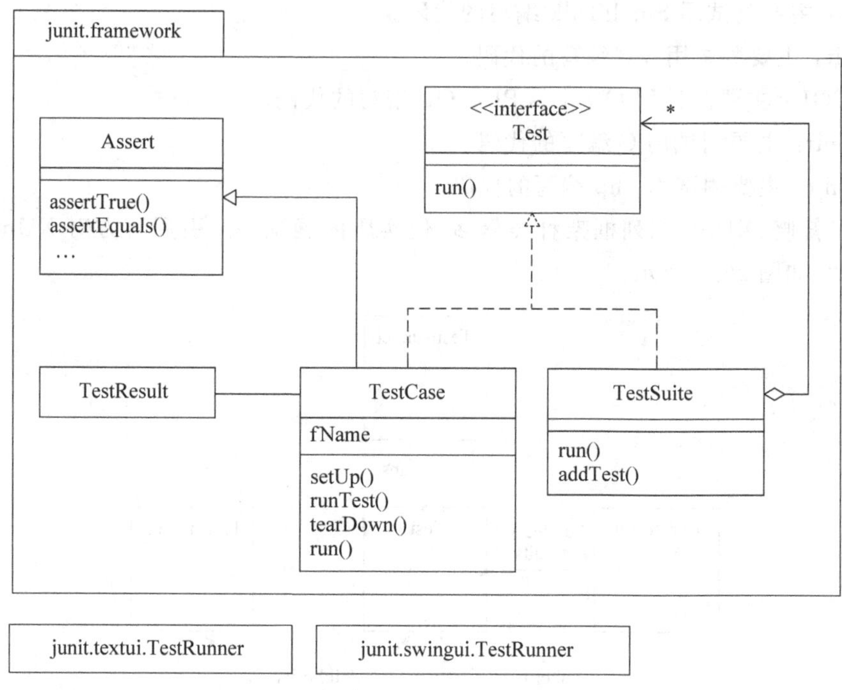

图 26.5 JUnit 框架

Assert、TestCase 等，若预使用 Assert 类，则需通过 import junit. framework. Assert 方式来引用。

(2) junit. framework 软件包中内容丰富，简要介绍各项如下。

① Assert：称为断言，实质为一个基类，单元测试中用于验证实际结果和预期是否一致，若一致则测试程序保持沉默，否则会进行报错。

② TestCase：称为测试用例，实质通过 Test×××方法（如 TestAdd）形式呈现，其下可包含一项或多项测试。另外，TestCase 类继承于 Assert 类，其可以调用 Assert 下面的各项方法。

③ TestSuite：称为测试集，实质为一组测试的集合，即一个 TestSuite 是把"多个相关测试"归入一组，旨在执行批量测试。

④ Test：称为测试，实质为执行测试并传递结果给 testResult 的过程，其中 TestCase 和 TestSuite 均实现了 Test 的接口，且 TestSuite 中可含多个 Test。

⑤ TestRunner：称为测试运行器，实质用来启动用户测试界面，其中 JUnit 提供了命令行(junit.textui. TestRunner)和图形界面(junit. swingui. TestRunner)两种不同的 TestRunner 模式。

⑥ TestResult：称为测试结果，实质用于呈现结果，显示错误数等。

(3) TestCase、TestSuite 及 TestRunner 共同产生了 TestResult，这 3 个类是 JUnit 框架的骨干，被经典地称为 JUnit 成员三重唱。通常，单元测试工作中仅需编写 TestCase 类，而此外的工作均由其他类在幕后协助完成测试。

综上所述，读者已从理论层面上了解了 JUnit 单元测试框架的理论基础。以下实验，进行 JUnit 安装的体验，为后续 JUnit 的应用奠定基础。

3. 实验任务

任务：JUnit 工具安装。

JUnit 工具支持独立安装，也可利用 MyEclipse、Eclipse 等 IDE 中的 JUnit 插件来构建单元测试环境。就目前而言，多数 Java 的开发环境均已集成了 JUnit 作为单元测试工具，操作简便，优势显著。因此，推荐读者在实际项目中采用后者。

在此，选用 MyEclipse 集成开发环境作为后续 JUnit 单元测试开展的基础环境。换言之，JUnit 测试环境准备实质为 MyEclipse 开发环境的安装过程。已具有该环境的读者可跳过此步骤，进行后续章节的学习。

以下，简要介绍 MyEclipse 开发环境的安装。

第 1 步：安装 MyEclipse 6.5 工具软件。双击 MyEclipse6.5.0GAE3.3.2InstallerA.exe 安装包，进入如图 26.6 所示的欢迎安装对话框。

第 2 步：单击 Next 按钮，进入安装许可协议选择对话框。如图 26.7 所示选择 I accept the terms of the license agreement 一项。

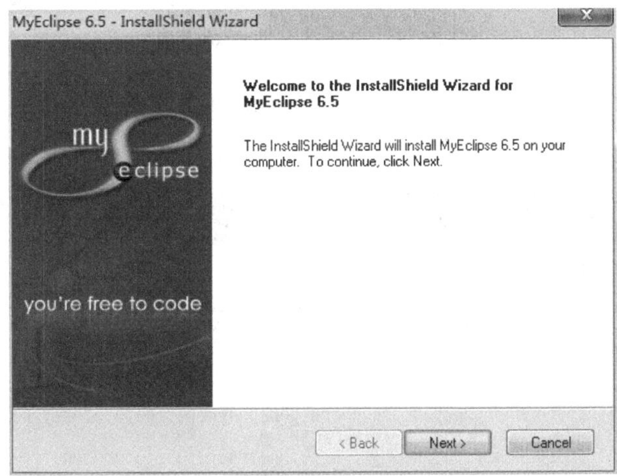

图 26.6　欢迎安装对话框

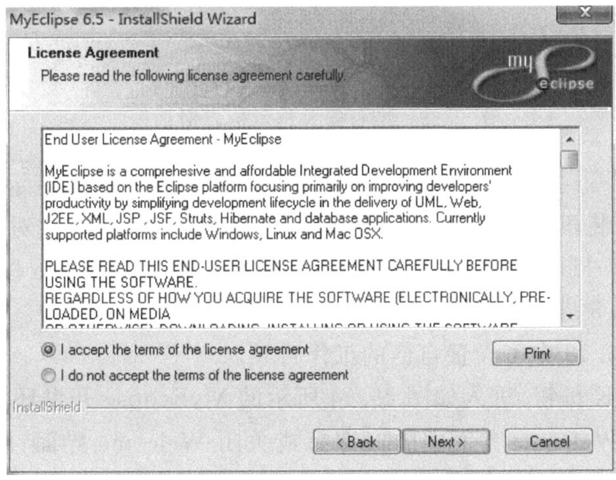

图 26.7　安装许可协议选择对话框

第 3 步：单击 Next 按钮，进入如图 26.8 所示的安装目录选择对话框。读者可依据实际情况进行安装目录修改。

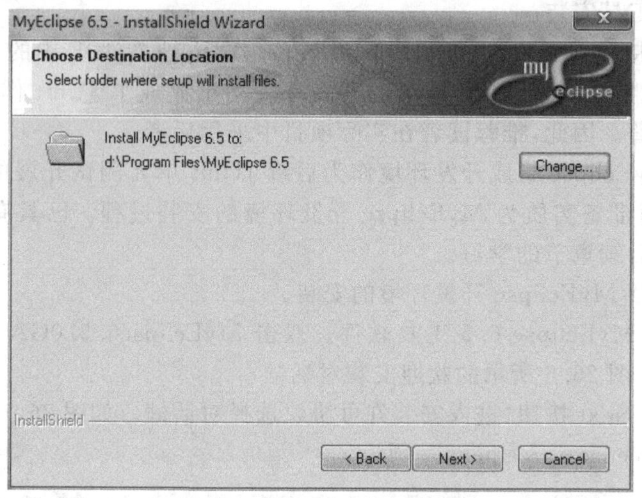

图 26.8　安装目录选择对话框

第 4 步：单击 Next 按钮，进入如图 26.9 所示的准备安装提示信息对话框。

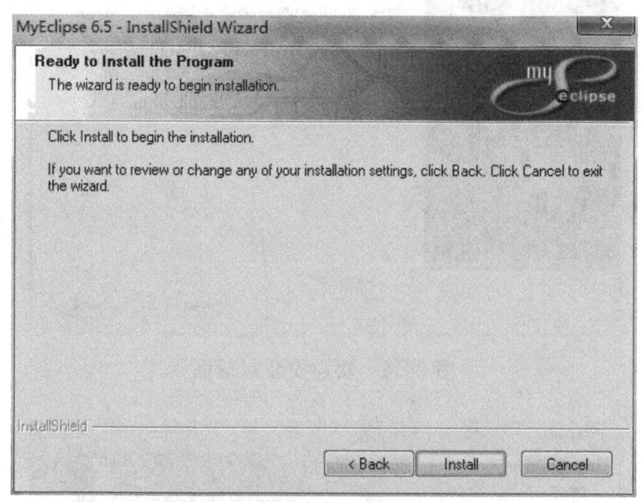

图 26.9　准备安装提示信息对话框

第 5 步：单击 Next 按钮，系统自动进行工具安装，如图 26.10 所示。

第 6 步：成功安装相关程序后，进入如图 26.11 所示的安装完成对话框。

第 7 步：在图 26.11 中勾选 Launch MyEclipse 6.5 并单击 Finish 按钮，进入如图 26.12 所示的 MyEclipse 6.5 启动界面。

第 8 步：在图 26.13 中可设置自己的工作目录。

第 9 步：单击 OK 按钮，进入如图 26.14 所示的 MyEclipse 开发环境的 Welcome 界面。

第 10 步：单击 Welcome 界面中的图标或关闭 Welcome 界面，即可进入如图 26.15 所示的 MyEclipse 的开发环境界面。

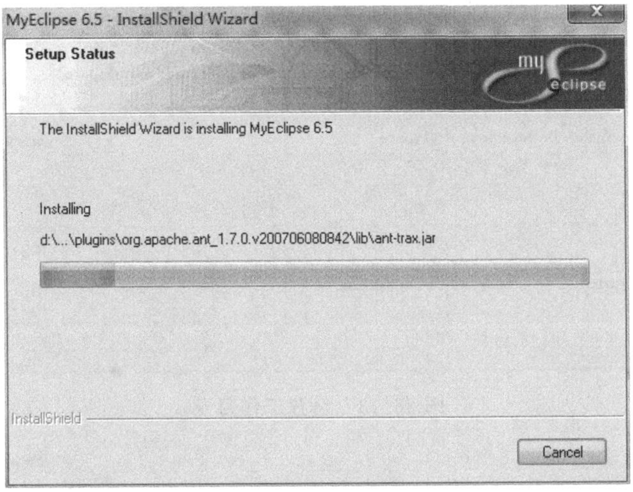

图 26.10　JUnit 安装进度

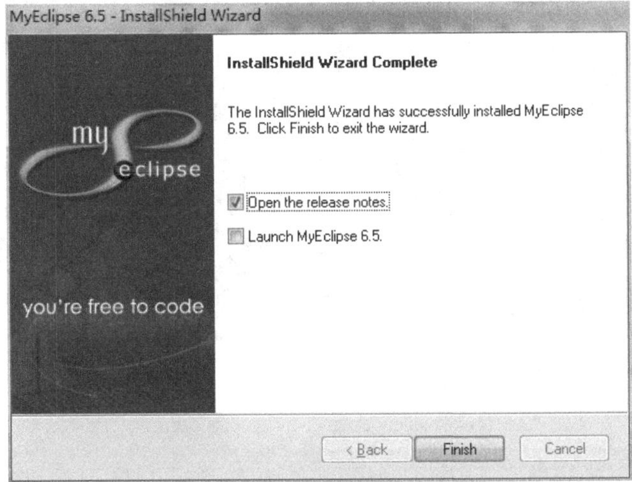

图 26.11　安装完成对话框

图 26.12　MyEclipse 6.5 启动界面

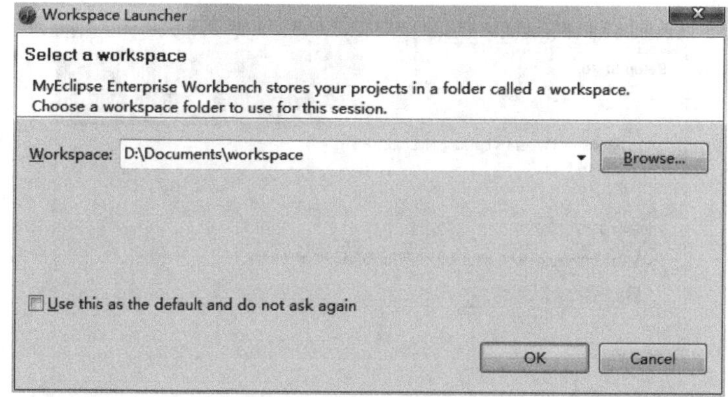

图 26.13　设置工作目录

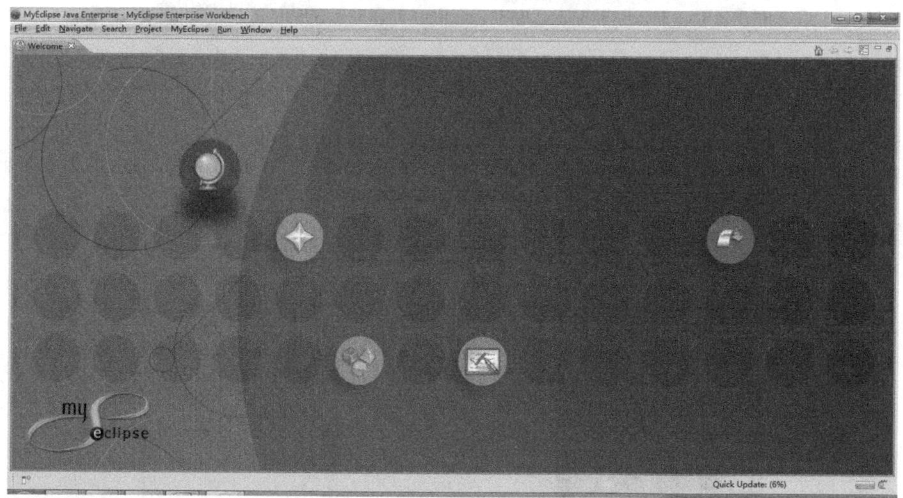

图 26.14　Welcome 界面

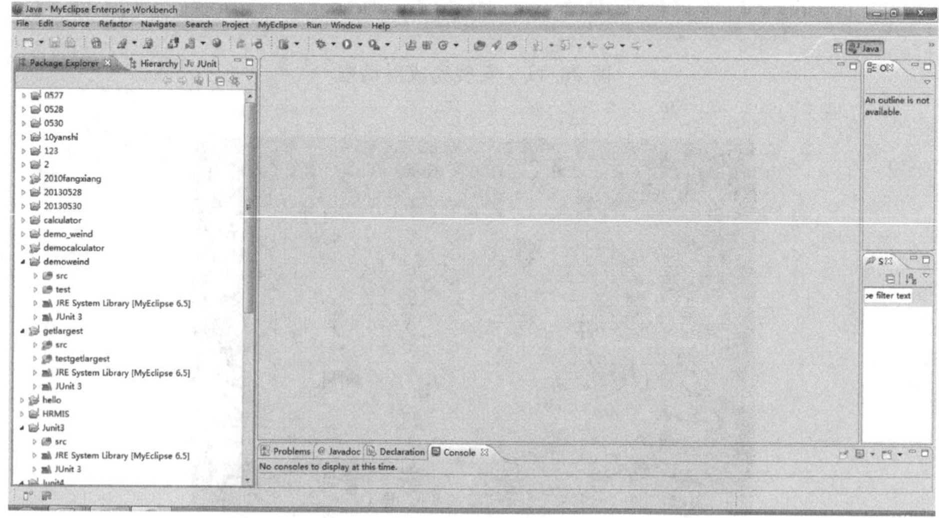

图 26.15　开发环境界面

以上，为 MyEclipse 开发环境的安装，其中自动集成了 JUnit 组件，无须另行下载和安装 JUnit，仅当执行单元测试前，添加 JUnit 类库即可。

4. 拓展练习

请读者安装 MyEclipse 开发环境，为后续 JUnit 单元测试的进行打好基础。

实验 27　JUnit 基础使用

1. 实验目标

(1) 能够使用 JUnit 进行计算器加减乘除的单元测试。

(2) 能够独立编写测试类和测试方法。

2. 背景知识

借助 JUnit 开展单元测试,简单方便,灵活快捷。通常,可依据如下思路进行。

(1) 开发人员提供被测代码。

(2) 针对被测代码或者被测的功能点,创建测试类。

(3) 在测试类中创建一个或多个测试方法。

(4) 借助 JUnit 执行测试。

不难理解,上述步骤 2 和步骤 3,即开发测试代码的过程为 JUnit 单元测试工作的重中之重,简要举例介绍。如图 27.1 所示为源代码(即被测代码),实现计算器的加法功能。如图 27.2 所示为测试代码,主要包含测试类及测试方法两部分:其一,测试类 calculatorTest,它继承于 TestCase 类;其二,测试方法 testAdd(),在该方法下通过给源代码中的方法 add() 赋值(3,5),且通过调用 Assert 类(断言,详见下文介绍)下的 assertEquals()方法来进行预期结果与实际结果的比较,从而判定源代码是否存在功能缺陷。

```
package weind;

public class calculator {
    public int add(int a,int b)
    {
        return a+b;
    }
```

图 27.1　源代码

```
package weind;

import junit.framework.Assert;
import junit.framework.TestCase;

public class calculatorTest extends TestCase {

    public void testAdd() {
        calculator cal = new calculator();
        int result = cal.add(3, 5);
        //断言
        Assert.assertEquals(8,result);
    }
}
```

图 27.2　测试代码

以上,通过实例简要呈现了测试代码的构成。值得提醒的是,进行测试类和测试方法的创建应注意如下细节。

(1) 测试类和测试方法的创建位置有一定要求。如图 27.3 所示,建议单独建立测试代码文件夹(即测试包,以文件夹形式呈现),避免测试代码同开发源代码存放于同一文件夹下,同时测试包(即测试代码文件夹)名最好与开发包(即源代码文件夹)名相同或类似,便于管理。

(2) 创建测试类,需遵循如下原则:其一,需导入 JUnit 类库,方可调用 JUnit 下的各项资源,否则测试代码会报错;其二,测试类需继承于 TestCase 类。

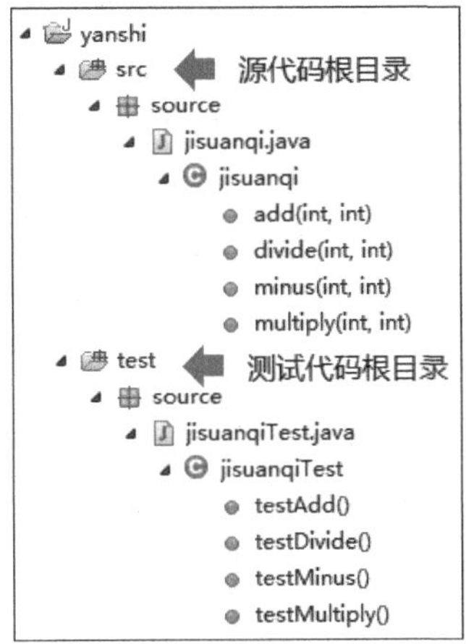

图 27.3 测试代码创建的位置

(3) 创建测试方法，需遵循如下原则(以 JUnit 3.8 版本为例)：其一，方法类型要求为 public void；其二，方法名必须以 test 开头；其三，无方法参数。简要举例如下：

```
public void 方法名必须以 test 开头(无方法参数)      //应遵循的原则
public void testAdd()                              //计算器加法实例
```

除了上述知识的学习，读者需对 Assert 相关知识有一定理解。Assert 在前面章节已多次提及，究竟何为 Assert? Assert，即断言，可简单理解为若干个方法，用于判断某个语句的结构是否为真或是否和预期相符，是单元测试的开展不可或缺的组成部分。实际工作中，断言所涉及的方法类型种类繁多，如图 27.4 所示为 JUnit 中断言方法类型。

```
assertEquals(boolean expected, boolean actual)  void - Assert
assertEquals(byte expected, byte actual)  void - Assert
assertEquals(char expected, char actual)  void - Assert
assertEquals(int expected, int actual)  void - Assert
assertEquals(long expected, long actual)  void - Assert
assertEquals(Object expected, Object actual)  void - Assert
assertEquals(short expected, short actual)  void - Assert
assertEquals(String expected, String actual)  void - Assert
assertEquals(double expected, double actual, double delta)  void - Assert
assertEquals(float expected, float actual, float delta)  void - Assert
assertEquals(String message, boolean expected, boolean actual)  void - Assert
assertEquals(String message, byte expected, byte actual)  void - Assert
assertEquals(String message, char expected, char actual)  void - Assert
assertEquals(String message, int expected, int actual)  void - Assert
assertEquals(String message, long expected, long actual)  void - Assert
assertEquals(String message, Object expected, Object actual)  void - Assert
assertEquals(String message, short expected, short actual)  void - Assert
assertEquals(String message, String expected, String actual)  void - Assert
assertEquals(String message, double expected, double actual, double delta)  void - Assert
assertEquals(String message, float expected, float actual, float delta)  void - Assert
assertFalse(boolean condition)  void - Assert
assertFalse(String message, boolean condition)  void - Assert
assertNotNull(Object object)  void - Assert
assertNotNull(String message, Object object)  void - Assert
assertNotSame(Object expected, Object actual)  void - Assert
assertNotSame(String message, Object expected, Object actual)  void - Assert
assertNull(Object object)  void - Assert
```

图 27.4 JUnit 中断言方法类型

基于上述常见的断言方法类型，作进一步解释如下。

(1) assertEquals([String message], expected, actual);：最常用的断言形式，用于验

证预期值和程序运行的实际值是否一致，若一致则表明源代码正确，反之运行的测试结果会报错。其中，[String message]为可选择显示的消息，若提供该值，则将在产生错误时报告该信息内容；expected 为期望值；actual 为运行被测代码而产生的实际值；另外，该方法中的参数支持多种不同的类型，例如 object、int 及 string 等。

(2) assertNull([String message],java.lang.Object object);：用于验证某给定的对象是否为 Null(或非 Null)，若答案为否，则将会运行失败。其中[String message]参数是可选的。

(3) assertSame([String message], expected,actual);：用于验证 expected 与 actual 所引用的是否为同一对象，若答案为否，将会运行失败。其中[String message]参数是可选的。

(4) assertTrue([String message],boolean condition);：用于验证给定的二元条件是否为真，若答案为否，将会运行失败。其中[String message]参数是可选的。

(5) assertFalse([String message],boolean condition);：用于验证给定的二元条件是否为假，若答案为否，将会运行失败。其中[String message]参数是可选的。

(6) fail(String message);：此类断言通常被用于标记某个不应到达的分支，例如，在某个异常之后添加，用于使当前测试立即失败。其中[String message]参数是可选的。

综上，为 JUnit 所支持的诸多断言类型。读者在单元测试进行中，结合需要灵活选择对应的断言即可。在读者从理论层面上充分理解了上述基础知识后，通过以下实验从实践角度进一步揭示 JUnit 的基础使用。

3. 实验任务

任务：借助 MyEclipse 中集成的 JUnit 工具，针对计算器的加减乘除功能进行单元测试，创建简单的测试类和测试方法。

第 1 步：成功安装 MyEclipse，安装步骤参见实验 26。

第 2 步：启动 MyEclipse。选择“开始”|“程序”|MyEclipse 6.5|MyEclipse 6.5 菜单命令，进入 MyEclipse 主界面，如图 27.5 所示。

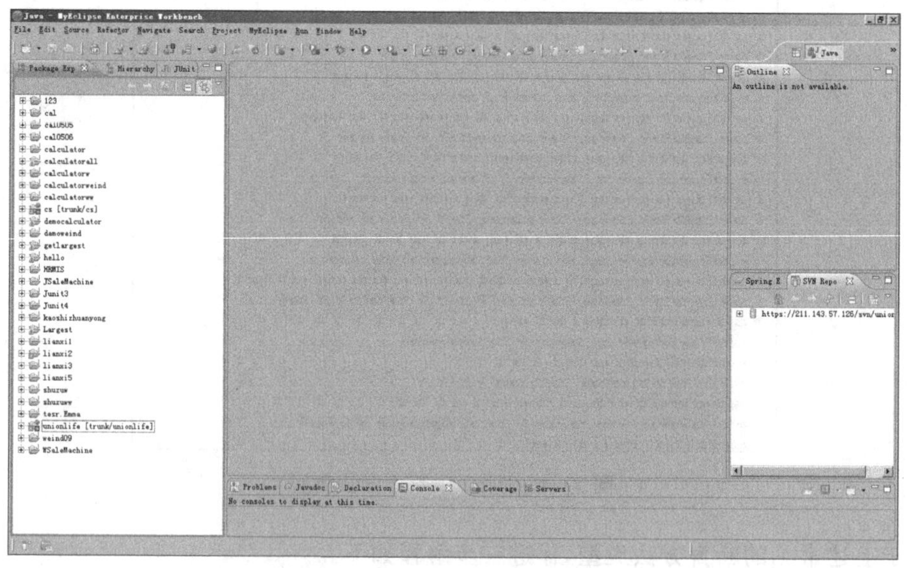

图 27.5　MyEclipse 主界面

第 3 步：创建一个 java 项目。选择 file|New|Java Project 菜单命令，进入图 27.6 所示的新建 Java 项目对话框，并为项目命名为 calculator1 后，单击 Next 按钮。

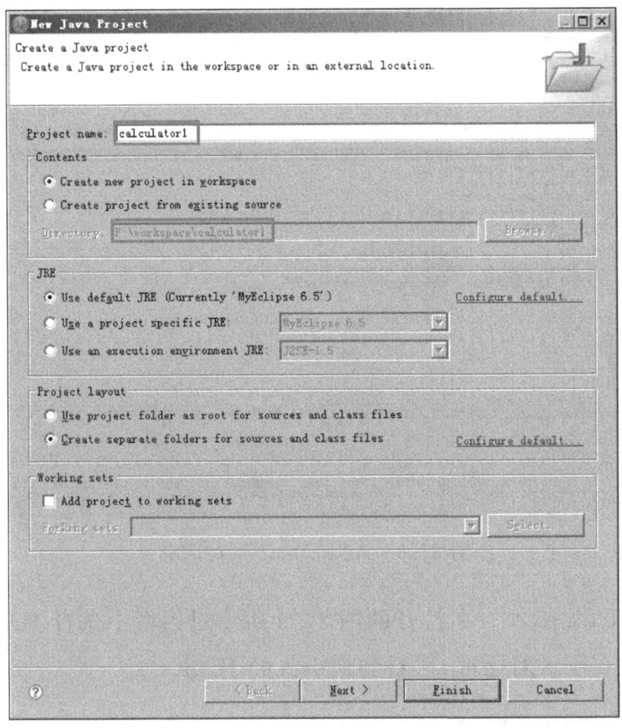

图 27.6　新建 Java 项目对话框

第 4 步：在打开的对话框中，选择 Libraries 标签页，如图 27.7 所示。

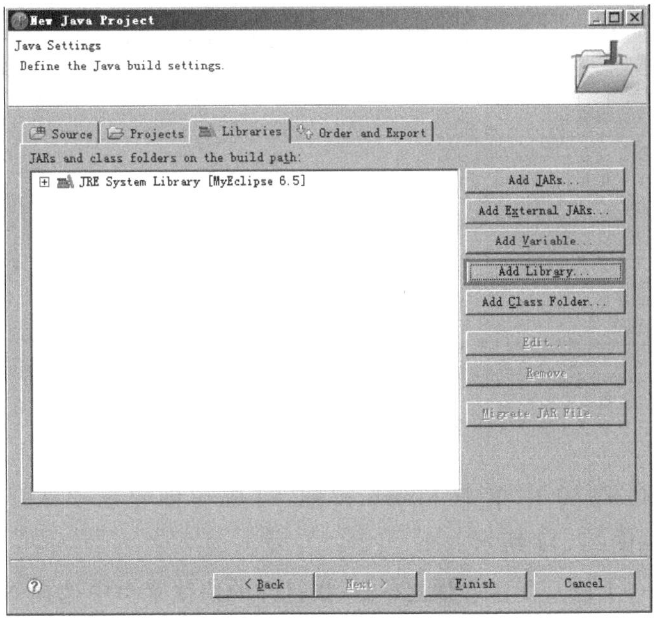

图 27.7　Libraries 标签页

第 5 步：添加 JUnit 类库。单击 Add Library…按钮，在打开的对话框中选择 JUnit 类库，并单击 Next 按钮，如图 27.8 所示。

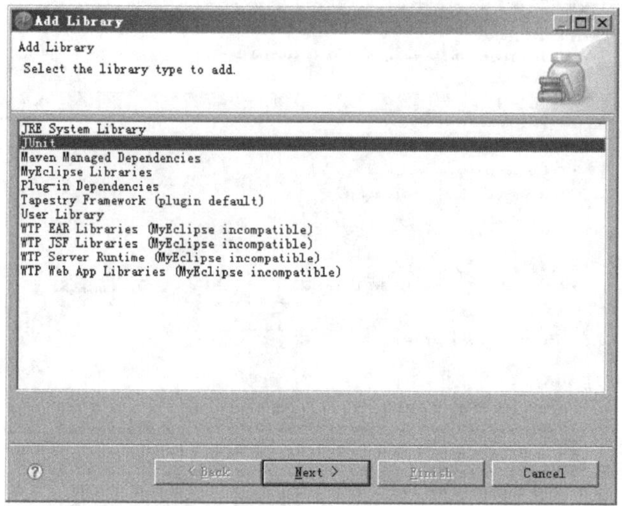

图 27.8　Add Libraries 对话框

第 6 步：选择 JUnit 版本。在打开的图 27.9 所示对话框中选择 JUnit 3，并单击 Finish 按钮，进入如图 27.10 所示对话框，可看到新引入的 JUnit 3。

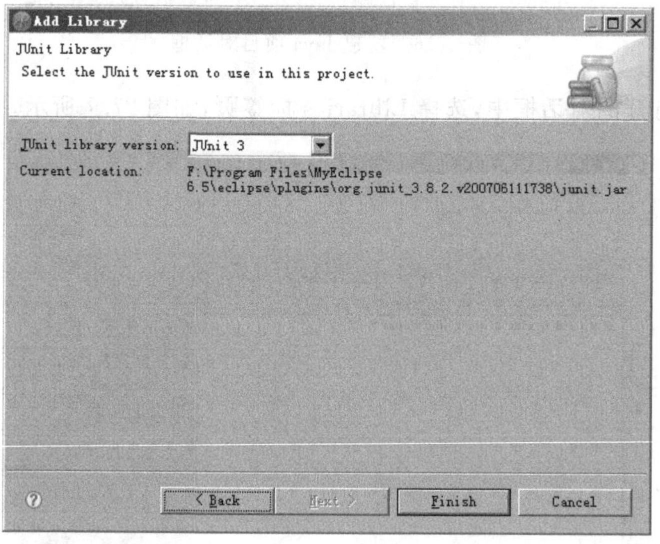

图 27.9　JUnit 版本选择对话框

第 7 步：在图 27.10 中单击 Finish 按钮，可成功创建已引入了 JUnit 3 类库的 calculator1 项目，如图 27.11 所示。

第 8 步：创建一个包。在 src 上右击，在打开的快捷菜单中选择 New|Package 菜单命令，如图 27.12 所示，创建 Package(包)。

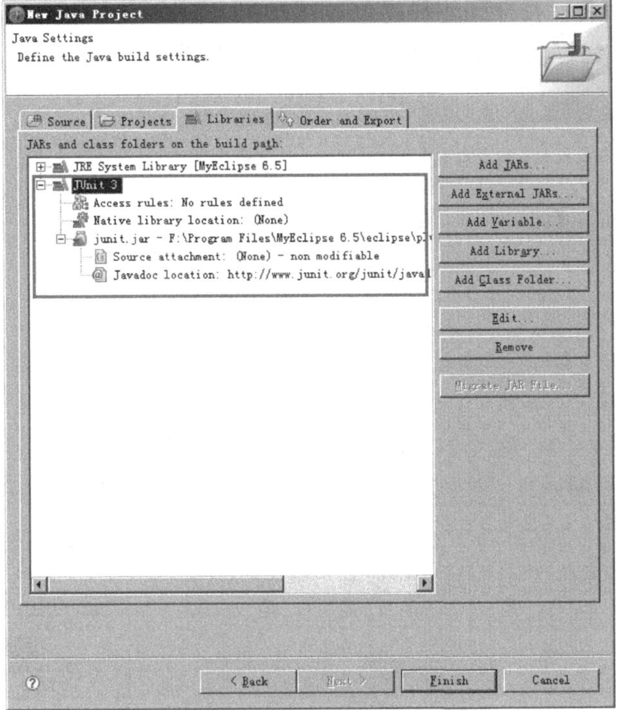

图 27.10 引入的 JUnit 3

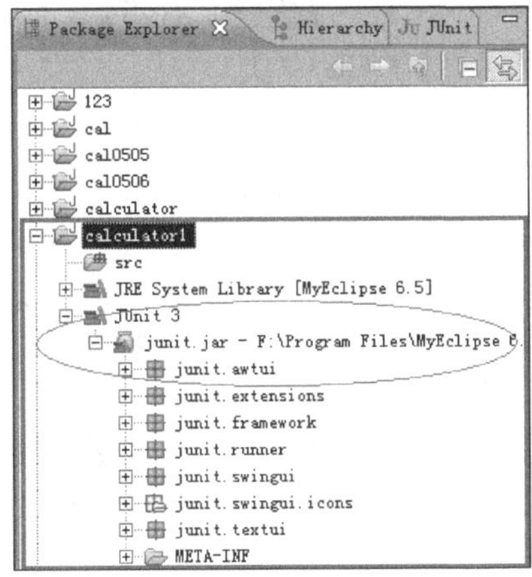

图 27.11 calculator1 项目

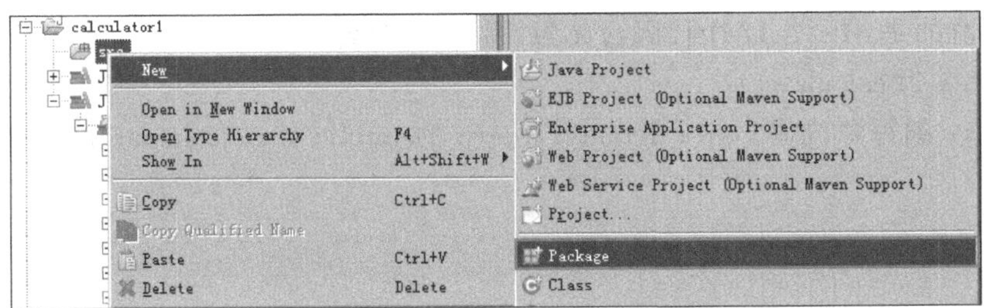

图 27.12 创建 Package(包)菜单

第 9 步：给包命名。在打开的创建包对话框中，Name 字段输入 weind，如图 27.13 所示；并单击 Finish 按钮，可查看新添加的包，如图 27.14 所示。

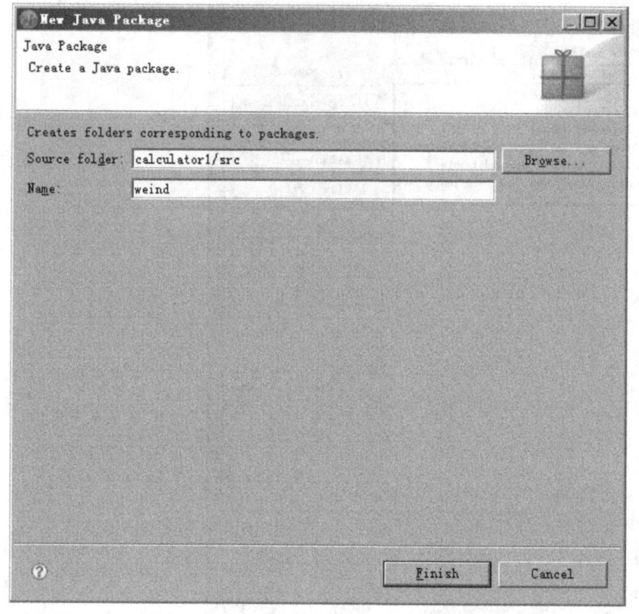

图 27.13 创建包对话框

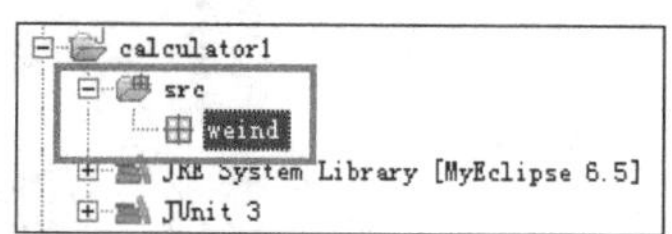

图 27.14 新添加的 Package(包)

第 10 步：在包 weind 上右击，在打开的快捷菜单中选择 New | Class 菜单命令，如图 27.15 所示，创建 Class(类)。

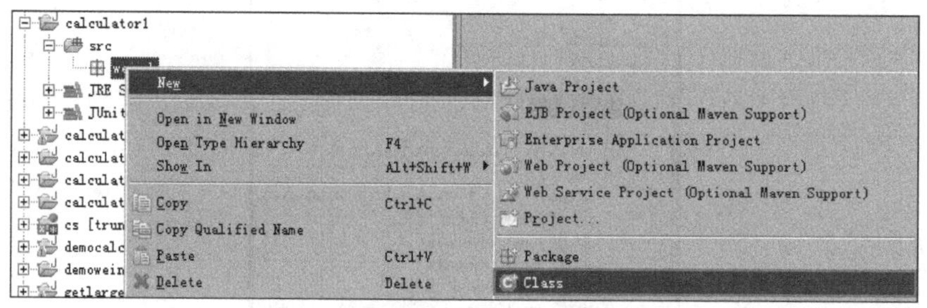

图 27.15 创建 Class(类)菜单

第 11 步：给类命名。在打开的创建类对话框中，Name 字段输入 calculator1，如图 27.16 所示；并单击 Finish 按钮，可查看新添加的类，如图 27.17 所示。

值得提醒的是，图 27.17 中代码含义为：引入一个名为 weind 的包，设定了一个 public 类型的类，类名为 calculator1。

第 12 步：编写源代码。在 calculator1.java 的 public class calculator1 中编写如下源代码：

```
public int add(int a,int b)
{
    return a+b;
}
```

New Java Class

Java Class

Type name is discouraged. By convention, Java type names usually start with an uppercase letter

Source folder: calculator1/src　Browse...

Package: weind　Browse...

Enclosing type:　Browse...

Name: calculator1

Modifiers: public　default　private　protected

abstract　final　static

Superclass: java.lang.Object　Browse...

Interfaces:　Add...

Remove

Which method stubs would you like to create?

public static void main(String[] args)

Constructors from superclass

Inherited abstract methods

Do you want to add comments as configured in the properties of the current project?

Generate comments

Finish　Cancel

图 27.16　创建类对话框

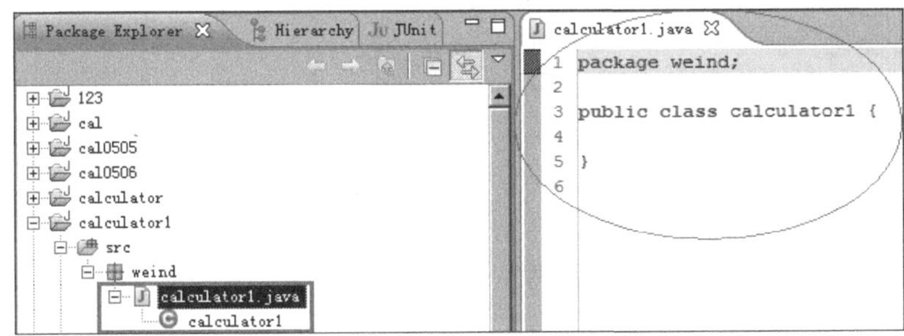

图 27.17　新添加的 Class(类)

```
public int minus(int a,int b)
{
    return a-b;
}
public int multiply(int a,int b)
{
    return a * b;
}
public int divide(int a,int b)
{
    return a/b;
}
```

第 13 步：在项目上创建 Source Folder。在项目 calculator1 上右击，在打开的快捷菜单中选择 New|Source Folder 菜单命令，如图 27.18 所示，创建 Source Folder(源文件夹)。

在此，值得提醒的是，Source Folder 下用于存放测试代码，以达到源代码与测试代码的分离。

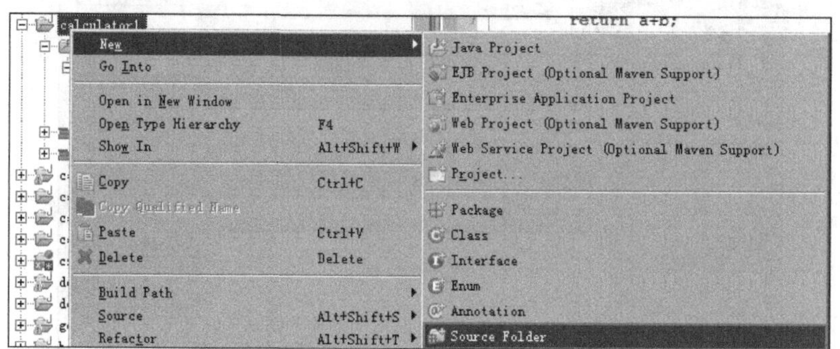

图 27.18 创建 Source Folder(源文件夹)菜单

第 14 步：给 Source Folder 命名。在打开的创建 Source Folder 对话框中，Name 字段输入 testcalculator1，如图 27.19 所示；并单击 Finish 按钮，可查看新添加的 Source Folder 如图 27.20 所示。

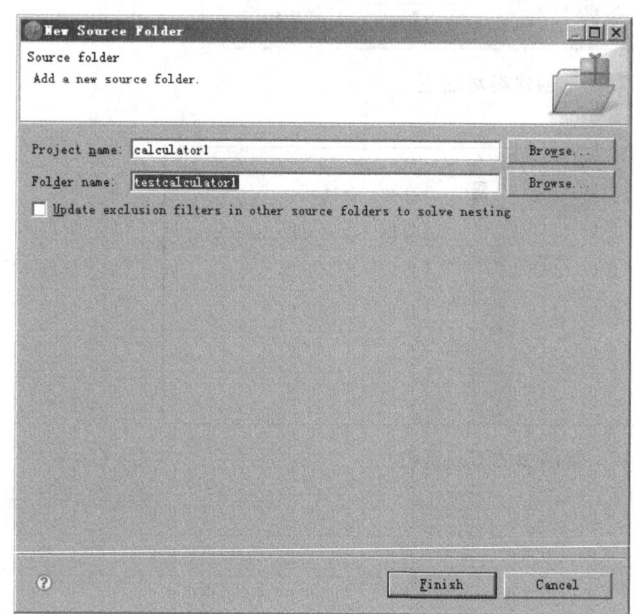

图 27.19 创建 Source Folder 对话框

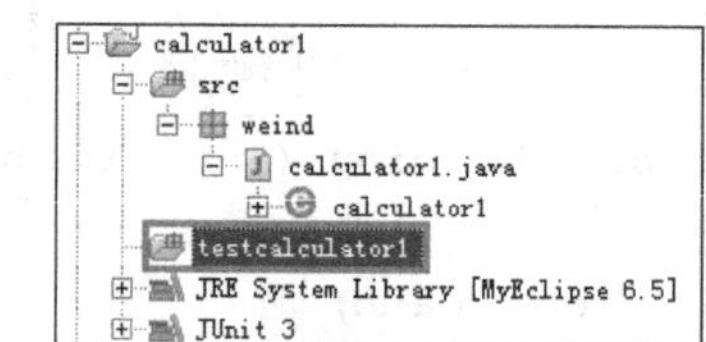

图 27.20 新添加的 Source Folder(源文件夹)

第 15 步：针对待测试类创建 JUnit Test Case。在待测试类 calculator1 上右击，在打开的快捷菜单中选择 New|JUnit Test Case 菜单命令，如图 27.21 所示，创建 JUnit Test Case(JUnit 测试用例)。

第 16 步：修改测试代码存放路径。在打开的创建 JUnit 测试用例对话框中，选择如图 27.22 所示的 Browse 按钮，修改存放路径为 testcalculator1，如图 27.23 所示，并单击 OK 按钮。

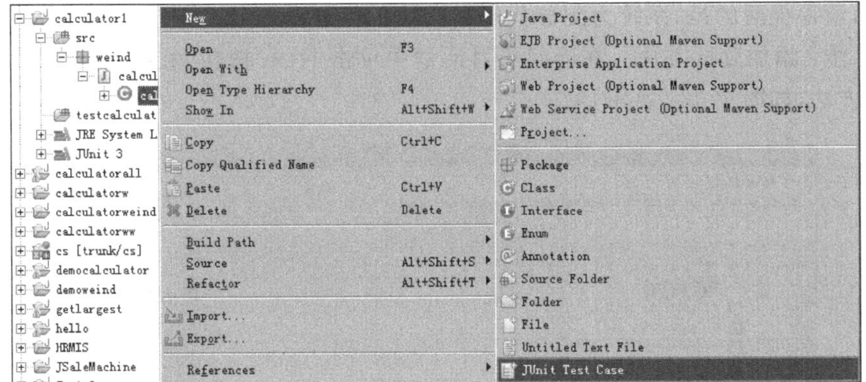

图 27.21 创建 JUnit Test Case(JUnit 测试用例)菜单

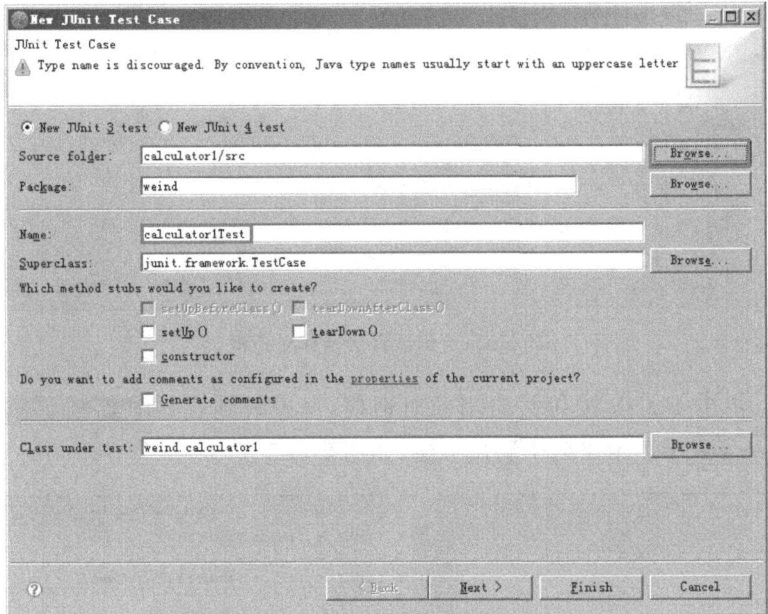

图 27.22 创建 JUnit Test Case 对话框

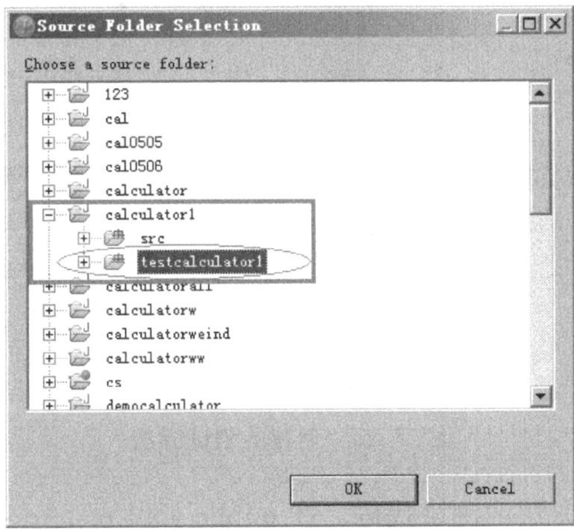

图 27.23 选择存放路径对话框

在此,值得提醒的是,系统为测试代码类自动命名为 calculator1Test。

第 17 步:添加测试方法。在返回的对话框中单击 Next 按钮,在打开的对话框中勾选所需测试方法,如图 27.24 所示。

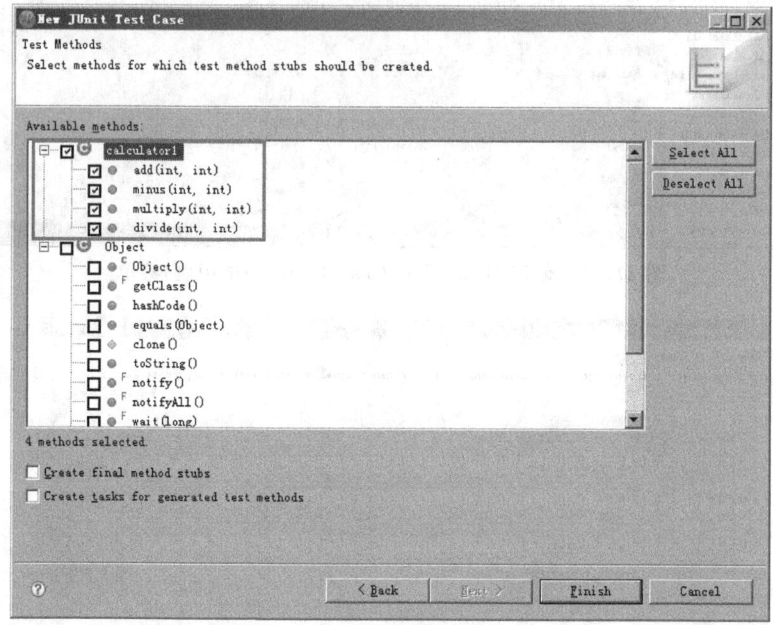

图 27.24　测试方法选择对话框

第 18 步:单击 Finish 按钮关闭当前对话框,可查看到在 testcalculator1 下存放的 calculator1Test.java 中显示出四个测试方法,如图 27.25 所示。

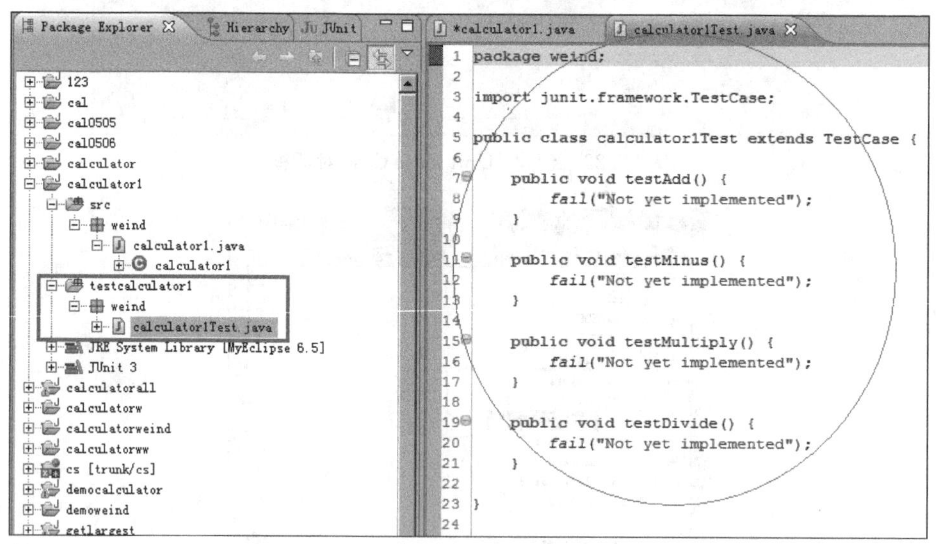

图 27.25　创建的测试方法

第 19 步:编写 Add 方法的测试代码。在 public void testAdd()中编写如下代码,对应 JUnit 界面显示如图 27.26 所示。

```java
package weind;

import junit.framework.TestCase;

public class calculator1Test extends TestCase {

    public void testAdd() {

        calculator1 c = new calculator1();   //实例化对象
        int result = c.add(2, 5);    //对象调用被测方法及传参
        Assert.assertEquals(7,result);    //结果比较

    }
```

图 27.26　Add 方法的测试代码

```java
calculator1 c=new calculator1();      //实例化一个对象
int result=c.add(2, 5);               //对象调用被测方法及传参,add 方法有两个参数
Assert.assertEquals(7,result);        //使用断言比较预期结果和实际结果
```

第 20 步：解决代码问题。双击图标在弹出窗口中双击 Import 'Assert' (junit.framework) 引入“import junit.framework.Assert;”,如图 27.27 所示。

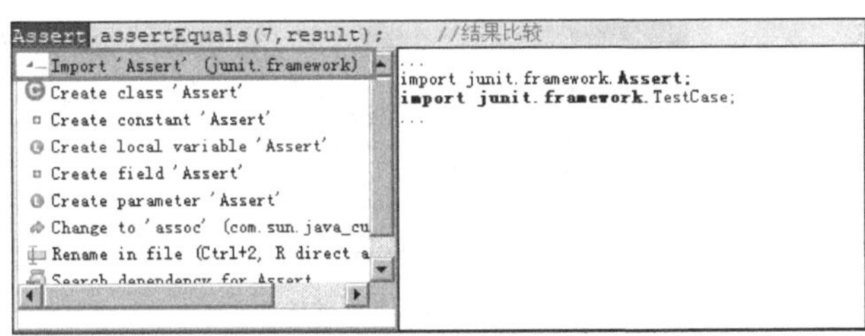

图 27.27　解决代码问题

第 21 步：编写其他方法的测试代码。编写方法同上,具体代码如图 27.28 所示。

```java
package weind;

import junit.framework.Assert;
import junit.framework.TestCase;

public class calculator1Test extends TestCase {

    public void testAdd() {

        calculator1 c = new calculator1();   //实例化对象
        int result = c.add(2, 5);    //对象调用被测方法及传参
        Assert.assertEquals(7,result);    //结果比较

    }

    public void testMinus() {
        calculator1 c = new calculator1();
        int result = c.minus(2, 5);
        Assert.assertEquals(-3,result);
    }

    public void testMultiply() {
        calculator1 c = new calculator1();
        int result = c.multiply(2, 3);
        Assert.assertEquals(6,result);
    }

    public void testDivide() {
        calculator1 c = new calculator1();
        int result = c.divide(6, 2);
        Assert.assertEquals(3,result);
    }

}
```

图 27.28　其他方法的测试代码

第 22 步：使用 JUnit 运行测试代码。在 calculator1Test. java 中右击，选择 Run As | JUnit Test 菜单命令，启动 JUnit，如图 27.29 所示。

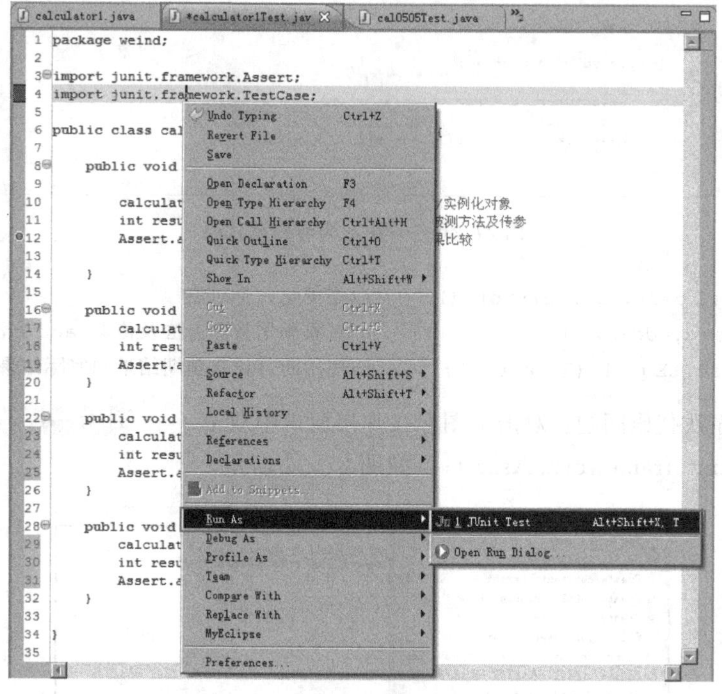

图 27.29　启动 JUnit

第 23 步：查看 JUnit 中的测试结果，如图 27.30 所示。

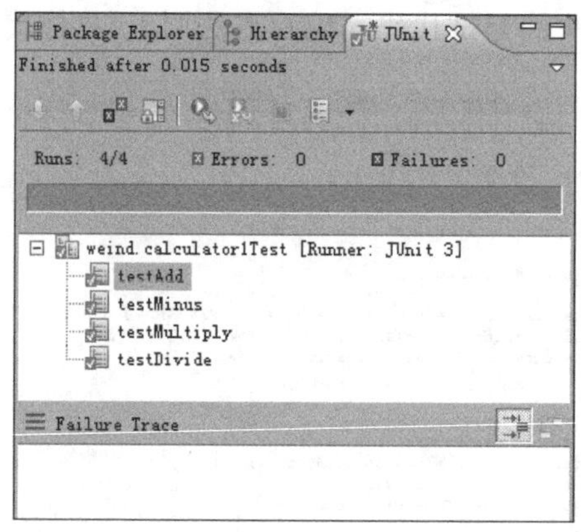

图 27.30　JUnit 测试结果_通过

至此，借助 MyEclipse 中集成的 JUnit 工具，针对计算器的加减乘除功能进行了一次最基本的单元测试。此外，针对加减乘除仍有很多测试点，请读者结合上述过程依次进行完善。

思考：请读者验证当除数为 0 时源程序是否正常，即将 testDivide() 中的“int result=c. divide(6, 2);”修改为“int result=c. divide(6, 0);”后，再次运行 JUnit 工具并进行测试结果观察。同时请思考如下问题。

① 为什么会出现此类结果？

② 针对该结果应如何进行处理？

4. 拓展练习

请借助JUnit工具针对如下“求整数数组中的最大数”的源代码进行单元测试，创建测试类及测试方法。

源代码：

```
Public class shuzu {
    public int getlargest(int[] array) throws Exception{
        if(0==array.length)
        {
            throw new Exception("数组不能为空!");
        }
        int result=array[0];
        for(int i=0; i<array.length; i++)
        {
            if(result<array[i])
            {
                result=array[i];
            }
        }
        return result;
    }
}
```

实验 28　JUnit 处理异常

1. 实验目标

能够使用 JUnit 进行异常处理。

2. 背景知识

思考：请读者验证当除数为 0 时源程序是否正常，即将 testDivide()中的"int result=c.divide(6，2)；"修改为"int result=c.divide(6，0)；"后，再次运行 JUnit 工具并进行测试结果观察。同时请思考如下问题。

(1) 为什么会出现此类结果？

(2) 针对该结果应如何进行处理？

以上，为上一实验中留给读者的思考题。读者进行上述修改操作后，则不难发现，运行 JUnit 工具时，系统报错如图 28.1 所示。

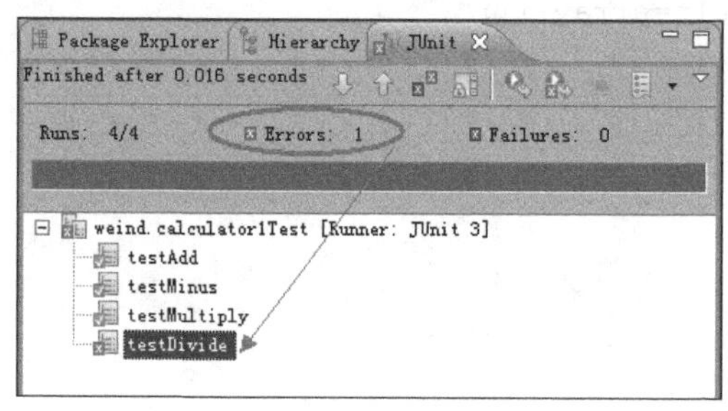

图 28.1　系统报错

细心的读者发现，在图 28.1 中包含 Errors 与 Failures 两种结果类型。基于此，进一步解释二者分别为何含义？又有何区别？以下进行对比介绍。

1) Errors

含义：通常指源代码中未考虑到的问题，往往是测试时不能预料的。当执行测试代码时，尚未执行到断言(即 Assert)之前，程序就因为某种类型的意外而终止。

实例：当测试数组时，由于存取超出索引而引发 ArrayIndexOutOfBoundsException，此时 JUnit 会报出 Error，且测试代码将无法继续运行而提前终止。对于此类情况，读者应首先检查源代码(即被测试代码)中各种情况是否考虑充分；其次，可考虑是否由于磁盘已满、网络中断等外部环境的失败而造成了 Error 产生。

2) Failures

含义：通常指测试代码中编写的"预期的结果"与源代码运行出的"实际结果"的不同而导致的问题。当运行测试代码时，执行到断言(即 Assert)处程序会终止。

实例：当使用 assertEquals()、assertNull()、assertTrue()等方法断言失败时，JUnit 就

会报出 Failure，且测试代码将终止运行。对于此类情况，读者首先应检查测试代码中的测试方法是否正确；其次，可考虑是否源代码（即被测试代码）中编写的逻辑有误，从而导致 Failure 产生。

综上所述，借助 JUnit 工具开展测试后，对于测试结果中既有若干 Failuer 又存在若干 Error 的情况，建议读者参照如下思路进行分析和问题查找。

(1) 查找产生 Error 的原因，并加以修复。

(2) 重新运行 JUnit 工具进行测试，并验证是否所有 Error 已经修复通过；若仍存在 Error，则继续 1）中的操作至所有 Error 被修复。

(3) 查找产生 Failure 的原因，并加以修复。

基于上述结合上述基础知识，通过以下实验进行 JUnit 处理异常的介绍。

3. 实验任务

任务：结合实验 27 中的计算器实例，针对 testDivide()方法测试除数为 0 时源程序是否运行正常。若源程序运行不正常，请进行测试代码修改并重新进行测试。

第 1 步：修改实验 27 中的测试代码为如图 28.2 所示，即通过“int result＝c. divide(6, 0)；”验证当除数为 0 时源程序是否正常。

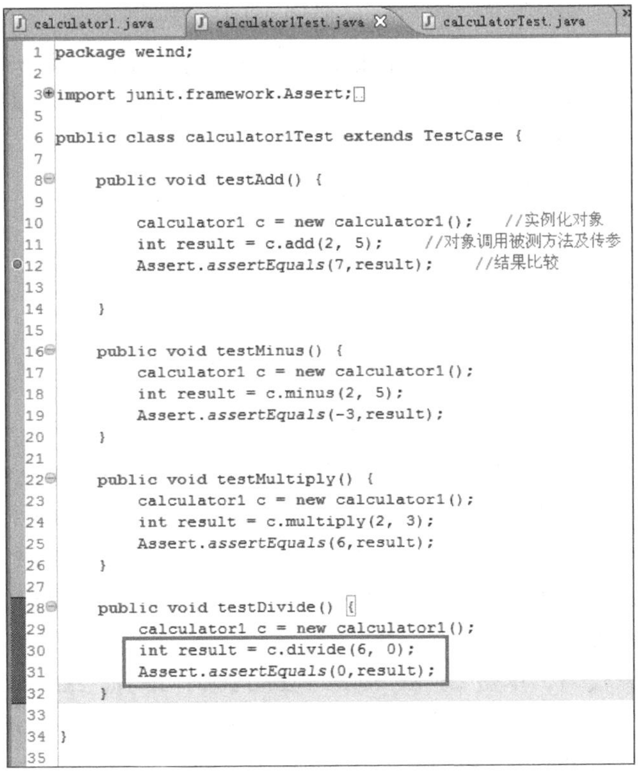

```
calculator1.java    calculator1Test.java    calculatorTest.java

package weind;

import junit.framework.Assert;

public class calculator1Test extends TestCase {

    public void testAdd() {

        calculator1 c = new calculator1();    //实例化对象
        int result = c.add(2, 5);     //对象调用被测方法及传参
        Assert.assertEquals(7,result);     //结果比较

    }

    public void testMinus() {
        calculator1 c = new calculator1();
        int result = c.minus(2, 5);
        Assert.assertEquals(-3,result);
    }

    public void testMultiply() {
        calculator1 c = new calculator1();
        int result = c.multiply(2, 3);
        Assert.assertEquals(6,result);
    }

    public void testDivide() {
        calculator1 c = new calculator1();
        int result = c.divide(6, 0);
        Assert.assertEquals(0,result);
    }

}
```

图 28.2 验证除数为 0 的测试代码

第 2 步：使用 JUnit 运行测试代码。在 calculator1Test. java 中右击，选择 Run As | JUnit Test 菜单命令，启动 JUnit 并生成测试结果，如图 28.3 所示。

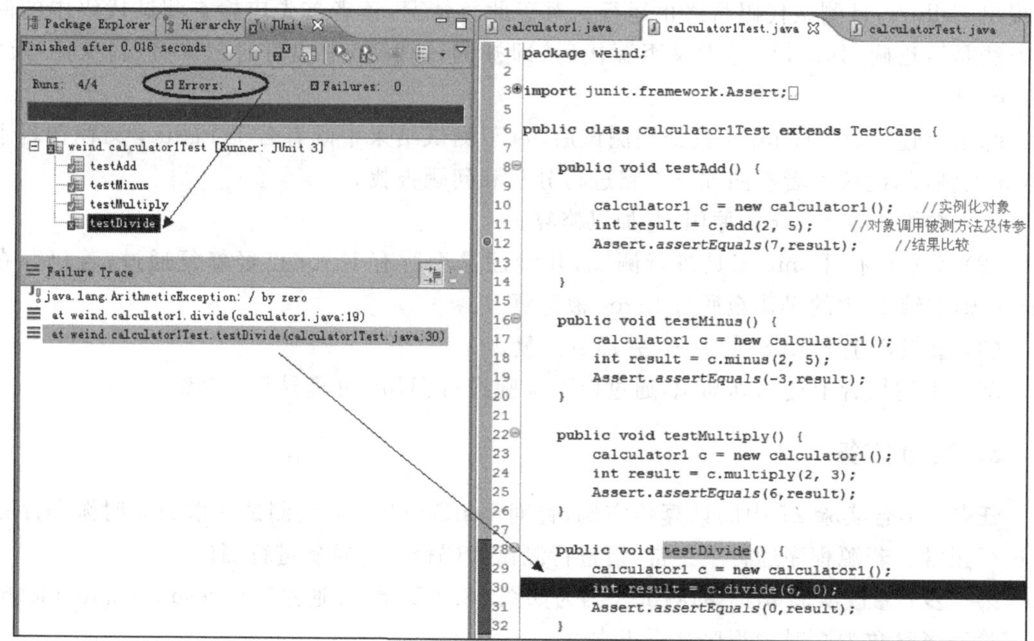

图 28.3　JUnit 测试结果_除数为 0

经观察图 28.3 所示的 JUnit 运行结果得知，JUnit 的运行进度条显示为红色，同时观察发现显示 Errors: 1 和 testDivide 相关错误及统计信息。随后，单击 testDivide，通过图 28.4 所示的提示可得出是源程序（calculator1. java）中的第 19 行及被测代码（calculator1Test. java）中的第 30 行出现了问题。

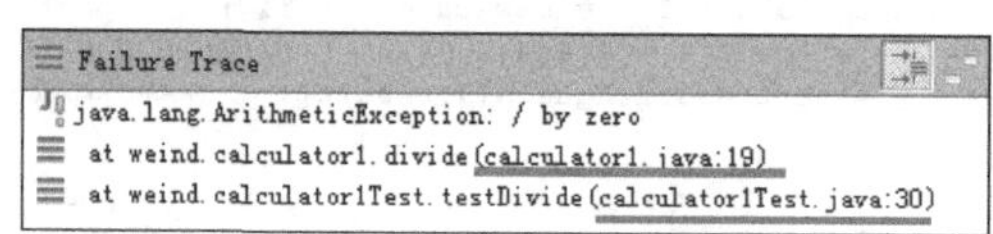

Failure Trace

java.lang.ArithmeticException: / by zero

at weind.calculator1.divide(calculator1.java:19)

at weind.calculator1Test.testDivide(calculator1Test.java:30)

图 28.4　Failure Trace（失败追溯）窗口_除数为 0

注意：

① 当输入 6/0 时，期望系统能给出提示“除数不能为 0!”，但是系统报了 Errors: 1。

② Error 的出现往往是由于编写程序时有未考虑到的问题。在执行测试的断言之前，程序就因为某种类型的意外而停止，而并非是执行了某个断言语句导致的程序问题。此时需要检查被测试方法中是不是有欠缺考虑的地方。当然，也可能是磁盘已满、网络中断等外部环境失败所带来的影响。

第 3 步：查看源代码。单击 at weind.calculator1.divide(calculator1.java:19) 切换至 calculator1. java 源代码文件，系统自动定位到第 19 行，如图 28.5 所示。

经分析可知，源代码的 divide()中未进行除数为 0 的判断，所以产生了 Error。至此，得出结论：经 JUnit 测试发现，divide()方法需添加除数为 0 的判断。开发人员需修改。

第 4 步：开发人员修改源代码。

(1) 开发人员在 divide()方法中添加如下代码，即添加一个判断“除数为 0 时，系统抛出提示信息："除数不能为0!"”。

```
if(b==0)
{
    throw new Exception("除数不能为 0!");
}
```

(2) 观察源代码,出现如图 28.6 所示错误提示。

```
package weind;

public class calculator1 {

    public int add(int a,int b)
    {
        return a+b;
    }
    public int minus(int a,int b)
    {
        return a-b;
    }
    public int multiply(int a,int b)
    {
        return a*b;
    }
    public int divide(int a,int b)
    {
        return a/b;
    }

}
```

图 28.5　查看源代码

```
        if(b==0)
        {
          throw new Exception("除数不能为0!");
        }

        return a/b;
```

图 28.6　源代码报错

(3) 解决源代码中的。双击弹出解决方案提示,如图 28.7 所示。

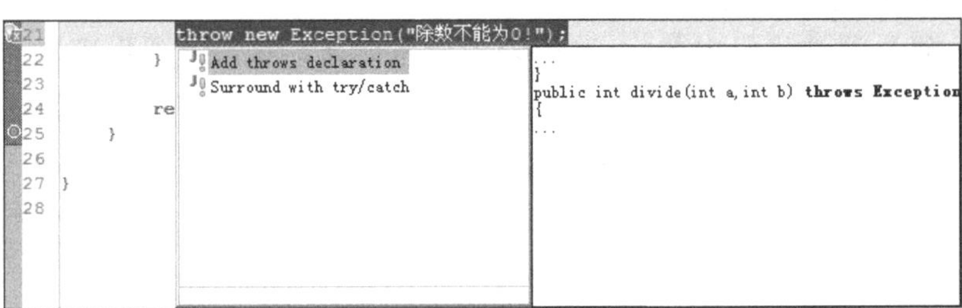

图 28.7　报错的解决方案

在此,值得一提的是,当源代码中抛出异常后,异常的解决方式往往有如下两种:

(1) 声明异常;

(2) 使用 try/catch 捕获异常。

在此,选择 Add throws declaration 解决方案,源代码更改为如图 28.8 所示。

```
    public int divide(int a,int b) throws Exception
    {
        if(b==0)
        {
          throw new Exception("除数不能为0!");
        }

        return a/b;
    }
```

图 28.8　修改后的源代码

至此，开发人员修改源代码完毕，此后将进行源代码的测试。

第 5 步：重新进行源代码的测试，验证开发人员代码修改的是否已符合需求。打开 calculator1Test.java 文件，右击，选择 Run As|JUnit Test 菜单命令，启动 JUnit，系统弹出如图 28.9 所示的提示信息。

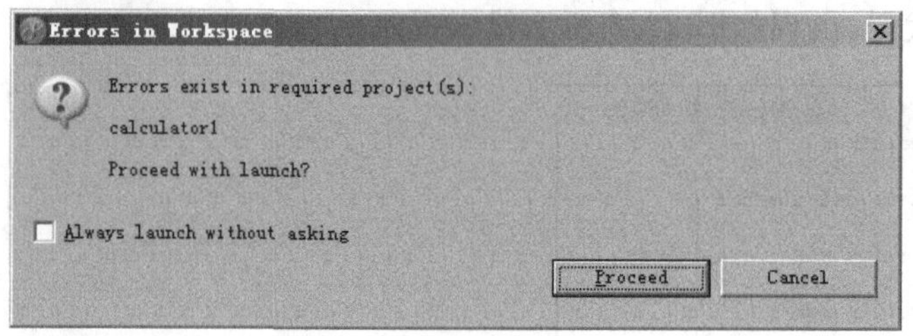

图 28.9　出错提示信息

第 6 步：单击 Cancel 按钮关闭提示信息，并查看 calculator1Test.java 中的测试代码，可见报错如图 28.10 所示。

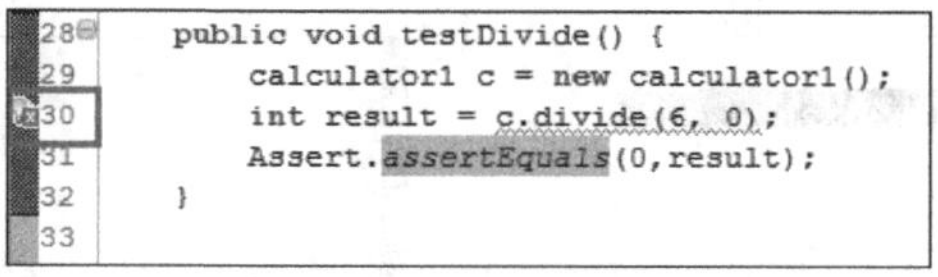

```
    public void testDivide() {
        calculator1 c = new calculator1();
        int result = c.divide(6, 0);
        Assert.assertEquals(0,result);
    }

```

图 28.10　测试代码报错

经分析可知，之所以产生该错误提示应该是由于源代码的修改造成的：源代码中增加了异常，但对异常未进行处理。

第 7 步：解决测试代码中的，选择处理异常方式。双击弹出解决方案提示，如图 28.11 所示。

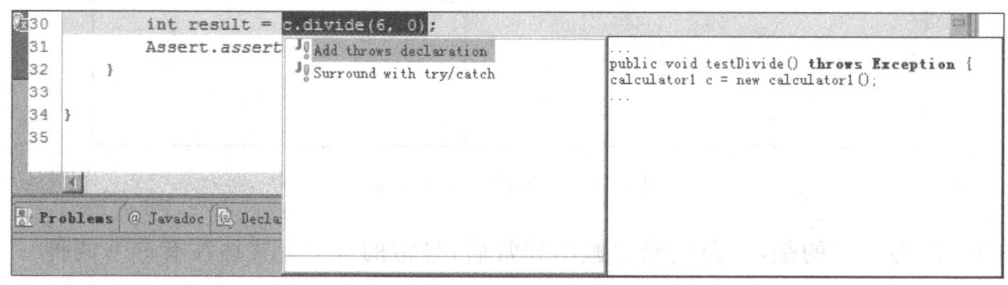

图 28.11　解决方案提示

在此，选择 Surround with try/catch（捕获异常），测试代码更改为如图 28.12 所示。

注意：

① 图 28.12 中所示代码含义为 try 则执行除法，当执行源代码中的 divide()发生异常的时候，就会进入到 catch 中去捕获异常。

② e.printStackTrace()；含义为“输出信息”，如有错误信息时就能借助其进行输出。

第 8 步：观察图 28.12 中所示的测试代码，`Assert.assertEquals(0,result);` 一行出现了新问题37。经分析可知，由于局部变量未初始化造成。

```java
public void testDivide() {
    calculator1 c = new calculator1();
    int result;
    try {
        result = c.divide(6, 0);
    } catch (Exception e) {
        // TODO Auto-generated catch block
        e.printStackTrace();
    }
    Assert.assertEquals(0,result);
}
```

图 28.12　修改后的测试代码

在此，请读者思考：为何会出现上述错误呢？问题在于 result＝c. divide(6, 0)；一行。当在 try 的时候会执行 c. divide()方法，若正好 divide()抛出了异常，则 result 此时能得到该值吗？显然是不能的，此时将直接进入 catch 中执行。因此，result 一直未被初始化。

第 9 步：针对 result 进行初始化，即对这些局部变量在定义的时候进行赋值。修改测试代码如图 28.13 所示。

注意：若是整型的局部变量则赋值为 0；若是对象类型的局部变量则赋值为 null。

第 10 步：验证捕获到的异常。通过分析源代码(即被测代码)和测试代码，可知源代码确实抛出了异常(当输入 6 除以 0 时，期望结果正是：被测代码抛出异常)，即在测试代码执行中当执行到 try 部分时会转入 catch 中进行执行。那么，如何在测试代码执行中验证抛出的异常呢？

(1) 在测试方法中定义一个对象 Throwable cc＝null；如图 28.14 所示。

```java
public void testDivide() {
    calculator1 c = new calculator1();
    int result = 0;
    try {
        result = c.divide(6, 0);
    } catch (Exception e) {
        // TODO Auto-generated catch block
        e.printStackTrace();
    }
    Assert.assertEquals(0,result);
}
```

图 28.13　再次修改后的测试代码

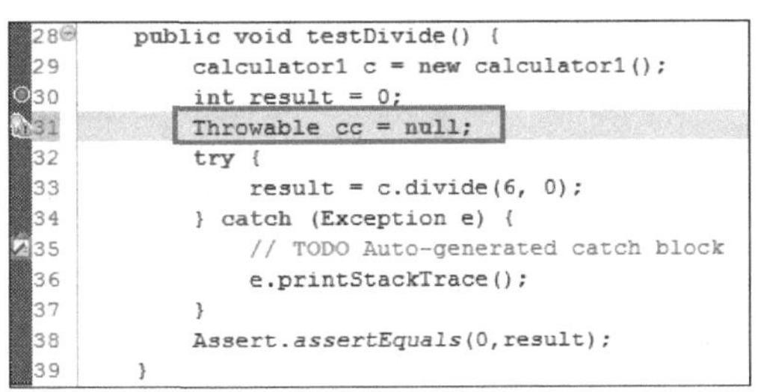

```java
public void testDivide() {
    calculator1 c = new calculator1();
    int result = 0;
    Throwable cc = null;
    try {
        result = c.divide(6, 0);
    } catch (Exception e) {
        // TODO Auto-generated catch block
        e.printStackTrace();
    }
    Assert.assertEquals(0,result);
}
```

图 28.14　定义一个对象

注意：

① 对象名可以任意起，然后赋一个空值即可。

② 此处定义对象的思想是定义一个“异常类型的对象”，然后通过这个对象去获得所捕获到的这个异常。

思考：此处为何要定义 Throwable 呢？可查看文件“JDK_API_1_6_zh_CN.CHM”——索引——throwable 得到答案。Throwable 类是 Java 语言中所有错误或异常的超类。两个子类的实例，Error 和 Exception，通常用于指示发生了异常情况。Throwable 是父类，所以可以定义一个 Throwable 类型的对象。

(2) 将捕获到的异常赋值给定义的对象。如图 28.15 所示。

不难理解，通过定义上述对象，要让其去获得所捕获到的异常。如 cc＝e，exception e 是捕获到的异常，此处让定义的对象＝捕获到的异常，即让 cc 获得所捕获到的异常。

(3) 使用断言验证源代码抛出的异常是否不为空，期望不为空。修改测试代码如图 28.16 所示。

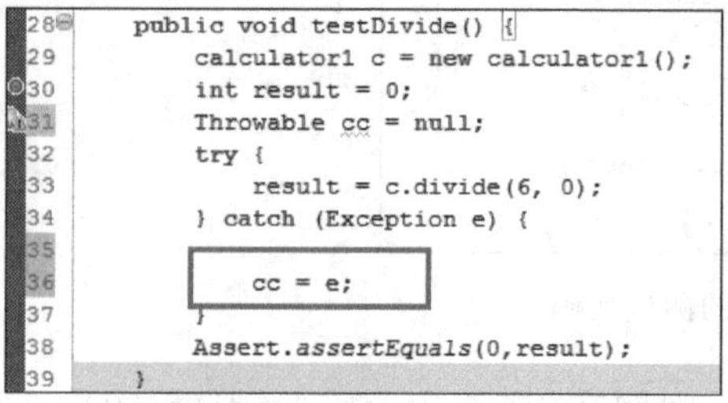

```
    public void testDivide() {
        calculator1 c = new calculator1();
        int result = 0;
        Throwable cc = null;
        try {
            result = c.divide(6, 0);
        } catch (Exception e) {

            cc = e;
        }
        Assert.assertEquals(0,result);
    }
```

图 28.15　给对象赋值

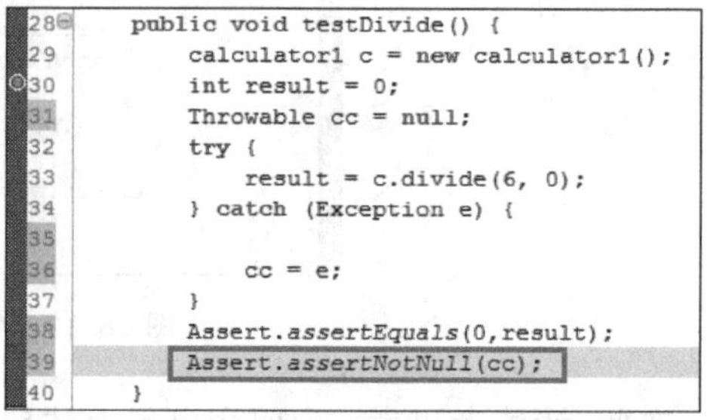

```
    public void testDivide() {
        calculator1 c = new calculator1();
        int result = 0;
        Throwable cc = null;
        try {
            result = c.divide(6, 0);
        } catch (Exception e) {

            cc = e;
        }
        Assert.assertEquals(0,result);
        Assert.assertNotNull(cc);
    }
```

图 28.16　验证异常是否不为空

注意："Assert. assertNotNull(Object);"用于验证抛出异常是否不为空，例如，将 Object 替换为 cc，即判断 cc 对象是否不为空。

(4) 使用断言验证源代码抛出的异常的类型，期望为 Exception 类型，而并非 Error 类型。修改测试代码如图 28.17 所示。

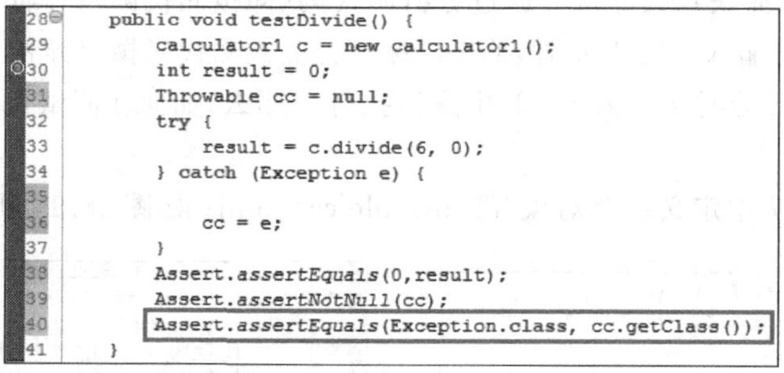

```
    public void testDivide() {
        calculator1 c = new calculator1();
        int result = 0;
        Throwable cc = null;
        try {
            result = c.divide(6, 0);
        } catch (Exception e) {

            cc = e;
        }
        Assert.assertEquals(0,result);
        Assert.assertNotNull(cc);
        Assert.assertEquals(Exception.class, cc.getClass());
    }
```

图 28.17　验证异常类型

注意："Assert. assertEquals(Object expected, Object actual);"用于验证抛出异常的类型，例如：将 Object expected(期望值)替换为 Exception. class，将 Object actual(实际值)替换为 cc. getClass()。

(5) 使用断言验证源代码抛出的异常值是否正确，期望显示为"除数不能为 0"。修改测试代码如图 28.18 所示。

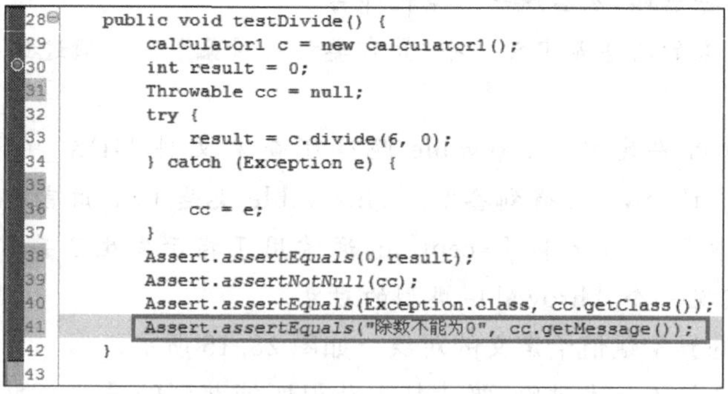

```
    public void testDivide() {
        calculator1 c = new calculator1();
        int result = 0;
        Throwable cc = null;
        try {
            result = c.divide(6, 0);
        } catch (Exception e) {

            cc = e;
        }
        Assert.assertEquals(0,result);
        Assert.assertNotNull(cc);
        Assert.assertEquals(Exception.class, cc.getClass());
        Assert.assertEquals("除数不能为0", cc.getMessage());
    }
```

图 28.18　验证异常值是否正确

注意：“Assert. assertEquals(string expected, string actual)；”用于验证抛出异常的值显示是否正确。例如，将 string expected(期望值)替换为"除数不能为 0"，将 string actual(实际值)替换为 cc. getMessage()。值得提醒的是，上述 getMessage()用于返回此 Throwable 的详细消息字符串。

第 11 步：使用 JUnit 运行测试代码。在 calculator1Test. java 中右击，选择 Run As | JUnit Test 菜单命令，启动 JUnit 并生成测试结果，如图 28.19 所示。

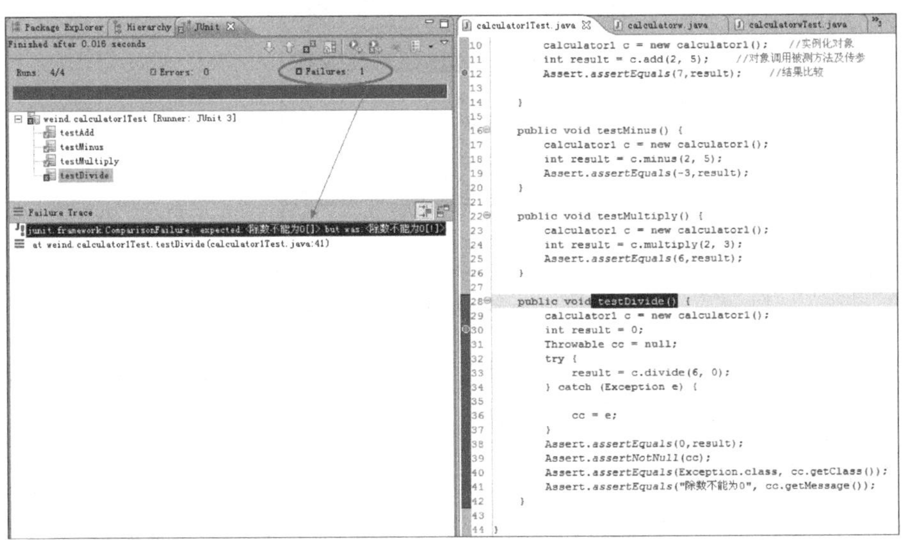

图 28.19　JUnit 测试结果_修改测试代码后

第 12 步：观察 JUnit 测试结果。依据如 28.20 所示的 JUnit 提示信息，可知 testDivide()方法中断言的执行出现了问题。期望抛出异常的提示信息显示为<除数不能为0[]>，但源代码中抛出异常时的提示信息实际为<除数不能为0[!]>。

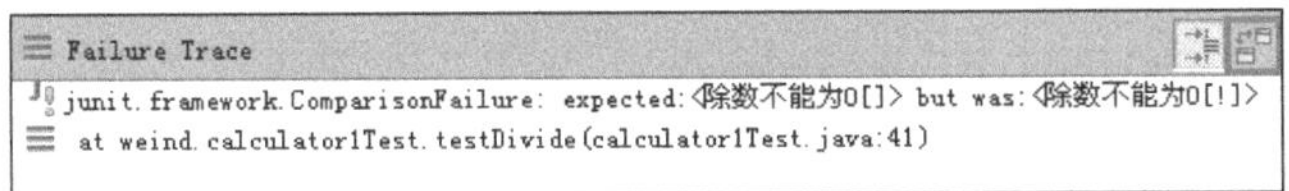

图 28.20　Failure Trace(失败追溯)窗口_修改测试代码后

第 13 步：单击图 28.19 中的按钮，可查看期望结果与实际结果的详细比较信息，如图 28.21 所示。

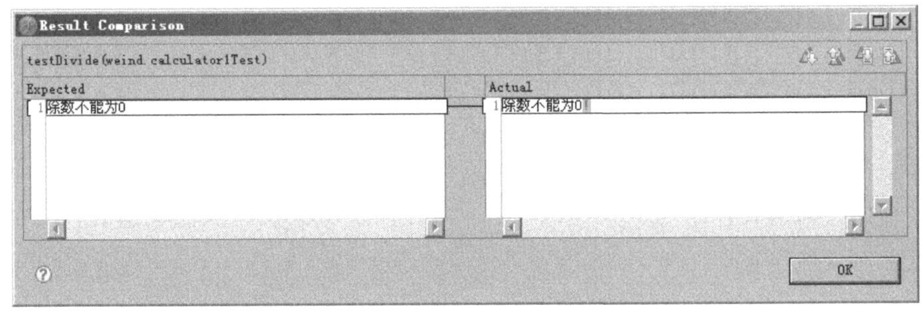

图 28.21　Result Comparison(结果比较)窗口

第 14 步：修改源代码中的`21 throw new Exception("除数不能为0!");`为`throw new Exception("除数不能为0");`。

第 15 步：使用 JUnit 重新运行测试代码。在 calculator1Test.java 中右击，选择 Run As|JUnit Test 菜单命令，启动 JUnit 并生成测试结果，如图 28.22 所示。

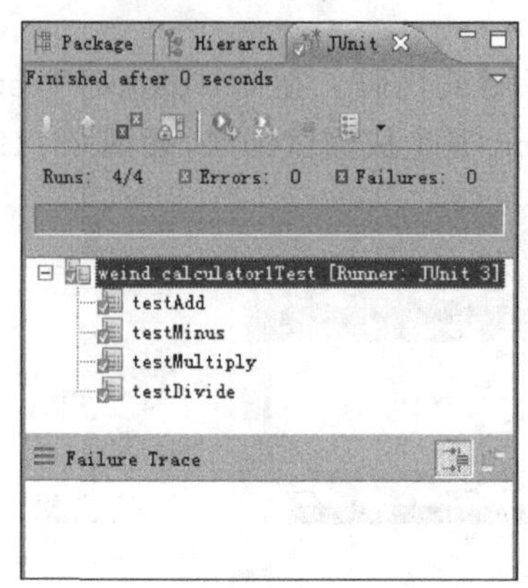

图 28.22 JUnit 测试结果_通过

至此，结合实验 27 中的计算器实例，针对 testDivide()方法测试除数为 0 的情况进行了相关操作体验，请读者仔细体会 JUnit 处理异常的过程。

4. 拓展练习

请借助 JUnit 工具针对“求整数数组中的最大数”的源代码进行单元测试，重点结合“验证数组为空”时的情况，体验 JUnit 处理异常的过程。源代码参见实验 27 的拓展练习。

实验 29　JUnit 测试代码重构

1. 实验目标

能够使用 JUnit 进行测试代码重构。

2. 背景知识

读者已知晓，结合前面章节的实验，针对计算器程序的加减乘除功能可编写出如图 29.1 所示的测试代码。

```
public class calculatorTest extends TestCase {

    public void testAdd() {
        calculator c = new calculator();
        int result = c.add(2, 5);
        Assert.assertEquals(7,result);
    }
    public void testMinus() {
        calculator d = new calculator();
        int result = d.minus(2, 5);
        Assert.assertEquals(-3,result);
    }
    public void testMultiply() {
        calculator e= new calculator();
        int result = e.multiply(2, 5);
        Assert.assertEquals(10,result);
    }
    public void testDivide() {
        calculator f = new calculator();
        int result = f.divide(2, 5);
        Assert.assertEquals(0,result);
    }
    public void testDivide1() {
        calculator f = new calculator();
        int result = f.divide(5, 0);
        Assert.assertEquals(0,result);
    }
}
```

图 29.1　加减乘除功能测试代码

请读者仔细观察图 29.1 所示的测试代码中的各测试方法，思考其是否存在某些共性？换言之，是否存在大量代码重复和冗余？

不难看出，对于各测试方法下的实例化对象等代码均多次重复出现。上述情况一方面大大增加了测试代码编写的工作量；更重要的是，冗余的代码可能会给程序质量带来更多的缺陷及质量风险。因此，代码重构的引入至关重要。客观来讲，代码重构的功能强大，优势显著。如改进软件设计，使代码更易理解，协助发现隐藏的代码缺陷，以及提高编程效率等。

可见，代码重构如此重要，如何针对图 29.1 所示的测试代码进行重构则显得尤为迫切？在此，可借助 setUp()和 tearDown()进行作答。

(1) setUp()是标准的资源初始化方式，该方法在每个测试方法之前调用。通俗来讲，即在调用每个测试方法之前，要进行初始化操作的资源均可存放于 setup()中，例如，实例化对象即可存放于 setup()中。该方法实质为进行初始化操作。

（2）tearDown()是标准的资源回收方式，该方法在每个测试方法之后调用，实质为进行销毁释放操作。

在读者充分理解了在 JUnit 中可借助 setUp()和 tearDown()进行代码重构后，则不难理解所有测试代码执行的顺序通常应为：首先，执行 setup()；其次，执行各测试方法；再次，执行 tearDown()。

至此，从理论层面为读者介绍了测试代码重构的基础知识，以下实验，将从实践层面带领读者进一步体会 JUnit 测试代码重构的过程。

3. 实验任务

任务：应用 JUnit 测试代码重构的知识，针对计算器的加减乘除功能开展单元测试。

前提：已完成实验 27 中的第 2 步～第 14 步。

第 1 步：针对待测试类重新创建 JUnit Test Case。在待测试类 calculator1 上右击，在打开的快捷菜单中选择 New|JUnit Test Case 菜单命令，如图 29.2 所示，创建 JUnit Test Case(JUnit 测试用例)。

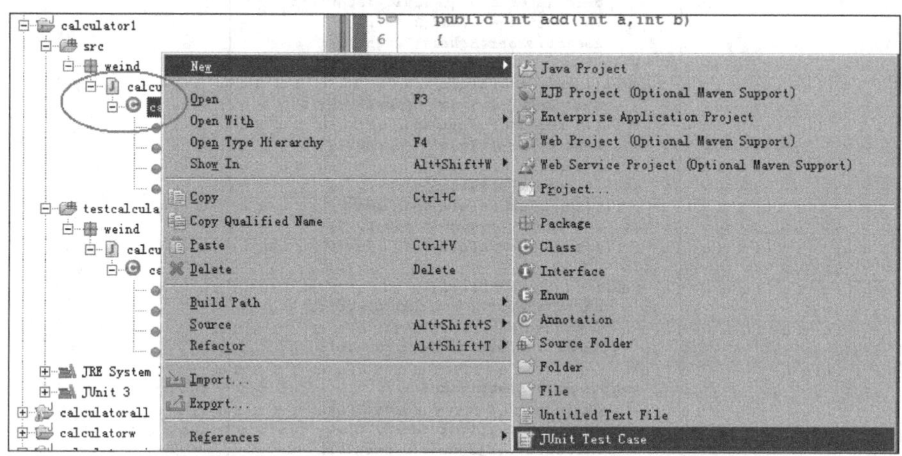

图 29.2　创建 JUnit Test Case(JUnit 测试用例)菜单

第 2 步：在打开的创建 JUnit 测试用例对话框中，依据图 29.3 所示做如下修改。

（1）修改 Source folder(源文件夹，即测试代码存放路径)为 calculator1/testcalculator1。

（2）系统为测试类自动命名为 calculator1Test，由于 calculator1Test 已经存在，在此修改 Name 字段为 calculator1Testnew。

（3）在 Which method stubs 中，勾选 setUp()和 tearDown()方法。

第 3 步：添加测试方法。在图 29.3 所示的对话框中单击 Next 按钮，在弹出的对话框中勾选所需测试方法，如图 29.4 所示。

第 4 步：单击 Finish 按钮关闭对话框，可查看到在 testcalculator1 下存放的 calculator1Testnew.java 中显示出 6 个测试方法，包含 setUp()、tearDown()及加减乘除的测试方法，如图 29.5 所示。

注意：在各测试方法下系统自动生成了相关代码，若不需要可进行删除，例如："fail("Not yet implemented");"。

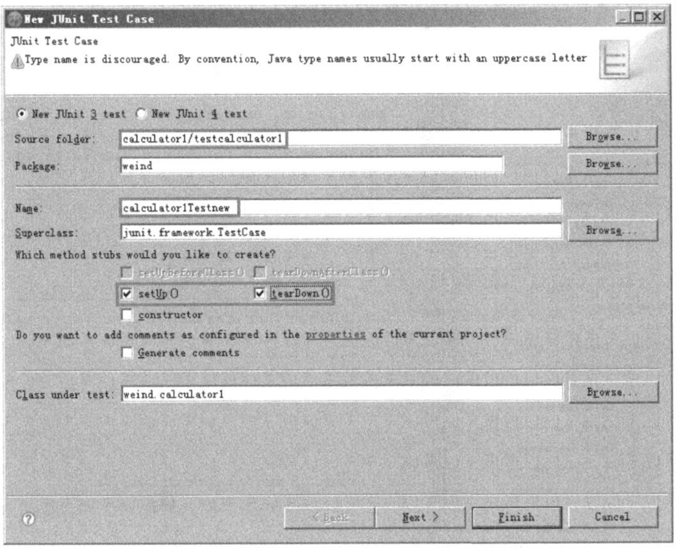

图 29.3　New JUnit Test Case 对话框

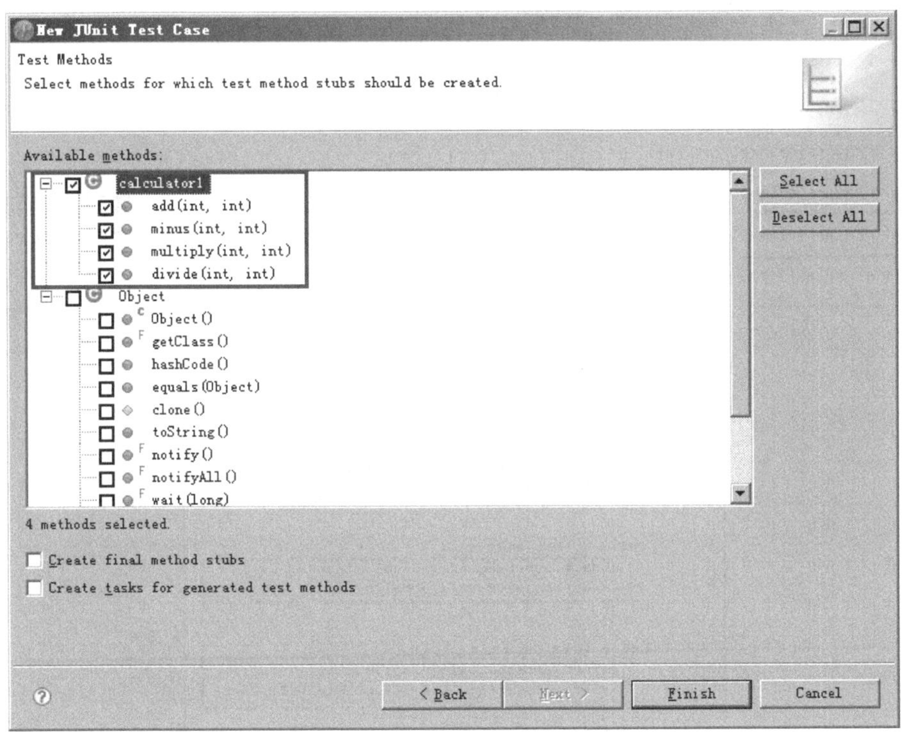

图 29.4　测试方法选择对话框

第 5 步：通过“private calculator1 cal;”定义一个对象，如图 29.6 所示。

不难理解，其中 calculator1 为被测类，cal 为定义的对象。

第 6 步：在 setUp()中，通过“cal＝new calculator1();”实例化对象。如图 29.7 所示。

第 7 步：在加减乘除各测试方法中添加断言以进行测试，如图 29.8 所示。

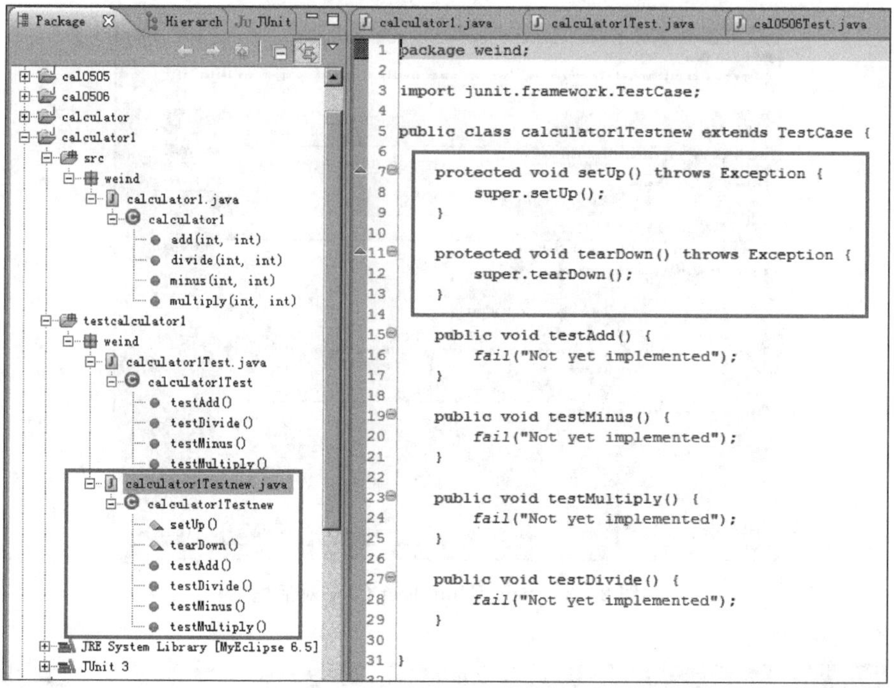

```
Package  Hierarch  JUnit
cal0505
cal0506
calculator
calculator1
  src
    weind
      calculator1.java
        calculator1
          add(int, int)
          divide(int, int)
          minus(int, int)
          multiply(int, int)
  testcalculator1
    weind
      calculator1Test.java
        calculator1Test
          testAdd()
          testDivide()
          testMinus()
          testMultiply()
      calculator1Testnew.java
        calculator1Testnew
          setUp()
          tearDown()
          testAdd()
          testDivide()
          testMinus()
          testMultiply()
  JRE System Library [MyEclipse 6.5]
  JUnit 3
```

```
calculator1.java  calculator1Test.java  cal0506Test.java

package weind;

import junit.framework.TestCase;

public class calculator1Testnew extends TestCase {

    protected void setUp() throws Exception {
        super.setUp();
    }

    protected void tearDown() throws Exception {
        super.tearDown();
    }

    public void testAdd() {
        fail("Not yet implemented");
    }

    public void testMinus() {
        fail("Not yet implemented");
    }

    public void testMultiply() {
        fail("Not yet implemented");
    }

    public void testDivide() {
        fail("Not yet implemented");
    }
}
```

图 29.5　六个测试方法

```
package weind;

import junit.framework.TestCase;

public class calculator1Testnew extends TestCase {

    private calculator1 cal;

    protected void setUp() throws Exception {
```

图 29.6　定义对象

```
    protected void setUp() throws Exception {

        cal = new calculator1();

    }
```

图 29.7　实例化对象

```
    public void testAdd() {
        Assert.assertEquals(5,cal.add(2, 3));
        Assert.assertEquals(0,cal.add(-1, 1));
        Assert.assertEquals(2,cal.add(2, 0));
        Assert.assertEquals(2,cal.add(0, 2));
    }

    public void testMinus() {
        Assert.assertEquals(-2,cal.minus(0, 2));
        Assert.assertEquals(0,cal.minus(2, 2));
    }

    public void testMultiply() {
        Assert.assertEquals(0,cal.multiply(0, 2));
        Assert.assertEquals(6,cal.multiply(3, 2));
    }

    public void testDivide() {

        try {
            Assert.assertEquals(3,cal.divide(6, 2));
        } catch (Exception e) {
            // TODO Auto-generated catch block
            e.printStackTrace();
        }

    }
```

图 29.8　各测试方法中添加的断言

第 8 步：使用 JUnit 重新运行测试代码。在 calculator1Testnew.java 中右击，选择 Run As|JUnit Test 菜单命令，启动 JUnit 并查看测试结果，如图 29.9 所示。

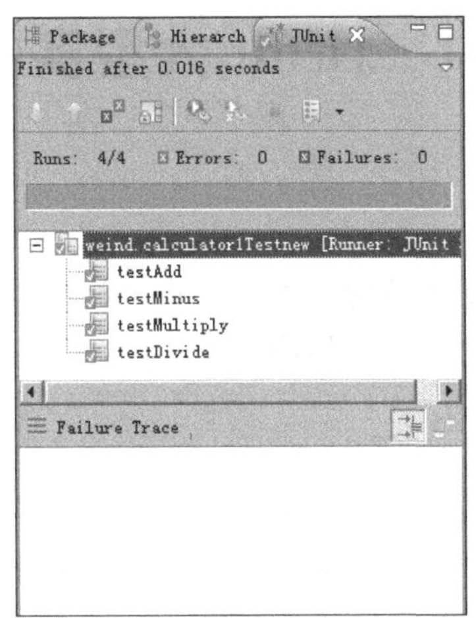

图 29.9　JUnit 测试结果

至此，应用 JUnit 测试代码重构的知识，针对计算器的加减乘除功能重新开展了单元测试。显然，此时的测试代码较图 29.1 中所示的代码而言，进行了大量的简化。经过代码重构过程，程序无论是从阅读层面还是执行效率层面都有着显著地提高。因此，请读者在实际工作中，注意代码重构的应用。

4. 拓展练习

请借助 JUnit 工具，应用 JUnit 测试代码重构的知识，针对“求整数数组中的最大数”的源代码进行单元测试。源代码参见实验 24 的拓展练习。

实验 30　JUnit 大型实例训练

1. 实验目标

(1) 能够使用 JUnit 对某地铁站的售票程序进行测试。

(2) 能够举一反三针对其他实例开展测试。

2. 背景知识

JUnit 是面向 Java 语言的单元测试框架，是 Java 社区中知名度最高的一款开源的单元测试工具，在读者已学习前面章节中 JUnit 相关知识后，本讲以某地铁站的售票程序为例，采用 JUnit 进行单元测试的综述，旨在加深读者对 JUnit 单元测试框架应用的认识和理解。

1) 地铁站售票系统需求

如下为某地铁站售票系统的需求简要描述。

(1) 某地铁站的票价依据线路不同价格有差异，A 类路线票价为 2 元，B 类路线票价为 4 元。

(2) 该售票系统仅支持 1 元硬币、5 元或 10 元纸币的投入。

(3) 若投入一定面值的纸币或硬币，选择某类型路线，当投入金额少于该路线类型票价时，系统提示“请继续投币”。

(4) 若投入一定面值的纸币或硬币，选择某类型路线，当投入金额等于该路线类型票价时，系统送出相应的地铁票。

(5) 若投入一定面值的纸币或硬币，选择某类型路线，当投入金额大于该路线类型票价时，系统送出相应的地铁票并找零(零钱均为 1 元硬币)。

(6) 若售票系统没有零钱时，再投入一定面值的纸币或硬币，选择某类型路线，当投入金额大于该路线类型票价时，系统不送出地铁票且退还投入的金额。

2) 地铁站售票系统源代码

如下为某地铁站售票系统的源代码：

```
package metroSaleTicket;

public class MetroSaleTicket {

    private int inputTotalMoney, countOfOneYuan;
    //定义允许的地铁路线的"类型": A 类 2 元 B 类 4 元
    private String[] typeOfTickets={"TypeA", "TypeB"};
    private String resultOfDeal;
    public MetroSaleTicket()
    {
```

```
    initial();
}
private void initial()
{
    countOfOneYuan=100;              //1 元的数量,初始为 100 个
}
public MetroSaleTicket(int oneYuan)
{
    countOfOneYuan=oneYuan;
}
public String currentState()        //当前状态
{
    String state="Current State\n"+
                "1 Yuan: "+countOfOneYuan;
    return state;
}
public String operation(String type,String money)
//type 是用户选择的路线类型,money 是用户投币的种类
{
    if (money.equalsIgnoreCase("1yuan"))                //若投入 1 元
    { inputTotalMoney=inputTotalMoney+1;
      countOfOneYuan=countOfOneYuan+1;
    }
        else if (money.equalsIgnoreCase("5yuan"))       //若投入 5 元
        { inputTotalMoney=inputTotalMoney+5;}
            else if (money.equalsIgnoreCase("10yuan")) //若投入 10 元
            { inputTotalMoney=inputTotalMoney+10;}
    if(inputTotalMoney<2)
    {
        resultOfDeal="Not enough money!"; //投入少于 2 元,返回钱不足
        return resultOfDeal;
    }
        else if (type.equals(typeOfTickets[0]) &&(countOfOneYuan>=
                inputTotalMoney-2))       //若选择 A 类票且系统足够找零
        {
            countOfOneYuan=countOfOneYuan-(inputTotalMoney-2);
            resultOfDeal="Input Information\n"+
            "Type: A; Money: 2Yuan \n"+currentState();
            return resultOfDeal;
        }
            else if (type.equals(typeOfTickets[0]) && (countOfOneYuan<
                    inputTotalMoney-2))      //若选择 A 类票且系统不够找零
            {
```

```
                    resultOfDeal=" Not enough Change!";
                    return resultOfDeal;
                }
                    else if (type.equals(typeOfTickets[1]) && (inputTotalMoney<4))
                                    //若选择 B 类票且投入少于 4 元,返回钱不足
                    {
                    resultOfDeal=" Not enough Money";
                    return resultOfDeal;
                    }
                        else if (type.equals(typeOfTickets[1]) && (countOfOneYuan>=
                            inputTotalMoney-4))  //若选择 B 类票且系统足够找零
                        {
                            countOfOneYuan=countOfOneYuan-(inputTotalMoney-4);
                            resultOfDeal="Input Information\n"+
                            "Type: B; Money: 2Yuan \n"+currentState();
                            return resultOfDeal;
                        }
                            else if (type.equals(typeOfTickets[1]) &&
                                (countOfOneYuan<inputTotalMoney-4))
                                //若选择 B 类票且系统不够找零
                            {
                                resultOfDeal=" Not enough Change!";
                                return resultOfDeal;
                            }
                                else
                                { //其他状态 返回异常
                                  resultOfDeal="Failure Information\n"+"Money Error";
                                  return resultOfDeal;
                                }
        }
    }
```

以下实验,依据上述需求及源代码,从实践角度揭示 JUnit 单元测试的开展。

3. 实验任务

任务:结合某地铁站的售票系统需求及源程序,采用 JUnit 针对 operation()方法编写测试代码并执行测试。

第 1 步:结合某地铁站的售票系统需求及源程序绘制程序流程图,如图 30.1 所示。

第 2 步:启动 MyEclipse。选择开始|程序|MyEclipse 6.5|MyEclipse 6.5 菜单命令,进入 MyEclipse 主界面。

第 3 步:创建一个 Java 项目。选择 File|New|Java Project 菜单命令,进入图 30.2 所示的新建 Java 项目对话框,并为项目命名为 MetroSaleTicket 后,单击 Next 按钮。

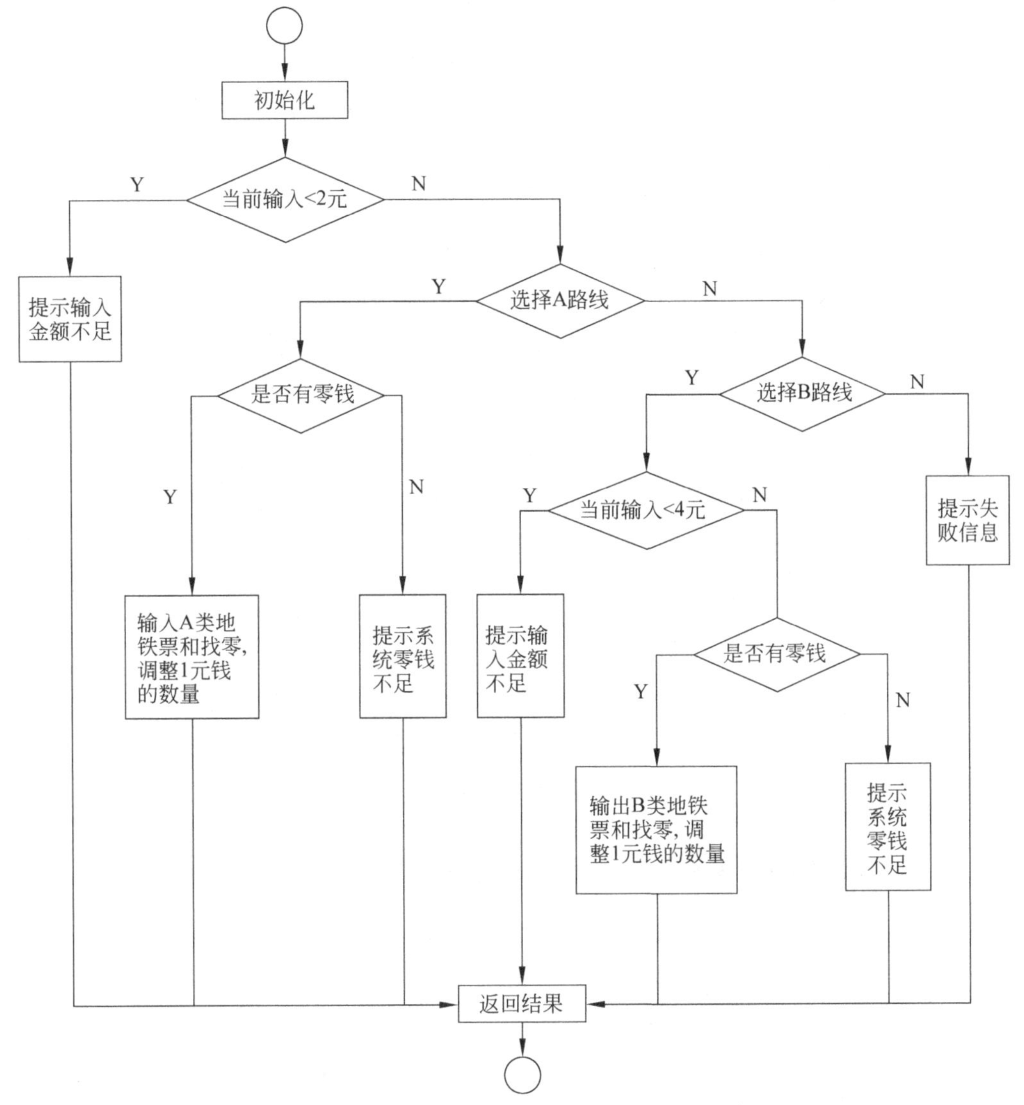

图 30.1　程序流程图

第 4 步：在打开的页面中，选择 Libraries 选项卡，如图 30.3 所示。

第 5 步：添加 JUnit 类库。单击 Add Library 按钮，在打开的对话框中选择 JUnit 类库，并单击 Next 按钮，如图 30.4 所示。

第 6 步：选择 JUnit 版本。在打开的图 30.5 所示对话框中选择 JUnit 3，并单击 Finish 按钮，进入如图 30.6 所示对话框，可看到新引入的 JUnit 3。

第 7 步：在图 30.6 中单击 Finish 按钮，可成功创建已引入了 JUnit 3 类库的 MetroSaleTicket 项目，如图 30.7 所示。

第 8 步：创建一个包。在 src 上右击，在打开的快捷菜单中选择 New|Package 菜单命令，如图 30.8 所示，创建 Package(包)。

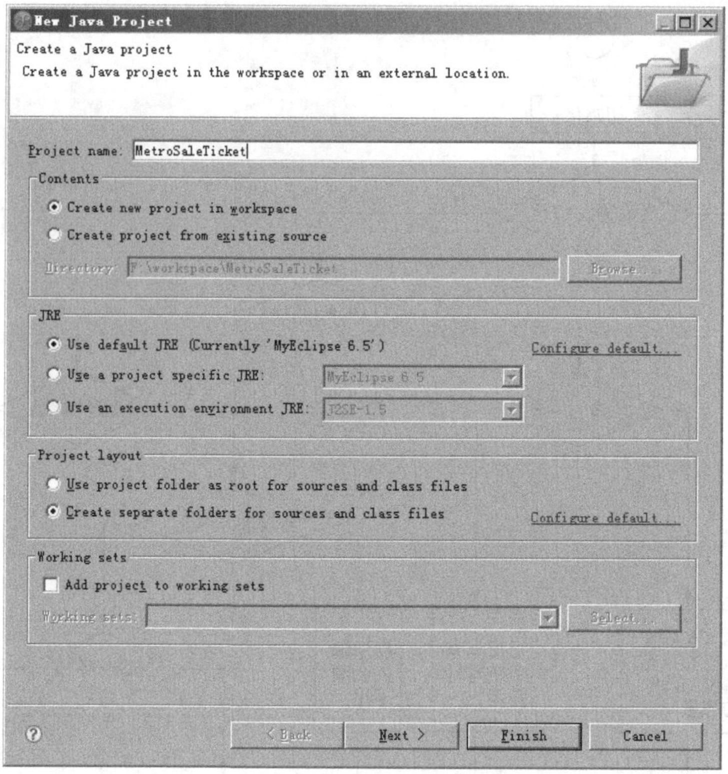

New Java Project
Create a Java project
Create a Java project in the workspace or in an external location.
Project name: MetroSaleTicket
Contents
Create new project in workspace
Create project from existing source
JRE
Use default JRE (Currently 'MyEclipse 6.5')
Configure default...
Use a project specific JRE:
Use an execution environment JRE:
Project layout
Use project folder as root for sources and class files
Create separate folders for sources and class files
Configure default...
Working sets
Add project to working sets
Next >
Finish
Cancel

图 30.2　新建 Java 项目对话框

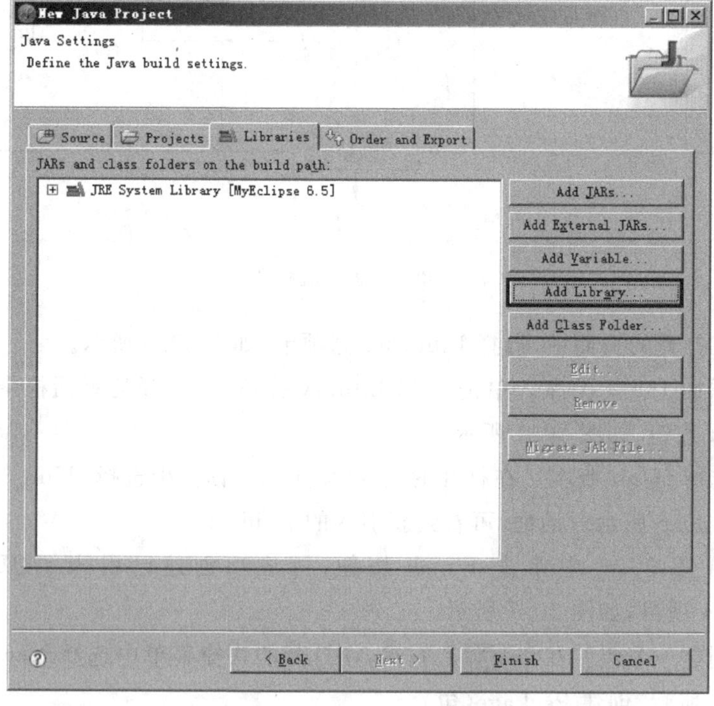

图 30.3　Libraries 选项卡

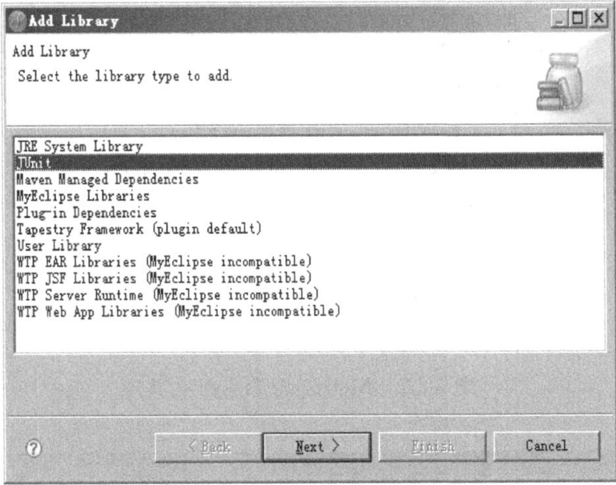

图 30.4 Add Libraries 对话框

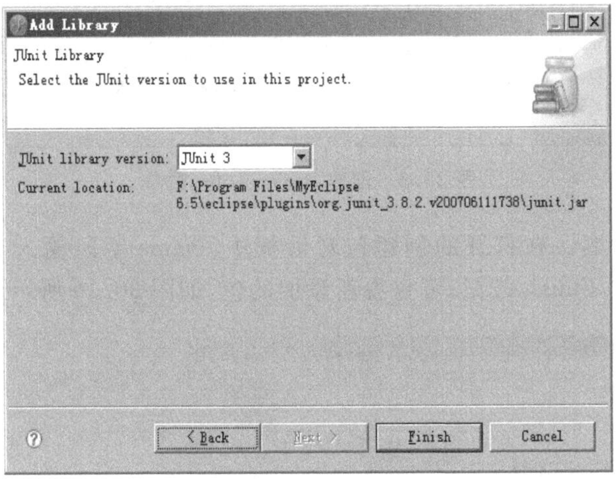

图 30.5 JUnit 版本选择对话框

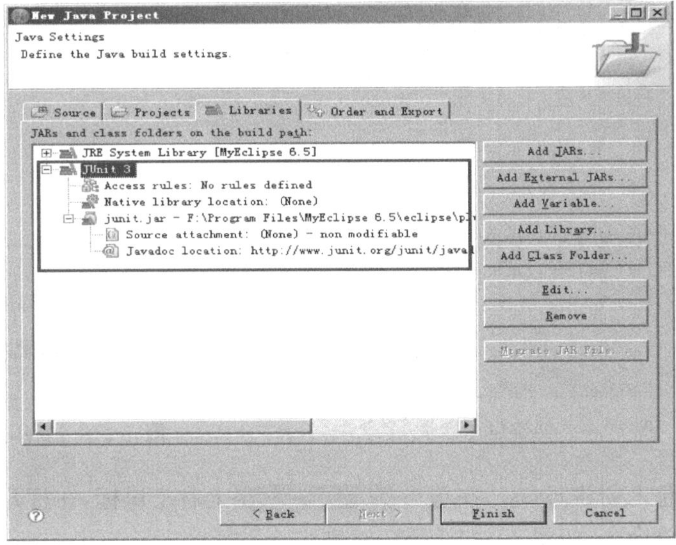

图 30.6 引入的 JUnit 3

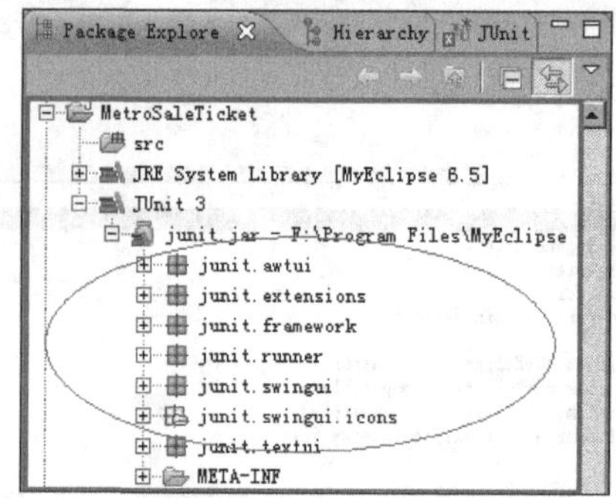

图 30.7　MetroSaleTicket 项目

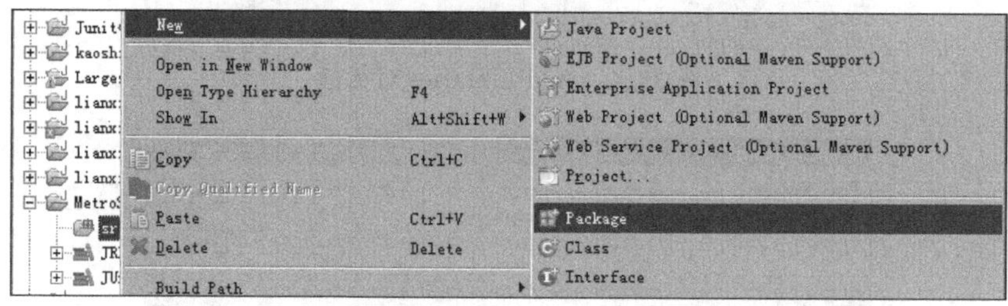

图 30.8　创建 Package(包)菜单

第 9 步：给包命名。在打开的创建包对话框中，Name 字段输入 metroSaleTicket，如图 30.9 所示；并单击 Finish 按钮，可查看新添加的包，如图 30.10 所示。

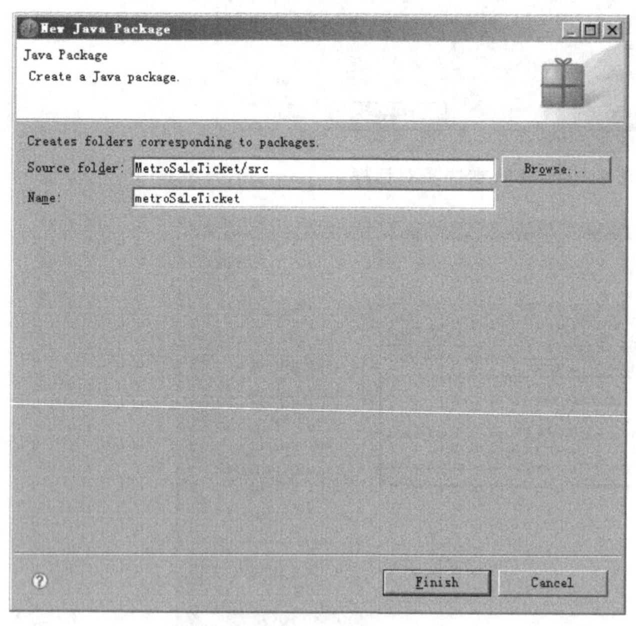

图 30.9　创建包对话框

图 30.10　新添加的 Package(包)

第 10 步：在包上创建 class。在包 metroSaleTicket 上右击鼠标，在打开的快捷菜单中选择 New|Class 菜单命令，如图 30.11 所示，创建 Class(类)。

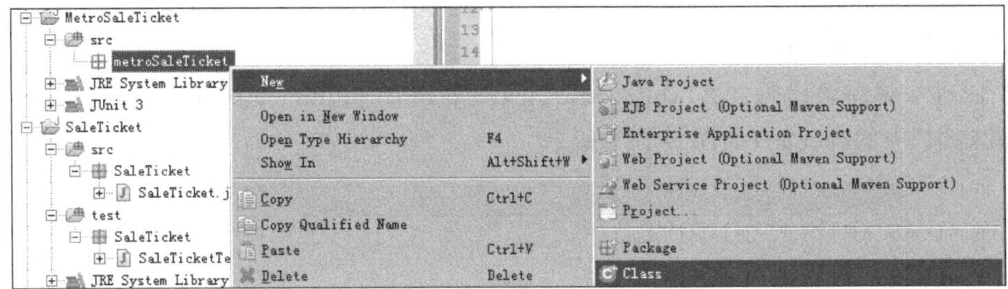

图 30.11　创建 Class(类)菜单

第 11 步：给类命名。在打开的创建类对话框中，Name 字段输入 MetroSaleTicket，如图 30.12 所示；并单击 Finish 按钮，可查看新添加的类，如图 30.13 所示。

New Java Class
Java Class
Create a new Java class.
Source folder: MetroSaleTicket/src Browse...
Package: metroSaleTicket Browse...
Enclosing type: Browse...
Name: MetroSaleTicket
Modifiers: public default private protected
abstract final static
Superclass: java.lang.Object Browse...
Interfaces: Add...
Remove
Which method stubs would you like to create?
public static void main(String[] args)
Constructors from superclass
Inherited abstract methods
Do you want to add comments as configured in the properties of the current project?
Generate comments
Finish Cancel

图 30.12　创建类对话框

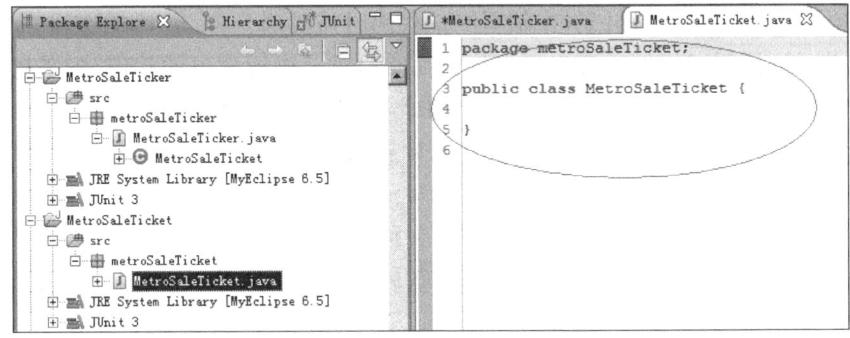

图 30.13　新添加的 Class(类)

值得提醒的是,图 30.13 中代码含义为：引入一个名为 metroSaleTicket 的包,设定了一个 public 类型的类,类名为 MetroSaleTicket。

第 12 步：编写源代码。在 MetroSaleTicket.java 的 public class MetroSaleTicket 中输入“背景知识”中的源代码,如图 30.14 所示。

```
*MetroSaleTicket.java
package metroSaleTicket;

public class MetroSaleTicket {
    private int inputTotalMoney, countOfOneYuan;
    //定义允许的地铁路线的"类型": A类2元  B类4元
    private String[] typeOfTickets = {"TypeA", "TypeB"};
    private String resultOfDeal;
    public MetroSaleTicket()
    {
          initial();
    }
    private void initial()
    {
          countOfOneYuan = 100;          //1元的数量，初始为100个
    }
    public MetroSaleTicket(int oneYuan) //带参数的构造函数，即构造方法：初始化操作
    {
        countOfOneYuan = oneYuan;
    }
    public String currentState()        //当前状态
    {
        String state = "Current State\n" +
                    "1 Yuan:  " + countOfOneYuan;
        return state;
    }
    public String operation(String type,String money)
     //type是用户选择的路线类型，money是用户投币的种类
    {
        if (money.equalsIgnoreCase("1yuan"))    //若投入1元
        { inputTotalMoney= inputTotalMoney+1; countOfOneYuan= countOfOneYuan+1;}
          else if (money.equalsIgnoreCase("5yuan"))   //若投入5元
          { inputTotalMoney= inputTotalMoney+5;}
              else if (money.equalsIgnoreCase("10yuan")) //若投入10元
              { inputTotalMoney= inputTotalMoney+10;}
        if(inputTotalMoney<2 )
        {
          resultOfDeal = "Not enough money!";   //投入少于2元，返回钱不足
```

图 30.14　新添加的 Class(类)

至此,针对图 30.14 所示源代码,可进行后续相关代码测试工作。

在正式编写测试代码之前,请读者思考：该地铁站售票程序的输入和输出分别是什么?此问题的答案与后续测试代码的编写关系密切,请读者细细体会。经分析得知,此程序的输入、输入分别如下。

(1) 输入为 type(TypeA、TypeB)、money(1Yuan、5Yuan、10Yuan)。

(2) 输出为 resultOfDeal,而 resultOfDeal 的值可能由字符串组成或字符串与 currentState()方法的值共同组成,在编写测试代码时需明确分析。

第 13 步：设计测试用例。读者可依据前面实验章节中所学习的知识,如采用逻辑覆盖方法及基本路径法等进行测试用例的设计。在此,以基本路径法为例进行用例设计。

(1) 分析需求及图 30.1 所示流程图,可知需提取如下 7 条基本路径进行测试用例设计。

基本路径 1：当前输入<2 元——提示输入金额不足。

基本路径 2：当前输入>=2 元——选择 A 路线——有零钱——输出 A 类地铁票和找零,调整 1 元钱的数量。

基本路径 3：当前输入>=2 元——选择 A 路线——无零钱——提示系统零钱不足。

基本路径 4：当前输入＞＝2 元——选择 B 路线——当前输入＜4 元——提示输入金额不足。

基本路径 5：当前输入＞＝2 元——选择 B 路线——当前输入＞＝4 元——有零钱——输出 B 类地铁票和找零，调整 1 元钱的数量。

基本路径 6：当前输入＞＝2 元——选择 B 路线——当前输入＞＝4 元——无零钱——提示系统零钱不足。

基本路径 7：当前输入＞＝2 元——选择 A 或 B 路线外的其他内容——提示失败信息。

（2）基于上述选取的 7 条基本路径，设计测试用例设计，如表 30.1 所示。

表 30.1　测试用例

覆盖路径	输入 type	输入 money	状　态	预期输出
基本路径 1	TypeA	1Yuan	countOfOneYuan＝100 个	Not enough money!
基本路径 2	TypeA	5Yuan	countOfOneYuan＝100 个	Input Information Type：A；Money：2Yuan Current State 1 Yuan：97
	TypeA	10Yuan	countOfOneYuan＝100 个	Input Information Type：A；Money：2Yuan Current State 1 Yuan：92
基本路径 3	TypeA	5 Yuan 或 10Yuan	countOfOneYuan＝0 个	Not enough Change!
基本路径 4	TypeB	3Yuan	countOfOneYuan＝100 个	Not enough money!
基本路径 5	TypeB	5Yuan	countOfOneYuan＝100 个	Input Information Type：B；Money：4Yuan Current State 1 Yuan：99
	TypeB	10Yuan	countOfOneYuan＝100 个	Input Information Type：B；Money：4Yuan Current State 1 Yuan：94
基本路径 6	TypeB	5 Yuan 或 10Yuan	countOfOneYuan＝0 个	Not enough Change!
基本路径 7	TypeC	任意值	countOfOneYuan＝任意值	Failure Information Type Error

在此，值得提醒的是，表 30.1 中的测试用例仅由基本路径测试法得出，旨在抛砖引玉，读者可采用边界值分析法及错误推测法等进行测试用例的追加和补充。

第 14 步：在项目上创建 Source Folder。在项目 MetroSaleTicket 上右击鼠标，在打开的快捷菜单中选择 New|Source Folder 菜单命令，如图 30.15 所示，创建 Source Folder（源文件夹）。

第 15 步：给 Source Folder 命名。在打开的创建 Source Folder 对话框中，Name 字段输入 test，如图 30.16 所示；并单击 Finish 按钮，可查看新添加的 Source Folder 如图 30.17 所示。

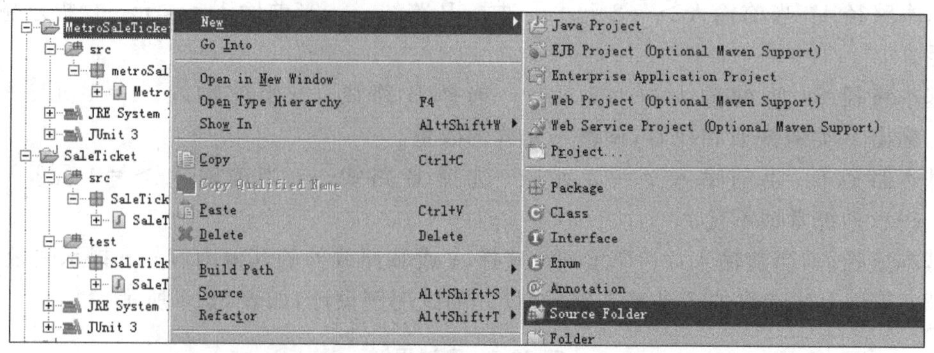

图 30.15 创建 Source Folder(源文件夹)菜单

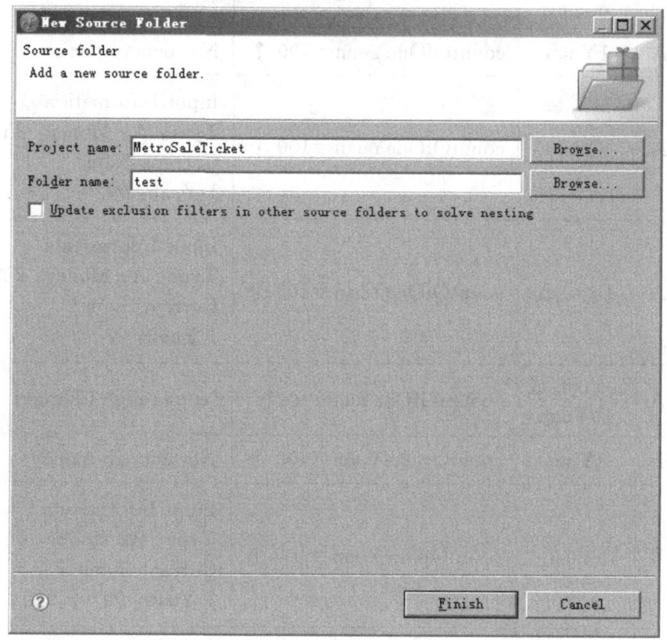

图 30.16 New Source Folder(新源文件夹)对话框

图 30.17 新添加的 Source Folder(源文件夹)

第 16 步：针对待测试类创建 JUnit Test Case。在待测试类 MetroSaleTicket 上右击鼠标，在打开的快捷菜单中选择 New|JUnit Test Case 菜单命令，如图 30.18 所示，创建 JUnit Test Case(JUnit 测试用例)。

第 17 步：修改测试代码存放路径。在打开的创建 JUnit 测试用例对话框中，选择如图 30.19 所示的 Browse…按钮，修改存放路径为 test，如图 30.20 所示，并单击 OK 按钮。

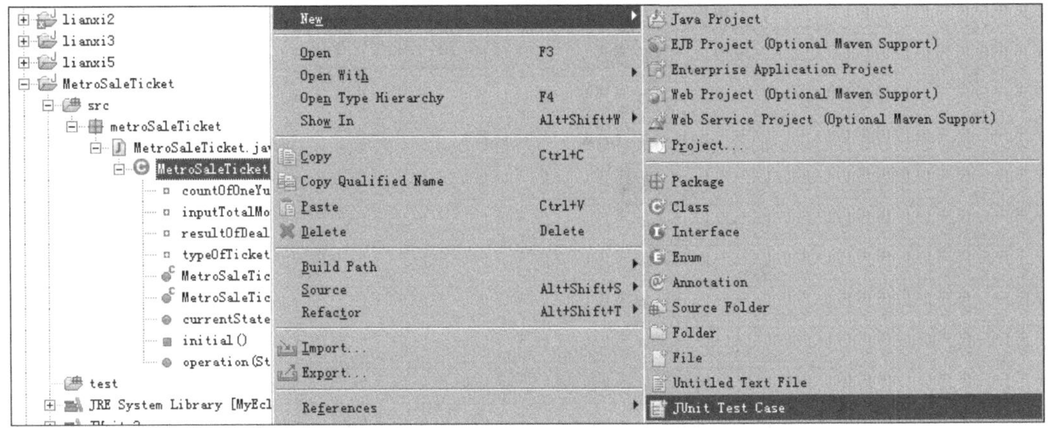

图 30.18 创建 JUnit Test Case(JUnit 测试用例)菜单

New JUnit Test Case
JUnit Test Case
Select the name of the new JUnit test case. You have the options to specify the class under test and on the next page, to select methods to be tested.
New JUnit 3 test New JUnit 4 test
Source folder: MetroSaleTicket/test Browse...
Package: metroSaleTicket Browse...
Name: MetroSaleTicketTest
Superclass: junit.framework.TestCase Browse...
Which method stubs would you like to create?
setUpBeforeClass() tearDownAfterClass()
setUp() tearDown()
constructor
Do you want to add comments as configured in the properties of the current project?
Generate comments
Class under test: metroSaleTicket.MetroSaleTicket Browse...
< Back Next > Finish Cancel

图 30.19 创建 JUnit Test Case 对话框

注意：在弹出的图 30.19 所示对话框中，系统为测试类自动命名为 MetroSaleTicketTest，且已自动勾选 setUp()和 tearDown()方法。若读者弹出的对话框与此不同，则请手动设置。

第 18 步：添加测试方法。在返回的对话框中单击 Next 按钮，在打开的对话框中勾选所需测试方法，如图 30.21 所示。

第 19 步：单击 Finish 按钮关闭对话框，可查看到在 test 下存放的 MetroSaleTicketTest.java 中显示出 setUp()、tearDown()及 testOperation()测试方法，如图 30.22 所示。

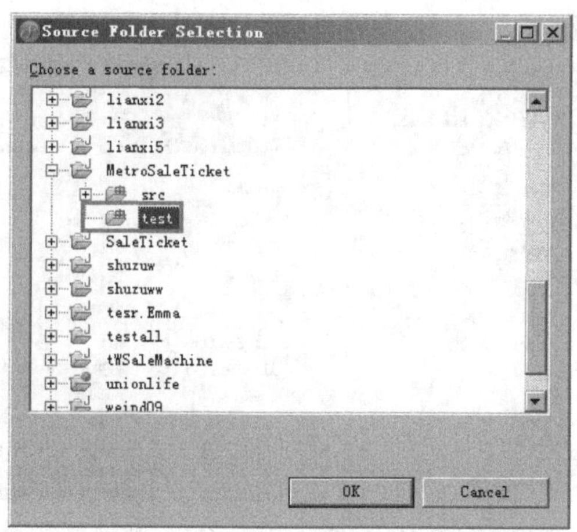

图 30.20　选择存放路径对话框

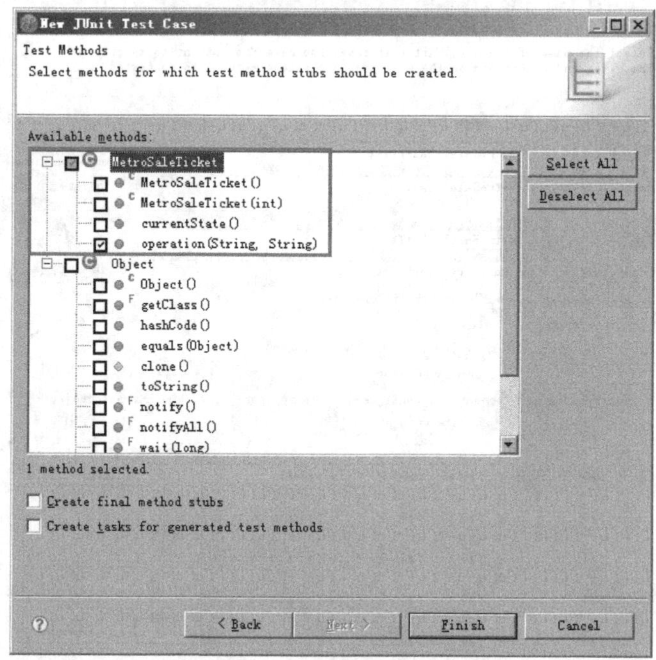

图 30.21　测试方法选择对话框

第 20 步：编写测试代码。

首先，通过“private MetroSaleTicket obj;”定义一个对象，并通过“obj = new MetroSaleTicket();”进行对象实例化。代码如图 30.23 所示。

其次，针对基本路径 1、基本路径 2、基本路径 4、基本路径 5、基本路径 7 进行测试代码编写，代码如下所示：

注意：针对基本路径 1、基本路径 2、基本路径 4、基本路径 5、基本路径 7 的测试代码的编写，均基于源代码的“countOfOneYuan=100;”前提；而针对基本路径 3 与基本路径 6 相关测试代码的编写则例外。因此，分成两大类进行简要介绍。

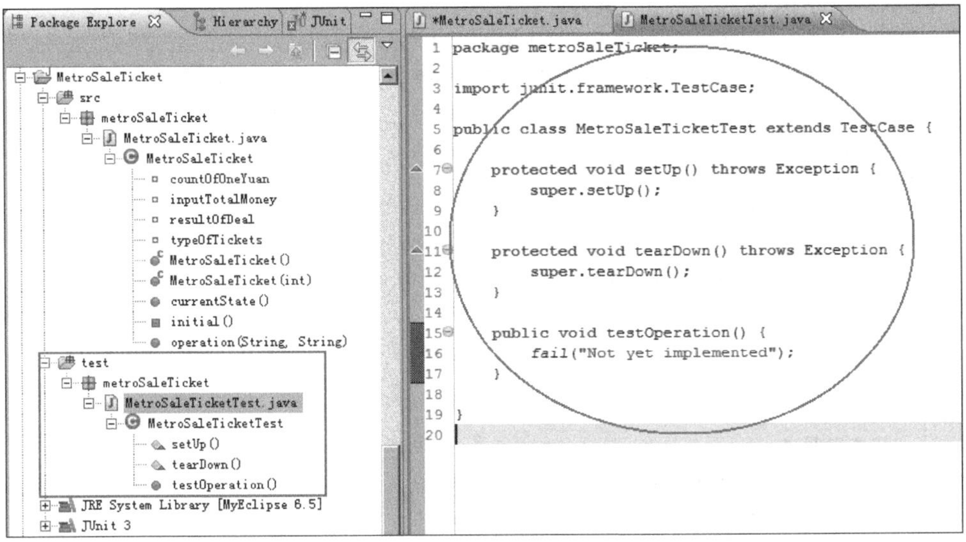

图 30.22　创建的测试方法

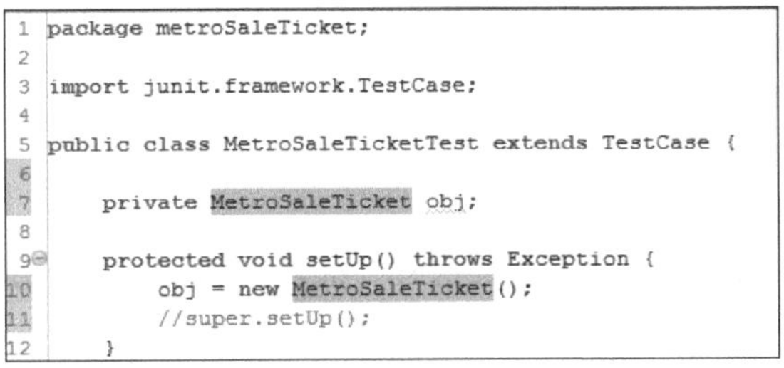

图 30.23　定义对象并实例化

```
package metroSaleTicket;

import junit.framework.Assert;
import junit.framework.TestCase;

public class MetroSaleTicketTest extends TestCase {

    private MetroSaleTicket obj;

    protected void setUp() throws Exception {
        obj=new MetroSaleTicket();
        //super.setUp();
    }

    protected void tearDown() throws Exception {
        super.tearDown();
    }

    //基本路径 1
```

```
    public void testOperation1() {
        String except="Not enough money!";
        Assert.assertEquals(except,obj.operation("TypeA", "1yuan"));
    }

    //基本路径 2
    public void testOperation2() {
        String except="Input Information\n"+
        "Type: A; Money: 2Yuan \n"+"Current State\n" +
        "1 Yuan: "+97;
        Assert.assertEquals(except,obj.operation("TypeA", "5yuan"));
    }

    //基本路径 2
    public void testOperation3() {
        String except="Input Information\n"+
        "Type: A; Money: 2Yuan \n"+"Current State\n" +
        "1 Yuan: "+92;
        Assert.assertEquals(except,obj.operation("TypeA", "10yuan"));
    }

    //基本路径 4
    public void testOperation4() {
        String except="Not enough money!";
        Assert.assertEquals(except,obj.operation("TypeB", "3yuan"));
    }

    //基本路径 5
    public void testOperation5() {
        String except="Input Information\n"+
        "Type: B; Money: 4Yuan \n"+"Current State\n" +
        "1 Yuan: "+99;
        Assert.assertEquals(except,obj.operation("TypeB", "5yuan"));
    }

    //基本路径 5
    public void testOperation6() {
        String except="Input Information\n"+
        "Type: B; Money: 4Yuan \n"+"Current State\n" +
        "1 Yuan: "+94;
        Assert.assertEquals(except,obj.operation("TypeB", "10yuan"));
    }

    //基本路径 7
    public void testOperation7() {
        String except="Failure Information\n"+"Type Error";
        Assert.assertEquals(except,obj.operation("TypeC", "10yuan"));
    }
}
```

第 21 步：使用 JUnit 运行测试代码。在 MetroSaleTicketTest. java 中右击鼠标，如图 30.24 所示选择 Run As|JUnit Test 菜单命令，启动 JUnit。

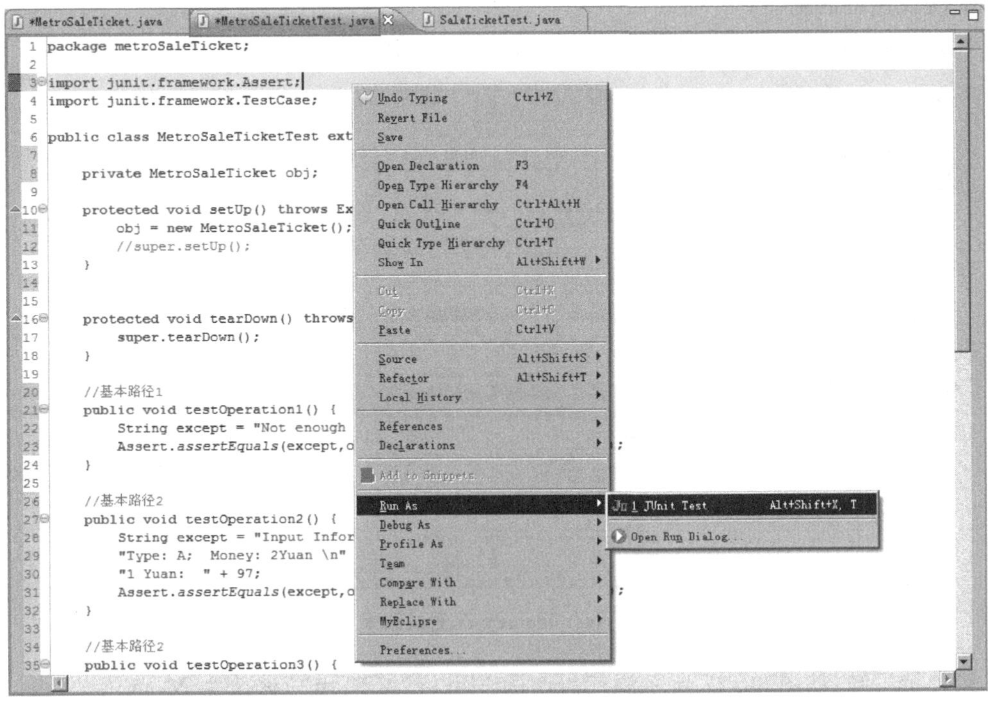

图 30.24 启动 JUnit 菜单

第 22 步：查看 JUnit 中的测试结果，如图 30.25 所示。

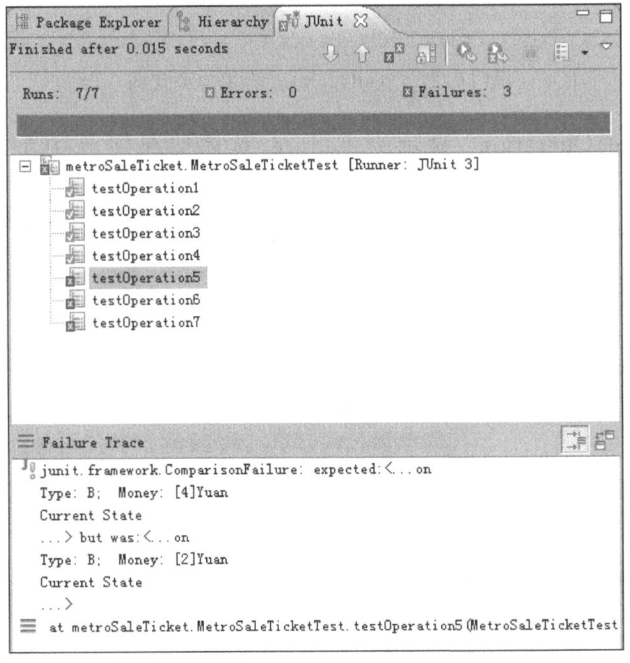

图 30.25 JUnit 测试结果

第 23 步：分析 JUnit 中的测试结果。

(1) 结果 1：testOperation1～testOperation4，期望结果与实际结果一致，证明源程序通过相应测试用例的测试；

(2) 结果 2：testOperation5 显示为 Failure，结果分析如图 30.26 所示。

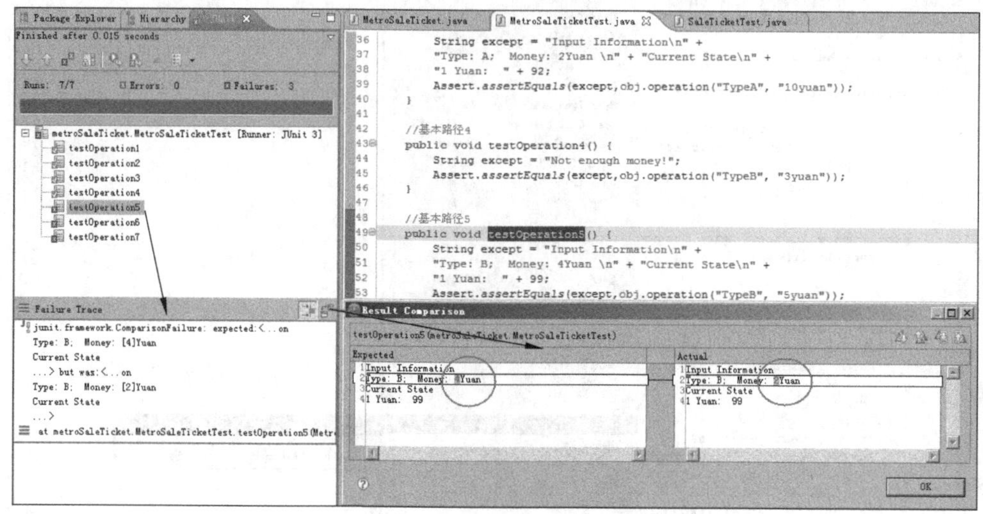

图 30.26　testOperation5 测试结果与分析

经分析可知，如图 30.27 所示源代码中的 Money：2Yuan 应修改为 Money：4Yuan。

```
else if (type.equals(typeOfTickets[1]) &&(countOfOneYuan >= inputTotalMoney-4))
{
    countOfOneYuan = countOfOneYuan- (inputTotalMoney-4);
    resultOfDeal = "Input Information\n" +
    "Type: B; Money: 2Yuan \n" + currentState();
    return resultOfDeal;
}
```

图 30.27　testOperation5 相关源代码

(3) 结果 3：testOperation6 显示为 Failure，具体情况同 testOperation5 一致，不再赘述。

(4) 结果 4：testOperation7 显示为 Failure，结果分析如图 30.28 所示。

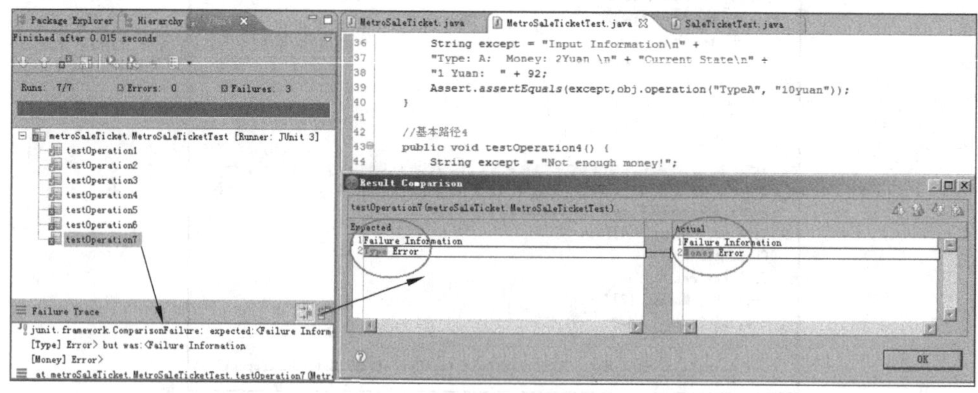

图 30.28　testOperation7 测试结果与分析

经分析可知，如图 30.29 所示源代码中的"Money Error"应修改为"Type Error"。

```
else
{   // 其他状态 返回异常
    resultOfDeal = "Failure Information\n" + "Money Error"
    return resultOfDeal;
}
```

图 30.29　testOperation7 相关源代码

第 24 步：填充测试代码，针对基本路径 3 和基本路径 6 进行测试。测试代码编写同第 20 步中的操作，但是唯一不同的是，需将源程序中的初始化数据进行修改，即将“countOfOneYuan＝100;”修改为“countOfOneYuan＝0;”。在此，不再赘述。

至此，结合某地铁站的售票系统需求及源程序，带领读者使用 JUnit 进行了单元测试的开展。请读者结合当前实例，熟练掌握 JUnit 常用断言及单元测试的开展，并进一步回顾测试用例设计的相关知识，旨在实现理论与实践的完美结合。

4. 拓展练习

结合某地铁站的售票系统需求及源程序，采用 JUnit 针对 operation()方法编写测试代码并执行测试，且要求采用边界值分析法进行测试用例填充，并执行测试。

第四部分

项目实训

基于前面的学习，相信读者已掌握了软件测试相关技术及用例设计的方法，想必有些读者已经不满足于仅进行某个专项测试，而希望向更高层次发展，乃至覆盖整体软件测试流程的各环节的测试工作。因此，下面将放眼整体软件测试流程，以旅馆住宿系统为例，对软件测试流程中的各环节工作进行实例介绍。其中，主干环节包括测试计划制定、测试用例设计、TestLink 测试用例管理与统计、缺陷提交与跟踪及测试总结与分析等。旨在让读者能够结合真实项目体验完整的软件测试工作流程。

首先，熟悉一下软件测试完整流程中的各环节工作。

(1) 需求分析

需求分析阶段是软件开发中的首要阶段。在该阶段中主要目标是将客户抽象的需求进行详细的分析，并将其转化成具体的功能点。一般由开发、市场、需求、质量保证等部门的人员共同参与。为了详细了解软件功能以便更好地进行测试工作，建议测试人员也同样参与到需求分析之中。

(2) 测试计划制定

测试计划阶段处于测试的先期准备工作阶段，在该阶段中主要是对将要进行的测试工作做出整体计划安排，如时间进度的安排、测试范围的设定、测试类型的设计、项目风险的预测，等等。值得提醒的是，在制定计划时，应参照项目交付进度，客观分析各模块工作量，以保证计划质量。

(3) 测试设计与开发

测试设计与开发阶段包含两部分：一部分是设计，主要是参照各种相关文档对测试进行设计的工作，包括测试需求的分析和测试用例的设计；另一部分工作是开发，主要是按照设计的方案及要求进行实施准备的过程，该过程包括测试用例数据的准备，测试工具的配置、测试脚本的开发录制与维护等工作，此阶段的工作可一直持续到软件测试工作结束。

(4) 测试实施

测试实施阶段主要是依据在上一阶段制定的测试用例和数据，开发出的测试脚本，并在被测系统中具体执行测试的过程，从而发现不同类型的系统缺陷。

(5) 测试评估与总结

测试评估与总结阶段是在测试结束后，对整个测试过程与产品最终质量进行评估并总结相关经验教训的过程。

至此，简要概述了测试过程中的各环节工作。基于上述介绍，值得提醒读者如下几点。

① 上述软件测流程并非唯一标准，不同软件企业所采用测试流程或许存在一定差异，但是实质核心环节应保持一致。

② 为了更好地保证软件质量，在每个阶段结束时都应进行相应的评审，待评审通过后进入下一阶段。至于提到的相应的评审阶段未于上述阶段中列出，读者可根据实际工作情况酌情选择是否评审及评审的力度。

③ 在需求分析阶段，测试人员一般只需参与需求评审，无须提交交付物。

因此，下面将通过旅馆住宿系统的实例，针对制定测试计划，设计测试用例，TestLink测试用例管理与统计，缺陷提交与跟踪，测试总结与分析各测试环节，以相应成果交付物样例为驱动，带领读者逐步体验完整的软件测试工作流程。

后续所包含实训内容如下：

① 实训Ⅰ　制定旅馆住宿系统的测试计划。

② 实训Ⅱ　设计旅馆住宿系统的测试用例。

③ 实训Ⅲ　旅馆住宿系统的 TestLink 测试用例管理与统计。

④ 实训Ⅳ　旅馆住宿系统的缺陷提交与跟踪。

⑤ 实训Ⅴ　旅馆住宿系统的测试总结与分析。

实训Ⅰ　制定旅馆住宿系统的测试计划

在测试计划的制定设计阶段，测试人员需要完成的交付物为《测试计划》，以下为旅馆住宿管理系统的测试计划，仅供读者参考。通过此测试计划文档样例的呈现，旨在让读者能够结合真实项目进一步体验测试计划制定阶段。

在此值得说明的是，限于篇幅，封面、文档属性及目录等略；且于测试计划实例中附有注释说明等信息，以方便读者理解。

1. 引言

引言部分，通常用于描述文档的编写目的、背景、参考资料等相关内容。

1）编写目的

针对旅馆住宿管理系统编写本次测试计划，本文档对具体后续测试工作安排进行规划，一方面使整个项目组明确测试进度、人员分配及主要职责等，更好地进行合作；另一方面该文档定义软件测试策略、方法、范围、进度、资源等，指导测试活动的进行，使测试组成员对具体工作有更清晰的了解，按照测试计划进行后期测试工作的开展。从根本上保证系统的切实可行性。

该计划阅读对象包括程序管理、开发人员、测试人员、用户体验/产品管理及发布管理人员。

2）背景

项目名称：旅馆住宿管理系统。

项目的提出方：旅馆住宿管理中心。

项目承接方：河北师范大学软件学院旅馆住宿项目组。

本项目的启动以规范化旅馆行业，建立一流的旅游管理产业为目的。预期为游客提供快捷的预定系统；为旅馆提供操作简单、使用高效的住宿管理系统；为旅馆住宿管理中心提供便于实时监督、数据统计分析、规范化管理的系统，使其能够及时获取有效数据信息并进行通知的发布。

3）参考资料

《项目章程》、《项目规划》、《风险登记册》、《WBS》、《旅馆住宿管理系统需求确认书》。

4）测试提交成果

《旅馆住宿管理系统测试计划》、《旅馆住宿管理系统测试用例》、《旅馆住宿管理系统缺陷报告》、《旅馆住宿管理系统测试报告》。

2. 测试范围和需求

本部分主要根据软件项目的实际特点确定测试的测试范围。部分软件项目除需开展基本的功能测试外，可能还包括性能测试、安全性测试、兼容性测试、性能测试等。如有特殊需求，可一并于此处提出。

1）系统使用角色

旅馆住宿管理系统主要面向旅游者、旅馆业主及旅馆住宿管理中心管理人员三大类用户开展，如表Ⅰ.1所示。

表Ⅰ.1　系统使用角色

角　色	使　用　者	权限范围
旅馆住宿管理中心管理员	旅馆住宿管理中心管理员	可及时进行通知的发布和接收；及时查看各旅馆的房间信息及进行某时间段的整体房间信息的统计，如房间价格走势、游客的来源分布、营业额（收入）等
旅馆业主	各旅馆管理员	可以维护并发布自家旅馆的房间信息，能够及时处理游客预订信息；当游客前来旅馆时，可为游客及时办理入住、续租、换房及结算等业务；游客若不能按时入住旅馆时，可办理房间退订业务
游客	未注册用户/已注册用户	所有准备来此景点旅游并浏览此景点网站的人。游客可快速找到合适的旅馆和房间。未注册时，可进行旅馆及房间浏览；注册后，可进行房间预订、查看订单及退订操作

2）测试范围

本次测试内容为旅游者、旅馆业主及旅馆住宿管理中心管理人员3个部分角色的全部功能。具体功能如表Ⅰ.2所示。

表Ⅰ.2　测试范围

<table>
<tr><th>用户</th><th>类　别</th><th>子　模　块</th><th>描　　述</th><th>主要测试人</th></tr>
<tr><td rowspan="7">游客</td><td rowspan="3">未注册用户</td><td>浏览旅馆信息</td><td>游客在旅游网站可浏览各家旅馆的信息</td><td>测试A、B</td></tr>
<tr><td>浏览房间信息</td><td>游客在旅游网站可浏览各家旅馆下的房间信息</td><td>测试A、B</td></tr>
<tr><td>注册</td><td>进行注册操作，注册后可进登录</td><td>测试A、B</td></tr>
<tr><td rowspan="4">已注册用户</td><td>登录</td><td>游客可登录系统，进行预订退订等操作</td><td>测试A、B</td></tr>
<tr><td>游客预订</td><td>游客查看房间信息后，可进行房间预订并生成预订订单</td><td>测试A、B</td></tr>
<tr><td>游客退订</td><td>游客进行房间预订后，可自主办理房间退订</td><td>测试A、B</td></tr>
<tr><td>我的预订</td><td>查看游客个人的房间预订记录，及订单详情</td><td>测试A、B</td></tr>
<tr><td rowspan="10">旅馆业主</td><td rowspan="10">有账号人员</td><td>管理房间</td><td>旅馆业主可进行房间添加、修改、删除及查看</td><td>测试A、B</td></tr>
<tr><td>预订/退订管理</td><td>当游客进行预订后，旅馆业主可以对预订记录进行确认；办理游客退订</td><td>测试A、B</td></tr>
<tr><td>办理预订</td><td>为打电话的游客办理预订</td><td>测试A、B</td></tr>
<tr><td>办理入住</td><td>为来住宿的游客办理入住</td><td>测试A、B</td></tr>
<tr><td>办理续租</td><td>为已入住的游客办理续租</td><td>测试A、B</td></tr>
<tr><td>办理换房</td><td>为已入住的游客办理换房</td><td>测试A、B</td></tr>
<tr><td>办理结算</td><td>为已入住的游客办理结算</td><td>测试A、B</td></tr>
<tr><td>查看入住明细</td><td>查看已入住房间当前入住明细信息</td><td>测试A、B</td></tr>
<tr><td>接收通知</td><td>旅馆业主可接收旅馆住宿管理中心发送的通知</td><td>测试A、B</td></tr>
<tr><td>修改密码</td><td>旅馆业主可修改个人密码</td><td>测试A、B</td></tr>
</table>

续表

用户	类　别	子　模　块	描　　述	主要测试人
旅馆住宿管理中心管理员	有账号人员	发布通知	给指定的旅馆或整体旅馆发布通知	测试 A、B
		统计旅馆信息	统计各家旅馆的房间价格走势、游客的来源分布、营业额(收入)等	测试 A、B
		维护旅馆账号	旅馆住宿管理中心可添加、删除、修改、查看旅馆账号,并分配用户名与密码	测试 A、B

3. 测试任务与进度

本部分用于描述各项测试工作及所预计的时间。

1）测试整体进度

整体测试进度安排如表Ⅰ.3 所示。

表Ⅰ.3　测试整体进度

测试阶段	时　间	主要任务	阶段完成标志	备　注
测试计划制定	×××-×××	阅读需求及相关资料 编写测试计划 分派测试任务	提交《旅馆住宿管理系统测试计划》并通过评审	
设计测试	×××-×××	部署测试用例管理系统 熟悉系统需求并设计测试用例 测试中同步细化、更新用例	TestLink 部署完毕,并可正常使用 提交《旅馆住宿管理系统测试用例》(见 TestLink)	本项目用 TestLink 工具管理测试用例
部署测试环境	×××-×××	部署测试环境 准备相关测试工具	环境成功部署,可进行测试	
执行测试	×××-×××	功能测试,参照开发进度开展 细化测试用例 提交缺陷报告 进行 BVT 及回归测试	每日邮件测试情况汇报 结项前提交《旅馆住宿管理系统测试报告》	具体依附于开发部门每日提交的功能点进度
随机测试	×××-×××	组织项目组成员进行随机测试		
测试报告编写	×××-×××	进行测试情况汇总 编写测试报告		
验收测试	×××-×××	协助用户进行系统验收	签署验收通过协议	

2）执行测试进度细化

针对上述执行测试阶段,细分测试执行进度如表Ⅰ.4 所示。

表Ⅰ.4　执行测试进度

测试用时(天)	测试任务	风险期(天)
1	登录/房间管管理/添加旅馆/删除旅馆/修改旅馆的信息/游客注册	0.5
2	游客预订/游客退订/我的预订	1
5	入住/结算/续租/查看入住明细	1
4	换房/预订和退订的管理/修改密码/发布通知	1
2	统计分析	0.5
×	…	×
说明	1. 依附于开发进度 2. 各阶段中包含了 BVT 及回归测试用时 3. 限于篇幅,表 1.4 中未全部列出各项测试工作用时,仅供参考	

4. 测试类型

本部分介绍本次测试采用的测试方法(黑盒或白盒测试)及测试类型(系统测试、易用性测试等)。

1) 测试类型优先级

本项目测试重点为功能、界面、易用性及兼容性测试测试的开展,具体如表Ⅰ.5 所示。

说明:结合时间及项目实际要求,性能测试及安全性测试将在项目二期中开展。进一步保障系统稳定性。

表Ⅰ.5　测试类型及优先级

编号	测试需求项	优先级	编号	测试需求项	优先级
1	功能测试	1	4	兼容性测试	3
2	界面测试	2	5	性能测试	4
3	易用性测试	2	6	安全性测试	5

2) 功能测试

概述:主要验证旅馆住宿管理系统的功能是否满足《旅馆住宿管理系统需求确认书》中所规定的功能性需求,具体如表Ⅰ.6 所示。

表Ⅰ.6　功能测试规划

测试目标	确保软件需求说明书中要求的各个功能模块,全部按需求实现
测试方法和技术	按照测试需求、通过准则、测试用例,采用黑盒测试法、自动化测试技术,核实以下内容: 在使用合法数据时得到正确的结果(客户端与网站数据同步验证) 在使用非法数据时显示相应的错误提示和容错处理 各个功能模块的功能都得到了正确的应用

续表

完成标准	计划的测试已全部执行 发现的缺陷修复率达到通过准则要求 不能实现的功能测试需求项开发组给出了合理的说明或作了需求变更 所作修改是否已达到需求的要求
需考虑的特殊事项	对于用户提出的尽量完成的功能,可降低测试优先级

3）界面/易用性测试

概述：要求使用户与软件之间的交互能够正常且简易地进行,且界面设计满足用户需要,具体如表Ⅰ.7所示。

表Ⅰ.7 界面/易用性测试规划

测试目标	• 通用目标： 以符合标准和规范、直观性、一致性、灵活性、舒适性、正确性、使用性7要素为基础,作为界面及易用性测试的标准 确保各种浏览及各种访问方法(鼠标移动、快捷键等)都使用正常 界面整体布局合理,页面清晰、美观,包括颜色搭配、字体、文字是否对齐、图片大小与位置、弹出窗口的位置合适 • 特别要求： 旅馆业主页面：简洁、美观、操作流程清晰,且字体要较大,兼顾年龄较大用户的使用。 游客访问的页面：面向广大用户,确保各年龄段人群使用
测试方法和技术	根据整体架构设计及界面原型检验页面元素
完成标准	计划的测试已全部执行。发现的缺陷修复率达到通过准则要求。定期同客户沟通中能顺利通过用户确认
需考虑的特殊事项	兼顾年龄较大用户的使用

4）兼容性测试

概述：兼容性测试属于系统测试的范畴,其包括软件兼容性,数据共享兼容性,硬件兼容性3个方面。另外还要考虑到多版本的兼容性测试。Web系统,更多考虑的是在不同的浏览器和操作系统上能够流畅地浏览网页,具体如表Ⅰ.8所示。

表Ⅰ.8 兼容性测试规划

测试目标	保证旅馆住宿管理系统能够在不同操作系统下及不同的浏览器下能够良好运行,能够实现相关的功能及页面保持美观性等要求。同时,要求系统能够与二代身份证读卡机友好兼容 重点：应用程序与浏览器的兼容：例如IE 6.0、IE 7.0、IE 8.0、Chrome、火狐等浏览器
测试方法和技术	在各类型操作系统及浏览器组合进行浏览测试,且对各用户类型所有的功能模块进行操作测试,同时要求进行页面排版和功能流程的检测 考虑到实际情况,各位测试人员采用不同的机器配置及软件配置等进行测试;并结合IE Tester进行浏览器兼容性测试

续表

完成标准	在各种操作系统及浏览器上都可以浏览和访问相应的功能或数据 在各种操作系统及浏览器上进行系统访问保证各项功能正常使用 在各种操作系统及浏览器上进行系统访问保证页面美观性及合理性
需考虑的特殊事项	结合用户使用习惯,优先进行IE系列浏览器验证

5) BVT/回归测试

概述:每当软件发生变化时,必须重新测试原来已经通过测试的区域,验证修改的正确性及其影响,具体如表Ⅰ.9所示。

表Ⅰ.9 BVT/回归测试规划

测试目标	验证修改后的缺陷是否已经修复,并且查看是否影响其他的功能流程
测试方法和技术	主要是验证前一版本提交的缺陷,按照提交缺陷时给定的数据和操作步骤在最新版本上进行操作验证,并验证该缺陷可能会关联到的功能模块,对相关用例进行执行
完成标准	修复的缺陷得到预先需求的确认,不引发其他新缺陷
需考虑的特殊事项	注意验证已修复缺陷相关联的功能模块,保证其他模块不受缺陷修复的影响

5. 测试策略

本部分主要对测试过程中所应用的策略进行简单介绍。

1) 版本发布策略

(1) 测试版本发布策略。

原则1:当进行首轮测试时,若系统主干功能不能通过BVT测试,则需要开发组重新发布版本,再对新版本进行首轮测试。

原则2:遵循每日构建原则。每日构建工作由测试团队负责,每日发布新的测试版本(Build)并对其进行BVT测试,BVT测试通过后针对该Build进行细测。其中,要求每个成功的Build都应该通过BVT测试;采用SVN进行Build管理。

原则3:对于每日的Build,如果未通过BVT测试(仍存在缺陷过多或缺陷级别严重),则可要求重新发布版本,进行第二次BVT测试。

原则4:测试版本编号按照传统的主版本.次版本号.Build号的规则编制。

(2) 正式版本发布策略。

原则1:针对已经通过测试组内部测试,将正式发布的版本需做专门的Tag进行标识。

原则2:针对已经通过测试组内部测试,将正式发布的版本需编制正式的版本号,如主版本.次版本。

2) 阶段测试策略

针对实际项目情况,测试阶段分为如下阶段。

(1) 单元测试阶段:由开发人员针对个人负责的单元或模块进行单元测试。通过本阶段后进行下一阶段。

(2) BVT测试阶段:针对每日Build进行版本功能验证,目的验证该系统版本是否可用,是否能进行具体功能细测,若出现过多限制后续测试的阻塞级别Bug,则需要请开发组发布新版本;通过后方可进行新功能点的细测阶段。

(3) 细测阶段：针对通过 BVT 测试的版本，重点验证软件功能是否满足需求，该阶段由测试人员完成。测试成员对个人负责的功能点依据测试用例进行独立测试，并在测试过程中细化测试用例。同时，在该用例一行中记录该用例执行的状态(通过/未执行/Bug ID)。

(4) 回归测试阶段：当开发人员对缺陷进行了修复并提交测试后，进行该阶段的测试。重点验证 Bug 是否解决及相关功能是否受影响。

(5) 随机测试阶段：组织项目组成员在空余时间及版本发布前进行随机测试，重点在于设计各种随机用例，发现软件在使用中的各种错误，主要让其他未参与详细测试的成员或开发人员加入并体验系统，进行随机测试。

(6) 验收测试阶段：组织旅馆住宿管理中心负责人及旅馆业主代表进行验收测试。其中，测试人员可协助客户进行非测试组内部的工作内容。

3) 测试用例管理策略

(1) 用例管理系统。

采用 TestLink 管理系统进行测试用例的管理。

TestLink 管理系统地址：http://IP /testlink-1.9.2/login.php。

TestLink 登录名：个人的姓名全拼。

TestLink 初始密码：123456。

(2) 用例优先级别。

用例级别参照表Ⅰ.10 定义。

表Ⅰ.10　用例优先级别

级　别	名　称	说　　明
1	高	优先执行且必须在项目结束前全部执行
2	中	次优先执行，80%在项目结束前全部执行
3	低	低优先级执行，在项目时间允许情况下执行

4) Bug 管理策略

(1) Bug 管理系统。采用 Redmine 缺陷管理系统进行缺陷实时提交和跟踪。

Redmine 缺陷管理系统地址：http://code.×××。

Redmine 登录名：个人的姓名全拼。

Redmine 初始密码：123456。

(2) Bug 级别定义。Bug 级别参照表Ⅰ.11 定义。

表Ⅰ.11　Bug 优先级别

级别	名称	说　　明	关闭时限
1	立刻	非常紧迫。严重限制后续测试	0.5 天之内
2	紧急	紧迫级。非常重要且需要立即修改的问题	1 天之内

续表

级别	名称	说　明	关闭时限
3	高	高等级。系统级功能实现错误或接口实现错误使系统不稳定、或破坏数据,影响最终结果	2天之内
4	普通	中等级。单元级功能实现错误或产生错误的中间结果但不影响最终结果	3天之内
5	低	一般级。拼写错误、错别字或界面不符合设计规范,使用不便	结项前

(3) Bug状态定义。Bug状态参照表Ⅰ.12定义。

表Ⅰ.12　Bug状态

编号	名　称	说　明
1	New	新建状态。发现人新发现的缺陷
2	进行中	进行状态。开发人员对缺陷进行了部分修改
3	Reopened	重新打开状态。发现人确认修改没达要求,重新打开
4	Resolved	解决状态。开发经理认为经责任人修改后已解决
5	Closed	关闭状态。发现人关闭缺陷
6	Deferred	延期解决状态。开发人员认为是缺陷但由于技术或时间问题需要延期解决

(4) Bug解决方案。Bug解决方案参照表Ⅰ.13定义。

表Ⅰ.13　Bug解决方案

编号	名　称	说　明
1	fixed	已修复
2	won't fix	不打算修复
3	postponed	以后修复
4	not repro	不可重现
5	duplicate	重复
6	by design	设计如此
7	External	由于外部原因导致

5) 进度反馈策略

(1) 测试人员每天向项目组所有成员进行Build版本发布及测试进度、Bug数量等信息的反馈。

(2) 测试全部完成后,由测试管理人员向项目组反馈测试整体情况。

6. 测试环境

本部分介绍实际测试工作场景的软/硬件配置,具体如表Ⅰ.14所示。

表Ⅰ.14　测试环境

软件环境	服务器：Windows XP/Linux+Apache+MySQL+php 5
	客户端：Windows XP+.NET Framework 2.0
硬件环境	测试服务器：尽量模拟真实运行环境
	客户端：自用 PC
	注意：目前测试在本地机器进行，虚拟机暂且充当服务器

7. 测试工具

根据软件的需求，列出所使用的所有工具，并对工具进行简单的介绍，如表Ⅰ.15所示。

表Ⅰ.15　测试工具

用　途	工　具
缺陷跟踪/管理	Redmine
测试用例管理	TestLink
兼容性测试工具	IE Tester

8. 通过准则

本部分介绍测试停止的相关标准。

(1) 实行了所有的测试类型及测试用例，并达到完成标准。

(2) 需求覆盖率100%。编码实现与《旅馆住宿管理系统需求确认书》保持一致。

(3) 立刻/紧急/高级别的错误修复率达到100%。

(4) 普通/低级别错误的修复率达到80%以上。

9. 测试风险分析

本部分用于列出测试工作可能涉及的风险及应对措施，如表Ⅰ.16所示。

表Ⅰ.16　测试风险分析

序号	风险名称	级别	风险描述	应对策略
1	时间风险	高	参与项目的核心人员在时间上无法保障：核心成员同时兼任其他时间要求较高的工作(授课、其他项目)	测试任务分派；该部分成员的任务安排采取阶段性的目标管理
2	人员风险	高	参与测试工作的人员数量较少，在时间较紧张情况下容易测试不充分	其他角色成员参与部分测试工作
3	界面风险	中	程序界面设计没有一个标准，造成这方面的测试没有明确的衡量指标	定期与客户代表进行沟通，事先定义通用测试约束
4	经验风险	低	参与测试的部分人员测试经验不足	加强测试组内沟通，定期进行缺陷审核和沟通

实训Ⅱ　设计旅馆住宿系统的测试用例

在测试设计与开发阶段，旅馆住宿系统项目中重点工作体现于测试用例的设计。最终交付物主要为《测试用例文档》。在此文档中，需要写明用例所属系统、模块、版本等基础信息，更重要的是需明确所设计测试用例的目的，操作步骤、输入数据以及期望结果等。

以下为旅馆住宿管理系统的测试用例文档节选，仅供读者参考。通过此测试用例文档样例的呈现，旨在让读者能够结合真实项目进一步体验测试用例的设计阶段。

此外，值得提醒的是，本旅馆住宿管理系统完整测试用例文档篇幅很长，涉及用例颇多。限于篇幅，仅此选取“旅馆住宿管理中心维护旅馆账号”基础模块用例进行呈现；且略去封面、文档属性及目录等内容。具体用例参见表Ⅱ.1所示。

表Ⅱ.1　旅馆住宿管理中心维护旅馆账号测试用例

<table>
<tr><td>系统名称</td><td colspan="3">旅馆住宿管理系统</td><td>系统版本号</td><td colspan="2">V1.0</td></tr>
<tr><td>模块名称</td><td colspan="3">旅馆住宿管理中心维护旅馆信息</td><td>编写者</td><td colspan="2">测试 A</td></tr>
<tr><td>功能点</td><td colspan="6">① 添加旅馆功能
② 管理旅馆功能：
• 修改旅馆信息
• 删除旅馆信息
• 查看旅馆信息</td></tr>
<tr><td>测试目的</td><td colspan="6">验证旅馆住宿管理中心管理员能够成功进行旅馆账号的添加、修改、删除、查看等操作</td></tr>
<tr><td>预置条件</td><td colspan="6">以旅馆住宿管理中心管理员身份登录旅馆住宿管理中心系统，如 admin/123456</td></tr>
<tr><td>优先级</td><td colspan="3">中</td><td>测试结果</td><td colspan="2">□ 通过　　□ 不通过</td></tr>
<tr><td>序号</td><td>功能点</td><td>子功能点</td><td>用例描述</td><td>输入数据</td><td>预期结果</td><td>实际结果</td></tr>
<tr><td>1</td><td>请求旅馆管理</td><td></td><td>单击系统主界面上的“旅馆管理”按钮</td><td></td><td>1. 页面显示旅馆列表标签页和查询标签页
2. 默认显示旅馆列表标签页，旅馆列表中显示已添加的旅馆记录</td><td></td></tr>
<tr><td>2</td><td>添加旅馆账号</td><td>添加旅馆页面字段验证</td><td>在旅馆列表页面，单击“新增旅馆”按钮</td><td></td><td>1. 进入增加旅馆信息页面，页面显示如下字段：旅馆名称、经纪人名称、经纪人账号、经纪人密码、确认密码、身份证号、联系电话、旅馆地址、旅馆简介、旅馆所属村
2. 旅馆所属村以下拉列表方式选择，其他字段为文本框输入
3. 字段显示必填项标志</td><td></td></tr>
</table>

续表

优先级		中		测试结果	□ 通过　　□ 不通过	
序号	功能点	子功能点	用例描述	输入数据	预期结果	实际结果
3		添加功能验证	1. 在添加旅馆信息页面中输入旅馆信息 2. 选择旅馆所属村 3. 单击“确定”按钮	旅馆名称：幸福旅馆 经纪人名称：幸福 经纪人账号：xingfu 密码：123456 确认密码：123456 身份证号：130103198112121111 联系电话：13012345678 旅馆地址：石家庄市桥东区 113 号 旅馆简介： 旅馆所属村：北戴河村	1. 系统提示添加成功 2. 旅馆列表中成功添加一条记录 3. 新添加的记录在列表最上方显示 4. 查看记录显示同输入数据保持一致 5. 列表下方的总记录数加 1 6. 旅馆使用新添加的账号和密码可成功登录旅馆业主系统主页 7. 旅馆业主使用账号登录后，可查看到同旅馆住宿管理中心人员添加的旅馆信息	
4		重填功能验证	1. 在添加旅馆信息页面中输入旅馆信息 2. 选择旅馆所属村 3. 单击“重填”按钮	旅馆名称：幸福旅馆 经纪人名称：幸福 经纪人账号：xingfu 密码：123456 确认密码：123456 身份证号：130103198112121111 联系电话：13012345678 旅馆地址：石家庄市桥东区 113 号 旅馆简介： 旅馆所属村：北戴河村	已填写的页面信息清空，可重新填写页面各字段	
5		返回旅馆列表	单击“返回旅馆列表”按钮		添加旅馆页面关闭，并返回至旅馆列表页面	
6		必填项为空	1. 在添加旅馆信息页面中针对必填项字段不填写 2. 单击“确定”按钮必填项字段不填写		系统提示请填写……字段	

续表

优先级		中		测试结果	□ 通过　　□ 不通过	
序号	功能点	子功能点	用例描述	输入数据	预期结果	实际结果
7		添加重复信息	1. 在添加旅馆信息页面中输入一条已经添加过的旅馆信息 2. 选择旅馆所属村 3. 单击“确定”按钮	旅馆名称：幸福旅馆 经纪人名称：幸福 经纪人账号：xingfu 密码：123456 确认密码：123456 身份证号：130103198112121111 联系电话：13012345678 旅馆地址：石家庄市桥东区 113 号 旅馆简介： 旅馆所属村：北戴河村	系统提示 已经存在了该“旅馆名称”和“经纪人账号”	
8		密码与确认密码不一致	1. 在添加旅馆信息页面中输入旅馆信息 2. 选择旅馆所属村 3. 单击“确定”按钮	旅馆名称：幸福旅馆 经纪人名称：幸福 经纪人账号：xingfu 密码：123456 确认密码：123455 身份证号：130103198112121111 联系电话：13012345678 旅馆地址：石家庄市桥东区 113 号 旅馆简介： 旅馆所属村：北戴河村	系统提示密码与确认密码不一致	
9		字段长度验证	1. 针对各字段分别在添加旅馆信息页面中输入超长的旅馆信息 2. 选择旅馆所属村 3. 单击“确定”按钮	依据各字段规则创建如：最大允许 10 个汉字，则输入超过 10 个长度的汉字	系统提示……字段最长字数为……，请重新填写	
10		字段长度边界验证	1. 针对各字段分别在添加旅馆信息页面中输入“长度边界”的旅馆信息 2. 选择旅馆所属村 3. 单击“确定”按钮	依据各字段规则创建如：最大允许 10 个汉字，则输入 10 个	1. 系统提示添加成功 2. 旅馆列表中成功添加一条记录 3. 新添加的记录在列表最上方显示 4. 查看记录显示同输入数据保持一致 5. 列表下方的总记录数加 1 6. 旅馆使用新添加的账号和密码可成功登录旅馆业主系统主页 7. 旅馆业主使用账号登录后，可查看到同旅馆住宿管理中心人员添加的旅馆信息	

续表

优先级	中		测试结果	□ 通过　　□ 不通过		
序号	功能点	子功能点	用例描述	输入数据	预期结果	实际结果
11			1. 在修改旅馆信息页面中修改各字段，分别修改为“字段长度边界”的旅馆信息 2. 单击“确定”按钮	依据各字段规则创建如：最大允许 10 个汉字，则输入 11 个	系统提示……字段最长字数为……，请重新填写	
12			1. 在修改旅馆信息页面中修改各字段，分别修改为“字段长度边界”的旅馆信息 2. 单击“确定”按钮	输入无限长的内容	系统提示……字段最长字数为……，请重新填写	
13		违规格式验证	1. 针对各字段分别在添加旅馆信息页面中输入“不符合格式规定”的旅馆信息 2. 选择旅馆所属村 3. 单击“确定”按钮	如特殊字符等；总之，除如下规则之外的数据：电话号码：11 位数字，同时验证号段 身份证号码：15 位或 18 位数字、字母	系统提示……字段最长字数为……，请重新填写	
14	查看旅馆记录	添加已删除的信息	重新添加已经删除的旅馆		系统提示添加成功	
15		重置	添加用户页面中，单击重置		清空页面信息，可重新填写	
16			再次单击“序号”列头的排序标识		列表记录恢复升序排列	
17		翻页功能	查看列表右下角的翻页		能否正确显示首页、上一页、页码、下一页、尾页	
18			分别单击首页、上一页、下一页、尾页		页码显示正确	

续表

优先级		中		测试结果	□ 通过　　□ 不通过	
序号	功能点	子功能点	用例描述	输入数据	预期结果	实际结果
19			添加旅馆账号记录，直至列表中记录超过当前列表最大显示数目		1. 系统能够自动翻至新页面进行显示 2. 新添加的记录能够保持在列表首页的第一条的位置	
20		记录数显示	查看列表左下角的翻页		能够正确显示列表中当前页面的总记录数、当前页数/总页数、每页最多记录数	
21			添加或删除一条记录		能够正确显示列表中当前页面的总记录数、当前页数/总页数、每页最多记录数	
22	删除旅馆账号	删除一条记录，提示信息验证	从列表中任意选择一条记录，单击“删除”按钮		系统提示是否进行删除操作	
23		确定删除	1. 从列表中任意选择一条记录，单击“删除”按钮 2. 在系统提示的是否进行删除信息中，单击“确定”按钮		1. 系统提示记录删除成功 2. 列表中该记录消失 3. 列表下方的总记录数减 1 4. 使用该账号登录旅馆业主页面，不能正确登录	
24			添加一条同被删除掉的旅馆账号完全相同的旅馆信息		能够添加成功	
25		取消删除	1. 从列表中任意选择一条记录，单击“删除”按钮 2. 在系统提示的是否进行删除信息中，单击“取消”按钮		1. 取消本次删除操作 2. 列表中该记录仍存在	

续表

优先级	中			测试结果	□ 通过　　□ 不通过	
序号	功能点	子功能点	用例描述	输入数据	预期结果	实际结果
26		删除多条记录	1. 从列表中任意勾选多条记录(如 6 条),单击“删除”按钮 2. 在系统提示的是否进行删除信息中,单击“确定”按钮		1. 系统提示记录删除成功 2. 列表中该 6 条记录消失 3. 列表下方的总记录数减 6 4. 使用此类账号登录旅馆业主页面,不能正确登录	
27		删除当前页面的全部记录	1. 从列表中勾选当前页面的所有记录,单击“删除”按钮 2. 在系统提示的是否进行删除信息中,单击“确定”按钮		1. 系统提示记录删除成功 2. 被删除的记录均从列表中消失 3. 列表下方的总记录数减去被删除的记录数 4. 列表自动显示当前页的下一页的内容 5. 列表页数减 1 6. 使用此类账号登录旅馆业主页面,不能正确登录	
28		删除全部列表记录	删除掉列表中所有记录		1. 列表显示为空 2. 当前页页码显示为 1 3. 当前页总记录数显示为 0 4. 使用此类账号登录旅馆业主页面,不能正确登录	
29		已给旅馆添加了房间后进行删除	1. 选择一条已经添加了房间的旅馆账号的记录 2. 单击“删除”按钮 3. 在是否删除提示信息中单击“确定”按钮		1. 系统提示删除成功 2. 该旅馆的旅馆信息、房间信息等被一并删除	
30		已有预订/入住记录后进行删除	1. 选择一条已经有了预订/入住记录的旅馆账号的记录 2. 单击“删除”按钮 3. 在是否删除提示信息中单击“确定”按钮		1. 系统提示删除成功 2. 该旅馆的旅馆信息、房间信息、入住信息等被一并删除	

续表

优先级		中		测试结果	□ 通过　　□ 不通过	
序号	功能点	子功能点	用例描述	输入数据	预期结果	实际结果
31		同时性测试	1. 游客正在通过网页浏览在该旅馆下进行订房或查看旅馆介绍等其他信息时 2. 同时在旅馆记录列表中选择该旅馆，单击“删除”按钮 3. 在是否删除提示信息中单击“确定”按钮		1. 系统提示删除成功 2. 该旅馆的旅馆信息、房间信息、入住信息等被一并删除 3. 游客在旅馆浏览页面中进行刷新页面后，给出友好提示：当前信息已不存在	
32	修改旅馆账号	旅馆记录修改页面查看	1. 在旅馆列表页面，选择一条旅馆记录 2. 单击“修改旅馆”按钮		1. 进入修改旅馆信息页面 2. 页面中旅馆编号字段为只读项，其他字段可进行修改 3. 除了“密码”和“确认密码”外，添加用户页面中各字段均显示 4. 各字段显示的内容同添加该旅馆账号时的信息保持一致	
33		修改功能	1. 在旅馆信息修改页面中，修改页面各字段信息 2. 单击“修改”按钮	旅馆名称：真幸福旅馆 经纪人名称：真幸福 经纪人账号：zhenxingfu 身份证号：130103198311111315 联系电话：13556781234 旅馆地址：河北石家庄市桥东区113号 旅馆简介： 旅馆所属村：北戴河村	1. 系统提示修改成功 2. 旅馆列表中原记录内容更新为新修改后的记录内容 3. 列表下方的总记录数不变 4. 旅馆使用新修改的账号和密码可成功登录旅馆业主系统主页 5. 旅馆业主使用账号登录后，可查看到同旅馆住宿管理中心人员修改后的旅馆信息	

续表

优先级		中		测试结果	□ 通过　　□ 不通过	
序号	功能点	子功能点	用例描述	输入数据	预期结果	实际结果
34		取消修改功能	1. 在旅馆信息修改页面中，修改页面各字段信息 2. 单击“取消”按钮	旅馆名称：真幸福旅馆 经纪人名称：真幸福 经纪人账号：zhenxingfu 身份证号：130103198311111315 联系电话：13556781234 旅馆地址：河北石家庄市桥东区 113 号 旅馆简介： 旅馆所属村：北戴河村	1. 系统不进行修改操作 2. 旅馆列表中仍显示原记录内容 3. 列表下方的总记录数不变 4. 旅馆使用原账号和密码可成功登录旅馆业主系统主页 5. 旅馆业主使用账号登录后，可查看到同旅馆住宿管理中心人员未修改的旅馆信息	
35		修改必填项为空	1. 在旅馆信息修改页面中，修改页面必填项字段为空 2. 单击“修改”按钮	必填项字段不填写	系统提示……字段不能为空	
36		修改为重复信息	1. 在修改旅馆信息页面中修改信息为一条已经添加过的旅馆信息 2. 单击“确定”按钮	旅馆名称：幸福旅馆 经纪人名称：幸福 经纪人账号：xingfu 密码：123456 确认密码：123456 身份证号：130103198112121111 联系电话：13012345678 旅馆地址：石家庄市桥东区 113 号 旅馆简介： 旅馆所属村：北戴河村	系统提示已经存在了该“旅馆名称”和“经纪人账号”	
37		密码与确认密码不一致	1. 在添加旅馆信息页面中输入旅馆信息 2. 选择旅馆所属村 3. 单击“确定”按钮	旅馆名称：幸福旅馆 经纪人名称：幸福 经纪人账号：xingfu 密码：123456 确认密码：123455 身份证号：130103198112121111 联系电话：13012345678 旅馆地址：石家庄市桥东区 113 号 旅馆简介： 旅馆所属村：北戴河村	系统提示密码与确认密码不一致	

续表

优先级		中		测试结果	□ 通过　　□ 不通过	
序号	功能点	子功能点	用例描述	输入数据	预期结果	实际结果
38		修改字段长度验证	1. 在修改旅馆信息页面中修改各字段，分别修改为超长的旅馆信息 2. 单击“确定”按钮	依据各字段规则创建，如最大允许10个汉字，则输入超过10个长度的汉字	系统提示……字段最长字数为……，请重新填写	
39		修改字段长度边界验证	1. 在修改旅馆信息页面中修改各字段，分别修改为“字段长度边界”的旅馆信息 2. 单击“确定”按钮	依据各字段规则创建，如最大允许10个汉字，则输入10个	1. 系统提示修改成功 2. 旅馆列表中原记录内容更新为新修改后的记录内容 3. 列表下方的总记录数不变 4. 旅馆使用新修改的账号和密码可成功登录旅馆业主系统主页 5. 旅馆业主使用账号登录后，可查看到同旅馆住宿管理中心人员修改后的旅馆信息	
40			1. 在修改旅馆信息页面中修改各字段，分别修改为“字段长度边界”的旅馆信息 2. 单击“确定”按钮	依据各字段规则创建，如最大允许10个汉字，则输入11个	系统提示……字段最长字数为……，请重新填写	
41			1. 在修改旅馆信息页面中修改各字段，分别修改为“字段长度边界”的旅馆信息 2. 单击“确定”按钮	输入无限长的内容	系统提示……字段最长字数为……，请重新填写	

续表

优先级		中		测试结果	□ 通过　　□ 不通过	
序号	功能点	子功能点	用例描述	输入数据	预期结果	实际结果
42		违规格式验证	1. 针对各字段分别在添加旅馆信息页面中输入“不符合格式规定”的旅馆信息 2. 选择旅馆所属村 3. 单击“确定”按钮	如特殊字符等；总之，除如下规则之外的数据：电话号码：11位数字，同时验证号段 身份证号码：15位或18位数字、字母	系统提示……字段最长字数为……，请重新填写	
43	导航验证		切换到不同页面，查看导航显示	如：打开添加旅馆信息页面	能够正确显示当前页面的标题。如：显示添加旅馆	

至此，简要列举了旅馆住宿系统的“旅馆住宿管理中心维护旅馆账号”模块的测试用例设计，仅供读者参考。限于篇幅，其他模块测试用例以参考文档形式呈现。

实训Ⅲ 旅馆住宿系统测试的用例管理与统计

为了进一步提高测试效率，旅馆住宿系统项目中采用 TestLink 工具针对测试用例实现自动化管理。此项工作的推进优势显著，一方面为可有效管理测试设计与开发阶段中生成的大量测试用例，为后续测试用例的修改、分配、执行与跟踪提供了大力的自动化管理支持；另一方面也为测试实施阶段中，测试用例的执行情况进行整体汇总和统计，便于实时了解整体项目的测试进展，以进一步达到高效管理和调控的目的。

以下为采用 TestLink 工具进行旅馆住宿管理系统测试用例管理与统计的简要介绍，旨在让读者能够结合真实项目进一步体验测试用例的自动化管理的开展。

1. TestLink 工具简介

TestLink 是一款基于 Web 的开源测试过程管理工具，借助其提供的功能，可实测试过程从测试需求、测试设计、到测试执行的完整管理，也可灵活开展多种测试结果的统计和分析。该工具功能强大，优势显著。其主要功能概述如下。

(1) 测试需求管理。

(2) 测试计划的制定。

(3) 测试用例管理。

(4) 测试用例对测试需求的覆盖管理。

(5) 测试用例的执行。

(6) 大量测试数据的度量和统计功能等。

此外，在上述众多功能中，TestLink 对于测试用例管理的管理尤为简易实用，可协助用户进行测试用例的创建、管理、执行及统计等。基于此，旅馆住宿管理系统项目采用其测试用例管理功能进行整体项目的测试用例管理与统计。

2. TestLink 测试用例管理

采用 TestLink 进行测试用例缺陷管理，高效、易用。

第 1 步：访问 TestLink 地址，进入图Ⅲ.1 所示的登录页面。

第 2 步：输入个人登录名及密码后，可进入系统首页，如图Ⅲ.2 所示。

在此，值得提醒的是，不同权限的用户登录系统后，见到的系统首页存在差异。TestLink 工具功能强大，详细使用介绍读者可参见官方帮助文档进行学习。

第 3 步：通过于 测试产品 旅馆住宿管理系统 中输入所参与的项目，如“旅馆住宿管理系统”，可进入所选项目首页，同图Ⅲ.2 所示。

第 4 步：单击左侧“测试规范”|“编辑测试用例”菜单命令，进入图Ⅲ.3 所示的测试用例编辑页面。

第 5 步：单击左侧树状结构中的根目录，如“旅馆住宿管理系统”，于打开的如图Ⅲ.4 所示的右侧页面中，通过单击“新建测试套件”按钮，可创建测试套件。在此，读者可将测试套

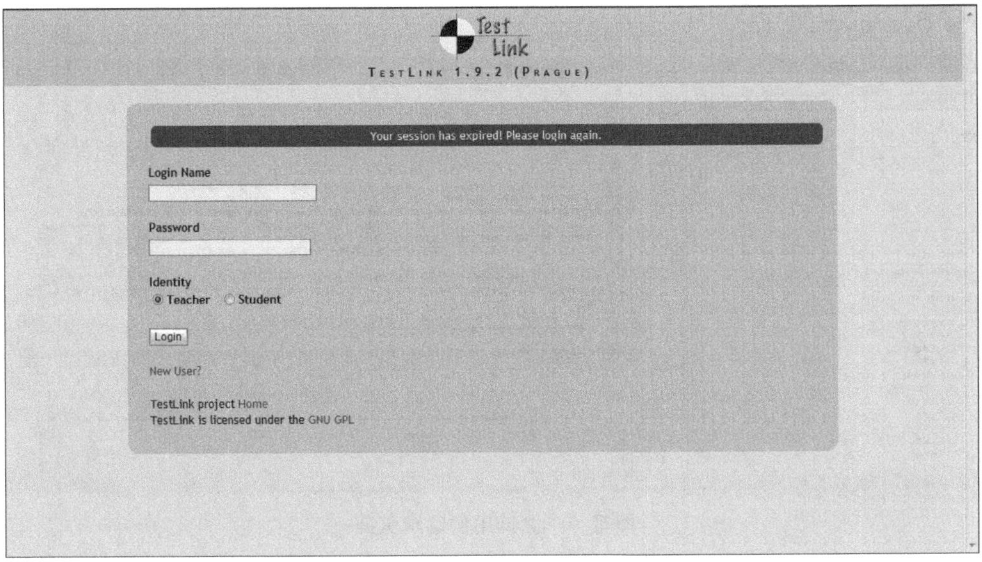

图Ⅲ.1　TestLink 登录页面

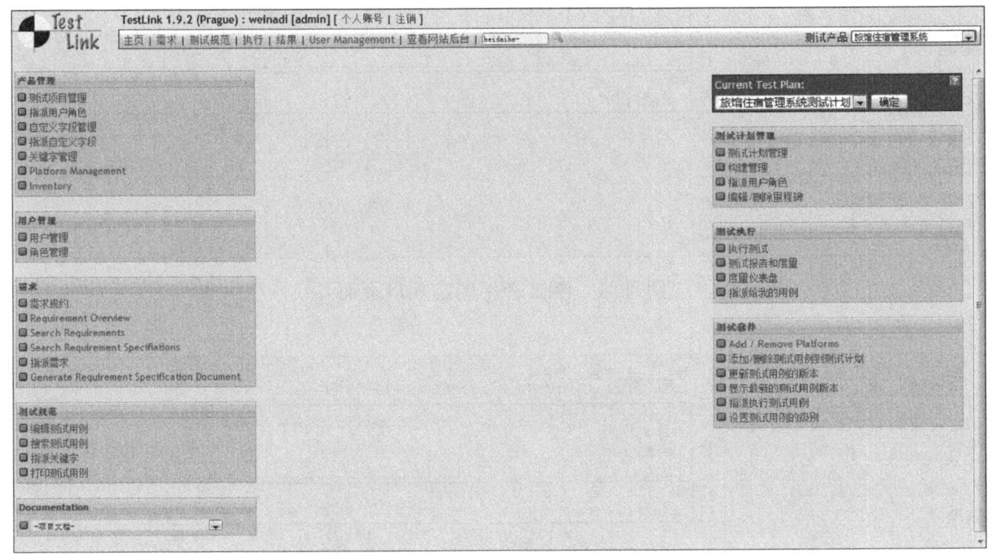

图Ⅲ.2　TestLink 系统首页

件理解为测试的分类，以文件夹形式呈现，如 资源权限(9)。

第 6 步：单击左侧树状结构中已创建的测试套件，如 资源权限(9)，于打开的如图Ⅲ.5 所示的右侧页面中，通过单击“新建测试套件”按钮，可创建当前测试套件的子级测试套件；通过单击“新建测试用例”按钮，可创建测试用例，如 beidaihe-2:后台管理是否能成功添加资源。

第 7 步：单击左侧树状结构中已创建的测试用例，如 beidaihe-2:后台管理是否能成功添加资源，于打开的如图Ⅲ.6 所示的右侧页面中，查看测试用例详细信息。换言之，图Ⅲ.6 所示即为一条测试用例记录。

第 8 步：待测试用例均维护完毕，测试员可执行指派给自己的测试用例。在图Ⅲ.2 中，单

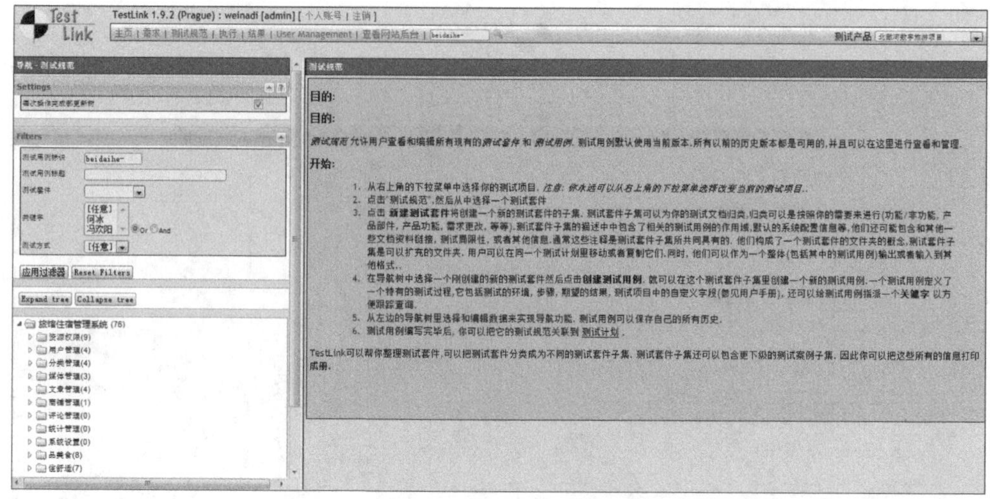

图Ⅲ.3　测试用例编辑页面

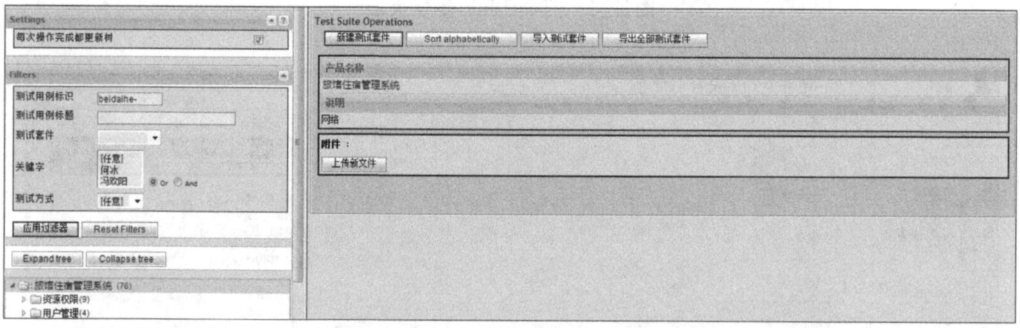

图Ⅲ.4　测试套件创建入口页面

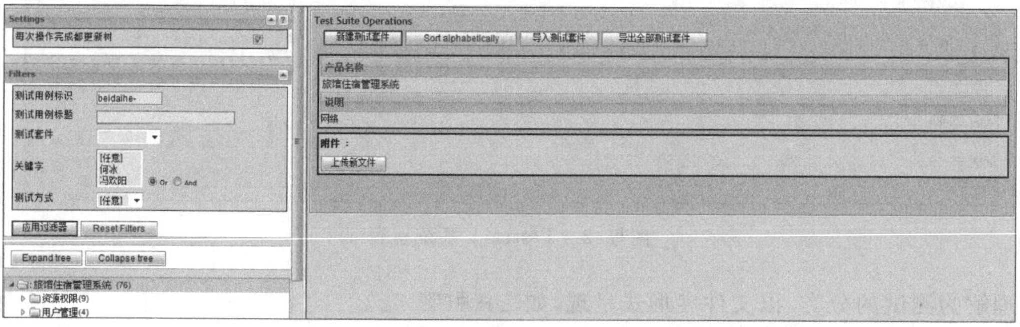

图Ⅲ.5　测试用例创建入口页面

击右侧“测试执行”|“执行测试”菜单命令，进入图Ⅲ.7所示的已分配的测试用例查看页面。

第9步：单击左侧树状结构中的测试套件，如 资源权限(9)，可查看其下的分派给自己的测试用例。单击任一测试用例，如 beidaihe-2:后台管理是否能成功添加资源，于打开的如图Ⅲ.8所示的右侧页面中，可参照用例描述执行测试用例并记录测试结果。即此步骤中，读者依据测试实施中的实际测试用例执行情况，填写测试结果即可。

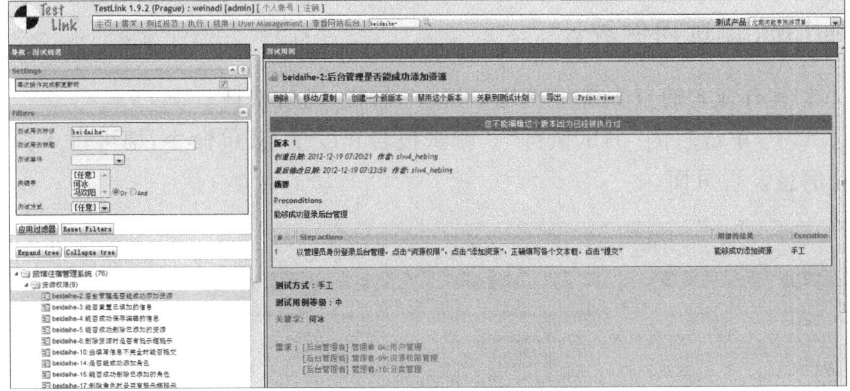

图Ⅲ.6　测试用例查看页面

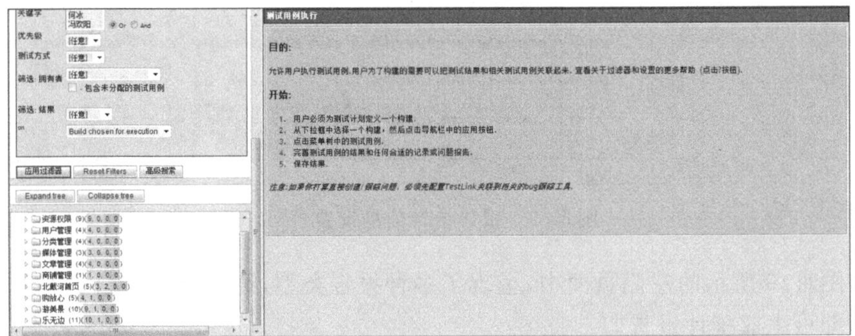

图Ⅲ.7　已分配的测试用例查看页面

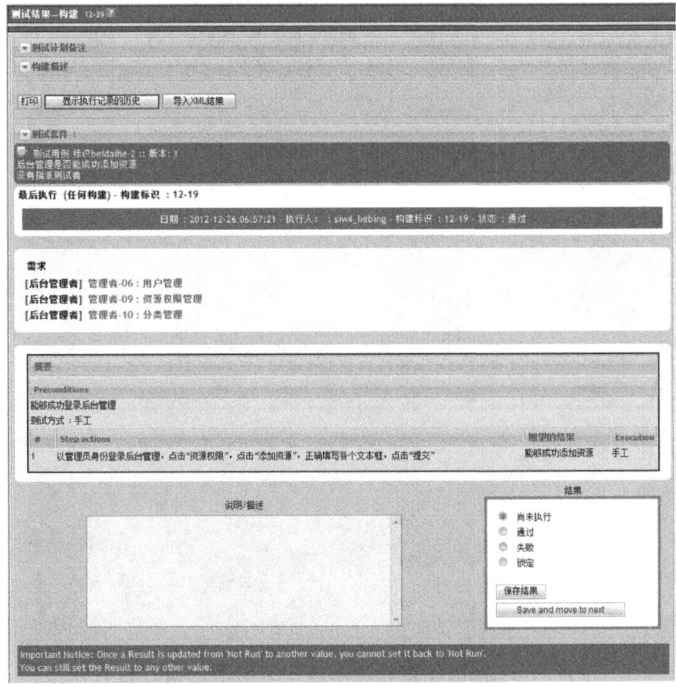

图Ⅲ.8　测试用例执行页面

3. TestLink 测试用例统计

TestLink 具有强大的报表统计功能，且简单易行，高效快捷。

在图Ⅲ.2 中，单击右侧"测试执行"|"测试报告和度量"菜单命令，即可进入图Ⅲ.9 所示的报告统计信息设置页面。

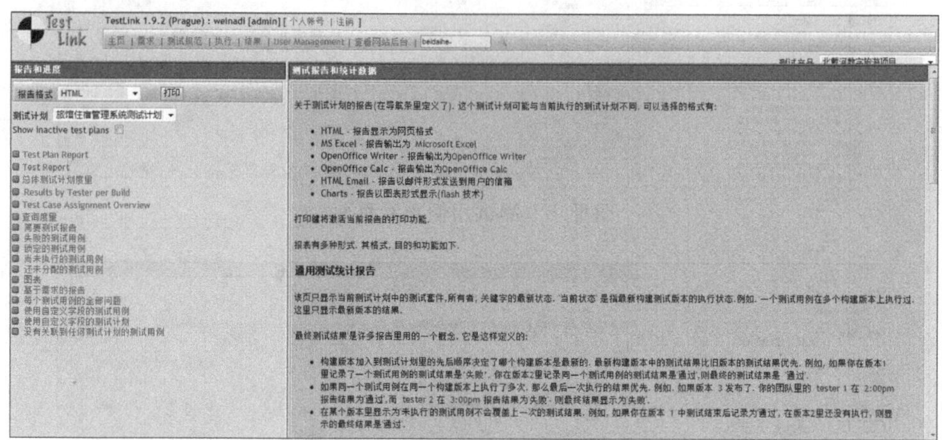

图Ⅲ.9 报告统计信息设置页面

可见，图Ⅲ.9 所示的左侧页面中，呈现了多种报告类型，通过选择并进行简单配置所需数据范围，即可生成统计报告。

在此，简要展示旅馆住宿管理系统中某阶段的统计报告，如图Ⅲ.10 所示。

测试产品：		旅馆住宿管理系统		
测试计划：		旅馆住宿管理系统测试计划		
#测试用例	尚未执行	通过	失败	锁定
144	45	59	22	18
测试用例	构建标识	测试人	时间	状态
bdh-1: 请求旅馆管理	v1.o	weinadi	2011/8/18 3:40	通过
bdh-1: 请求旅馆管理	v1.o	weinadi	2011/8/18 3:40	通过
bdh-38: 导航验证	v1.o	weinadi	2011/8/18 5:04	通过
bdh-2: 添加旅馆账号：添加旅馆页面字段验证	v1.o	weinadi	2011/8/18 4:12	失败
bdh-3: 添加旅馆账号：添加功能验证	v1.o	weinadi	2011/8/18 4:21	通过
bdh-10: 添加旅馆账号：重填功能验证	v1.o	weinadi	2011/8/18 4:22	通过
bdh-4: 添加旅馆账号：返回旅馆列表	v1.o	weinadi	2011/8/18 4:29	通过
bdh-5: 添加旅馆账号：必填项为空验证	v1.o	weinadi	2011/8/18 4:43	失败
bdh-6: 添加旅馆账号：添加重复信息	v1.o	weinadi	2011/8/18 4:51	失败
bdh-7: 添加旅馆账号：密码与确认密码不一致	v1.o	weinadi	2011/8/18 4:52	失败
bdh-11: 添加旅馆账号：字段长度验证	v1.o	weinadi	2011/8/18 4:54	通过
bdh-11: 添加旅馆账号：字段长度验证	v1.o	weinadi	2011/8/18 4:57	失败
bdh-12: 添加旅馆账号：字段长度边界验证	v1.o	weinadi	2011/8/18 4:59	通过
bdh-13: 添加旅馆账号：违规格式验证	v1.o	weinadi	2011/8/18 5:04	失败

图Ⅲ.10 旅馆住宿管理系统中某阶段的统计报告

以上简要概括了测试人员借助 TestLink 进行测试用例管理及统计的过程。此外，项目测试的进行还可借助 TestLink 进行很多其他相关的辅助工作，如创建测试需求、创建测试计划、设置项目里程碑、创建项目成员、设置成员角色等，此处不再赘述，有兴趣的读者可参考官方帮助文档进行 TestLink 工具使用的学习。

实训Ⅳ 旅馆住宿系统缺陷的提交与跟踪

在测试实施阶段，最重要的工作内容即依据前阶段设计出的测试用例执行测试，并记录测试结果及提交缺陷报告。本阶段测试工作交付物即为《缺陷报告》。

就目前行业现状而言，大多数公司和企业均已于测试过程中应用了各种各样的缺陷管理工具，测试人员可通过缺陷管理工具来提交缺陷报告。客观来讲，无论采用管理工具方式或 Word 文档方式等提交缺陷报告，都应注意在提交缺陷时简明扼要的描述缺陷问题、复现步骤、预期结果与实际结果，在条件允许的情况下要尽量附上截图以方便开发人员理解分析相应缺陷。

本实训以旅馆住宿管理系统测试的开展为例，采用 Redmine 管理工具进行缺陷的提交与跟踪。以下内容简要介绍 Redmine 工具提交缺陷的方式，同时依据实训Ⅰ中表Ⅰ.11 所示的缺陷级别汇总了测试过程中发现的部分缺陷。通过此缺陷报告文档样例的呈现，旨在让读者能够结合真实项目进一步体验测试实施阶段。

此外，需要说明的是，限于篇幅，缺陷报告中对于创建者、提交至、创建时间、严重性、所属模块、附件等字段进行了省略，仅供读者参考。

1. Redmine 工具简介

Redmine 是一款基于 Web 的开源项目管理和缺陷跟踪工具，提供集成的项目管理功能。其功能强大，优势显著。其主要功能概述如下。

(1) 多项目和子项目支持。

(2) 里程碑版本跟踪。

(3) 可配置的用户角色控制。

(4) 可配置的问题追踪系统。

(5) 自动日历和甘特图绘制。

(6) RSS 输出和邮件通知。

(7) 每个项目可以配置独立的 Wiki 和论坛模块。

(8) 简单的任务时间跟踪机制。

(9) 用户、项目、问题支持自定义属性。

(10) 多语言支持(已经内置了 zh 简体中文)。

(11) 多数据库支持(MySQL、SQLite、PostgreSQL)。

(12) 支持多种版本控制系统的绑定(SVN、CVS、Git、Mercurial 和 Darcs)。

(13) 外观模版化定制(可以使用 Basecamp、Ruby 安装)。

(14) 支持 Blog 形式的新闻发布、Wiki 形式的文档撰写和文件管理等。

基于其功能强大，操作简易。旅馆住宿管理系统项目采用其缺陷管理功能进行整体项目的缺陷提交与跟踪。

2. Redmine 缺陷提交与跟踪

采用 Redmine 进行缺陷管理,方便、快捷。

第 1 步:访问 Redmine 地址,进入图Ⅳ.1 所示的登录页面。

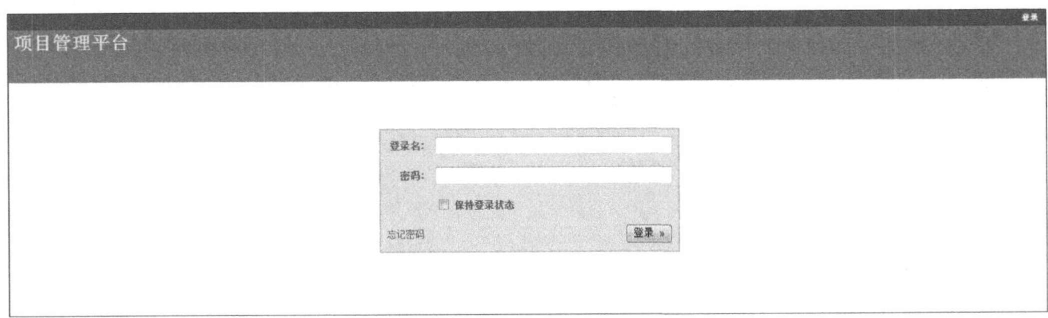

图Ⅳ.1　Redmine 登录页面

第 2 步:输入个人登录名及密码后,可进入系统首页,如图Ⅳ.2 所示。

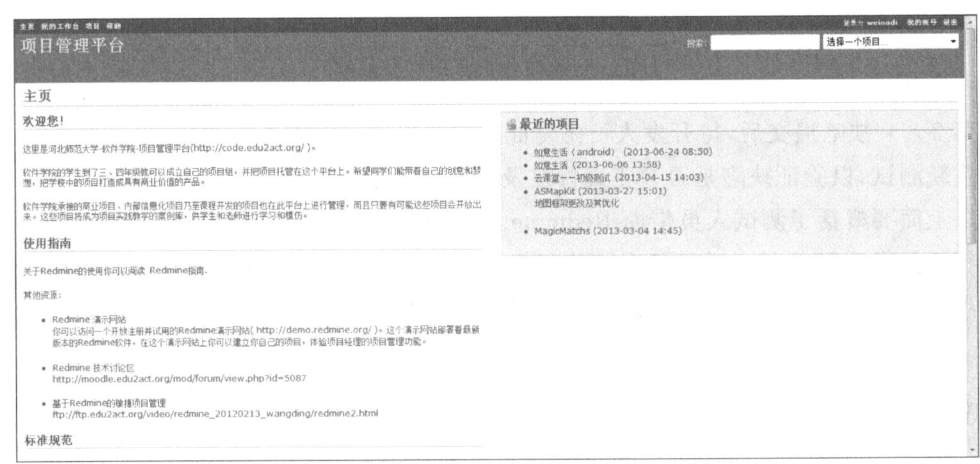

图Ⅳ.2　Redmine 首页

第 3 步:通过于 搜索: 选择一个项目... 中输入所参与的项目,如“旅馆住宿管理系统”,可进入所选项目首页,如图Ⅳ.3 所示。

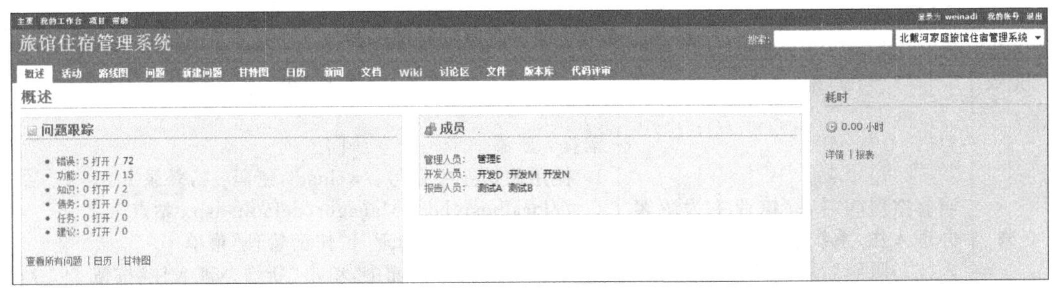

图Ⅳ.3　旅馆住宿管理系统项目首页

第 4 步：单击“新建问题”，可进入缺陷创建页面，于打开的页面中填写所发现的缺陷信息并单击“创建”按钮即可完成一份缺陷报告的填写。如图Ⅳ.4 所示为“旅馆住宿管理系统”的一个缺陷记录，即一份缺陷报告。

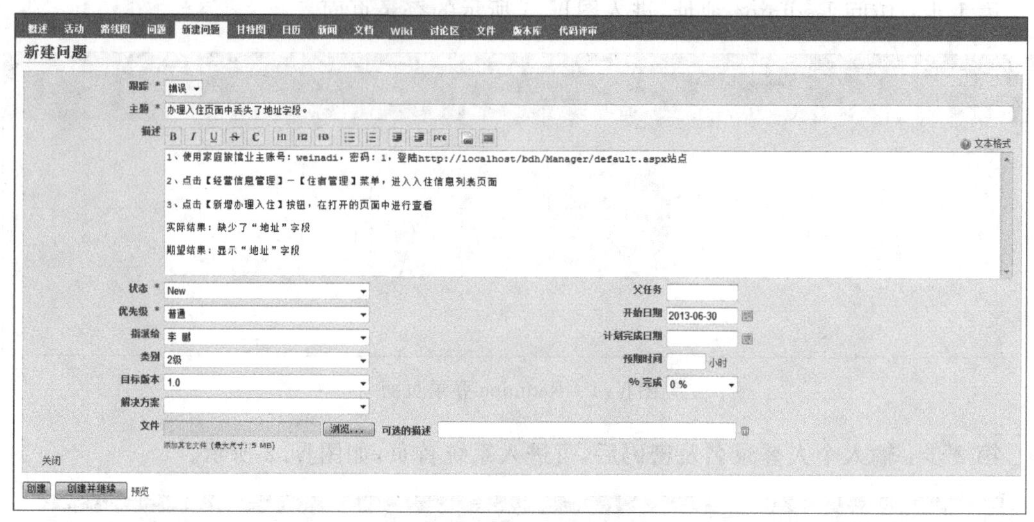

图Ⅳ.4　旅馆住宿管理系统缺陷

第 5 步：缺陷提交后，待开发人员修复此缺陷并发布了系统新版本后，可针对上述缺陷进行重新测试，以验证缺陷是否被正确修复及此次修复是否引起其他新的缺陷。

以上简要概括了测试人员借助 Redmine 进行缺陷提交与跟踪的过程。此外，项目测试的进行还需借助 Redmine 进行很多其他相关的辅助工作，如创建待测项目、创建项目模块、创建项目成员、设置成员角色等，此处不再赘述，有兴趣的读者可参考官方帮助文档进行 Redmine 工具使用的学习。

3. 旅馆住宿系统缺陷汇总

旅馆住宿管理系统项目测试实施阶段中，共发现 596 个软件缺陷。基于图Ⅳ.4 所示的缺陷报告实例，即可生成 596 份缺陷报告（记录），限于篇幅，未提供完整的各缺陷报告详细记录，简要汇总部分缺陷主干信息，如表Ⅳ.1 所示，旨在让读者进一步体会测试实施过程及发现缺陷的角度。

表Ⅳ.1　旅馆住宿管理系统缺陷汇总

优先级	缺 陷 主 题	缺 陷 描 述
立刻	当有空房间时，旅馆业主为游客办理入住，系统提示所有房间已入住。限制后续测试工作	前提：新添加了一个空房间 1. 使用旅馆业主账号：weinadi，密码：1，登录 http://localhost/bdh/Manager/default.aspx 站点 2. 单击“经营信息管理”|“住宿管理”菜单 3. 在打开的列表页面中，单击“新增办理入住”按钮 实际结果：系统提示所有房间已经入住 期望结果：能够办理空房的入住

续表

优先级	缺陷主题	缺陷描述
立刻	进行办理入住时，页面报错，限制后续测试	1. 使用旅馆业主账号：123，密码：123，登录 http://169.254.239.48/bdh/Manager/Login.aspx? ReturnUrl=%2fbdh%2fManager%2fdefault.aspx 站点 2. 单击“办理入住”菜单 实际结果：打开的办理入住页面报错 期望结果：进入入住记录列表页面
紧急	办理结算是，填写正常信息后，单击“确定”按钮，系统提示请求时发生错误。限制后续结算测试	1. 使用旅馆业主账号：weinadi，密码：1，登录 http://localhost/bdh/Manager/default.aspx 站点 2. 单击“经营信息管理”|“住宿管理”菜单，进入入住信息列表页面 3. 任意选择一条记录，单击“结算”链接，进入办理结算页面 4. 在结算页面中填写“结算金额”为 11，填写“备注”为 11 5. 单击“确定”按钮 实际结果：系统提示“抱歉，处理您的请求时发生了错误。错误信息已被记录，我们将追踪解决。”且单击“确定”按钮后，系统页面出现嵌套显示 期望结果：系统提示“结算成功!”
高	登录页面请添加旅馆标志性图片，目前图片处显示为空	1. 使用旅馆业主账号：weinadi，密码：1，登录 http://localhost/bdh/Manager/default.aspx 站点
高	结算规则：游客当天入住当天结算的情况，应按 1 天进行收费，目前按 0 天进行的结算。请阅读结算规则	前提：某游客当天入住 101 房间，当天办理结算 1. 使用旅馆业主账号：weinadi，密码：1，登录 http://localhost/bdh/Manager/default.aspx 站点 2. 单击“经营信息管理”|“住宿管理”菜单，进入入住信息列表页面 3. 选择一条符合前提条件的入住记录，单击“结算”按钮，在打开的住宿变更页面中查看“消费金额”字段 实际结果：消费金额字段显示为 0 期望结果：当天入住当天结算的情况，应按 1 天收费，即收取一天的房价
高	当仅有一间房并办理了入住后，单击该入住记录的“修改”链接，进行续租或追加押金等操作，系统均提示“所有房间已入住”限制进入住宿变更页面。无法进行其他住宿变更操作	前提：仅添加了 101 房间 1. 使用旅馆业主账号：weinadi，密码：1，登录 http://localhost/bdh/Manager/default.aspx 站点 2. 单击“经营信息管理”|“住宿管理”菜单，进入入住信息列表页面 3. 单击“新增办理入住”按钮，在打开的办理入住页面中填写入住信息 4. 单击“确定”按钮，成功办理入住 5. 在该入住记录的操作列中单击“修改”链接 实际结果：系统提示所有房间已入住 期望结果：可进入住宿变更页面，游客可进行续租或追加押金等操作；当游客进行换房时再提示“所有房间已入住”

续表

优先级	缺陷主题	缺陷描述
高	住宿变更页面,备注字段目前为只读形式,请修改为文本框形式,可进行内容修改	1. 使用旅馆业主账号：weinadi,密码：1,登录 http://localhost/bdh/Manager/default.aspx 站点 2. 单击“经营信息管理”|“住宿管理”菜单,进入入住信息列表页面 3. 任意选择一条记录,单击“修改”链接,进入住宿变更页面 4. 查看“备注”字段 实际结果：备注字段为只读形式 期望结果：备注字段为文本框形式,可进行内容修改
高	入住变更页面中,离开日期请显示游客入住时填写的离开日期,目前均显示 2011-08-01	1. 使用旅馆业主账号：weinadi,密码：1,登录 http://localhost/bdh/Manager/default.aspx 站点 2. 单击“经营信息管理”|“住宿管理”菜单,进入入住信息列表页面 3. 任意选择一条记录,单击“修改”链接,进入住宿变更页面 4. 查看“离开日期”字段 实际结果：离开日期显示 2011-08-01 期望结果：离开日期显示目前游客入住时填写的离开日期
高	住宿变更页面中,房间类型字段请控制为下拉菜单形式,且可进行修改从而进行换房,并非只读形式	1. 使用旅馆业主账号：weinadi,密码：1,登录 http://localhost/bdh/Manager/default.aspx 站点 2. 单击“经营信息管理”|“住宿管理”菜单,进入入住信息列表页面 3. 任意选择一条记录,单击“修改”链接,进入住宿变更页面 4. 查看“房间类型”字段 实际结果：“房间类型”字段为只读形式 期望结果：“房间类型”字段为下拉菜单形式,且可进行修改从而进行换房
高	住宿变更页面中,离开时间字段请控制为选择当前日期之后且为入住日期之后的日期	1. 使用旅馆业主账号：weinadi,密码：1,登录 http://localhost/bdh/Manager/default.aspx 站点 2. 单击“经营信息管理”|“住宿管理”菜单,进入入住信息列表页面 3. 任意选择一条记录,单击“修改”链接,进入住宿变更页面 4. 查看“离开日期”字段 实际结果：可选择昨天或更早的日期,且单击“确定”按钮后,还提示操作成功 期望结果：系统控制离开日期仅能选择当前日期之后且为入住日期之后的日期

续表

优先级	缺陷主题	缺陷描述
高	在住宿变更页面中，追加押金后系统提示“续租/换房成功”。请修改	1. 使用旅馆业主账号：weinadi，密码：1，登录 http://localhost/bdh/Manager/default.aspx 站点 2. 单击“经营信息管理”|“住宿管理”菜单，进入入住信息列表页面 3. 任意选择一条记录，单击“修改”链接，进入住宿变更页面 4. 在住宿变更页面中填写“押金金额”为 11 5. 单击“确定”按钮 实际结果：系统提示“续租/换房成功！” 期望结果：系统提示“追加押金成功！”
高	已进行了办理入住后，办理新的入住，办理入住页面中某些字段显示上条入住记录填写的信息，请修改	1. 使用旅馆业主账号：weinadi，密码：1，登录 http://localhost/bdh/Manager/default.aspx 站点 2. 单击“经营信息管理”|“住宿管理”菜单，进入入住信息列表页面 3. 单击“新增办理入住”按钮，进入办理入住信息页面进行观察 实际结果：“入住人数”“押金金额”“入住日期”均显示上条入住记录填写的内容 期望结果：“入住人数”显示为空；“押金金额”显示为 0；“入住日期”显示为当前日期
高	修改入住信息页面，修改为某一房间类型(该房间类型下无可用的房间号)，单击“确定”按钮，系统提示有误	双人间下存在房间号为 3 的房间；单人间下不存在 1. 使用旅馆业主账号：weinadi，密码：1，登录 http://localhost/bdh/Manager/default.aspx 站点 2. 单击“经营信息管理”|“住宿管理”菜单，进入入住信息列表页面 3. 任意选择一条记录，单击“序号”链接，进入查看入住信息页面 4. 单击“修改入住登记记录表”按钮，进入修改入住信息页面 5. 修改“房间类型”字段为“单人间”，“房间号”字段不修改(此时房间号下显示为空) 6. 单击“确定”按钮 实际结果：系统提示“抱歉，处理您的请求时发生了错误。错误信息已被记录，我们将追踪解决。”且单击“确定”按钮后，系统页面出现嵌套显示如附件 期望结果：系统提示“该房间类型下无可入住的房间”
高	修改入住信息页面中，房间类型和房间号内容显示位置不正确	1. 使用旅馆业主账号：weinadi，密码：1，登录 http://localhost/bdh/Manager/default.aspx 站点 2. 单击“经营信息管理”|“住宿管理”菜单，进入入住信息列表页面 3. 任意选择一条记录，单击“序号”链接，进入查看入住信息页面 4. 单击“修改入住登记记录表”按钮，在打开的修改入住信息页面进行查看 实际结果：“房间类型”中显示“单人间”，“房间类型”下方显示“双人间”；“房间号”下方显示 3，如附件所示 期望结果：“房间类型”显示“双人间”，“房间号”中显示“3”

续表

优先级	缺陷主题	缺陷描述
高	入住信息列表页面，入住记录的操作列中显示的“结算”和“修改”，请添加链接	1. 使用旅馆业主账号：weinadi，密码：1，登录 http://localhost/bdh/Manager/default.aspx 站点 2. 单击“经营信息管理”|“住宿管理”菜单，在打开的入住信息列表页面进行观察 实际结果：操作列显示“结算”和“修改”内容，但是没有给其添加链接，无法单击进行操作 期望结果：操作列显示“结算”和“修改”内容，并给其添加链接，单击链接可进行相关操作
高	办理入住页面，当“备注”字段不填写并单击“确定”按钮时，系统提示信息有误	1. 使用旅馆业主账号：weinadi，密码：1，登录 http://localhost/bdh/Manager/default.aspx 站点 2. 单击“经营信息管理”|“住宿管理”菜单，进入入住信息列表页面 3. 单击“新增办理入住”按钮，进入办理入住页面 4. 填写页面各字段信息(任意填写)，但“备注”字段保持为空不填写 5. 单击“确定”按钮 实际结果：系统提示数据输入格式验证失败，“ctl00 $ PageBody $ note_Input 字段值：低于系统允许长度 1!”。 期望结果：系统提示办理入住成功
高	办理入住页面中，当不填写信息并单击“确定”按钮时，“押金金额”和“来源”字段后面的提示信息有误	1. 使用旅馆业主账号：weinadi，密码：1，登录 http://localhost/bdh/Manager/default.aspx 站点 2. 单击“经营信息管理”|“住宿管理”菜单，进入入住信息列表页面 3. 单击“新增办理入住”按钮，进入办理入住页面 4. 不填写页面信息，单击“确定”按钮 实际结果：“押金金额”字段和“来源”字段后均显示红色提示信息“请输入联系方式” 期望结果：“押金金额”字段后显示提示信息为“请输入押金金额”；“来源”字段后显示红色提示信息“请输入来源”
高	办理入住页面中，房间号一项显示所有房间号，并非所选房间类型下对应的房间号	1. 使用旅馆业主账号：weinadi，密码：1，登录 http://localhost/bdh/Manager/default.aspx 站点 2. 单击“经营信息管理”|“住宿管理”菜单，进入入住信息列表页面 3. 单击“新增办理入住”按钮，进入办理入住页面 4. 选择某房间类型后，查看房间号一项显示所有房间号，并非该类型房间下的房间号 实际结果：房间号一项显示所有房间号，并非该类型房间下的房间号 期望结果：选择某房间类型后，查看房间号一项显示该房间类型下的房间号

续表

优先级	缺陷主题	缺陷描述
高	办理入住页面中房间类型显示有误	1. 使用旅馆业主账号：weinadi，密码：1，登录 http://localhost/bdh/Manager/default.aspx 站点 2. 单击“经营信息管理”|“住宿管理”菜单，进入入住信息列表页面 3. 单击“新增办理入住”按钮，在打开的页面中进行查看 实际结果：“房间类型”下拉菜单下显示“单人间”“双人间”“双人大床房”“三人间” 期望结果：“房间类型”下拉菜单下显示为“单人间”“标准间”“双人大床房”“多人间”
高	查询房间信息时，房间状态下拉菜单下无内容	1. 使用旅馆业主账号：123，密码：123，登录 http://169.254.239.48/bdh/Manager/Login.aspx? ReturnUrl=%2fbdh%2fManager%2fdefault.aspx 站点 2. 单击“旅店信息维护”|“客房管理”菜单，进入旅馆房间信息列表页面 3. 单击“查询”标签页，在打开的查询页面中进行查看 实际结果：“房间状态”下拉菜单下无内容显示 期望结果：“房间状态”下拉菜单下显示为“客满”“空闲”“预订”
高	新增旅馆房间页面中，房间类型下拉菜单内容修改	1. 使用旅馆业主账号：123，密码：123，登录 http://169.254.239.48/bdh/Manager/Login.aspx? ReturnUrl=%2fbdh%2fManager%2fdefault.aspx 站点 2. 单击“旅店信息维护”|“客房管理”菜单，进入旅馆房间信息列表页面 3. 单击“新增房间信息”按钮，在打开的页面中查看“房间类型”下拉菜单 实际结果：下拉菜单下显示“单人间”“双人间”“双人大床房”“三人间” 期望结果：修改下拉菜单中显示为“单人间”“标准间”“双人大床房”“多人间”
高	旅馆业主添加房间时，房价填写稍长时报错	1. 使用旅馆业主账号：123，密码：123，登录 http://169.254.239.48/bdh/Manager/Login.aspx? ReturnUrl=%2fbdh%2fManager%2fdefault.aspx 站点 2. 单击“旅店信息维护”|“客房管理”菜单，进入旅馆房间信息列表页面 3. 单击“新增房间信息”按钮，在打开的页面中的“房间价格”字段中填写如下信息，单击“确定”按钮 房间价格：12345678 实际结果：系统提示“抱歉，处理您的请求时发生了错误，……”，单击“确定”按钮后，系统主页中将显示如附件所示的嵌套页面 期望结果：系统给出友好提示，且单击“确定”按钮后，不能出现嵌套页面 注意，后一现象猜测应由前一现象导致，因此一并提交 bug

续表

优先级	缺陷主题	缺陷描述
高	修改旅馆信息页面中必填项字段未添加*标志	1. 使用账号：wzr,密码：1,登录 http://169.254.239.48/bdh/Manager/Login. aspx? ReturnUrl =%2fbdh%2fManager%2fdefault. aspx 站点 2. 单击“旅馆管理”菜单,进入旅馆信息列表 3. 选择一条记录,并单击“序号”中的链接 4. 查看打开的修改旅馆页面的各字段 实际结果：各字段为必填项的没有添加*标识 期望结果：给页面各必填项填写*必填项标识
高	在旅馆住宿管理中心中删除某旅馆账号后,使用已被删除的账号能可登录旅馆业主页面,请控制	1. 使用账号：wzr,密码：1,登录 http://169.254.239.48/bdh/Manager/Login. aspx? ReturnUrl =%2fbdh%2fManager%2fdefault. aspx 站点 2. 单击“旅馆管理”菜单,进入旅馆信息列表 3. 在打开旅馆信息列表中,任意勾选一条记录 4. 单击“删除”按钮 实际结果：系统提示删除成功,且列表中该记录消失,但是使用该账号登录旅馆业主的系统主页,仍可成功登录 期望结果：使用已被删除的账号登录旅馆业主页面,不能正确登录
高	修改旅馆信息页面中进行删除旅馆操作,虽删除成功但系统提示删除失败,请控制	1. 使用账号：wzr,密码：1,登录 http://169.254.239.48/bdh/Manager/Login. aspx? ReturnUrl =%2fbdh%2fManager%2fdefault. aspx 站点 2. 单击“旅馆管理”菜单,进入旅馆信息列表 3. 在列表中任意选择一条记录,单击该记录的“序号”链接 4. 在打开的查看旅馆信息页面中,单击右上角的“修改旅馆信息”链接 5. 进入修改旅馆信息页面,单击页面中的右上角显示“删除旅馆信息”链接 实际结果：可成功删除该记录,但系统提示删除失败 期望结果：修改信息页面中不显示“删除旅馆信息”链接,删除操作均在旅馆信息列表中进行
高	新增旅馆页面中“登录名”为必填项,现不填写也可提交旅馆信息成功,请控制	1. 使用账号：wzr,密码：1,登录 http://169.254.239.48/bdh/Manager/Login. aspx? ReturnUrl =%2fbdh%2fManager%2fdefault. aspx 站点 2. 单击“旅馆管理”菜单,进入旅馆信息列表 3. 单击“新增旅馆”按钮,打开的新增旅馆页面中输入如下内容,特别要求登录号不输入 旅馆名称：1 经纪人名称：1 身份证号：1 登录名： 密码：1 确认密码：1 实际结果：单击“确定”按钮,能够添加成功 期望结果：单击“确定”按钮,不能够添加成功,系统提示“登录名为必填项,不能为空!”

优先级	缺陷主题	缺陷描述
高	新增旅馆页面的各字段为必填项的没有添加*标识	1. 使用账号：wzr，密码：1，登录 http://169.254.239.48/bdh/Manager/Login.aspx? ReturnUrl =%2fbdh%2fManager%2fdefault.aspx 站点 2. 单击“旅馆管理”菜单，进入旅馆信息列表 3. 单击“新增旅馆”按钮，查看打开的新增旅馆页面的各字段 实际结果：各字段为必填项的没有添加*标识 期望结果：给页面各必填项填写*必填项标识
高	新增旅馆信息页面中缺少了“所属村”字段	1. 使用账号：wzr，密码：1，登录 http://169.254.239.48/bdh/Manager/Login.aspx? ReturnUrl =%2fbdh%2fManager%2fdefault.aspx 站点 2. 单击“旅馆管理”菜单，进入旅馆信息列表 3. 单击“新增旅馆”链接，查看打开的新增旅馆信息页面 实际结果：新增旅馆信息页面中缺少了“所属村”字段 期望结果：新增旅馆信息页面中有“所属村”字段(后续发通知时，可按村发布)
普通	建议增加历史记录查看模块，目前入住办理结算后，记录将不再显示无法查看营业信息	1. 使用旅馆业主账号：weinadi，密码：1，登录 http://localhost/bdh/Manager/default.aspx 站点 2. 单击“经营信息管理”|“住宿管理”菜单，进入入住信息列表页面 3. 选择一条入住记录，单击“结算”按钮 4. 在打开的住宿变更页面中填写实收金额和备注，并单击确定 实际结果：结算成功，该记录在列表中消失，目前没有任何地方可查看历史记录 期望结果：增加一个历史记录查看模块，当结算成功后，结算记录可从历史记录模块中查看，便于旅馆业主了解经营状况
普通	住宿变更页面中，房间号下会显示出所有类型下的空闲房间号。请控制为选择某房间类型时，对应显示其下的空闲房间号	1. 使用旅馆业主账号：weinadi，密码：1，登录 http://localhost/bdh/Manager/default.aspx 站点 2. 单击“经营信息管理”|“住宿管理”菜单，进入入住信息列表页面 3. 任意选择一条记录，单击“修改”链接，进入住宿变更页面 4. 查看“房间号”字段 实际结果：房间号字段中可显示出所有空闲状态的房间 期望结果：房间类型字段可修改，当修改某房间类型时，房间号显示某房间类型下对应的房间号

续表

优先级	缺陷主题	缺陷描述
普通	办理结算页面,导航显示有误	1. 使用旅馆业主账号:weinadi,密码:1,登录 http://localhost/bdh/Manager/default.aspx 站点 2. 单击"经营信息管理"|"住宿管理"菜单,进入入住信息列表页面 3. 任意选择一条记录,单击"结算"链接,在进入结算页面进行观察 实际结果:导航显示为空 期望结果:导航显示为"目前操作功能:办理结算"
普通	住宿变更页面,押金金额显示方式有误,请修改为"押金金额字段文本框中显示为空,但文本框后面显示游客已交押金的金额100元;当游客在押金金额文本框中再添加20元后,系统在列表中显示时会自动显示120元"	游客已经交过100元押金 1. 使用旅馆业主账号:weinadi,密码:1,登录 http://localhost/bdh/Manager/default.aspx 站点 2. 单击"经营信息管理"|"住宿管理"菜单,进入入住信息列表页面 3. 选择一条入住记录,单击"修改"按钮,进入住宿变更页面 实际结果:押金金额字段显示为空 期望结果:押金金额字段文本框中显示为空,但文本框后面显示游客已交押金的金额100元;当游客在押金金额文本框中再添加20元后,系统在列表中显示时会自动显示120元
普通	当未添加房间时,办理入住系统提示"所有房间已入住",请修改提示信息	前提:未添加任何房间 1. 使用旅馆业主账号:weinadi,密码:1,登录 http://localhost/bdh/Manager/default.aspx 站点 2. 单击"经营信息管理"|"住宿管理"菜单,进入入住信息列表页面 3. 单击"新增办理入住"按钮 实际结果:系统提示"所有房间已入住!" 期望结果:系统提示"没有可入住的房间!"
普通	住宿变更页面中,导航显示有误,请显示为"目前操作功能:住宿变更"	1. 使用旅馆业主账号:weinadi,密码:1,登录 http://localhost/bdh/Manager/default.aspx 站点 2. 单击"经营信息管理"|"住宿管理"菜单,进入入住信息列表页面 3. 任意选择一条记录,单击"修改"链接,在进入住宿变更页面进行观察 实际结果:导航显示为空 期望结果:导航显示为"目前操作功能:住宿变更"
普通	系统主页显示的系统名称和版本号建议优化	使用旅馆业主账号:weinadi,密码:1,登录 http://localhost/bdh/Manager/default.aspx 站点或者使用旅馆住宿管理中心账号:wzr 密码:1 登录 http://localhost/bdh/Manager/default.aspx 站点 实际结果:系统左上角显示字体较小的"旅馆住宿管理系统1.0.0.1" 预期结果:系统左上角显示的"旅馆住宿管理系统"字体放大,且仅显示1.0

续表

优先级	缺 陷 主 题	缺 陷 描 述
普通	依据同客户确认后的界面原型，办理入住应单独有一个菜单，而不是同住宿管理在一个页面中。请调整	请参见界面原型，在此不再赘述
普通	请给办理入住页面各字段添加字段规则校验	1. 使用旅馆业主账号：weinadi，密码：1，登录 http://localhost/bdh/Manager/default.aspx 站点 2. 单击“经营信息管理”|“住宿管理”菜单，进入入住信息列表页面 3. 单击“新增办理入住”按钮，进入办理入住信息页面 4. 填写页面字段内容不符合规则，如：电话号码中存在中文 5. 单击“确定”按钮 实际结果：可成功进行入住办理 期望结果：系统提示“……字段只可输入……，请重新输入！”
普通	办理入住页面，字段输入超长，提示信息请优化	1. 使用旅馆业主账号：weinadi，密码：1，登录 http://localhost/bdh/Manager/default.aspx 站点 2. 单击“经营信息管理”|“住宿管理”菜单，进入入住信息列表页面 3. 单击“新增办理入住”按钮，进入办理入住信息页面 4. 填写页面字段内容较长 5. 单击“确定”按钮 实际结果：系统提示“ctl00 $ PageBody $ CustomerCount_Input 字段值：15555 超过系统允许长度 3！” 期望结果：系统提示“……字段最长输入 N 个字符，请重新输入！”
普通	入住信息列表页面请去掉各记录左侧的复选框	1. 使用旅馆业主账号：weinadi，密码：1，登录 http://localhost/bdh/Manager/default.aspx 站点 2. 单击“经营信息管理”|“住宿管理”菜单，在打开的入住信息列表页面进行观察 实际结果：记录左侧显示复选框，且可进行勾选 期望结果：记录左侧不显示复选框，不可进行勾选（列表中不支持记录的删除，该复选框起不到实际作用）
普通	入住记录在修改页面中可进行记录的删除，请控制不能删除	1. 使用旅馆业主账号：weinadi，密码：1，登录 http://localhost/bdh/Manager/default.aspx 站点 2. 单击“经营信息管理”|“住宿管理”菜单，进入入住信息列表页面 3. 选择任意一条记录，单击“序号”链接，进入查看入住信息页面 4. 单击“修改入住登记记录表”按钮，在打开的修改入住信息页面中进行观察 实际结果：页面右上角显示“删除入住登记记录表”按钮，单击该按钮，可成功删除该入住记录 期望结果：页面右上角不显示“删除入住登记记录表”按钮，不可删除入住记录

续表

优先级	缺陷主题	缺陷描述
普通	办理入住页面，将鼠标移至“入住人数”字段上，查看提示信息显示“请输入入住人数 255：int”	1. 使用旅馆业主账号：weinadi，密码：1，登录 http://localhost/bdh/Manager/default.aspx 站点 2. 单击“经营信息管理”|“住宿管理”菜单，进入入住信息列表页面 3. 单击“新增办理入住”按钮，进入办理入住页面 4. 将鼠标移至“入住人数”字段上，查看提示信息 实际结果：系统提示“请输入入住人数 255：int”。 期望结果：系统提示该字段可输入的最大长度。 其他字段也存在类似问题
普通	办理入住页面中，“来源”字段应为下拉菜单形式	1. 使用旅馆业主账号：weinadi，密码：1，登录 http://localhost/bdh/Manager/default.aspx 站点 2. 单击“经营信息管理”|“住宿管理”菜单，进入入住信息列表页面 3. 单击“新增办理入住”按钮，在打开的办理入住页面中进行观察 实际结果：“来源”字段为文本框形式 期望结果：“来源”字段为下拉菜单形式，便于旅馆住宿管理中心进行来源统计
普通	办理入住页面，请给必填项添加*标识	1. 使用旅馆业主账号：weinadi，密码：1，登录 http://localhost/bdh/Manager/default.aspx 站点 2. 单击“经营信息管理”|“住宿管理”菜单，进入入住信息列表页面 3. 单击“新增办理入住”按钮，在打开的办理入住页面中进行观察 实际结果：各字段为必填项的没有添加*标识 期望结果：给页面各必填项填写*必填项标识
普通	办理入住页面中“入住日期”请控制为只读形式	1. 使用旅馆业主账号：weinadi，密码：1，登录 http://localhost/bdh/Manager/default.aspx 站点 2. 单击“经营信息管理”|“住宿管理”菜单，进入入住信息列表页面 3. 单击“新增办理入住”按钮，在打开的页面中进行查看 实际结果：“入住日期”字段为可修改形式 期望结果：“入住日期”字段为只读形式，且显示为当前系统时间
普通	办理入住页面中丢失了地址字段	1. 使用旅馆业主账号：weinadi，密码：1，登录 http://localhost/bdh/Manager/default.aspx 站点 2. 单击“经营信息管理”|“住宿管理”菜单，进入入住信息列表页面 3. 单击“新增办理入住”按钮，在打开的页面中进行查看 实际结果：缺少了“地址”字段 期望结果：显示“地址”字段

优先级	缺陷主题	缺陷描述
普通	查询房间信息时,房间类型下拉菜单下无内容	1. 使用旅馆业主账号:123,密码:123,登录 http://169.254.239.48/bdh/Manager/Login.aspx?ReturnUrl=%2fbdh%2fManager%2fdefault.aspx 站点 2. 单击“旅店信息维护”|“客房管理”菜单,进入旅馆房间信息列表页面 3. 单击“查询”标签页,在打开的查询页面中进行查看 实际结果:“房间类型”下拉菜单下无内容显示 期望结果:“房间类型”下拉菜单下显示为“单人间”“标准间”“双人大床房”“多人间”
普通	修改房间信息页面中请去掉“删除房间信息”按钮,删除操作系统一在房间信息列表中进行	1. 使用旅馆业主账号:123,密码:123,登录 http://169.254.239.48/bdh/Manager/Login.aspx?ReturnUrl=%2fbdh%2fManager%2fdefault.aspx 站点 2. 单击“旅店信息维护”|“客房管理”菜单,进入旅馆房间信息列表页面 3. 在列表中任意选择一条记录,单击“序号”一列的链接,进入查看房间信息页面 4. 单击查看房间信息页面右上角的“修改房间信息”按钮,查看打开的页面 实际结果:页面右上角显示“删除房间信息”按钮 期望结果:页面右上角不显示“删除房间信息”按钮,删除操作统一在房间信息列表中进行
普通	旅馆业主添加旅馆房间页面添加房间编号字段,并请给该字段设置为唯一标识,不可相同	1. 使用旅馆业主账号:123,密码:123,登录 http://169.254.239.48/bdh/Manager/Login.aspx?ReturnUrl=%2fbdh%2fManager%2fdefault.aspx 站点 2. 单击“旅店信息维护”|“客房管理”菜单,进入旅馆房间信息列表页面 3. 单击“新增房间信息”按钮,查看旅馆房间信息添加页面 实际结果:缺少房间编号字段 期望结果:添加房间编号字段,且请给该字段设置为唯一标识,不可相同
普通	旅馆业主添加房间时,房价填写过长时系统提示有误	1. 使用旅馆业主账号:123,密码:123,登录 http://169.254.239.48/bdh/Manager/Login.aspx?ReturnUrl=%2fbdh%2fManager%2fdefault.aspx 站点 2. 单击“旅店信息维护”|“客房管理”菜单,进入旅馆房间信息列表页面 3. 单击“新增房间信息”按钮,在打开的页面中的“房间价格”字段中填写如下信息,单击“确定”按钮 房间价格: 11111111111111111111111111111111111111111111111 11111111111111111111111111111111111111111111111 实际结果:系统提示“ctl00$PageBody$RoomPrice_Input 字段值: 11111111111111111111111111111111111111111111111 11111111111111111111111111111111111111111111111 超过系统允许长度 10!” 期望结果:系统给出友好提示

续表

优先级	缺陷主题	缺陷描述
普通	旅馆业主新增旅馆房间页面右上角显示“列表房间信息”，请修改为“返回房间信息列表”	1. 使用旅馆业主账号：123，密码：123，登录 http://169.254.239.48/bdh/Manager/Login.aspx? ReturnUrl=%2fbdh%2fManager%2fdefault.aspx 站点 2. 单击“旅馆信息维护”|“客房管理”菜单，进入旅馆信息列表 3. 单击“新增房间信息”按钮，查看打开的新增房间信息页面 实际结果：新增房间信息页面右上角显示“列表房间信息” 期望结果：修改“列表房间信息”为“返回房间信息列表”
普通	旅馆业主新增房间页面请设置“房间名称”、“房间类型”、“房间价格”为必填项并做校验	1. 使用旅馆业主账号：123，密码：123，登录 http://169.254.239.48/bdh/Manager/Login.aspx? ReturnUrl=%2fbdh%2fManager%2fdefault.aspx 站点 2. 单击“旅店信息维护”|“客房管理”菜单，进入旅馆房间信息列表页面 3. 单击“新增房间信息”按钮，在打开的页面中不填写任何信息，单击“确定”按钮 实际结果：可成功添加一个房间，该页面各字段均为非必填项 期望结果：系统提示“房间名称”、“房间类型”、“房间价格”为必填项，不能为空
普通	旅馆业主成功添加添加房间后，系统提示信息中含有无效信息，如：“ID：1”	1. 使用旅馆业主账号：123，密码：123，登录 http://169.254.239.48/bdh/Manager/Login.aspx? ReturnUrl=%2fbdh%2fManager%2fdefault.aspx 站点 2. 单击“旅店信息维护”|“客房管理”菜单，进入旅馆房间信息列表页面 3. 单击“新增房间信息”按钮，在打开的页面中填写如下信息后，单击“确定”按钮 房间名称：101 房间类型：单人间 房间价格：100 实际结果：系统提示“增加房间成功。ID：1” 期望结果：系统提示“增加房间成功。”
普通	旅馆业主系统主页：系统中统一名称均为“旅馆”、“房间”，与系统名称“旅馆住宿管理系统”保持一致	1. 使用旅馆业主账号：123，密码：123，登录 http://169.254.239.48/bdh/Manager/Login.aspx? ReturnUrl=%2fbdh%2fManager%2fdefault.aspx 站点 2. 查看系统主界面的菜单显示 实际结果：均显示旅馆为“旅店”，房间为“客房” 期望结果：系统中统一名称均为“旅馆”、“房间”，与系统名称“旅馆住宿管理系统”保持一致

续表

优先级	缺陷主题	缺陷描述
普通	在旅馆信息列表中删除记录，删除成功时，系统只提示删除功能，不提示记录的编号。（该编号和记录列表中的序号并不对应，容易造成误解）	1. 使用账号：wzr，密码：1，登录 http://169.254.239.48/bdh/Manager/Login. aspx? ReturnUrl =% 2fbdh% 2fManager%2fdefault. aspx 站点 2. 单击“旅馆管理”菜单 3. 在打开的旅馆信息列表中，任意勾选一条或多条记录 4. 单击“删除”按钮 实际结果：系统提示“……(13,15)删除成功” 期望结果：删除成功时，系统只提示删除功能，不提示记录的编号(该编号和记录列表中的序号并不对应，容易造成误解)
普通	修改旅馆信息页面中的右上角显示“删除旅馆信息”链接，请控制为不显示“删除旅馆信息”链接，删除操作均在旅馆信息列表中进行	1. 使用账号：wzr，密码：1，登录 http://169.254.239.48/bdh/Manager/Login. aspx? ReturnUrl =% 2fbdh% 2fManager%2fdefault. aspx 站点 2. 单击“旅馆管理”菜单，进入旅馆信息列表 3. 在列表中任意选择一条记录，单击该记录的“序号”链接 4. 在打开的查看旅馆信息页面中，单击右上角的“修改旅馆信息”链接 5. 进入修改旅馆信息页面 实际结果：修改旅馆信息页面中的右上角显示“删除旅馆信息”链接 期望结果：修改信息页面中不显示“删除旅馆信息”链接，删除操作均在旅馆信息列表中进行
普通	新增旅馆页面中，无论输入怎样不符合实际情况的内容，均可添加旅馆成功。请控制字段输入规则	1. 使用账号：wzr，密码：1，登录 http://169.254.239.48/bdh/Manager/Login. aspx? ReturnUrl =% 2fbdh% 2fManager%2fdefault. aspx 站点 2. 单击“旅馆管理”菜单，进入旅馆信息列表 3. 单击“新增旅馆”按钮，打开的新增旅馆页面中 4. 针对各字段分别在添加旅馆信息页面中输入“不符合格式规定”的旅馆信息 5. 单击“确定”按钮 输入数据： 如特殊字符等 总之，除如下规则之外的数据： 电话号码：11 位数字，同时验证号段 身份证号码：15 位或 18 位数字、字母 实际结果：无论输入怎样不符合实际情况的内容，均可添加旅馆成功 期望结果：系统提示字段不符合规则……，请重新填写

续表

优先级	缺陷主题	缺陷描述
普通	在添加旅馆信息页面中输入一条已经添加过的旅馆信息,仍能添加成功,请控制	1. 使用账号：wzr,密码：1,登录 http://169.254.239.48/bdh/Manager/Login. aspx? ReturnUrl =% 2fbdh%2fManager%2fdefault. aspx 站点 2. 在添加旅馆信息页面中输入一条已经添加过的旅馆信息 3. 选择旅馆所属村 4. 单击“确定”按钮 旅馆名称：幸福旅馆 经纪人名称：幸福 经纪人账号：xingfu 密码：123456 确认密码：123456 身份证号：130103198112121111 联系电话：13012345678 旅馆地址：石家庄市桥东区 113 号 旅馆简介： 旅馆所属村：北戴河村 实际结果：能够添加成功 期望结果：系统提示 已经存在了该“旅馆名称”和“经纪人账号”
普通	新增旅馆页面,当密码与确认密码输入不一致时,系统功能优化	1. 使用账号：wzr,密码：1,登录 http://169.254.239.48/bdh/Manager/Login. aspx? ReturnUrl =% 2fbdh%2fManager%2fdefault. aspx 站点 2. 单击“旅馆管理”菜单,进入旅馆信息列表 3. 单击“新增旅馆”按钮,进入新增旅馆页面 4. 输入如下内容,特别要求密码与确认密码输入不一致 旅馆名称：1 经纪人名称：1 身份证号：1 登录名：1 密码：1 确认密码：2 5. 单击“确定”按钮 实际结果：系统提示“密码与确认密码输入不一致”,同时会返回到旅馆列表页面 期望结果：系统提示“密码与确认密码输入不一致”,同时停留在新增旅馆页面
普通	新增旅馆页面右上角显示“列表旅馆”,请修改为“返回旅馆列表”	1. 使用账号：wzr,密码：1,登录 http://169.254.239.48/bdh/Manager/Login. aspx? ReturnUrl =% 2fbdh%2fManager%2fdefault. aspx 站点 2. 单击“旅馆管理”菜单,进入旅馆信息列表 3. 单击“新增旅馆”按钮,查看打开的新增旅馆页面 实际结果：新增旅馆页面右上角显示“列表旅馆” 期望结果：修改“列表旅馆”为“返回旅馆列表”

续表

优先级	缺陷主题	缺陷描述
普通	成功添加旅馆后，系统提示信息中含有无效信息，如："ID：1"	1. 使用账号：wzr，密码：1，登录 http://169.254.239.48/bdh/Manager/Login. aspx? ReturnUrl =% 2fbdh%2fManager%2fdefault. aspx 站点 2. 单击"旅馆管理"菜单，进入旅馆信息列表页面 3. 单击"新增旅馆"按钮，在打开的页面中填写如下信息后，单击"确定"按钮 旅馆名称：幸福旅馆 经纪人名称：幸福 经纪人账号：xingfu 密码：123456 确认密码：123456 身份证号：130103198112121111 联系电话：13012345678 旅馆地址：石家庄市桥东区 113 号 旅馆简介： 旅馆所属村：北戴河村 实际结果：系统提示"增加旅馆成功。ID：1"，添加其他旅馆时也显示"ID：1" 期望结果：系统提示"增加旅馆成功。"
普通	旅馆信息列表中，勾选一条记录，单击"删除"按钮，系统提示信息有误	1. 使用账号：wzr，密码：1，登录 http://169.254.239.48/bdh/Manager/Login. aspx? ReturnUrl =% 2fbdh%2fManager%2fdefault. aspx 站点 2. 单击"旅馆管理"菜单 3. 在打开的旅馆信息列表中，任意勾选一条记录 4. 单击"删除"按钮 实际结果：系统提示"……进行批量删除操作?"，单击"确定"按钮，可成功删除，之后又提示"批量删除成功" 期望结果：当不进行批量操作时，即仅进行一条记录的删除时，不提示"批量删除"
普通	旅馆信息列表中，单击各列名称进行排序时，列宽会发生变动	1. 单击"旅馆管理"菜单 2. 在打开的旅馆信息列表中，单击各列名称进行排序 实际结果：列宽会发生变动 期望结果：列宽保持不变
低	请给所有涉及金额的地方添加单位(元)	请给所有涉及金额的地方添加单位(元)

续表

优先级	缺陷主题	缺陷描述
低	办理结算页面,当实收金额输入较长时,系统提示有误并出现嵌套页面	1. 使用旅馆业主账号:weinadi,密码:1,登录 http://localhost/bdh/Manager/default.aspx 站点 2. 单击"经营信息管理"|"住宿管理"菜单,进入入住记录列表页面 3. 任意选择一条记录,单击"结算"链接,打开办理结算页面 4. 填写"实收金额"字段较长,如 1111111 5. 单击"确定"按钮 实际结果:系统提示"抱歉,处理您的请求时发生了错误。错误信息已被记录,我们将追踪解决。",单击"确定"按钮后,出现嵌套页面 期望结果:系统提示"实收金额字段最多允许 6 位,请重新输入!"
低	新增房间信息页面中,当房间价格保持为 0 时,提示信息请优化	1. 使用旅馆业主账号:weinadi,密码:1,登录 http://localhost/bdh/Manager/default.aspx 站点 2. 单击"旅馆信息维护"|"客房管理"菜单,进入房间信息列表页面 3. 单击"新增房间信息"按钮,打开新增房间记录页面 4. 填写房间名称为 201,房间类型为单人间,房间价格保持为 0 5. 单击"确定"按钮 实际结果:房间价格字段后显示红色提示信息"房间价格超出了限制!" 期望结果:房间价格字段后显示红色提示信息"房间价格不能为 0!"
低	入住信息列表中,结算链接横线过长,请优化	1. 使用旅馆业主账号:weinadi,密码:1,登录 http://localhost/bdh/Manager/default.aspx 站点 2. 单击"经营信息管理"|"住宿管理"菜单,进入入住信息列表页面 3. 查看入住记录列表中记录的操作列 实际结果:结算操作添加的链接横线较长 期望结果:请缩短结算操作下的横线链接
低	入住信息列表中显示的"手机号"字段请修改为"联系方式",同住宿变更页面字段保持一致	1. 使用旅馆业主账号:weinadi,密码:1,登录 http://localhost/bdh/Manager/default.aspx 站点 2. 单击"经营信息管理"|"住宿管理"菜单,在进入的入住信息列表页面查看各字段 实际结果:列表中显示"手机号"字段 期望结果:请修改"手机号"字段为"联系方式",同住宿变更页面字段保持一致

续表

优先级	缺陷主题	缺陷描述
低	在入住列表中,单击"结算"按钮进行结算办理时,系统提示信息冗余,请直接进入相应业务办理页面	1. 使用旅馆业主账号：weinadi，密码：1，登录 http://localhost/bdh/Manager/default. aspx 站点 2. 单击"经营信息管理"|"住宿管理"菜单,进入入住信息列表页面 3. 任意选择一条记录,单击"结算"链接 实际结果：系统提示"是否办理结算?" 期望结果：直接进入办理结算页面
低	在添加旅馆信息页面中针对各字段输入超长信息,系统提示信息不友好	1. 使用账号：wzr,密码：1,登录 http://169.254.239.48/bdh/Manager/Login. aspx? ReturnUrl =% 2fbdh% 2fManager% 2fdefault. aspx 站点 2. 在添加旅馆信息页面中针对各字段输入超长信息 3. 单击"确定"按钮 实际结果：系统提示信息不友好 期望结果：系统提示……字段最长字数为……,请重新填写
低	新增旅馆页面,登录名字段优化为"经纪人登录名"	旅馆住宿管理中心管理员在旅馆列表页面,单击"新增旅馆"按钮 实际结果：打开的页面字段中显示"登录名" 期望结果：请修改为"经纪人登录名"
低	建议："退出系统"操作菜单放置于系统主界面的右上角	目前"退出系统"操作菜单位于系统主界面右下角。预期结果：将"退出系统"操作菜单放置于系统主界面的右上角。符合用户使用习惯

实训Ⅴ 旅馆住宿系统的测试总结与分析

测试评估与总结阶段,即整体测试工作流程的收尾阶段。此阶段中,测试人员工作主要交付物为《测试报告》。在测试报告中主要对测试过程中的测试实际执行情况进行分析汇总,从而得出对被测产品质量情况的客观评价。基于测试报告文档的特殊性,要求测试人员在撰写时应注意客观公正,才能真正起到软件质量保证的作用。

以下为旅馆住宿管理系统的测试报告,仅供读者参考。通过此测试报告文档样例的呈现,旨在让读者能够结合真实项目进一步体验测试评估与总结阶段。

在此值得说明的是,限于篇幅,封面、文档属性及目录等略;且于测试报告实例中附有注释说明等信息,以方便读者理解。

1. 引言

1）编写目的

本部分列出本测试报告的具体编写的目的,指出预期的读者范围。

该测试报告编写目的是对旅馆住宿管理系统的测试过程和产品质量进行评估。该报告主要描述了测试计划的执行总结和整体测试效果的评估。其中,测试计划的执行总结,包括执行进度、人资耗费和成果统计等;测试效果的评估,包括需求的测试覆盖,测试用例的执行情况等,以及软件质量的评价及实施建议等。

该测试报告将直接提交给管理人员、开发人员、测试人员、用户体验/产品管理及发布管理人员,作为项目结项和评价的重要依据,为项目的实施上线提供支持。

2）项目背景

本部分对项目目标进行简要说明。通常包括的信息有主要的功能和性能、测试对象的构架以及项目的开发目标等。

项目名称：旅馆住宿管理系统。

任务提出者：旅馆住宿管理中心。

开发者：河北师范大学软件学院旅馆住宿项目组。

本项目的启动以规范化旅馆行业,建立一流的旅游管理产业为目的。预期为旅客提供快捷的预定系统;为旅馆提供操作简单、使用高效的住宿管理系统;为旅馆住宿管理中心提供便于实时监督、数据统计分析、规范化管理的系统,使其能够及时获取有效数据信息并进行通知的发布。

3）相关定义

本部分列举出下文将使用到的相关名词和术语,以达到易于理解、应用统一的目的。

本项目中该部分重点列举了 Bug 优先级别定义(同表Ⅰ.11 所示)、Bug 状态(同实训Ⅰ中表Ⅰ.12 所示)及 Bug 解决方案(同实训Ⅰ中表Ⅰ.13 所示)。

4）参考资料

《项目章程》、《项目规划》、《风险登记册》、《WBS》、《旅馆住宿管理系统需求确认书》、

《旅馆住宿管理系统测试计划》、《旅馆住宿管理系统测试用例》、《旅馆住宿管理系统缺陷报告》。

2. 测试计划的执行

本部分主要对测试计划执行情况逐条进行分析，如有延误需要进行说明。

1）执行进度

各项测试工作具体执行情况，如表Ⅴ.1所示。

表Ⅴ.1 执行进度汇总

活动名称	计划完成时间	实际完成时间	实际工期	相关人员	原因说明
测试计划编写	×××-×××	×××-×××	1天	测试A	根据旅馆住宿管理系统项目需求规格说明书编写
测试用例设计	×××-×××	×××-×××	8天	测试A、B	如期完成功能点用例
部署测试环境	×××-×××	×××-×××	1天	测试A	依据开发代码完成进度
执行测试	×××-×××	×××-×××	30天	测试A、B	依据开发进度进行系统测试，项目组成员时间紧张
测试报告编写	×××-×××	×××-×××	1天	测试A	依据开发及测试进度、依据版本稳定情况

2）人资耗费

整体测试工作开展人资耗费统计，如表Ⅴ.2所示。

表Ⅴ.2 人资耗费汇总

测试人员	完成工作描述	耗费人天
测试A、B	完成旅馆住宿系统测试并上线	_×_天/人
合　计	_2人_，_×_天/人	

3）成果统计

整体测试工作开展产生测试成果统计，如表Ⅴ.3所示。

表Ⅴ.3 测试成果汇总

成果名称	评审状态	完成人员	数量统计
《旅馆住宿管理系统测试计划》	通过	测试A	1个
《旅馆住宿管理系统测试用例》	通过	测试A、B	578条
《旅馆住宿管理系统缺陷报告》	通过	测试A、B	596个
《旅馆住宿管理系统测试报告》	通过	测试A	1个

3. 测试效果的评估

本部分列出被测系统所有功能点并说明实际测试结果。

1）需求覆盖

参照测试计划中提取的测试点进行实际测试情况汇总，如表Ⅴ.4所示。

表Ⅴ.4　需求覆盖汇总

用户	类　别	子　模　块	描　　述	测试情况
游客	未注册用户	浏览旅馆信息	游客在旅游网站可浏览各家旅馆的信息	OK
		浏览房间信息	游客在旅游网站可浏览各家旅馆下的房间信息	OK
		注册	进行注册操作，注册后可进登录	OK
	已注册用户	登录	游客可登录系统，进行预订退订等操作	OK
		游客预订	游客查看房间信息后，可进行房间预订并生成预订订单	OK
		游客退订	游客进行房间预订后，可自主办理房间退订	OK
		我的预订	查看游客个人的房间预订记录，可查看订单详情	OK
旅馆业主	有账号人员	管理房间	旅馆业主可进行房间的添加、修改、删除及查看	OK
		预订/退订管理	当游客进行预订后，旅馆业主可以对预订记录进行确认；办理游客退订	OK
		办理预订	为打电话的游客办理预订	OK
		办理入住	为来住宿的游客办理入住	OK
		办理续租	为已入住的游客办理续租	OK
		办理换房	为已入住的游客办理换房	OK
		办理结算	为已入住的游客办理结算	OK
		查看入住明细	查看已入住房间当前入住明细信息	OK
		接收通知	旅馆业主可接收旅馆住宿管理中心发送的通知	NO
		修改密码	旅馆业主可修改个人密码	OK
旅馆住宿管理中心管理员	有账号人员	发布通知	给指定的旅馆或整体旅馆发布通知	NO
		统计旅馆信息	统计各家旅馆的房间价格走势、游客的来源分布、营业额（收入）等	OK
		维护旅馆账号	旅馆住宿管理中心可添加、删除、修改、查看旅馆账号，并分配用户名与密码	OK

2）测试结果

在上面的测试需求覆盖表中，OK为通过测试（基本使用正常），NO为测试组未进行测试（开发尚未完成，将在项目第二阶段中进行）的部分。

针对上述测试结果，需要说明如下两点。

(1) 基于旅馆住宿系统项目实际进行中，由于客户方需要，提前进行产品部分功能的发布，因此，表Ⅴ.3中存在部分功能点未进行测试开展，将推迟至项目二期中完成。

(2) 目前存在部分遗留缺陷未进行修复，但均不属于严重问题，不影响上述已实现模块的基本使用。

(3) 在测试中可能还存在一些更隐性的问题未发现。

3) 用例的执行

本次测试,在测试用例设计阶段共设计测试用例 578 个,由于需求的不断变更,测试用例的设计也经过了 V1.1、V1.2 两个版本。对于统计功能的验证、房间资源的验证等,测试用例和测试数据在多个模块重复使用,在此仅统计了一次测试的情况。

4. 系统 Bug 分析

本部分主要对系统 Bug 情况进行统计分析,尽量以图表/报表形式进行说明,以方便理解。

1) Bug 统计信息

整体测试过程中,所产生 Bug 的统计信息如表Ⅴ.5 所示。

表Ⅴ.5　Bug 统计信息

系统总 bug 数	596 个
已解决的 bug 数	592 个
延期解决的 bug 数	4 个

2) Bug 状态分布

依据如表Ⅴ.5 所示的 Bug 统计信息表,可以得出 Bug 的状态分布如图Ⅴ.1 所示。

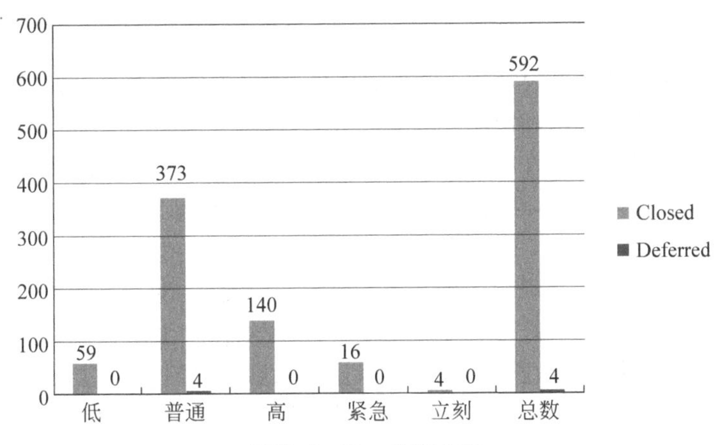

图Ⅴ.1　Bug 状态分布

分析图Ⅴ.1 可知,已经解决并关闭的 Bug 是 592 个,占 99.3%;延期解决的 Bug 是 4 个,占 0.7%,且这 4 个 bug 均不属于高级别之上的 bug。该数据表明此系统的质量相对可靠,且 Bug 解决率也很高。

3) Bug 级别分布

依据表Ⅴ.5 所示的 Bug 统计信息表,可以得出各级别 Bug 的分布情况,如图Ⅴ.2 所示。

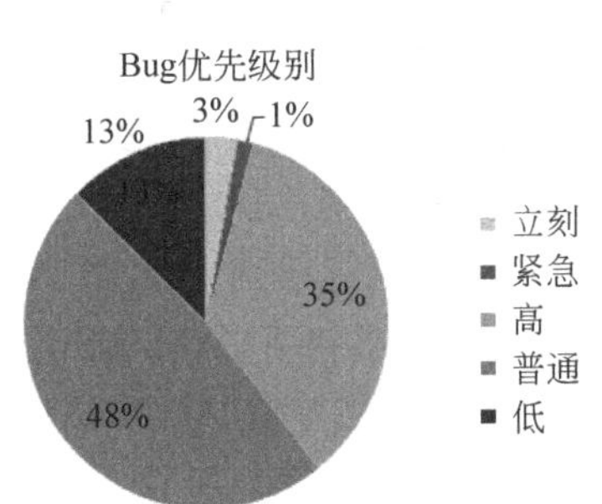

图Ⅴ.2　Bug 级别分布

分析图Ⅴ.2 可知,系统中出现 Bug 最多的是"普通"

和“高”级别的 Bug。

(1) “立刻”和“紧急”级 Bug 级别高，该类 Bug 易造成系统崩溃，此类 Bug 发现得越多，就越能够保证系统的稳定性。

(2) “高”级 Bug 级别较高，该类 Bug 常因影响其他操作，因而修改的优先级较高。

(3) “普通”级 Bug 为常规性 Bug，此类 Bug 发现得越多，就越能够保证系统的完善性。

(4) “低”级 Bug 级别较低，在这部分发现的 Bug 较少，说明对于系统还有更多的细节部分的 Bug 还没有发现。

根据上面的分析，在测试工作中，应该严格把好重大系统问题，保证系统不出现重大错误，确保其稳定性，在此基础上，完善系统功能，且同步注意到系统的每一个细节。

5. 软件质量的评价

本部分主要结合测试开展的实际情况，对被测软件质量进行客观的评价及建议。

1) 目前能力

(1) 经过测试，旅馆住宿管理系统已达到需求及设计要求，并且已经能够进行实际应用，具体覆盖功能点参见本书前面叙述。

(2) 本系统支持 IE 6.0、IE 7.0、IE 8.0、Chrome、火狐等浏览器下的正常运行。

(3) 本系统能够支持数据库每个表 1.5×10^6 条以上的情况下，系统稳定且快速运行。

2) 项目风险

(1) 测试中客户端使用均为个人计算机，无法结合广大旅馆业主的不同机型进行检测，软硬件兼容性存在一定风险。

(2) 测试中浏览器仅针对较常用的类型进行了部分功能的测试，对于其他广大浏览器类型未进行测试，浏览器兼容性存在一定风险。

(3) 性能测试部分仅针对数据库中存在大量数据时进行了操作速度的检测，针对于大量客户端同时访问情况未检测，但考虑到各大旅馆真实业务情况，该风险较低。

3) 实施建议

以下是在测试的过程中发现的一些需要特别注意的地方，可供实施部门参考。

(1) 旅馆住宿管理系统部署完毕后，登录进入系统给用户演示使用，进行表单输入及其他操作时，请使用正常的真实数据进行演示，对于超长数据及特殊类型数据请勿使用。

(2) 在一台计算机上进行旅馆客户端使用时，请不要同时开启两个相同的客户端账号，防止数据发生干扰。

(3) 建议在同一个客户端上进行操作时间不宜过长。

4) 遗留问题

至测试工作结束，本系统遗留 4 个缺陷未解决，具体原因如下。

(1) 旅馆客户端的旅馆管理模块中建议增加“旅馆类型”字段。

原因：建议级别 bug，不影响系统功能使用。

(2) 在 IE 8 下，Web 端“订单管理”下退订某一订单，提示“退订成功”时，页面显示的预订信息有误，当单击“确定”按钮后，页面显示信息又恢复正常。

原因：系统框架所致，不影响功能使用，且仅在 IE 8 下才出现。

(3) Web 端预订后生成的订单页面，当备注信息填写较多时，订单列表显示会有美观性问题。

原因：该问题属于页面美观性问题，不影响功能使用，且目前仅在 IE 6 和 360 浏览器下当备注填写较多时才发生。

(4) 登录时，用户名、密码、验证码输入错误，没有任何提示仅从新刷新页面。

原因：该问题属于易用性问题，不影响功能使用，且该问题在历史系统版本中就存在，属于上一期的遗留问题。

此外，系统中还可能存在一些不易发现的错误存在。

6. 结论

经测试，旅馆住宿管理系统符合需求要求，可以满足用户的需求，且符合设计的要求，达到测试通过标准，可以上线试运行。

至此，本书带领读者熟悉了在实际测试工作中，测试人员在各阶段所进行的工作内容及交付物。值得提醒的是，本书中所介绍的软件测试流程及各类文档结构并非唯一标准，读者在实际工作中要根据企业及项目的实际情况灵活应用，切忌生搬硬套。

参考文献

[1] 魏娜娣,李文斌,裴军霞. 软件性能测试——基于 LoadRunner[M]. 北京:清华大学出版社,2012.

[2] 李晓鹏,赵书良,魏娜娣. 软件功能测试——基于 QuickTest Professional[M]. 北京:清华大学出版社,2012.

[3] 柳纯录,黄子河,陈渌萍. 软件评测师教程[M]. 北京:清华大学出版社,2005.

[4] 李龙,李向函,冯海宁,等. 软件测试实用技术与常用模板[M]. 北京:机械工业出版社,2011.